图论与网络最优化算法

龚 劬 编

重庆大学出版社

内 容 提 要

本书共分9章：图与网络的基本概念、树及其算法、连通性、路径算法、匹配、行遍性问题、平面图、图的着色及网络流问题。其中包含较丰富的实际应用案例与算例，每章末均附有较多难易程度不同的习题，另外还附有少量涉及网络建模与计算的大型综合应用题。

本书是一本理论与应用相结合的基础教材，可作为高等工科院校系统工程、管理工程、自动控制、通信与计算机科学、城市规划等专业高年级本科生或研究生的教材和教学参考书，也可供有关专业的科研人员自学。

图书在版编目(CIP)数据

图论与网络最优化算法/龚劬编.—重庆：重庆大学出版社，2009.10(2021.9重印)

ISBN 978-7-5624-5079-5

Ⅰ.图…　Ⅱ.龚…　Ⅲ.①图论②网络流—最优化算法
Ⅳ.0157.5

中国版本图书馆CIP数据核字(2009)第147365号

图论与网络最优化算法

龚　劬　编

责任编辑：谭　敏　李定群　　版式设计：谭　敏

责任校对：张洪梅　　责任印制：张　策

*

重庆大学出版社出版发行

出版人：饶帮华

社址：重庆市沙坪坝区大学城西路21号

邮编：401331

电话：(023) 88617190　88617185(中小学)

传真：(023) 88617186　88617166

网址：http://www.cqup.com.cn

邮箱：fxk@cqup.com.cn (营销中心)

全国新华书店经销

POD：重庆新生代彩印技术有限公司

*

开本：787mm×1092mm　1/16　印张：14　字数：349千

2009年10月第1版　2021年9月第6次印刷

ISBN 978-7-5624-5079-5　定价：42.00元

前言

图论与网络最优化算法是一门提供离散数学模型的应用数学学科。随着计算机在社会中作用的变大,其应用日益广泛,应用遍及系统工程、电工学、交通运输、城市规划、生产管理、经济、通信、计算机等各个领域,人工智能、模式识别、计算机操作系统、数据结构等都涉及图论。

本教材的学习主要有以下4个方面的作用:

1. 思维的体操。其中含有广泛的数学思想和数学方法,诸如优化、分类、数形结合、转化的思想、分解的思想、归纳、演绎和逆推等。这是其他工科数学所无法比拟的,对培养我们的数学机敏性与成熟性大有益处。

2. 算法设计者的翅膀。图论算法是算法设计与分析中的重要组成部分,其中包含常用的算法设计基本方法,如搜索技术、分支定界法、回溯法、贪婪法及各种启发式算法,算法的时间复杂性分析,近似算法的近似程度分析也融入其中。

3. 综合应用能力形成的催化剂。书中几乎每章末都有关于图论理论和算法在实际中的各种应用,也含有一些具有一定灵活性和创造性的应用案例,配有大量颇具启发性和趣味性的习题。图论与代数、运筹学密切相关,概率统计与网络交叉有活动网络,这些都有助于我们综合运用数学能力的提高。图论中的图具有最复杂的非线性数据结构,如果将其中的算法编程实现,编程能力可上一个新的台阶。

4. 描述和解决离散问题的有利工具。在工农业生产、交通运输、通信和电力领域经常能看到许多网络,如河道网、灌溉网、管道网、公路网、铁路网、电话线网、计算机通信网及输电线网等。还有许多看不见的网络,各种关系网,如状态转移关系、事物的相互冲突关系、工序的时间先后次序关系等,这些网络都可归结为图论的研究对象——图。其中存在大量问题,如生产计划、投资计划和设备更新等问题也可以转化为网络优化的问题,这些都可借助于图论这个工具来加以解决。

近年来,图论是国内外许多大学普遍开设的一门重要基础课。我国在图论领域的研究起步较晚,在20世纪80年代出版了许多国外专著的译作。到目前为止,国内也出版了一些各具

特色的图论书籍,本书的编写力求突出下述特点:

1. 理论与算法并重。去掉经典专著中那些冗长而晦涩的论证,保留那些简洁、有特色、能体现典型数学思想和方法的论证;强调算法的基本思想和计算机实现。

2. 突出理论与算法的应用,反映本学科的最新应用成果。

本书承段虞荣教授细心审阅,并提出了许多重要建议,在此表示衷心的感谢。

由于作者水平有限,错误、缺陷在所难免,恳请读者指正。

编　者

2009 年 6 月

目录

第 1 章 图与网络的基本概念

1.1 绪 论

自然界与人类社会有许多问题,如果用图形的方式来描述和分析,不仅形象直观,而且清晰,效果很好。图论通过由点和边组成的图形来描述具有某种二元关系的系统,并根据图的性质进行分析,提供研究各种系统的巧妙方法。例如,事物关系、物质结构、电气网络、通信网络、城市规划、交通运输、信息传递及工作调配等都可用点和边连接起来的图,即图论中的图来模拟。图论中的图有别于解析几何与微积分中的图,在那里,点的位置、边的长度和斜率是它的重要部分,而在图论中,这些都不重要,重要的是点与点之间的连接关系。下面举几个用图论方法建模的典型例子。

例 1.1 七桥问题。

18 世纪东普鲁士歌尼斯堡被普列格尔河分为 4 块,它们通过 7 座桥相互连接起来(见图 1.1(a)),问能否从某块陆地出发,经每座桥一次而且仅一次,回到出发点?

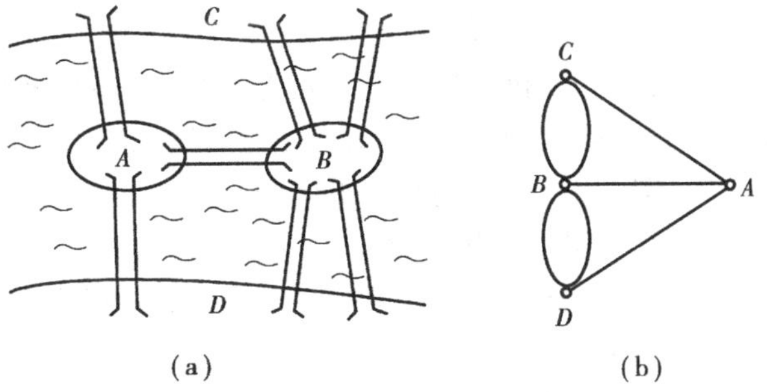

图 1.1

1736 年,Euler 研究这一问题,发表了图论的首篇论文。他把 A,B,C,D 4 块陆地抽象成 4 个点,而每座桥用连接相应两点的一条线表示,于是得到图 1.1(b),A,B,C,D 任何一个点作为出发点都必然先“出”后“回”,最后以“出”告终,才能行遍与该点相连的桥,所以不可能回到原来的出发点。此问题用图 1.1(b)来表达更简捷、更清晰,更利于问题的解决。

例 1.2　人、狼、羊、菜渡河问题。

一个摆渡人 F 希望用一条小船把一只狼 W、一头羊 G 和一篮白菜 C 从一条河的南岸渡到北岸去，而船小只能容纳 F,W,G,C 中的两个，决不能在无人看守的情况下，留下狼和羊在一起或羊和白菜在一起，应怎样渡河才能将狼、羊、白菜都运过去？

首先考虑在人狼羊菜渡河的过程中河南岸状态的变化情况，最初的状态是人、狼、羊、菜，最终的状态成空状态，中间的状态为人、狼、羊、菜的不同组合。可用小圆圈（顶点）表示河南岸的各个状态，两顶点连线当且仅当两状态经一次摆渡相互转移。

人、狼、羊、菜的任意不同的组合共有：$C_4^0+C_4^1+C_4^2+C_4^3+C_4^4=16$，其中狼、羊、菜，狼、羊，羊、菜不允许，从而人，人、狼，人、菜 3 种情况也不会出现。余下共有 10 个允许状态，其状态转移关系如图 1.2 所示。O 表示空状态。

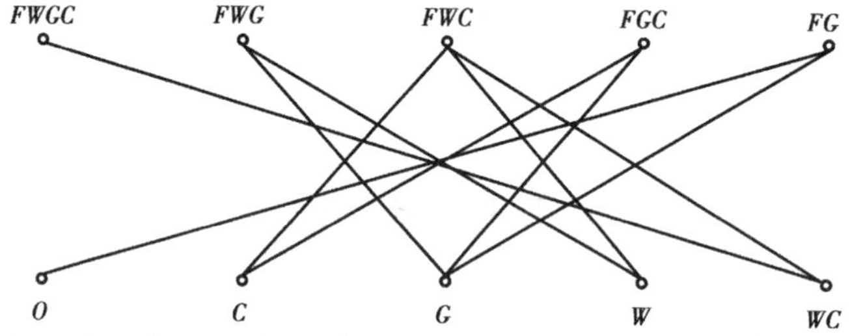

图 1.2

问题归结为在图中，寻求从顶点“$FWGC$”到顶点“O”的路线，将图改画为图 1.3。

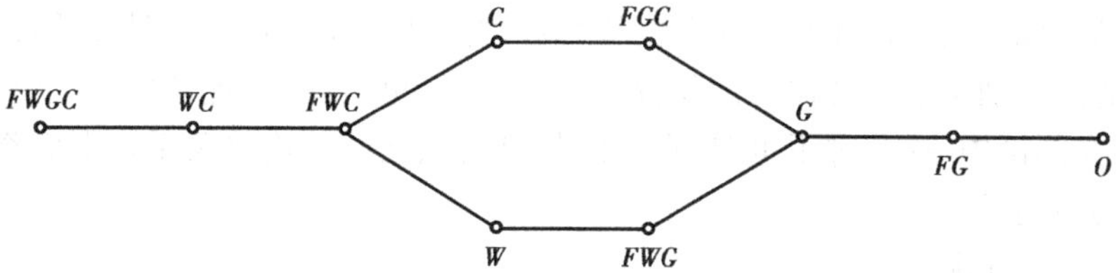

图 1.3

易见，共有两种过河方案，它们等优。

这一问题用图形来描述，不仅形象直观，而且每一步都非常严密，所有可能的摆渡情况都在图中表现出来，符合逻辑思维和分析的规律。问题怎样解，有多少种解法，解法是否最优都清楚地呈现出来，使人们对这一问题的解，有了清晰完整的概念。

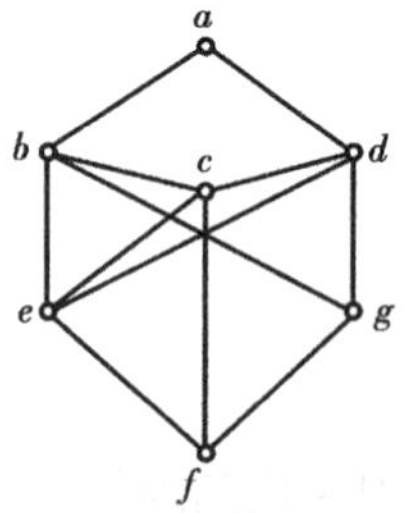

图 1.4

例 1.3　化学药品存放问题。

某公司生产几种化学药品 a,b,c,d,e,f,g，其中某些化学药品不相容，为了安全，公司要把不相容的药品放在不同格中，问至少应将仓库划分为多少格？

可用顶点表示各个化学药品，两顶点连线当且仅当两种药品不相容，便可得一个图 G，如图 1.4 所示。

问题转化为图的正常点着色，图 G 的点色数便是所求的最少格数。图的正常点着色即是为每个顶点赋一色，使凡有连线的两顶点异色，点色数即是使图得到正常点着色的最少色数。因此，可把具有相同颜色的顶点代表的药品放在同一格，这样便能使不相容的药品分格放。

上面的例子，只是用几个具体问题说明如何用图来描述和分析问题，当然不能勾勒出图论研究问题的全貌，但从中可以看到，这些问题可看做一些事物以及它们之间存在的某种关系，图论就是研究事物以及它们之间联系的一门学科。在许多实例中，事物可用图的顶点表示，它们之间的相互联系可用顶点间的连线，即边表示，这种方法形象直观。任何一个能用二元关系描述的系统，不管它们是数学的、物理的或社会学的等等都可用图论提供数学模型。因此图论模型具有广泛的适用性，如计算机科学、运筹学、通信科学、电网络分析、量子物理、结构化学、建筑学、经济学、语言学、生物学、社会学、遗传学、法律学、人类学及定理证明等。

1.2　一些基本概念

1.2.1　图的概念

定义 1.1　有序三元组 $G=(V,E,\psi)$ 称为一个图，其中：

①$V=\{v_1,v_2,\cdots,v_n\}$ 是有穷非空集，称为顶点集。

②E 称为边集，其中的元素叫做边。

③ψ 是从边集 E，到 V 中的有序的或无序的元素偶对的集合的映射，称为关联函数。

为了直观，可如下画一个图的图解，把 V 的元素用不重合的几何点表示，位置随意选择。当 $\psi(e)=uv$（或 (u,v)）时，u 与 v 之间连线，连线可直可曲，表示边 e，若是有序偶对 (u,v)，则还须在上述线上画上箭头指向 v。

例 1.4　设 $G=(V,E,\psi)$，其 $V=\{v_1,v_2,v_3,v_4\}$，$E=\{e_1,e_2,e_3,e_4\}$，$\psi(e_1)=v_1v_2$；$\psi(e_2)=v_1v_3$；$\psi(e_3)=v_1v_3$；$\psi(e_4)=v_1v_4$；$\psi(e_5)=v_3v_3$。G 的图解如图 1.5 所示。应该指出，通常把图 G 写成 (V,E) 或简写成 G。图与其图解不是一回事，但它们是同构的。下面可把图解看成就是原来那个图。

定义 1.2　在图 $G=(V,E)$ 中，与 V 中的有序偶对应的边 $e(\psi(e)=(v_1,v_2))$，称为图 G 的有向边（或弧），而与 V 中的顶点的无序偶 v_iv_j 相对应的边 e，称为图 G 的无向边。每一条边都是无向边的图，称为无向图；每一条边都是有向边的图称为有向图；一些边是无向边，一些边是有向边的图称为混合图。

图 1.5 是一个无向图，图 1.6 是一个有向图。通常把满足 $\psi(e)=uv$ 的边 e 写成 $e=uv$。

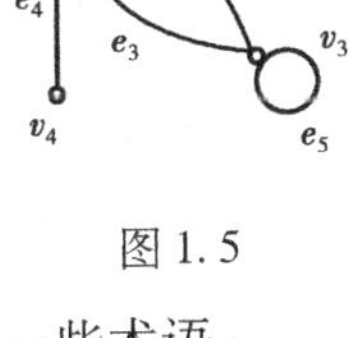

图 1.5

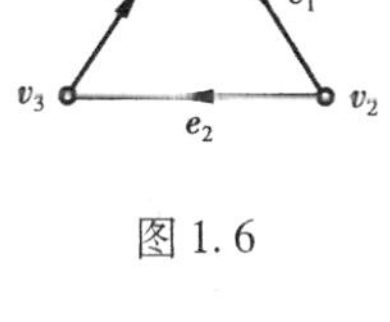

图 1.6

下面列出一些术语：

①若 $\psi(e)=uv$，称 e 与顶点 u,v 相关联。

②若 $\psi(e)=uv$，称 u 与 v 相邻。

③与同一顶点相关联的两边称为相邻边。

④两端点重合的边称为环。

⑤端点完全相同的两边称为重边。

⑥既无环又无重边的图,称为简单图。

⑦任二顶点相邻的简单图,称为完备图,记为 K_n,其中 n 为顶点的数目。

⑧若 $V=X\cup Y,X\cap Y=\varnothing$,$X$ 中任二顶点不相邻,Y 中任二顶点不相邻,称 G 为二部图;若 X 中的每一顶点皆与 Y 中一切顶点相邻时,G 称为完备二部图,记为 $K_{m,n}$。其中 m,n 分别为 X 与 Y 的顶点数目。

定义 1.3 设图 $G=(V,E,\psi)$ 和 $G_1=(V_1,E_1,\psi_1)$,若 $V_1\subseteq V,E_1\subseteq E$,且当 $e\in E_1$ 时,$\psi_1(e)=\psi(e)$,则称 G_1 是 G 的子图。特别地,若 $V_1=V$,则称 G_1 为 G 的生成子图。

定义 1.4 设 $V_1\subseteq V$,且 $V_1\neq\varnothing$,以 V_1 为顶点集,两个端点都在 V_1 中的边为边集的 G 的子图,称为 G 的由顶点集 V_1 导出的子图,记为 $G[V_1]$。

定义 1.5 设 $E_1\subseteq E$,且 E_1 为边集,E_1 的端点集为顶点集的图 G 的子图,称为 G 的由 E_1 边集导出的子图,记为 $G[E_1]$。

图 1.7 中绘出了这些子图。

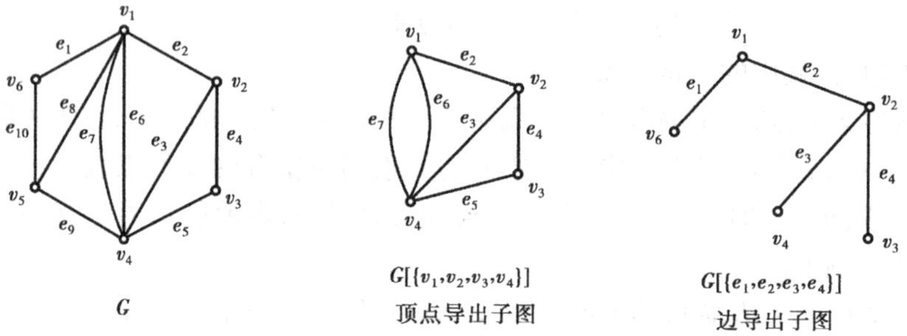

图 1.7

1.2.2 顶点的次数

在无向图中,与顶点 v 关联的边的数目(环算两次)称为 v 的次数,记为 $d(v)$。在有向图中,从 v 引出的边的数目称为 v 的出次,记为 $d^+(v)$;从 v 引入的边的数目称为 v 的入次,记为 $d^-(v)$;$d^-(v)+d^+(v)=d(v)$ 称为 v 的次数。分别用 $\delta(G)$,$\Delta(G)$ 表示无向图 G 的最小次数和最大次数,即

$$\delta(G)=\min\{d(v)\mid v\in V(G)\}$$
$$\Delta(G)=\max\{d(v)\mid v\in V(G)\}$$

类似地,用 $\delta^+(D)$,$\delta^-(D)$,$\Delta^+(D)$ 与 $\Delta^-(D)$ 依次表示有向图 D 的最小出次、最小入次、最大出次和最大入次。

例如,在图 1.8 的有向图中,$d^+(v_1)=3,d^-(v_1)=0,d^+(v_2)=1,d^-(v_1)=2,d^+(v_3)=2,d^-(v_3)=1,d^+(v_4)=0,d^-(v_4)=3,\delta^+(D)=0,\delta^-(D)=0,\Delta^+(D)=3,\Delta^-(D)=3$。

规定用记号 $\nu(G)$ 和 $\varepsilon(G)$ 分别表示图的顶点的数目和边的数目。

定理 1.1

$$\sum_{v\in V(G)}d(v)=2\varepsilon(G)$$

证　因每条边都与两个顶点相关联,每出现一条边,总次数就增加2。所以总次数为

$$\sum_{v \in V(G)} d_G(v) = 2\varepsilon(G)$$

证毕。

推论1.1　任何图中,奇次顶点的总数必为偶数。

证　设 V_1 和 V_2 分别表示图 G 中奇次顶点和偶次顶点的集合,则

$$\sum_{v \in V(G)} d_G(v) = \sum_{v \in V_1} d_G(v) + \sum_{v \in V_2} d_G(v) = 2\varepsilon$$

即为偶数。

又 $\sum_{v \in V_2} d_G(v)$ 为偶数,因此 $\sum_{v \in V_1} d_G(v)$ 也是偶数,从而奇次顶点的总数 $|V_1|$ 是偶数。证毕。

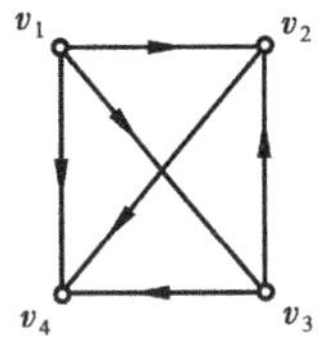

图1.8

例1.5　在一个晚会上,大家握手问好,试证。与奇数个人握过手的人数必为偶数。

证　构作一个图 G,以人为顶点,两顶点连边当且仅当顶点所代表的两人握过手,于是每人握过手的人数即为相应的顶点的次数,由推论1.1,奇次顶点的个数是偶数,因此,与奇数个人握过手的人数必为偶数。

例1.6　空间中不可能有这样的多面体存在,它们有奇数个面,而每个面又有奇数条边。

证　以此多面体的面集合为顶点集 $V(G)$。当且仅当两个面有公共棱时,在相应两顶点间连一边,得到图 G。依题意,$|V(G)|$ 是奇数,而且 $d(v)$ 是奇数,从而 $\sum_{v \in V(G)} d_G(v)$ 也是奇数,与定理1.1矛盾,故这种多面体不存在。

以后称 $d(v) \equiv k$ 的图为 k 正则图或 k 齐次图。

1.2.3　同构

在1.1节所举的例子都是把实际问题用一个图来描述,在这样的图中顶点可以代表任意客体,两顶点间的连线表示这两客体具有某种关系。图中顶点的位置,点对之间连线的形状都无关紧要,重要的是连接关系。

在图1.9中,图的变换的主要特点是保持连通性。原来相连的顶点不会因变换而断开,原来不相连的顶点不会因变换而相连,这种变换称为拓扑变换。两个图形能经拓扑变换变成同一形状,称为拓扑等价。

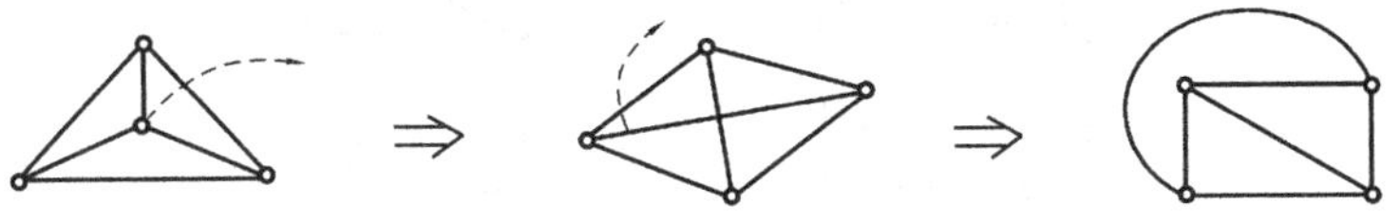

图1.9

图的拓扑变换,可以设想连接顶点的边是由橡皮筋做的,当移动顶点的位置时,可以任意拉长、缩短和扭曲,但却不能扯断或接合起来。

图1.9中的3个拓扑等价图,虽然几何形状各异但实质上是同一个图,其连接关系完全一样。

定义1.6　设有两个无向图 G 和 H,若顶点集之间存在一一对应关系,且对应顶点之间的

边也有一一对应的关系,则称图 G 与 H 同构,记为 $G\cong H$,对于有向图的同构,对应边的方向要求相同。

图 1.10 中的 3 个图 G_1, G_2, G_3,虽然形状各异,但如将 G_2 中 $u_1, u_2, u_3, u_4, u_5, u_6$ 都相应换成 $v_1, v_2, v_3, v_4, v_5, v_6$,且顶点的位置与 G_1 的一样;则不难看出它们是同一个图,即满足定义 1.6 的条件,因此,G_1 与 G_2 同构。同理,可说明 G_2 与 G_3 同构。

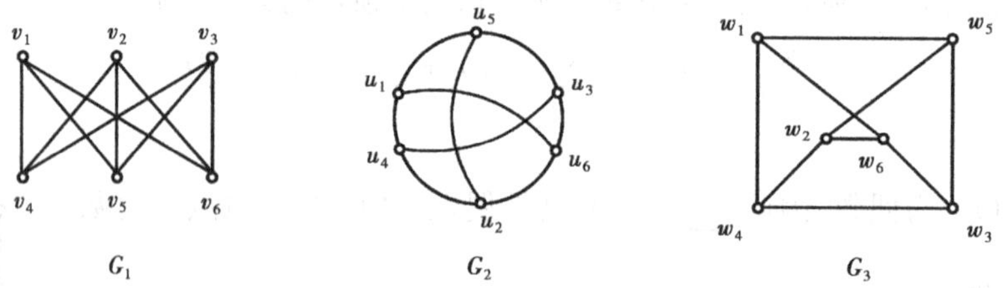

图 1.10

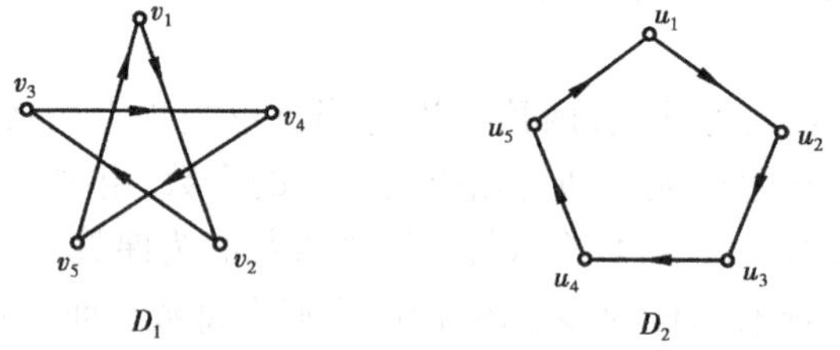

图 1.11

图 1.11 中的两有向图的顶点集之间可建立一一对应关系,v_1, v_2, v_3, v_4, v_5,依次对应 u_1, u_2, u_3, u_4, u_5,对应顶点间的边也一一对应,且方向一致,因此,D_1 与 D_2 同构。

两个同构的图,除了顶点与边的标号不同之外,其结构完全相同,它们具有完全相同的性质,对一个图的任何命题,也适用于它的同构图。

根据图同构的定义来判断图的同构不容易,至今也未曾有简单有效的法则来判定,这仍是图论中尚待解决的问题,图的同构有如下必要条件:

①两图的顶点数、边数相等。

②次数相同的顶点数也相等。

若某个必要条件不满足,则两图不同构;反之,则不一定。显然图 1.12 中的 G_1, G_2 满足上述两必要条件,但 G_1, G_2 却不同构。

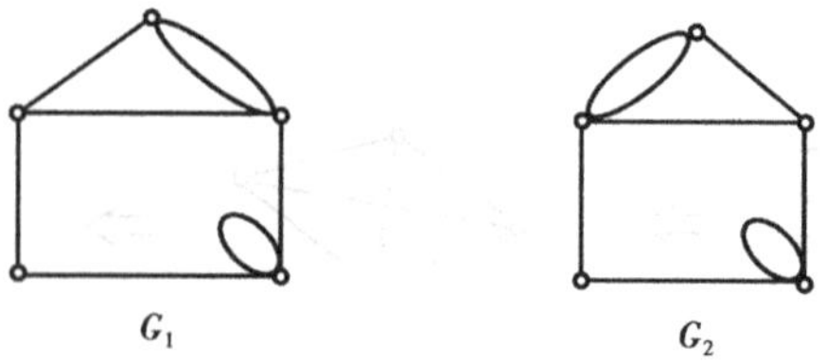

图 1.12

1.3　图的矩阵表示

为了便于利用计算机进行计算和处理，常要将图数字化，用矩阵来表示图。图的矩阵表示形式很多，本节只介绍邻接矩阵与关联矩阵。

1.3.1　邻接矩阵

定义 1.7（无向图的邻接矩阵）　设 $G=(V,E)$ 是一个无向图，$V=\{v_1,v_2,\cdots,v_n\}$，则 G 的邻接矩阵 $A=(a_{ij})_{n\times n}$，其中：

$$a_{ij}=\begin{cases}m,\text{若 } v_i \text{ 与 } v_j \text{ 有 } m \text{ 条边连接；}\\0,v_i \text{ 与 } v_j \text{ 不相邻}\end{cases}$$

环算两次。

例 1.7　图 1.13 的邻接矩阵为

$$A=\begin{bmatrix}2&1&0&1\\1&0&1&2\\0&1&0&1\\1&2&1&0\end{bmatrix}\begin{matrix}v_1\\v_2\\v_3\\v_4\end{matrix}$$
$$\quad v_1\quad v_2\quad v_3\quad v_4$$

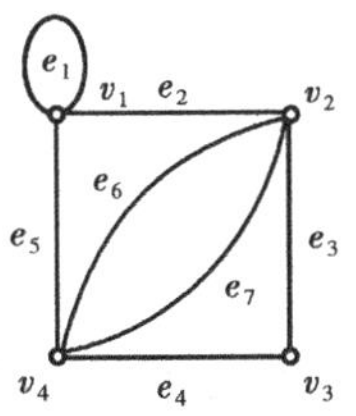

图 1.13

显然无向图的邻接矩阵是一个对称方阵，若 G 是无向图，则 A 每一行或每一列的元素之和是对应顶点的次数。若 G 是一个简单图，则 A 是一个对称(0,1)矩阵，且对角线元素全为 0。

定义 1.8（有向图的邻接矩阵）　设 $D=(V,E)$ 是一个有向图，$V=\{v_1,v_2,\cdots,v_n\}$，则 D 的邻接矩阵 $A=(a_{ij})_{n\times n}$，其中 $a_{ij}=m$（若 v_i 指向 v_j 的弧有 m 条，m 可为 0）。

有向图的邻接矩阵不一定对称，第 i 行的元素之和为 v_i 的出次，第 j 列的元素之和为 v_j 的入次。

例 1.8　图 1.14 中的有向图的邻接矩阵为

$$A=\begin{bmatrix}2&1&0&1\\0&0&0&1\\0&1&0&1\\0&1&0&0\end{bmatrix}\begin{matrix}v_1\\v_2\\v_3\\v_4\end{matrix}$$
$$\quad v_1\quad v_2\quad v_3\quad v_4$$

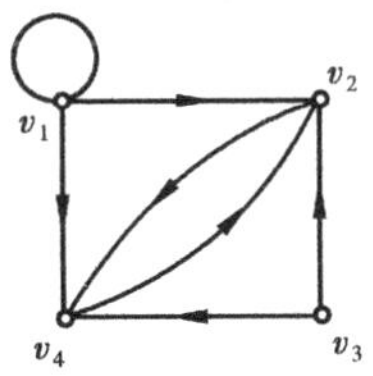

图 1.14

显然图与其邻接矩阵一一对应，有了图可写出其邻接矩阵；反之，有了邻接矩阵可作出相应的图。

定义 1.9（加权有向图的带权邻接矩阵）　若为有向图 $D=(V,E)$ 的每条边赋予一个数，则称 D 为加权有向图；设 $D=(V,E)$ 是一简单加权有向图，$V=\{v_1,v_2,\cdots,v_n\}$，则 D 的邻接矩阵 $A=(a_{ij})_{n\times n}$，其中

$$a_{ij}=\begin{cases}w_{ij},\text{若}(v_i,v_j)\in E\text{ 且 }w_{ij}\text{是它的权};\\0,\text{若 }i=j;\\\infty,\text{若}(v_i,v_j)\notin E\end{cases}$$

简单有向图是指无环、无同向重边的有向图。

如图 1.15 所示的加权有向图的邻接矩阵为

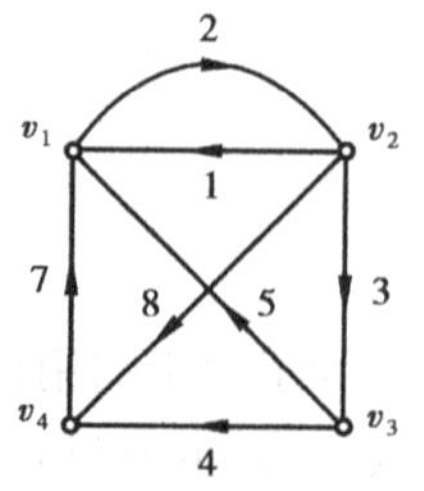

图 1.15

$$A=\begin{bmatrix}0&2&\infty&\infty\\1&0&3&8\\5&\infty&0&4\\7&\infty&\infty&0\end{bmatrix}$$

加权无向图的带权邻接矩阵类似，但为对称阵。

1.3.2 关联矩阵

定义 1.10（无向图的关联矩阵） 设 $G=(V,E)$ 是一个无向图，$V=\{v_1,v_2,\cdots,v_n\}$，$E=\{e_1,e_2,\cdots,e_m\}$，则 G 的关联矩阵 $M=(m_{ij})_{n\times m}$，其中：

$$m_{ij}=\begin{cases}1,\text{若 }v_i\text{ 与 }e_j\text{ 相关联};\\2,\text{若 }e_j\text{ 是 }v_i\text{ 上的环};\\0,\text{若 }v_i\text{ 与 }e_j\text{ 不相关联}\end{cases}$$

例 1.9 如图 1.13 所示的无向图的关联矩阵为

$$M=\begin{array}{c}\\v_1\\v_2\\v_3\\v_4\end{array}\begin{array}{c}\begin{array}{ccccccc}e_1&e_2&e_3&e_4&e_5&e_6&e_7\end{array}\\\begin{bmatrix}2&1&0&0&1&0&0\\0&1&1&0&0&1&1\\0&0&1&1&0&0&0\\0&0&0&1&1&1&1\end{bmatrix}\end{array}$$

从定义不难看出，无向图的关联矩阵每一列的元素之和均为 2，且第 i 行的元素之和是 v_i 次数。简单图的关联矩阵是(0,1)矩阵。

定义 1.11（有向图的关联矩阵） 设 $D=(V,E)$ 是一有向无环图，$V=\{v_1,v_2,\cdots,v_n\}$，$E=\{e_1,e_2,\cdots,e_m\}$，则 D 的关联矩阵 $M=(m_{ij})_{n\times m}$，其中

$$m_{ij}=\begin{cases}1,\text{若 }v_i\text{ 是 }e_j\text{ 的起点};\\-1,\text{若 }v_i\text{ 是 }e_j\text{ 的终点};\\0,\text{其他}\end{cases}$$

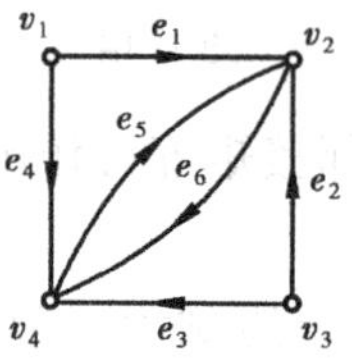

图 1.16

如图 1.16 所示的有向图的关联矩阵为

$$M=\begin{bmatrix}1&0&0&1&0&0\\-1&-1&0&0&-1&1\\0&1&1&0&0&0\\0&0&-1&-1&1&-1\end{bmatrix}$$

有向图的关联矩阵每一列之和为零，每一行“1”的数目是对应顶点的出次，“-1”的数目是对应顶点的入次，完全为“0”的行对应的顶点是孤立点。

1.4　图在计算机中的存储

利用图论的方法解决实际问题时，通常要借助于计算机。怎样把图的数据存储到计算机里是一个首先要解决的问题，一般是根据具体的图以及将要做的运算来选择适当的存储结构，下面介绍几种常用的存储结构。

1.4.1　邻接矩阵

用邻接矩阵表示图，较容易判定两个顶点之间是否有边相连，也容易求出各顶点的次数。邻接矩阵可用二维数组来表示，如果是无向图，由于对称性，仅需存入上三角矩阵。

邻接矩阵的主要缺点是占用的空间较大，要占用 $0(n^2)$ 空间（n 为图的顶点数），而且用直接法将邻接矩阵初始化也将占用较多的时间，因而很难改进算法的时间复杂性与空间复杂性的量级。

对无重边的图，其邻接矩阵是(0,1)矩阵，一种有效的改进方法是用二进制位向量来表示一个邻接矩阵的行（或列），有的编程语言提供了“位操作”运算，如“与”“或”“非”和“异或”等。因此，可以把一个机器字看成不是一个“数”，而是每一位是互相独立的向量，这样的机器字是一个二进制的位向量，用来表示邻接矩阵的行（或列），若对其进行位操作，运算速度要快得多。位向量的数据结构也有缺点，当行的元素数目大于计算机字长时，要用两个以上的机器字联合表示，运算就不方便了。

1.4.2　关联矩阵

用关联矩阵表示图，能迅速指出与某一顶点 v 关联的是哪些边，而且还可指出某条边关联的是哪两个顶点，对于有风吹草动图还能区分出入次和出次。关联矩阵一般是用一个二维数组 M_{nm} 来表示，这需要很大的存储空间，如存入一个 100 个顶点、500 条边的图，则需近 50 K 的内存，而其中很多元素是零。特别是稀疏矩阵，空间的浪费相当大。不过如果空间不紧张，这种存储方式还是可取的，因为它可获得时间高效的算法，空间的损失可从时间的获益得到补偿，但是空间不够，可采用比较紧凑的数据结构，然后通过运算，转换成关联矩阵，当然，有时当关联矩阵是(0,1)矩阵时，也可用二进制位向量来表示关联矩阵的行（或列）。

1.4.3　二数组法

定义两个一维数组 $P_1(m)$ 和 $P_2(m)$ 分别存放边的起点和终点。若第 i 条边 $e_i=(v_j,v_k)$，则 $P_1(i)=j, P_2(i)=k$。

例 1.10　如图 1.17 所示，二数组法来表示此图如下：

$$\begin{array}{lccccccc} & e_1 & e_2 & e_3 & e_4 & e_5 & e_6 & e_7 \\ P_1=(& 1, & 2, & 4, & 1, & 4, & 1, & 2) \\ P_2=(& 2, & 3, & 3, & 4, & 2, & 1, & 4) \end{array}$$

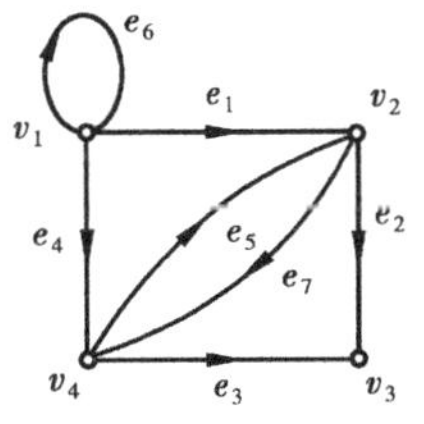

图 1.17

这种存储方法较省存储空间，对于加权图也方便，只需加一个数组来表示每个边上的权。这种方法表达的信息多，占内存空间又少，因而应用很广泛。

1.4.4 邻接表

邻接表也是图的一种常用表达方法,在这种存储结构中,对图的每个顶点建立一个链表。第 i 个链表中的顶点是与 v_i 相邻的顶点(如果是有向图,则是从 v_i 引出弧的终止顶点)。每个顶点由两个域组成;顶点域表示与 v_i 相邻的顶点的序号,链域用以指向下一个邻点。每个链表设一个表头顶点,这些表头顶点本身以向量的形式存储,以便随机访问任一顶点的链表。

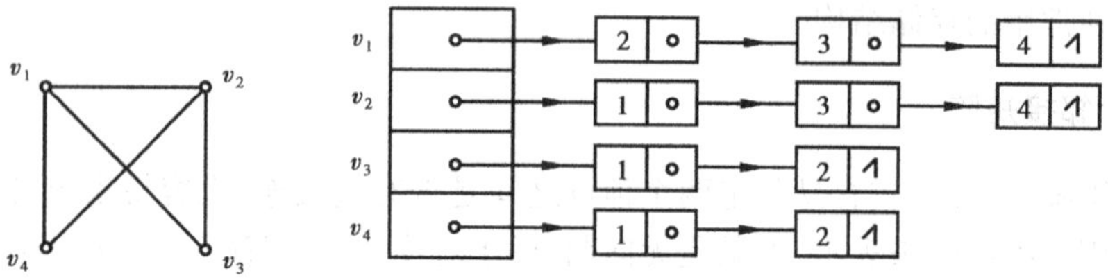

图 1.18

图 1.18 表示无向图及其邻接表,图 1.19 表示有向图及其邻接表,图中的"∧"表示指针为空。

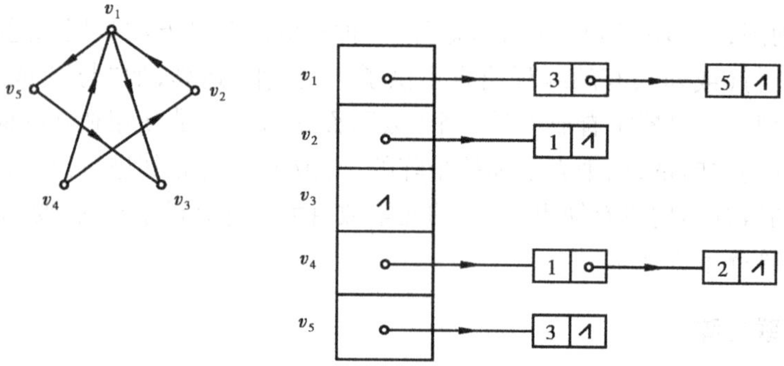

图 1.19

在无向图中,有 n 个顶点 m 条边,则其邻接表需 n 个顶点和 $2m$ 个表顶点,每个表顶点有两个域,显然在边稀疏的情况下,用邻接表比用邻接矩阵节省存储单元。

在无向图的邻接表中,第 i 个邻接表中顶点数即为顶点 v_i 的次数,对于有向图,则只是顶点 v_i 的出次,如果要求它的入次,必须对整个邻接表扫描一遍,找到顶点域的值为 v_i 的顶点个数,显然这种做法比较麻烦。为了确定各顶点的入次,可以建立一个逆邻接表,即每个顶点 v_i 建立一个指向 v_i 的边的表。图 1.20 给出了图 1.19 的逆邻接表。

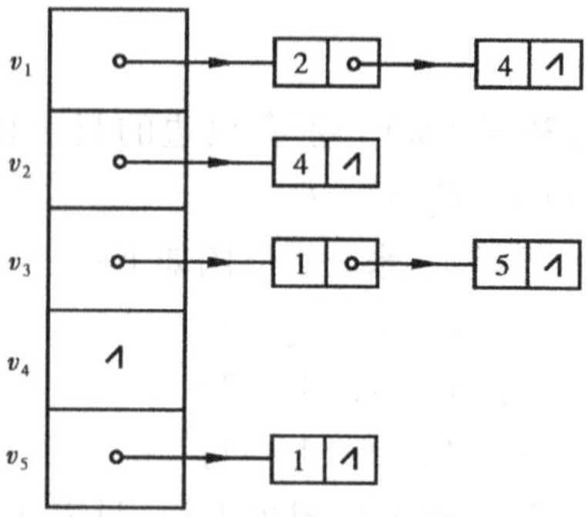

图 1.20

1.4.5　邻接数组

定义一个二维数组 $N_{n\times d}$，n 是顶点数，d 是最大次数，对有向图是最大出次。$N_{n\times d}$ 的第 i 行是与 v_i 相邻的顶点的编号，如是有向图，则是从 v_i 引出弧的终止点的编号。若与 v_i 相邻的顶点不足 d，就在后面添零。

图 1.17 的邻接数组为

$$N=\begin{matrix} v_1 \\ v_2 \\ v_3 \\ v_4 \end{matrix}\begin{bmatrix} 1 & 2 & 4 \\ 3 & 4 & 0 \\ 0 & 0 & 0 \\ 2 & 3 & 0 \end{bmatrix}$$

对于图论中用途十分广泛且有效的 DFS 法即深度优先搜索算法和路径寻找算法，这种存储方法较方便。

1.4.6　邻接顺序表

邻接数组表示法有一个缺点，其中有些零元素，特别当图中顶点的次数相差很大时，要浪费许多存储空间。邻接顺序表方法作了改进，它也是存储邻接信息的，仅用两个一维数组 $N(l)$ 和 $P(n)$，前者是各个顶点的相邻顶点依次排列的数组，最后一个元素零；后者是各顶点邻接点在 $N(l)$ 中的原始位置的指针数组。

如图 1.17 所示的邻接顺序表为

$$N(l)=(1,2,4,3,4,2,3,0)$$
$$P(n)=(1,4,6,6,8)$$

$P(n)$ 的最后一个元素是一个虚设点的指针，其值为 $N(l)$ 最后元素“0”的位置。如要找顶点 v_2 的所有出弧。第一步，找到 $v2$ 对应的指针 $P(2)=4$，以及下一顶点 v_3 对应的指针 $P(3)=6$；第二步，找出 N 中从位置 4 开始到位置 $6-1=5$ 的两个点 3,4，v_3，v_4 便是顶点 v_2 的所有出弧的终止点。在 P 中加入了一个虚拟点 5 的指针“8”是为了保证正确搜索。

邻接顺序表保持了邻接数组的邻接关系清楚的优点，又节省了存储空间，而且也易于编写分析图的程序，故用得较多。

1.5　算法及其计算复杂性

现代社会许多问题的解决都离不开计算机程序，而算法则是计算机程序的心脏。人们不仅需要算法，而且更需要好的算法。对于一个问题，找到一个解决方法，人们会很高兴。但若只停留于人们最初得到的算法，可能比继续去找到更快、更好算法所花的时间更多。例如，用行列式的定义来求一个 20 阶行列式的值，即使是每秒 1 000 万次的计算机也要花大约 15 万年的时间。从定义出发求 n 阶行列式的值的算法不可取，它虽然正确，但是无效。因此，寻找一个问题的有效算法非常重要。如何才能简便地判断一个算法的有效性呢？在什么情况下一个问题找不到有效算法来求出正确解？这便是本节的主要任务。

1.5.1 什么是算法

一个算法就是解决一特定问题的方法，是一系列确定步骤，它必须在有限的时间内终止。

例如，假设想确定在一个有向图 G 中，给定一对顶点 s 和 t，是否存在一条从顶点 s 到顶点 t 的有向路径。现将解这个问题的一个算法陈述如下：

第 1 步：Node$\leftarrow s$。

第 2 步：求从 Node 出发的所有有向弧（称这种过程为扫描一个顶点）。标记这些弧的头为“可达的”。标记 Node 为“已扫描”。

第 3 步：若顶点 t 已经有了标记“可达的”，则有向路径存在，算法终止；否则，继续。

第 4 步：在标记为“可达的”，并且在还没有扫描的顶点中，任选一点 u，Node$\leftarrow u$，返回第 2 步。若没有这样的顶点，则没有有向路径存在，停止。

注意：

①“$\leftarrow$”是代替运算（或叫赋值），“$\leftarrow$”的意思是把右边表达式的值赋予左边的变量。如“$n\leftarrow n+1$”表示 n 的当前值增加 1 后，代替 n 的值。

②表述一个算法一般有两种方式：步骤描述和框图。前面对求两点间有向路径算法的描述便属于第一种方式。描述算法的详略程度依赖于阅读并使用这一算法的读者。本书的算法均采用步骤描述的方式，应用时，再将其细化，转述为程序。

显然，可以应用该算法求有向路径的图有无穷多，对于判定两顶点是否存在路径的这种一般问题，每个这种问题的图都是这种一般问题的一个实例。因此，可称所有可能实例的集合为一个问题。一个正确算法必须对该问题中每一个实例给出正确解。要证明这一点往往非常困难。

一般，对于优化问题的精确算法是：当最优解存在时，总能产生最优解，例如，求解线性规则的单纯形法是一个精确算法。启发式算法是产生一个可能非常好的可行解，不必是最优解的算法。一般情况下，启发式算法非常快而且有效。当得不到精确算法或精确算法不实用时，经常使用启发式算法。

1.5.2 算法的时间复杂性

对一个特定的问题，可能有不同的算法。算法不同，效率也不同，因此，如何比较它们？通常，对一个算法，人们常用计算复杂性去衡量它的效率或计算的难度。评价一个算法计算复杂性的标准，是这种算法需要耗费的时间和空间。通常对一个算法，人们更关心的是时间耗费，即计算的时间复杂性，而对空间复杂性讨论较少。

一个算法的时间复杂性可以简单地表示为从输入数据到计算出结果所需的时间，它是输入长的函数。输入长常用一个正整数来表示，也称为问题的规模（或大小）。例如，图论中问题规模为图的边数或顶点数。

大家知道，同一算法的计算机执行时间与计算机型号、程序语言及程序员的技能等都有关。因此，这个时间无法精确度量。而是需要基于算法本身来确定算法的时间复杂度 $t(n)$（n 是输入长），并不受机型以及这个算法如何编码，是否用 GOTO 语句，While…end 循环等因素的影响。实际上，有一个“不变原理”，就是同一算法的两种不同执行在效率上最多只相差一个常数因子。例如，对于输入长为 n 的实例，如两种不同执行分别花了 $t_1(n)$，$t_2(n)$ 秒的时间，

则存在一个正常数 C 使得 $t_1(n) \leqslant Ct_2(n)$(只要 n 充分大)。

度量 $t(n)$ 的一个较恰当的方法是,计数这个算法所需的基本操作,这些基本操作包括加、减、比较、乘、除及交换存储位置。更粗略、更宏观地,计算这个算法必须执行的步骤数目,它是实例输入长的函数。

例 1.11　求 n 个数的最大者的一个算法如下:

```
Maxn = -999 999
For i = 1 to n Do
If Number(i) > Maxn then
Maxn = Number(i)
```

既然,我们要检查 n 个数每个一次,则步骤数为 n,称 $O(n)$ 这个算法的时间复杂度。

定义 1.12　若存在正数 C,使一个算法的执行时间 $\leqslant Ct(n)$,其中 n 为实例的输入长,则称这个算法花了 $t(n)$ 阶的时间,记为 $O(t(n))$,并称 $O(t(n))$ 为这个算法的时间复杂度。

这里"O"表示数量级的概念,例如,一个算法能在 kn^2 的时间内处理完输入长为 n 的实例,就说这个算法的时间复杂度是 $O(n^2)$,读作"n 平方级"。

例 1.12　下面 3 个简单的程序段:

```
(a)X = X + 1
(b)For i = 1to n Do
     X = X + 1
(c)For i = 1 To n Do
     For j = 1 To n Do
       X = X + 1
```

程序(a)只运算一步,执行时间是常数;程序(b)的语句要执行 n 次,计算的时间与 n 成正比;程序(c)的计算时间与 n^2 成正比。因此,3 个程序计算时间复杂度分别是 $O(1)$,$O(n)$,$O(n^2)$。

当需要比较两个复杂性函数的量级时,常采用下面定义的方法:

定义 1.13　设有两函数 $t_1(n)$ 与 $t_2(n)$,令

$$\lim_{n\to\infty}\frac{t_1(n)}{t_2(n)} = L$$

①若 L 为有限正常量,称 $t_1(n)$ 与 $t_2(n)$ 同量级。

②若 $L = 0$,则称 $t_1(n)$ 的量级比 $t_2(n)$ 的量级低。

③若 $L = \infty$,则称 $t_2(n)$ 的量级比 $t_1(n)$ 低。

例 1.13　比较量级:

$$t_1(n) = \ln(n) \quad t_2(n) = n \quad t_3(n) = \frac{1}{2}n^2 \quad t_4(n) = 3n^2 - 4n + 2$$

$$t_5(n) = n^b \quad t_6(n) = a^n \quad (a, b > 1) \quad t_7(n) = n!$$

因　$\lim\limits_{n\to\infty}\dfrac{t_1(n)}{t_2(n)} = 0$　　故 $\ln(n)$ 的量级比 n 低;

因　$\lim\limits_{n\to\infty}\dfrac{t_3(n)}{t_4(n)} = \dfrac{1}{6}$　　故 $\dfrac{1}{2}n^2$ 与 $3n^2 - 4n + 2$ 同量级;

因 $\lim\limits_{n\to\infty}\dfrac{a^n}{n^b}=\infty$　　故 a^n 的量级比 n^b 的量级高；

因 $\lim\limits_{n\to\infty}\dfrac{a^n}{n!}=0$　　故 $n!$ 的量级比 a^n 的量级高。

综上，$t_1(n)$，$t_2(n)$，$t_3(n)$，$t_4(n)$，$t_5(n)$，$t_6(n)$，$t_7(n)$的量级是由低到高。

从上面的例子可知，对数函数的量级低于多项式的量级（次数≥1）；多项式的次数越低则量级越低；指数函数的量级高于多项式量级，n 的阶乘的量级高于指数的量级。

这样的算法复杂性函数量级分析有何好处呢？设有 4 种算法，其时间复杂度分别是 n^2，n^3，2^n，$n!$，其中 n 是输入长。设计计算机计算速度为每秒百万次，$n=128$ 时，各算法所需的计算时间见表 1.1。

表 1.1　几种典型复杂度函数对应的计算时间

时间复杂性	n^2	n^3	2^n	$n!$
计算时间	$\frac{1}{64}$秒	2 秒	2^{76}世纪	5×2^{662}世纪

显然，指数时间复杂度和阶乘时间复杂度的算法是不可能在实际有限的时间内完成的，是无用的坏算法，应尽量避免。而多项式阶的算法是人们所希望得到的，把多项式时间复杂性的算法称为有效算法、好算法。由此可见，一个算法的时间复杂性函数的量级是反映算法性能的重要指标。对于某一个问题而言，如算法的时间复杂性函数的量级越低，说明算法的效率越高。

可能认为，现代计算机发展突飞猛进，计算速度成百成千倍增加，算法效率高低已没多大意义，其实不然，表 1.2 给出了提高计算机运算速度对列出的算法带来处理能力增加的情况。

表 1.2　计算机计算速度提高前后针对几种典型复杂度算法的处理能力比较

算法	时间复杂性	1 h 能处理的实例规模	提高速度 2^{10}倍 1 h 能处理的实例规模
A_1	n	N_1	$1024N_1$
A_2	n^2	N_2	$32N_2$
A_3	2^n	N_3	N_3+10
A_4	8^n	N_4	$N_4+3.3$

从表 1.2 可知，对于多项式时间算法，提高计算机运算速度，对提高计算效率还能收到较为明显的效果，而对指数时间算法，虽然计算机计算速度提高了千倍，但由于算法本身的笨拙，并未显示出大型快速计算机的优势来。虽然计算机的更新换代是必要的和令人鼓舞的进展，但从某种意义上来说，提供好的算法比机器提高速度更为有效。

这里又再次说明，多项式时间算法是有效算法、好算法，而指数时间以上的算法为低效算法、坏算法。但另一方面，当问题的规模较小时，计算复杂性量级高的算法，可能反而比计算复杂性量级低的算法要好。

例 1.14　设 A_1，A_2，A_3，A_4 的时间复杂度为

$$t_1(n)=1\,000n\quad t_2(n)=100n\log_2 n\quad t_3(n)=10n^2\quad t_4(n)=2^n$$

则当 $2<n\leqslant 9$ 时，A_4 比 A_1,A_2,A_3 都好；当 $10\leqslant n\leqslant 58$ 时，A_3 比其他算法好；当 $59\leqslant n\leqslant 1\,024$ 时，A_2 比其他算法好；$n>1\,024$ 时，算法 A_1 最好。

因此，复杂性量级分析，只是对大型问题而言，并不是说对实际中所有问题都适合，除了注意复杂性函数的量级以外，也应注意所含的常数因子以及实际问题的规模。例如，单纯形法被证明对某些构造出的问题计算时间呈指数增长，但它对大多数实际问题是非常有效的。

1.5.3　P，NPC 与 NPH 问题浅说

在近几十年来，算法复杂性的重要性与日俱增的一个原因是：存在许多还没找到有效算法的问题。也许其中最著名的要数图论中的"旅行推销员问题"，简称"TSP"，即"已给一个 n 个点的完全图，每条边都有一个长度，求总长度最短的经过每个顶点正好一次的封闭回路"。Edmomds，Cook 和 Karp 等人发现，这批难题有一个值得注意的性质，对其中一个问题存在有效算法时，每个问题都会有有效算法。目前倾向于接受 NP 完全问题（NP-Complete 或者 NPC）和 NP 难题不存在有效算法这一猜想，认为这类问题的大型实例不能用精确算法求解，必须寻求这类问题的有效近似算法。

计算复杂性理论源于对判定问题算法的研究。

判定问题：其答案不是"是"就是"否"的问题。例如，一个图的两顶点之间存在路径吗？判定问题有 3 类：P，NP 和 NPC。

P 类：已有多项式时间的算法的判定问题。

NP 类：已有指数时间算法的判定问题，包括 P 类。

NPC 类：是 NP 的一个子集，且其中每一个问题均能由 NP 中的任何问题在多项式时间内转化而成。问题 A 能在多项式时间内转化问题 B 可理解为，问题 A 有一个算法以问题 B 的算法为子程序，当把每次对 B 算法的调用看做一个基本操作（只花常数时间）时，A 这个算法是多项式时间的。

在 NPC 问题之外，还有一些问题，其难度与 NPC 相当或难度超过 NPC，这就是 NPH 问题。何谓 NPH 问题呢？

NPH 类：若问题 A 不属于 NP 类，已知某一 NPC 问题可在多项式时间之内转化为问题 A，则称 A 为 NP 难题。例如，"TSP"是 NPH 问题。

注意：

①上述这些还不是严格定义，要准确说明 P，NP 和 NPC 问题的定义必须借助确定型图灵机（deterministic turing machine）和非确定型图灵机的概念。

②在某些文献中也将"NP"难题与"NP 完全问题"混用，因而也称"TSP"为"NP"完全问题。NPC 类问题是 NP 类问题中最困难的一类问题，若 NPC 类中一个问题有多项式时间算法，则 NP 类中所有问题都有多项式时间算法。

③迄今，已证明为 NPC 的问题已有千个。其中，比较著名的有：哈密尔顿路径问题、图的着色问题、独立集、顶点覆盖问题、团的问题及三维匹配问题等。

习题 1

1. 3 个人和 3 个机器人要从左岸渡到右岸，船只有一只，每次可渡人或机器人共两名，3 个人都会划船，机器人中仅有一个会划船，为防止意外，每岸有人的时候，人的数目不能比机器人数目少，应当怎样渡河呢？

2. 证明：如果 G 是简单图，则 $\varepsilon \leqslant C_\nu^2$。

3. 设 G 是简单图，证明 G 是完备图的充要条件是 $\varepsilon = C_\nu^2$。

4. 证明：(1) $\varepsilon(k_{m,n}) = mn$；(2) 若 G 是简单二部图，则 $\varepsilon \leqslant v^2/4$。

5. 证明 K 维超立方体 Q_k 的顶点是 2^k，边数是 $k2^{k-1}$，且是二部图，其中，Q_k 的顶点集 $V = \{(a_1, a_2, \cdots, a_k) \mid a_i = 0$ 或 $1\}$，且两顶点相邻当且仅当这两个 k 维序列正好有一对应项不相同。

6. 证明：$\delta \leqslant \dfrac{2\varepsilon}{\nu} \leqslant \Delta$

7. 证明：$k > 0$ 的任何 k 正则二部图，其两部的顶点数必相等，其中 k 正则图是指每个顶点次数都为 k 的图。

8. 任何两个以上的人组成的人群中，至少有两个人，他们的朋友数一样多。

9. 一间房子里有 $N(>3)$ 个人，至少有一个人没有和房子里每个人握手，房子里可能与每个人握手的人数的极大值是几？

10. 在一次象棋比赛中，若每名选手与其余选手都比赛过，人数是 n，求总盘数。

11. 设 $S = \{x_1, x_2, \cdots, x_n\}$ 是平面上的点集，其中任意两点间的距离至少是 1，证明：距离正好是 1 的点对数最多为 $3n$。

12. 一个旅游小组，其任意 4 个人至少有 1 人以前见过另外 3 人，则任意 4 人中有 1 人，他早就见过旅游小组（至少 4 人）内其余的每人。

13. $A \subseteq V(G)$，k 是恰有一个端点在 A 内的边的条数，若 A 内奇次顶点的个数为偶数，则 k 为偶数；否则，k 为常数。

14. 证明 4 个顶点可以构成 11 个不同构的简单图。

15. ①设 $G \cong H$，则 $\nu(G) = \nu(H)$，$\varepsilon(G) = \varepsilon(H)$。

②①之逆不成立。

16. 证明图 1.21 中的两图同构。

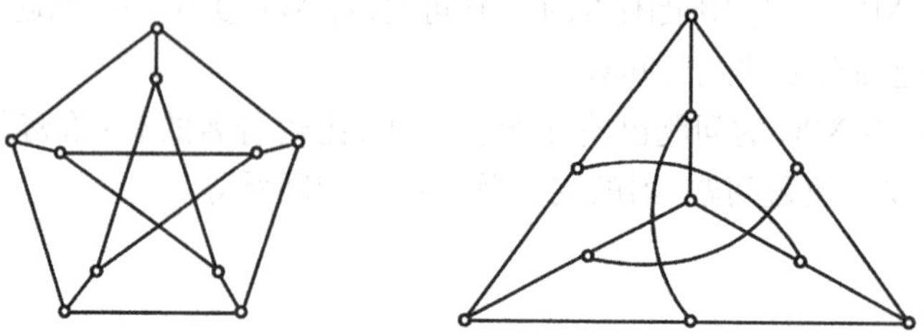

图 1.21

17. 在 n 个运动队间安排了一项竞赛，已赛 $n+1$ 局，试证：存在一个队，它至少参加过 3 局比赛。

18. 设 G 是二部图，证明：如果适当排列 G 的顶点的顺序，可以使 G 的邻接矩阵具有如下形式：

$$\begin{bmatrix} 0 & A_{12} \\ A_{21} & 0 \end{bmatrix}$$

其中，A_{21} 是 A_{12} 的转置。

19. 设 G 是简单图，证明：矩阵 MM' 和 A^2 的主对角线上的元素正好是 G 中相应各顶点的度数。

20. 图 G 的边图是以 $E(G)$ 为顶点集，又当且仅当 G 中两条边相邻时，在边图中此二顶点相邻，证明若 G 为简单图，则 G 的边图有 $\varepsilon(G)$ 个顶点，$\sum\limits_{v\in V(G)}\binom{d_G(v)}{2}$ 条边，画出 K_5 的边图。

21. 假设某校的田径选拔赛共设 6 个项目的比赛，即跳高、跳远、标枪、铅球，100 m 和 200 m 短跑，规定每个选手至多参加 3 个项目的比赛。现有 7 名选手报名，选手所选项目如表 1.3 所示。现在要求设计一个比赛日程安排表，使得在尽可能短的时间内完成比赛。

表 1.3　参赛选手比赛项目表

姓　名	项目 1	项目 2	项目 3
赵宁	跳高	跳远	铅球
钱虎	跳远	100 m	
孙正	跳高	200 m	
李江	200 m	标枪	
杨众	跳远	铅球	跳高
刘平	铅球	跳高	200 m
王跃	标枪	跳远	100 m

22. 假定有一个 $n\times m$ 矩形国际象棋盘（代替标准的 8×8 棋盘）。是否存在一连串符合规定的着法，使马可以从某个指定的方格走到另一个指定的方法？

①如何画出相应的图，使路中每条路径代表马的一连串符合规定的着法。

②在 3×3 棋盘上，是否任意两个方格同都存在这样一连串符合规定的着法？试用图论术语说明。

23. 对于本章给出的求有向图中给定的两顶点 s 和 t 之间，从 s 到 t 的有向路径的算法。

①若图的存储结构采用关联矩阵，求其时间复杂度。

②若图的存储结构采用邻接矩阵，求其时间复杂度。

③这两个由不同数据结构产生的不同算法的时间复杂度不同，哪个算法好？

第2章 树

树在图论里是一个重要的概念，它是所有图中极为简单又极为重要的一类图，一般图的难题或算法大都首先从树入手探讨，有的问题对一般图难以解决，而对于树，则可以圆满解决。这一章首先讨论图的连通及图的遍历方法；然后讨论树及其性质、生成树算法；最后介绍有向树。

2.1 路径与连通

首先讨论无向图。

定义 2.1 在无向图 $G=(V,E,\psi)$ 中，设 $\psi(e_i)=v_{i-1}v_i(i=1,2,\cdots,k)$：

①序列 $v_0e_1v_1e_2v_2\cdots e_kv_k$ 称为从 v_0 到 v_k 的一条通路，记为 Wv_0v_k；

②边不重复但顶点可重复的通路称为道路记为 Tv_0v_k；

③顶点不重复的通路称为路径，记为 Pv_0v_k。

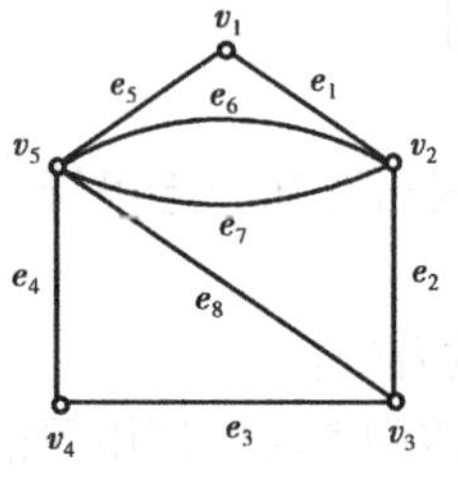

图 2.1

在图 2.1 中：

通路：$W_{v_1v_3}=v_1e_1v_2e_6v_5e_7v_2e_6v_5e_4v_4e_3v_3$

道路：$T_{v_1v_2}=v_1c_1v_2e_6v_5e_7v_2e_2v_3$

路径：$P_{v_1v_3}=v_1e_1v_2e_6v_5e_8v_3$

在一个简单图里，通路可表示为一个顶点序列 $v_0\ v_1\ v_2\cdots\ v_k$。显然若 u 与 v 之间存在通路，则 u 与 v 之间必存在路径。

定义 2.2 设 G 是一个无向图：

①如 G 中存在路径 P_{uv}，则称顶点 u 与 v 在 G 中连通；

②若 G 中任意两顶点都连通，称 G 连通；

③G 的最大连通子图称为 G 的连通片（或 G 的分图），用 $\omega(G)$ 表示 G 的连通片数目。

由此定义知 G 是连通图当且仅当 $\omega(G)=1$。

图 2.2 给出了连通和非连通图。

例 2.1 有 $2n$ 个电话交换台，每个台与至少 n 个台有直通线路，则其中任两台之间可以通话。

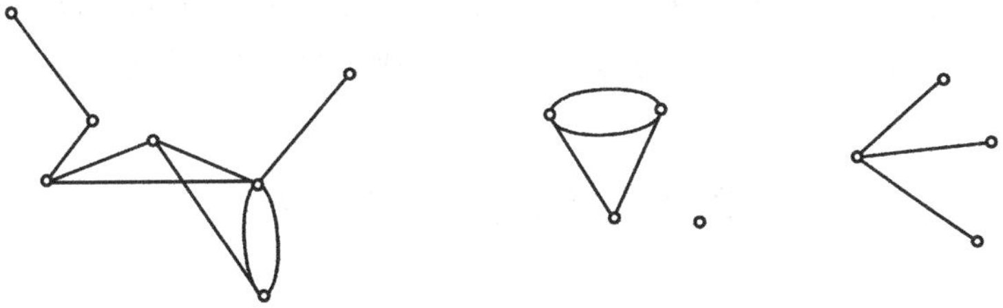

图2.2

证　把交换台视为图 G 的顶点，当且仅当两个台有直通线路时，两个相应的顶点连边，于是问题转化为：$2n$ 个顶点的简单图，每顶点的次数至少为 n，则 G 是连通的。事实上，若 G 不连通，则 G 至少有两个连通片，从而顶点数最少的那个连通片的顶点数目至多是 n，在此连通片中，顶点的次数最大是 $n-1$，与 G 中每顶点次数至少为 n 矛盾。

例2.2　图中只有两个奇次顶点，则此二顶点必连通。

证　否则此二顶点分属两个连通片，而每个连通片看成一个图时，只有一个奇次顶点，这不可能。

定义2.3　①起点和终点重合的路径称为圈，记为 C_k，其中 k 为圈所含的边的数目。

②一条路径(或圈)所含边的数目称为这条路径(或圈)的长度。

③圈的长度为奇数的圈称为奇圈，记为 C_{2n+1}，圈长为偶数的圈称为偶圈，记为 C_{2n}。

定义2.4　G 中顶点 u 到 v 的最短路径的长度，称为 u 与 v 之间的距离，记为 $d(u,v)$。

应用圈的概念，可以给出二部图的一个重要特征。

定理2.1　G 是二部图当且仅当 G 不含奇圈。

证　必要性　若二部图 G 中无圈，则无奇圈。若 G 中有一个圈 $C=v_0v_1v_2\cdots v_kv_0$，不妨设 $v_0\in X$，于是，$v_0,v_2,\cdots,v_0\in X$，$v_1,v_3,\cdots,v_k\in Y$，可见 k 是奇数，圈 C 的长为 $k+1$，是偶圈，故二部图无奇圈。

充分性　不妨设 G 为连通图，若 G 中无奇圈，任取 $v_1\in V(G)$，令

$$X=\{v|\ v\in V(G),d(v_1,v)\text{是偶数}\}$$

$$Y=\{v|\ v\in V(G),d(v_1,v)\text{是奇数}\}$$

任取 $u,v\in X$，设 P 是 v_1 到 u 的最短路径，Q 是 v_1 到 v 的最短路径，设 u_1 是 P,Q 的最后一个公共点，则 P 上一段 $P_1(v_1,u_1)$ 和 Q 上一段 $Q_1(v_1,u_1)$ 必等长，否则，若 $|P_1|<|Q_1|$，则 $P_1(v_1,u_1)\cup Q_1(u_1,v)$ 是比 $Q(v_1,v)$ 更短的从 v_1 到 v 的最短路径，与 $Q(v_1,v)$ 是最短路径矛盾。又因 P,Q 的长度为偶数，故 P 上一段 $P_2(u_1,u)$ 和 Q 上的一段 $Q_2(u_1,v)$ 的长度必有相同的奇偶性，若 u,v 相邻，则 P_2,Q_2,uv 围成一奇圈，与 G 无奇圈矛盾，故 X 中任二顶点不相邻。同理，可证 Y 中任二顶点不相邻。故 G 是划分为 (X,Y) 的二部图，证毕。

例2.3　在一个简单图 G 中，若 G 的每个顶点的次数至少是2，则 G 含有一个圈。

证　设 $P(u,v)$ 是此简单图 G 中的最长路径，由于 $d(v)\geqslant 2$，故存在不在 $P(u,v)$ 上的一条边 e 与 v 关联，设 e 的另一端点为 w，若 $w\notin P(u,v)$，则 $P(u,v)$ 可加长，与 $P(u,v)$ 最长矛盾。故 $w\in P(u,v)$，P 上从 w 到 v，再加上边 vw 便为 G 中的圈，因此，G 中有圈。

此例中的所谓“最长路径方法”以后还会用到，它是图论中的典型技巧之一。

例2.4　G 是简单图，每个顶点次数不小于3，则 G 中有偶圈。

证　设 $v_0v_1v_2\cdots v_m$ 是 G 中的一条最长路径，由于 $d(v_0)\geqslant 3$，存在 $v_i\neq v_j$，$1<i<j\leqslant m$，v_i,v_j

皆与 v_0 相邻，若 i 与 j 有奇数，比如 i 是奇数，则 $v_0,v_1,v_2,\cdots,v_i$ 与边 v_0v_i 合成一个偶圈（长 $i+1$），若 i,j 是偶数，则由 $v_i,v_{i+1},\cdots,v_j$ 与边 v_0v_i,v_0v_j 合成一个偶圈（长为 $j-i+2$）。

2.2 有向图的连通性

无向图中的许多概念都可推广到有向图。

定义 2.5 在有向图 $D=(V,A,\psi)$ 中：

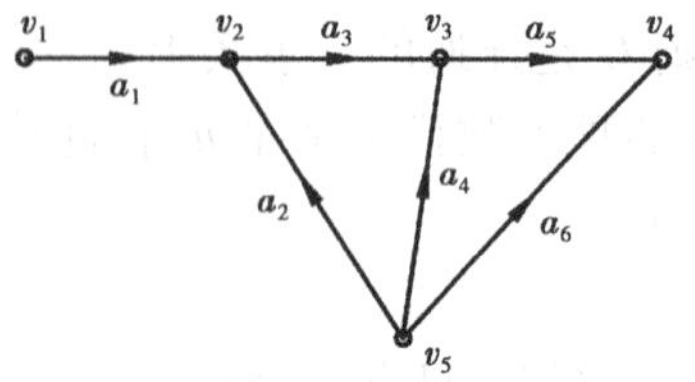

图 2.3

①设 $\psi(a_i)=(v_{i-1},v_i)$，序列 $v_0a_1v_1a_2v_2\cdots a_kv_k$ 称为从 v_0 到 v_k 的有向通路。

②弧不重复但顶点可重复的有向通路称为有向道路。

③顶点不重复的有向通路称为有向路径。

④起点和终点重合的有向路径称为有向圈，起点和终点重合的有向通路称为有向回路。

路径和圈的长度同无向图一样。在图 2.3 中，$v_1a_1v_2a_3v_3a_5v_4$ 是一个长度为 3 的有向路径，其中每条弧的方向都是一致的，由起点 v_1 指向终点 v_4。

定义 2.6 在有向图中：

①若存在从顶点 u 到 v 的有向通路，则称顶点 u 可到达 v。

②若改变某些弧的方向，能从顶点 u 到达 v，则称顶点 u 与 v 是连接的，并称 u 与 v 之间存在一条半通路。

图 2.4

在图 2.4 中，不存在 u 到 v 的有向路径，但 u 与 v 之间存在一条半通路。

定义 2.7 在有向图 D 中，对任意两顶点 v_i,v_j：

①若 v_i 与 v_j 可以互相到达，则称 D 为强连通图。

②若 v_i 可到达 v_j，或 v_j 可到达 v_i，则称 D 为单向连通图。

③若 v_i 与 v_j 是连接的，则称 D 是弱连通图。

④不满足以上条件的图称为不连通图。

在图 2.5 中，图 2.5(a)是强连通图，图 2.5(b)是单向连通图，图 2.5(c)是弱连通图，图 2.5(d)是不连通图。

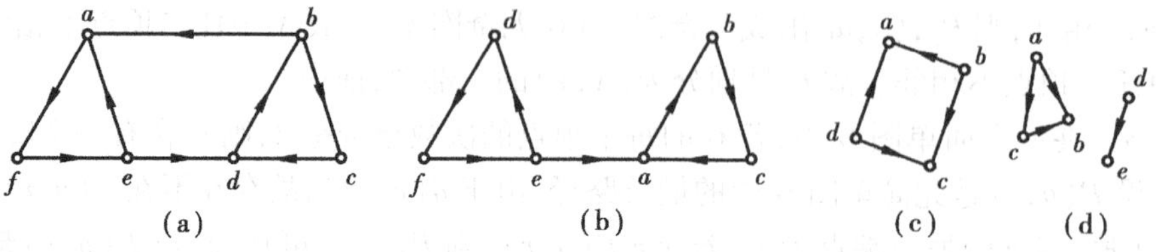

图 2.5

连通图的类型是根据连通性的强弱划分的，强连通图的连通性最强，显然强连通必然也是单向连通，单向连通必然也是弱连通，但其逆不成立。

判别一个有向图是哪一类连通图，如采用检查任意两点间路径的方法，当结点数 n 较大时，是很繁琐的。下面介绍一个有效的判别定理，先给出一个定义。

定义 2.8　在有向图 D 中：

①通过所有顶点的有向回路，称为 D 的完备回路。

②通过所有顶点的有向通路，称为 D 的完备通路。

③通过所有顶点的半通路，称为 D 的完备半通路。

定理 2.2　一个有向图 D 是强连通的，当且仅当它有一条完备回路。

证　充分性　设 D 有一完备回路

$$c = v_1 v_2 \cdots v_i v_{i+1} \cdots v_j v_{j+1} \cdots v_t v_1 \quad (t \geqslant n)$$

对 D 的任二顶点 v_i, v_j 必在回路 c 上，则 $v_i v_{i+1} \cdots v_j$ 是从 v_i 到 v_j 的一条有向通路，即 v_i 可到达 v_j，而 $v_j v_{j+1} \cdots v_t, v_1, v_2, \cdots, v_i$ 则是从 v_j 到 v_i 的一条有向通路，故 v_j 亦可到达 v_i。因此，D 是强连通的。

必要性　设 D 是强连通的，把 D 的全部顶点列出如下：$v_1, v_2, \cdots, v_{n-1}, v_n$，则必存在 v_1 到 v_2 的有向通路 W_1，v_2 到 v_3 的有向通路 $W_2, \cdots, v_{n-1}$ 到 v_n 的有向通路 W_{n-1} 及从 v_n 到 v_1 的有向通路 W_n，把这些情况依次排列如下：

$W_1 W_2 \cdots W_{n-1} W_n$，显然这是一条从 v_1 到 v_n 又回到 v_1 且通过 D 的所有顶点的完备回路，证毕。

推论 2.2.1　一个有向图是单向连通的，当且仅当它有一条完备通路。

推论 2.2.2　一个有向图是弱连通的，当且仅当它有一条完备半通路。

例 2.5　在图 2.5 中，图 2.5(a)存在一条完备回路 *afedbcdba*，故图 2.5(a)是强连通的。图 2.5(b)存在一条完备通路 *afedbc*，故图 2.5(b)是单向连通图。同理，可判定图 2.5(c)是弱连通图。

定义 2.9　在有向图 D 中，最大的强连通子图 D_1 称为 D 的强连通片或强连通分图。

所谓最大的强连通子图 D_1，是指 D_1 是强连通的子图，且 D 不再有包含 D_1 的强连通子图。

如图 2.6 所示的强连通片有：

$D_1 = (\{v_1, v_2, v_3\}, \{e_1, e_2, e_3\})$

$D_2 = (\{v_4, v_5\}, \{e_5, e_6\})$

$D_3 = (\{v_6\}, \varnothing)$

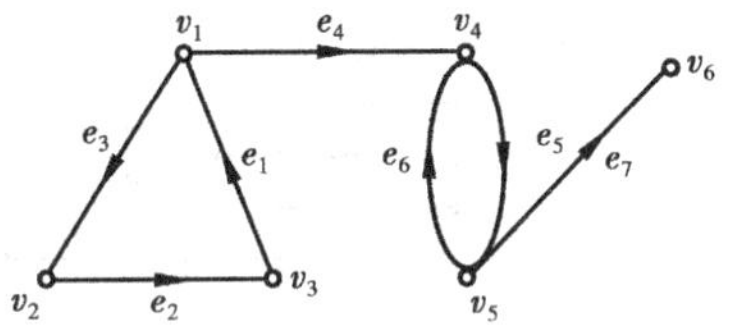

图 2.6

如果以两个顶点是否在同一个强分图中作为两个顶点的一种关系，则这是一个等价关系。因此，一个强分图就是一个等价类，强分图的集合就是等价类的集合。它产生有向图 D 的顶点集的一个划分，由划分的性质，立刻可得：

定理 2.3　有向图 D 的每一个顶点必在一个且仅在一个强分图中。

推论 2.3　有向图的各强分图无公共顶点也无公共边。

2.3　图的搜索

在解图论问题的算法中，经常需要从图的某一点出发，系统地访问图的其余顶点，且使每一个顶点最多被访问一次，这一过程称为图的搜索。搜索算法是基本的图算法，各种不同的搜索是许多图算法的核心。

在一个图 G 中搜索算法的基本思路:从一个顶点 v_1 开始,给它一个"标记",$N(v_1)$。然后给 v_1 的邻点标记,再给它的邻点的邻点标记,如此等等。最典型的搜索方法有两种,即深度优先搜索法(DFS)和广度优先搜索法(BFS)。

2.3.1 深度优先搜索法 DFS

深探法探索过程的基本思想是:从顶点 v_0 开始,设 u 与 v_0 相邻,搜索到 u;设 w 与 u 相邻,则继续搜索到 w。一般,设 x 是当前搜索到的顶点,若与 x 相邻的顶点 y 未访问过,则搜索到 y,如与 x 相邻的所有顶点都已被访问过,则退回到 x 的前一顶点(称为 x 的先驱点)。重复上述过程,直到所有顶点都已被访问到为止。此算法的特点是向纵深方向搜索,产生一条尽可能长的路径,仅当这路径不可能再延长时退回到前一顶点继续搜索。

深探法的步骤如下:

$P(v)$:v 的先驱点(v 的前一个访问点)

$N(v)$:v 的标号,即 v 被访问的顺序号。

T:输出的图。

输入无向图 G 的每个顶点的邻接表 $L(v_i)$:

①$T\leftarrow\Phi$,对所有 $v\in V,N(v)\leftarrow 0,P(v)\leftarrow 0,P(v_1)\leftarrow v_1,v\leftarrow v_1,i\leftarrow 0,N(v_1)\leftarrow 1$。

②对 $L(n)$ 的每个顶点 v',如都有 $N(v')\neq 0$,则转④,否则转下一步。

③$L(v)$ 中存在顶点 v' 使 $N(v')=0$,则 $T\leftarrow T\cup\{(v,v')\},i\leftarrow i+1,P(v')\leftarrow v,v\leftarrow v',N(v)\leftarrow i+1$,转②。

④如 $i=n-1$ 或 $v=v_1$,则输出 T,停机,否则 $v\leftarrow P(v)$,转②。

例 2.6 用深探法搜索图 2.7。

图 2.7(a)的邻接表为图 2.7(b):

以顶点 1 为起点。

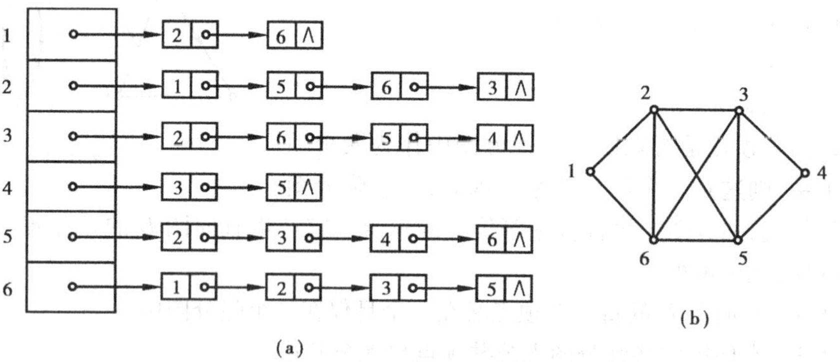

图 2.7

各点的搜索次序为:1→2→5→3→6→4,其搜索路线如图 2.8 所示。

显然搜索路线不仅与起始点有关,而且与邻接表给定的顺序也有关。采用邻接表这种存储结构,由于对每条边至多运算一次,故时间复杂度为 $0(|E|)$,如用邻接矩阵表示图,时间复杂度将是 $0(n^2)$,可见数据结构的选择也相当重要。

利用搜索算法可判定一个图是否连通,一个图 G 连通当且仅当搜索后所有顶点都得到了标记。

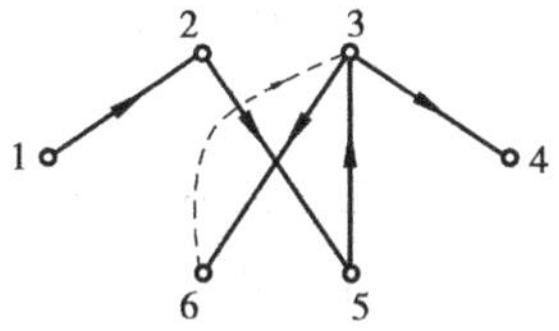

图2.8

2.3.2　广度优先搜索 BFS

广探法的基本思想是:从 v_0 开始,依次访问 v_0 的所有邻点 $v_1,v_2,\cdots,v_l$,然后依次访问与 v_1 邻接的所有顶点,已经访问过的顶点不再访问,依次继续搜索,直到所有的顶点都被访问过为止。这样一个扇形展开的搜索方法称为广探法。

广度优先搜索法的算法步骤如下:

输入无向图 G 每个顶点的邻接表 $L(v)$,建立一个先进先出的表(队列)Q:

①$T\leftarrow\Phi$,对所有的点 $v\in V,N(v)\leftarrow 0,Q\leftarrow 0,i\leftarrow 0,v\leftarrow v_0,N(v)\leftarrow 1$。

②对 $L(v)$ 的每个顶点 u,如都有 $N(u)\neq 0$。则转④,否则转下一步。

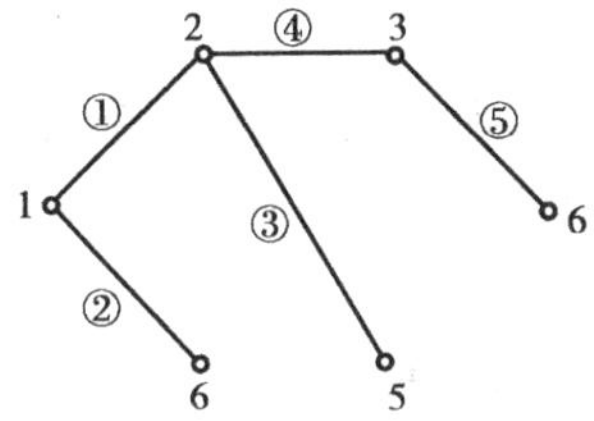

图2.9

③$L(v)$ 中存在顶点 u,使 $N(u)=0$,则 $T\leftarrow T\cup\{v,u\}$,$Q\leftarrow Q\cup\{u\}$,$i\leftarrow i+1$,$N(u)\leftarrow i+1$,转②。

④若 $i=n-1$ 或 Q 为空,停止,否则从 Q 中取排头元素 u,在 Q 中删除 u,$v\leftarrow u$,转②。

例2.7　用广探法搜索图2.7,其邻接表如例2.6。

以顶点1为起点。

各点的搜索次序为1→2→6→5→3→4。

其搜索路线如图2.9所示,同深探法一样,搜索路线不仅与起始点的选择有关,也有邻接表给定的顺序有关。广探法的时间复杂度也是 $0(|E|)$。

2.4　树及其性质

定义2.10　无圈连通图称为树,记为 T;T 中 $d(v)=1$ 的顶点 v 称为树叶;每个连通片都是树的图称为森林或林;孤立顶点称为平凡树。

图2.10绘出了全体6个顶点的不同构树,共有6棵。

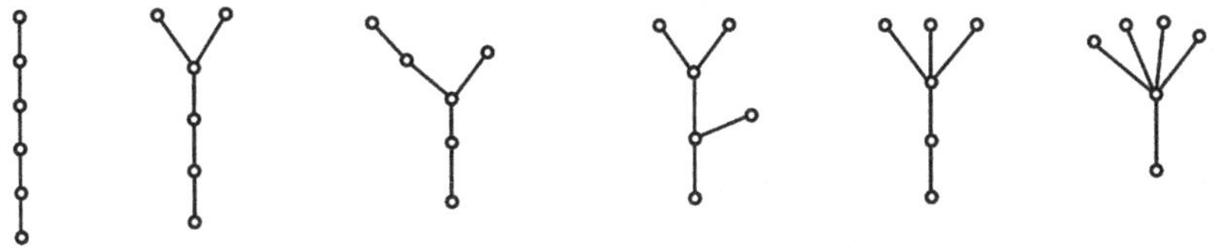

图2.10

2.4.1　树的特征

下面介绍树的若干特征定理。

定理2.4　G 是树的充要条件是:G 无环且任何两个顶点之间有唯一的路径。

证　必要性　设 G 是树,则连通,故对 $V(G)$ 中任二顶点 u,v,存在路径 $P_1(u,v)$,若还存

在 $P_2(u,v) \neq P_1(u,v)$，则 P_1 上有边 $e = xy$，不是 P_2 的边，但 $P_1 \cup P_2 - e$ 显然连通，因此，存在路径 $P(x,y)$，于是 $P+e$ 就是 G 中的一个圈，这与 G 是树相违。

充分性 设 G 是无环图，且任二顶点间仅有一条路径，故 G 连通。下证 G 不含圈，否则，设 C 是 G 中一圈，则 C 上任二顶点间总有两条路径，这与假设矛盾，故 G 无圈，证毕。

定理 2.5 G 是树的充要条件是 G 连通，且 $\varepsilon(G) = \nu(G) - 1$。

证 必要性 对 G 的顶点数 ν 用归纳法：

①当 $\nu = 1,2$ 时，结论显然。

②假定当 $\nu < n,(n > 2)$ 结论成立，下证 $v = n$ 时，结论成立。取 $uv \in E(G)$，$G_0 = G - uv$，在 u 与 v 之间只有一条路径即边 uv，故 G_0 中 u 与 v 之间没有路径，G_0 不连通且 $\omega(G_0) = 2$。设 G_2 是 G_0 的两连通片，在 G_1 和 G_2 中，均无圈，G_1 和 G_2 是树，由归纳假设：$\varepsilon(G_1) = \nu(G_2) - 1$，$\varepsilon(G_2) = \nu(G_2) - 1$，故 $\varepsilon(G) = \varepsilon(G_1) + \varepsilon(G_2) + 1 = \nu(G) - 1$。

充分性 只需证 G 无圈。

①当 $\nu = 1,2$ 时，结论显然。

②假定 $\nu < n$ 时，G 无圈，下证 $\nu = n$ 时，G 无圈，现设 $\nu = n(n \geqslant 0)$，则 G 至少有一点 u 的次数为 1；否则，$\delta \geqslant 2, 2\varepsilon = \sum d(v) \geqslant n\delta \geqslant 2n, \varepsilon \geqslant n$，不可能。于是 $G-u$ 连通，且 $\varepsilon(G-u) = \varepsilon(G) - 1\varepsilon(G-u) = \nu(G-u) - 1$，由归纳假设 $G-u$ 无圈，从而 G 也无圈，证毕。

定理 2.6 G 是树的充要条件是 G 连通，且对 G 的任一边 e，$G-e$ 不连通。

证 必要性 只需证 $G-e$ 不连通，设 $e = uv$，由定理 2.4 知，u 与 v 之间只有唯一路径即 uv，故 $G-e$ 中 u 与 v 之间无路径相连，因此 $G-e$ 不连通。

充分性 只需证 G 无圈，否则若 G 有圈 C，e 是圈 C 上的一边，则显然 $G-e$ 连通，与 $G-e$ 不连通相违，故 G 无圈。证毕。

定理 2.7 ①G 是树的充要条件是 G 无圈且 $\varepsilon(G) = \nu(G) - 1$。

②G 是树的充要条件是 G 无圈，对任意 $e = uv \notin E(G)(u,v \in V(G))$，$G+e$ 恰有一个圈。

此定理的结论不难由定理 2.6 得出。

推论 2.7.1 每个非平凡树至少有两个一次顶点。

证 设 G 是一个非平凡树，G 的一次顶点个数 $k < 2$，则至少 $\nu - 1$ 个顶点的次数 $\geqslant 2$，而余下顶点的次数 $\geqslant 1$，故

$$2\varepsilon = \sum_{\varepsilon \in V(G)} d(v) > 2(\nu - 1)$$

即 $\varepsilon > \nu - 1$

这与 G 是树矛盾。

定义 2.11 若 T 是 G 的生成子图，且 T 是树，则称 T 为 G 的生成树。

推论 2.7.2 G 连通的充要条件是 G 有生成树。

证 充分性 显然。

必要性 设 G 连通，T 是 G 的边数最少的连通生成子图，则 T 不含圈；否则，任意去掉圈上一边，T 仍连通，与 T 是边数最少的连通生成子图矛盾，证毕。

2.4.2 生成树的数目

顶点标记了的连通图，除非它本身就是树，一般的，有不止一个生成树。可把只要有一边

不相同的生成树视为不同的生成树,它们可以同构。例如,在图 2.11 中绘出了一个图 G 的全部 8 个不同的生成树。但 G 只有两个不同构的生成树。一个小小的 K_{10} 不同的生成树竟有一亿棵。这里将给出一个求生成树个数的方法及完备图生成树数目的 Caylay 公式。

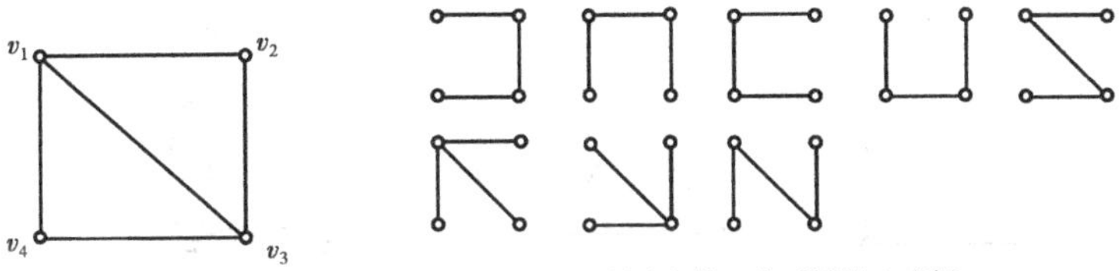

(a)G　　(b)G 的 8 个不同的生成树

图 2.11

图 G 的一边 e 被收缩,是指从 G 中把 e 删除,并将 e 的两端点重合,所得之新图记为 $G \cdot e$。图 2.12 表示了边 e 的收缩。

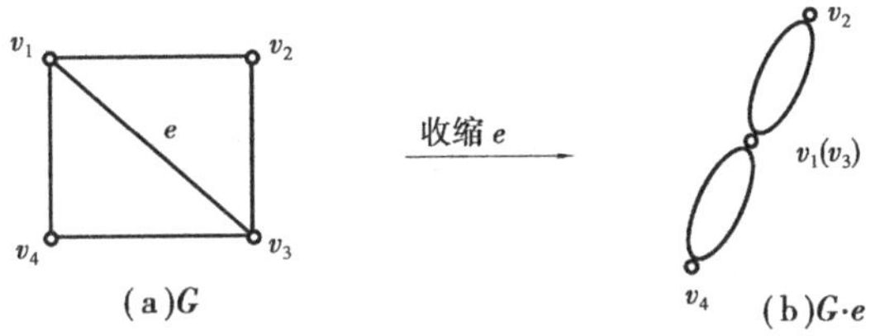

(a)G　　(b)$G \cdot e$

图 2.12

若 e 不是环,则显然有

$$\nu(G \cdot e) = \nu(G) - 1, \varepsilon(G \cdot e) = \varepsilon(G) - 1$$

$$\omega(G \cdot e) = \omega(G)(\omega \text{ 是连通片个数})$$

T 是树,则 $T \cdot e$ 仍为树。

可用 $\tau(G)$ 表示 G 的不同生成树数目。

定理 2.8　e 是连通图 G 的非环状边,则

$$\tau(G) = \tau(G - e) + \tau(G \cdot e)$$

证　G 的含 e 的生成树与 $G \cdot e$ 的生成树一一对应,因此,$\tau(G - e)$ 等于 G 中含 e 的生成树的数目。

另一方面,G 的不含 e 的生成树与 $G - e$ 的生成树一一对应,因此,$\tau(G - e)$ 等于 G 中不含 e 的生成树数目,故有

$$\tau(G) = \tau(G - e) + \tau(G \cdot e)$$

证毕。

例 2.8　求四边形有一条对角线的图 G 的生成树数目 $\tau(G)$。

在图 2.13 中给出了用定理 2.8 计算 $\tau(G)$ 的逆推过程,最终得到 $\tau(G) = 8$。

定理 2.9(Caylay)　$\tau(K_n) = n^{n-2}$

证　令 K_n 的顶点集为 $N = \{1, 2, 3, \cdots, n\}$,则由 N 中元素构成的长为 $n-2$ 的序列恰有 n^{n-2} 个,这是因为序列 $t_1, t_2, \cdots, t_{n-2}$($t_i \in N$)中的每个 t_i 有 n 种不同的取法。下面建立上述序列与 K_n 的生成树之间的一一对应关系。

任取定 K_n 的一个生成树 T,设 s_1 是 T 中号码最小的一次顶点,取 t_1 为同 s_1 相邻的顶点号码,把 s_1 从 T 上删掉;设 s_2 是 $T - s_1$ 中号码最小的一次顶点,取 t_2 为 s_2 在 $T - s_1$ 中相邻的顶点

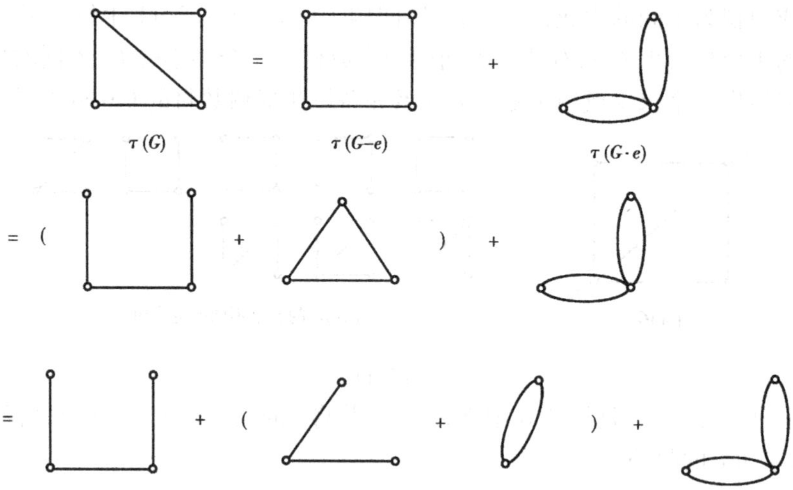

图 2.13

的号码,依此类推,直到得到由 N 中元素构成的长为 $n-2$ 的序列 $t_1,t_2,\cdots,t_{n-2}$,最后剩下的是一个 K_2。

反之,任给定由 N 中元素构成的长为 $n-2$ 的一个序列 $t_1,t_2,\cdots,t_{n-2}$,可按下列的方法恢复 K_n 的一颗生成树;s_1 是 N 中不在 $\{t_1,t_2,\cdots,t_{n-2}\}$ 中的最小号码,把 s_1 与 t_1 连接;s_2 是 $N-\{s_1\}$ 中不在 $\{t_1,t_2,\cdots,t_{n-2}\}$ 中的最小号码;连接 s_2 与 t_2,继续这一过程,直到得到 $n-2$ 条边 $s_1t_1,s_2t_2,\cdots,s_{n-2}t_{n-2}$,最后再连接 $N-\{s_1,s_2,\cdots,s_{n-2}\}$ 中的两个顶点,则得一个生成树。至此建立了序列 $t_1,t_2,\cdots,t_{n-2}(t_i\in N)$ 与 K_n 生成树之间的一一对应,故 $\tau(K_n)=n^{n-2}$,证毕。

图 2.14 给出了 K_8 的一棵生成树和它对应的序列。

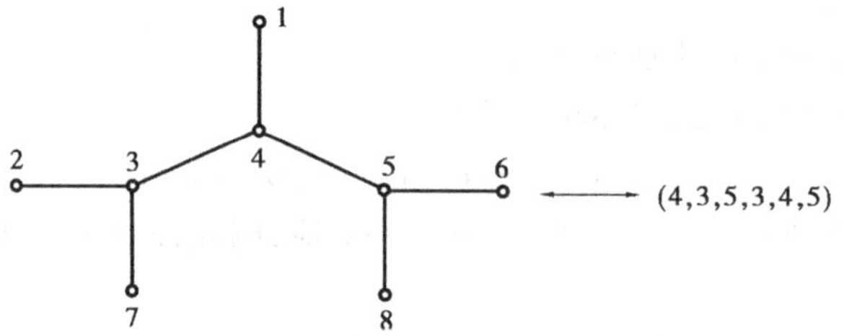

图 2.14

例如 $\tau(K_6)=6^4=1\ 296$,这是 K_6 的不同生成树的数目,而 K_6 的不同构的生成树只有 6 种。

2.5 生成树算法

2.5.1 构造生成树的方法

由于树是无圈的连通图,可得到求连通图生成树的两种方法:破圈法与避圈法。

破圈法即为从连通图 G 开始,若 G 中含圈,去掉圈上的一边;若还含圈,又去掉圈上的边。

直到不含圈为止,最终得到的便是 G 的不含圈的连通生成子图,即生成树。图 2.15 说明了破圈法的破圈过程。

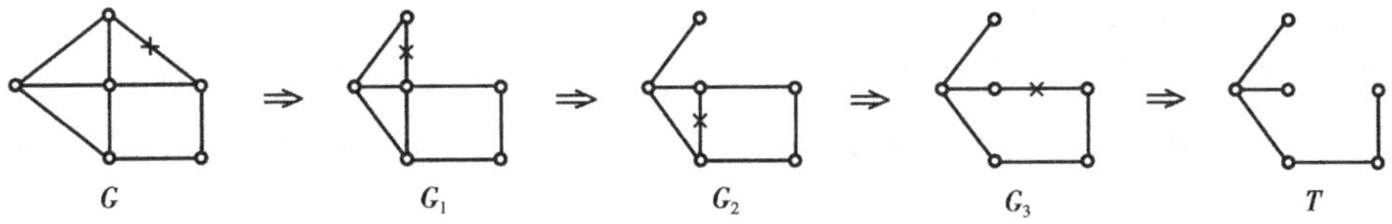

图 2.15

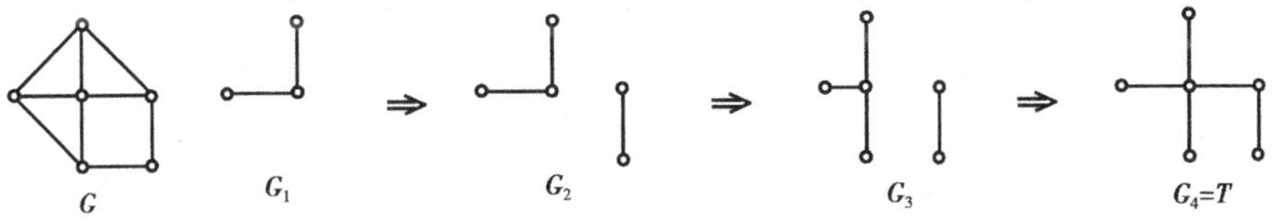

图 2.16

避圈法则是首先在 G 中任选一条边 e_1,找一条不与 e_1 形成圈的边 e_2,得到 $\{e_1,e_2\}$;再找一条不与 $\{e_1,e_2\}$ 形成圈的 e_3,得到 $\{e_1,e_2,e_3\}$。如此继续下去,直到过程不能进行为止,得到 $\{e_1,e_2,\cdots,e_i\}$,即在余下的边中任找一边都会与 $\{e_1,e_1,\cdots,e_i\}$ 形成圈。由 2.4 节的定理 2.7 知,$G[\{e_1,e_2,\cdots,e_i\}]$ 是 G 的生成树。图 2.16 说明了避圈法构造生成树的过程。

在 2.3 节中介绍的深探法与广探法都是避圈法,它们输出的都是图的生成树,是构造连通图的生成树的较好算法。

2.5.2　最小生成树算法

一个图可以含有许多不同的生成树,下面将介绍几种用来构造具有某种最优性的树的算法。

定义 2.12　①图 G 的每条边 e 赋予一个实数 $w(e)$,称为 e 的权。图 G 称为加权图。

②设 G_1 是 G 的子图,则 G_1 的权定义为

$$w(G_1) = \sum_{e \in E(G_1)} w(e)$$

许多实际的问题都可归结为如下的数学模型:在已知的加权连通图上求权最小的连通生成子图,显然在所有连通生成子图中,生成树的边最少,若权是非负的,则权最小者肯定是生成树。

一个图的权最小的生成树称为最小生成树,权最大的生成树称为最大生成树,求连通图的最小生成树的算法主要有两个:Kruskal 算法和 Prim 算法。

Kruskal 算法的基本思想:最初把图的 n 个顶点看做 n 个分离的部分树,每个树具有一个顶点,算法的每一步选择可连接两分离树的边中权最小的边连接两个部分树,合二为一,部分树逐步减少,直到只有一个部分树($n-1$ 步之后)便得到最小生成树。

Kruskal 算法步骤:

T_0:存放生成树的边的集合,初态为 $\varnothing$;

$C(T_0)$:最小生成树的权,初值为零;

VS:部分树的顶点集的集合,其初值为:$\{\{v_1\},\{v_2\},\cdots,\{v_n\}\}$。

输入边的端点数组 $A(\varepsilon)$,$B(\varepsilon)$ 及边权数组 $w(\varepsilon)$。

①$T_0 \leftarrow \varnothing, C(T_0) \leftarrow 0, VS \leftarrow \{\{v_1\},\{v_2\},\cdots,\{v_n\}\}$,将 E 中的边按权从小到大排成队列 Q。

②若 $|VS|=1$,输出 $T_0, C(T_0)$,停止。否则转下一步。

③从 Q 中取出排头边 (u,v),并从 Q 中删除 (u,v)。

④如 u,v 在 VS 的同一个元素 V_1 中,则转③,否则分属两个集合 V_1, V_2,进行下一步。

⑤$T_0 \leftarrow T_0 \cup \{(u,v)\}, V \leftarrow V_1 \cup V_2, VS \leftarrow VS - \{V_1\} - \{V_2\} + V, C(T_0) \leftarrow C(T_0) + C(u,v)$,转②。

定理 2.10 Kruskal 算法选得的边的导出子图是最小生成树。

证 Kruskal 算法所得子图 T_0 显然是生成树,下证它的最优性。设 $T_0 = G[\{e_1, e_2, \cdots, e_{\nu-1}\}]$不是最小生成树,$T$ 是 G 的任给定的一棵最小生成树,$f(T)$是$\{e_1, e_2, \cdots, e_{\nu-1}\}$中不在 T 上的边的足标的最小值。令 T_1 是使 $f(T_1)$ 最大的最小生成树,因 T_0 不是最小生成树,又 $E(T_0) = \{e_1, e_2, \cdots, e_{\nu-1}\}$,故 $e_1, e_2, \cdots, e_{\nu-1}$ 中必有不在 $E(T_1)$ 中的边。设 $f(T_1) = k$,即 $e_1, e_2, \cdots, e_{k-1}$在 T_1 与 T_0 上,而 e_k 不在 T_1 上,于是 $T_1 + e_k$ 中有一个圈 C,C 上定存在 $e_k' \neq e_k$,且 e_k'不在 T_0 上。令 $T' = (T_1 + e_k) - e_k'$,显然也是生成树,又 $w(T') = w(T_1) + w(e_k) - w(e_k')$,由算法知,$e_k$ 是使 $G[\{e_1, e_2, \cdots, e_k\}]$无圈的权最小的边,又 $G[\{e_1, e_2, \cdots, e_{k-1}, e_k'\}]$是 T_1 之子图,也无圈,则有 $w(e_k') \geqslant w(e_k)$,于是 $w(T') \leqslant w(T_1)$,即 T'也是最小生成树,但$f(T') > k = f(T_1)$与$f(T_1)$之最大性矛盾,证毕。

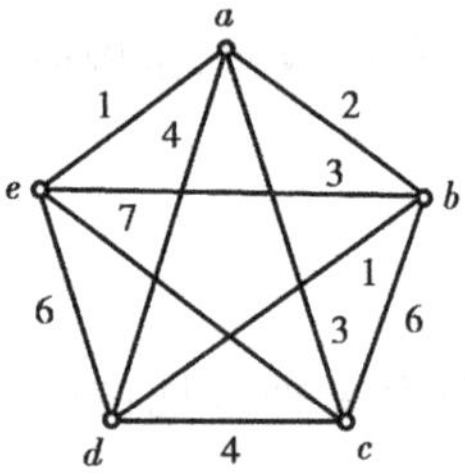

图 2.17

例 2.9 用 Kruskal 算法求图 2.17 的最小生成树。

将图 2.17 的边按权从小到大排列为:$(a,e),(b,d),(a,b),(b,e),(a,c),(a,d),(c,d),(b,c),(d,e),(c,e)$。计算步骤如下:

1)选出边(a,e),得到:$T_0 = \{(a,e)\}, C(T_0) = 1, VS = \{\{a,e\},\{b\},\{c\},\{d\}\}$。

2)选出边(b,d),b,d 分属 VS 的两个不同集合,故得到:$T_0 = \{(a,e),(b,d)\}, C(T_0) = 1+1 = 2, VS = \{\{a,e\},\{b,d\},\{c\}\}$。

3)选出边(a,b),a,b 分属 VS 的两个不同集合,故得到:$T_0 = \{(a,e),(b,d),(a,b), C(T_0) = 2+2 = 4, VS = \{a,b,d,e\},\{c\}\}$。

4)选出边(b,e),b,e 同属于 VS 的一个集合,重新选边。

5)选出边(a,c),a,c 分属 VS 的两个不同集合,故得到:$T_0 = \{(a,c),(b,d),(a,b),(a,c)\}, C(T_0) = 4+3 = 7, VS = \{\{a,b,c,d,e\}\}$。

6)因 $|VS| = 1$,输出 $T_0 = \{(a,e),(b,d),(a,b),(a,c)\}, C(T_0) = 7$,计算停止。

$G(T_0)$的图形如图 2.18 所示。

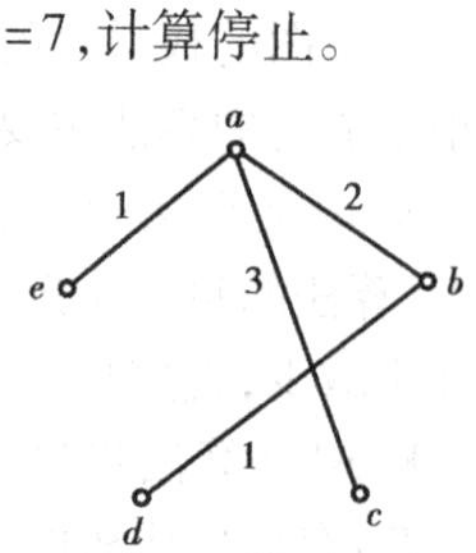

图 2.18

Prim 算法的基本思想:任选一个顶点 v_0 开始,连接与 v_0 最近的顶点 v_1,得子树 T_1;再连接与 T_1 最近的顶点 v_2 得子树 T_2。如此继续下去,直到所有顶点都用到为止。

Prim 算法的步骤:

$L(v)$:v 到子树 T_0 的直接距离。

输入加权连通图的带权邻接矩阵 $C = (C_{ij})_{n \times n}$。

①$T_0 \leftarrow \varnothing, C(T_0) \leftarrow 0, V' = \{v_0\}$。

②对每一点 $v \in V - V'$,$L(v) \leftarrow C(v, v_0)$(如$(v, v_0) \notin E$,则 $C(v, v_0) = \infty$)。

③若 $V' = V$,输出 T_0,$C(T_0)$,停机。否则转下一步。

④在 $V - V'$中找一点 u 使 $L(u) = \min\{L(v) \mid v \in (V - V')\}$,并记住 V'中与 u 相邻的点为 w,$e = (w, u)$。

⑤$T_0 \leftarrow T_0 \cup \{e\}$,$C(T_0) \leftarrow C(T_0) + C(e)$,$V' \leftarrow V' \cup \{u\}$。

⑥对所有 $v \in V - V'$,若 $C(v, u) < L(v)$,则 $L(v) \leftarrow C(v, u)$,否则 $L(v)$不变。

⑦转③。

定理 2.11 Prim 算法产生的图 $G(T_0)$是最小生成树。

证明与定理 2.10 类似,略。

例 2.10 用 Prim 算法求图 2.17 的最小生成树,算法步骤如下:

1)$V' = \{a\}$,$L(b) = 2$,$L(c) = 3$,$L(d) = 4$,$L(e) = 1$,$T_0 = \varnothing$,$C(T_0) = 0$。

2)$u = e$,$V' = \{a, e\}$,$L(b) = 2$,$L(c) = 3$,$L(d) = 4$,$T_0 = \{(a, e)\}$,$C(T_0) = 1$。

3)$u = b$,$V' = \{a, b, e\}$,$L(c) = 3$,$L(d) = 1$,$T_0 = \{(a, e), (a, b)\}$,$C(T_0) = 3$。

4)$U = d$,$V' = \{a, b, d, e\}$,$L(c) = 3$,$T_0 = \{(a, e), (a, b), (b, d)\}$,$C(T_0) = 4$。

5)$U = c$,$V' = \{a, b, c, d, e\}$,$T_0 = \{(a, e), (a, b), (b, d), (a, c)\}$,$C(T_0) = 7$。

6)因 $V' = V$,输出 T_0,停机。

$G[T_0]$的图形如图 2.18 所示。

Kruskal 算法时间复杂度以 $0(m \log_2 m)$为界,当边数较多或是一个完备图时,$m \approx \frac{n(n-1)}{2}$,则时间复杂度近似于 $0(n^2 \log_2 n)$,而 Prim 算法的时间复杂度为 $0(n^2)$,如图的连通度较高(最高为完备图)以 Prim 算法较好,如图的连通度较低($m \approx 0(n)$)时,则 Kruskal 算法更合适些。

2.5.3 应用问题

最小生成树的理论和计算,在很多工程或技术领域中得到应用。例如,要在若干城市之间架设通信线路、输电线路、铺设公路、铁路或各种管道,要求总的线路长度最短或材料最省,成本最低等,这类问题归纳起来都是求最小生成树。又如,在印刷电路板上布线,不允许线路在非节点上相交,如何绘制连接线路才能使总的线路最短,也是一个求最小生成树的问题。

在实际的应用中,又提出了最小生成树问题的各种推广,其中较典型的问题多是在可行解的结构上增加一些约束。简要介绍 5 个典型问题。

(1)最大生成树问题

即在连通加权图中求最大权的生成树。从前面两种算法可以看出,只要边的选择改为依权从大到小,求最小生成树的算法便可用来求最大生成树。

(2)容量约束最小生成树问题

在远程信息处理网络的设计中涉及这样的问题:已给一个无向图 $G = (X, E)$,每条边(x, y)具有费用 $d(x, y)$以及容量 $c(x, y)$,一个顶点为信息接收站。寻求一个生成树,使所有信息沿树的边送到接收站,满足容量约束,即每边上所传的信息量不超过容量且费用最小,称此树为容量约束的最小生成树。对一般问题无有效算法,是 NPC 问题,因此必须寻求近似算法。

(3)度数约束生成树

生成树在计算机和通讯网络中有许多应用,其中的大多数问题对某些顶点的度数有限制。例如,一个顶点代表一个中央计算设备,其他顶点代表终端,它们必须靠电缆与中央设备连接,若现在中央机的度数为 b,这可保证计算机的负载分散在 b 个端口,求中央机度数为 b 的最小生成树,使所用电缆尽可能少。

若只有一个顶点受约束,容易解决,能找到多项式时间算法。

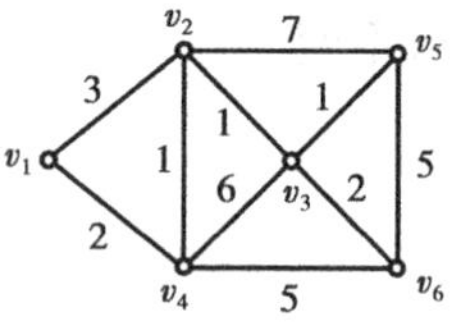

图 2.19

(4)最佳通讯生成树

已知一个 n 个顶点的图和顶点间的需求 $r(x,y)$,这些可代表电话呼叫。设计一个生成树,使得在所有生成树中通讯费用最少。通讯费用 $C(T)$ 的定义如下:

$$C(T) = \sum_{x,y \in V} r(x,y)d(x,y)$$

其中,$d(x,y)$ 为树 T 中 x 与 y 之间路径的长度。

除了所有需求是 1,或所有距离为 1 的特殊情况,这个问题还不能有效地解决。

(5)Steiner 树

已给图 $G=(V,E)$ 和一个顶点子集 V',求包含 V' 的所有顶点(也可以含 G 的其他顶点)的最小权的树。$G[V']$ 的最小生成树不一定是最优解,如图 2.19 所示。设 $V'=\{v_3,v_4,v_6\}$,则 $G[V']$ 的最小生成树 T 为:$T=G[(v_3,v_6),(v_4,v_6)]$,其权 $w(T)=2+5=7$。

但若加入顶点 v_2,则 $G[(v_2,v_3,v_4,v_6)]$ 的最小生成树 T_1 如图 2.20 所示,其权 $w(T_1)=4$。

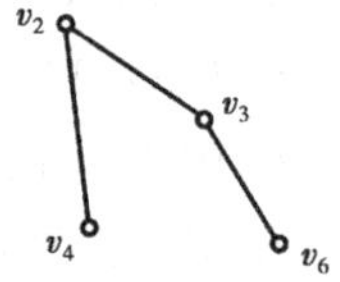

图 2.20

Steiner 树问题是 NP 难题,很可能无多项式时间算法,虽然也开发了各种精确算法,但大型问题需用近似算法。

2.6 有向树

2.6.1 有向树

定义 2.13 T 是一棵树,为每边规定一个方向且使得 $\forall v_i \in V(T)$,$\exists$ 有向路径 $P(v_0,v_i)$,则称 T 为外向树;v_0 称为根;出次为零的顶点称为树叶;出次不为零的点称为分枝点。

如图 2.21 所示为一棵有向树,v_0 是根,$v_4,v_6,v_7,v_8,v_9,v_{10}$ 是树叶,v_0,v_1,v_2,v_3,v_4,v_5 是分枝点。通常把有向树的根画在最上层,树叶画在最下层,边的方向自上而下,在不引起混淆时常将边的箭头略去。

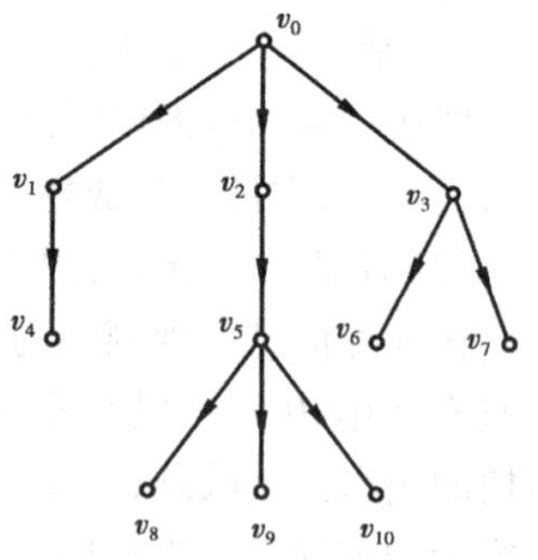

图 2.21

在以 v_0 为根的有向树中,$P(v_0,v_i)$ 的长度称为 v_i 的层次(或长度),顶点长度最大的值称为树的高度,层次相同的顶点应画在同一水平上。

定义 2.14 在有向树 $T=(V,A)$ 中,当 $(u,v)\in A$ 时,称 u 是 v 的父亲,v 是 u 的儿子;同父之子互称兄弟;从 u 出发能到

达的每一个顶点称为 u 的后代，u 是它们的祖先。

若对有向树的每一顶点，都按从上到下，从左到右的次序编号，称这样的树为有序树。

定义 2.15　在有向树 T 中：

①若 $\Delta^+(T)=m$，则称 T 为 m 元树。

②若 v 不是树叶，均有 $d^+(v)=m$，则称 T 为完全 m 元树。

③若所有树叶的层次均相同，则称 T 为正则树。

图 2.22 画出了这样一些树。

定理 2.12　设 T 是完全 m 元树，它的树叶数为 t，分枝点数为 i，则 $t=(m-1)i+1$。

证　设树的顶点数为 n，边数为 k，则 $k=n-1$，及 $n=i+t$，因是完全 m 元树，除树叶外，每一顶点都引出 m 条边，故边的总数。

$k=mi=n-1=i+t-1$，故 $t=(m-1)i+1$，证毕。

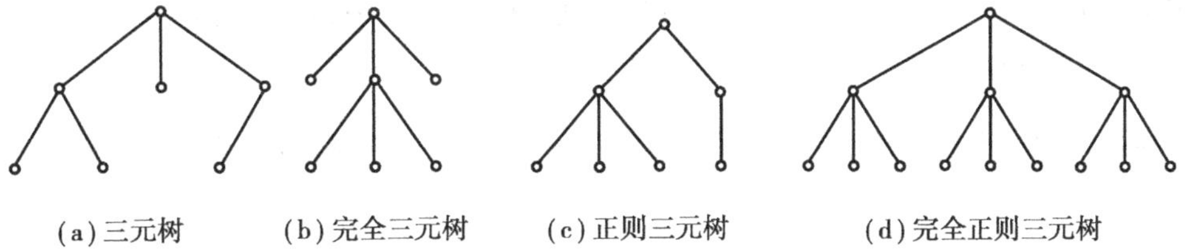

图 2.22

2.6.2　二元树

最常用的 m 元树是二元树，由于它最简单，便于分析，也最容易用计算机进行处理，因此，二元树是分析和研究多元树的基础。

按“左下方是儿子，右下方是兄弟”的规则，可以把一棵有序树化成相应的有序二元树，而且这种转化是可逆的。同时，这种规则还可把有序森林可逆地转化为有序二元树，只须把根看做互为兄弟。

如图 2.23(a) 所示为一个有序树，图 2.23(b) 是图 2.23(a) 对应的有序二元树。v_1 有 4 个儿子，v_2,v_3,v_4,v_5，在对应的二元树中，长子 v_2 画在 v_1 的左下方，v_3,v_4,v_5 是 v_2 的兄弟依次 v_3 画在 v_2 的右下方，v_4 画在 v_3 的右下方，v_5 画在 v_4 的右下方；v_2 有两个儿子 v_6,v_7，长子 v_6 画在 v_2 的左下方，v_7 作为 v_6 的兄弟画在 v_6 的右下方，v_3 有一个儿子 v_8 画在 v_3 的左下方；v_5 有 3 个儿子 v_9,v_{10},v_{11}，长子 v_9 画在 v_5 的左下方，v_{10},v_{11} 作为 v_9 的兄弟依次 v_{10} 画在 v_9 的右方下，v_{11} 画在 v_{10} 的右下方。

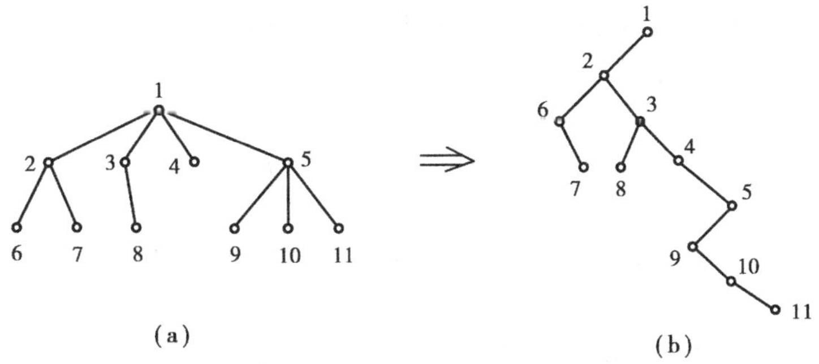

图 2.23

在图 2. 24 中,图 2. 24(a)是有序森林,图 2. 24(b)是它对应的有序二元树。

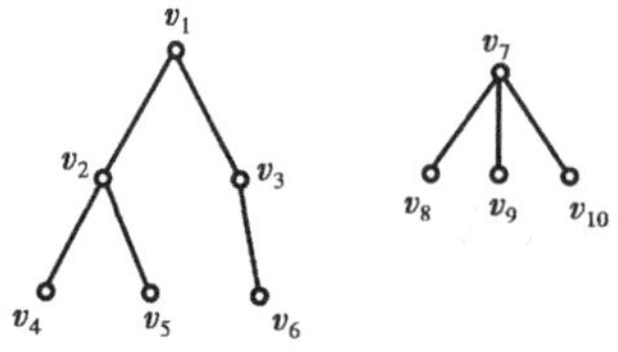

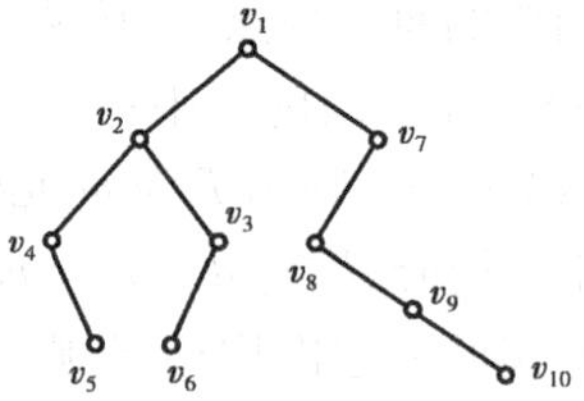

图 2. 24

2. 6. 3 Huffman 树

定义 2. 16 ①一棵二元树 T 有 t 片树叶分别带权 $w_1, w_2, \cdots, w_t$,并设 $w_1 \leqslant w_2 \leqslant \cdots \leqslant w_t$,则称此二元树为带权二元树。

②在带权的二元树 T 中,带权 w_i 的树叶 v_i 的层次为 $L(v_i)$,则称 $w(T) = \sum_{i=1}^{t} w_i L(v_i)$ 为 T 的权。

具有 t 片树叶且权分别为 $w_1, w_2, \cdots, w_t$ 的二元树 T 有很多,其权 $w(T)$ 也大小不同,其中,权最小的二元树称为 Huffman 树或最优树。

定理 2. 13 设 T 为树叶带权 $w_1 \leqslant w_2 \leqslant \cdots \leqslant w_t$ 的 Huffman 树,则带最小权的两片树叶同层次,且层次最高(即长度最长)。

证 首先,证明最小权的 w_1 的树叶层次最高,否则存在比 w_1 大的权 w_i 的树叶 v,使 $L(v_i) > L(v_1)$,将 v_1 与 v_i 对换,得一同构树 T',则

$$w(T') = w_1 L(v_i) + w_i L(v_1) + Q$$

而

$$w(T) = w_1 L(v_1) + w_i L(v_i) + Q > w(T')$$

这与 T 是最优树矛盾,Haffman 树中权最小的树叶位于最高层。

其次,证明权最小的两片树叶 v_1, v_2 必同层次,否则,不妨设 v_1 位于最高层,而 v_2 的层次低于 v_1,则 v_1 必有兄弟,设为 v_j,将 v_2 与 v_j 对换,则所得之树更优。导出矛盾,因此 v_1 与 v_2 同层次,证毕。

定理 2. 14 设 T 是一棵带权 $w_1 \leqslant w_2 \leqslant \cdots \leqslant w_t$ 的最优树,去掉最小权 w_1, w_2 的两片树叶,使它们的父亲为带权 $w_1 + w_2$ 的树叶,得到一棵新的带权二元树 T_+,则 T_+ 也是最优树。

证 设 T'_+ 是带权 $w_1 + w_2, w_3, \cdots, w_t$ 的最优树,只需证 $w(T'_+) \geqslant w(T_+)$。

将 T'_+ 中带权 $w_1 + w_2$ 的树叶做父亲,作出两个儿子分别带权 w_1 和 w_2,得到一颗有 t 片树叶分别带权 $w_1, w_2, \cdots w_t$ 的树 T',则

$$w(T') = w(T'_+) + w_1 + w_2$$

类似地

$$w(T) = w(T_+) + w_1 + w_2$$

因

$$w(T) \leqslant w(T')$$

所以

$$w(T_+) \leqslant w(T'_+) \quad 从而 \quad w(T_+) = w(T'_+)$$

故 T_+ 也是最优树,证毕。

上面的两个定理为我们提供了构造最优树的方法,就是 Huffman 提出的算法,称为

Huffman算法。

Huffman 算法：在 t 片树叶中，仅最小的两片树叶作为兄弟，让它们的父亲带权为两儿子的权之和，在父亲和其余的树叶(父亲看做树叶)共 $t-1$ 片树叶中选取权最小的两片树叶作为兄弟，重复以上作法，直到所有树叶都用完为止。

例 2.11　构造一棵 Huffman 树，它们的树叶带权分别是 0.1，0.1，0.1，0.1，0.3，0.5。

图 2.25 说明了 Huffman 树的构造过程，(*f*) 是 Haffman 树。一般来说，Haffman 树不唯一。

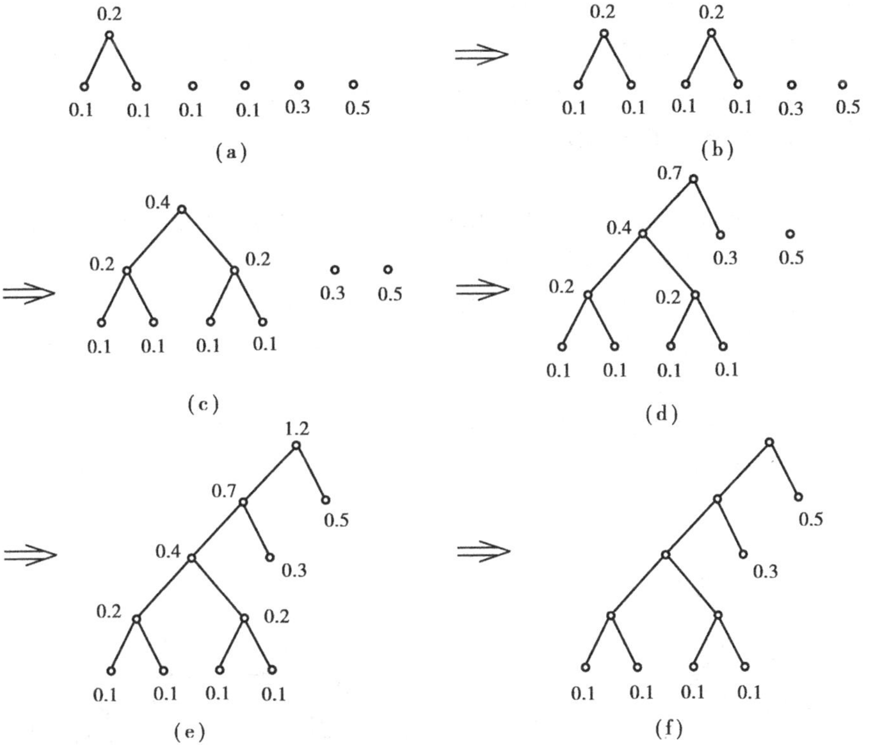

图 2.25

2.6.4　Huffman 树在编码通信中的应用

二元树是一种很重要的非线性数据结构，在计算机中不仅应用很广，而且还常常需要考虑二元树的通路长度问题，即最优树问题。此外，最优树在编码通信中也起着重要的作用。

在远距离通信中，常用 0 和 1 的字符串表示英文字母进行信息的传送，英文有 26 个字母，因此，只要长度为 5 的 0，1 字符串，就可以表示 26 个字母而不致混淆。发送时，只要发送一条 0 和 1 的字符长串，它正好包含信息中字母对应的字符序列；在接收端，只要将这一长串字符按长度为 5 的序列分割，就可得到对应的字母，这种方法称为等长编码通信法，处理等长的编码对接收端来说较容易。

但由于字母在信息中出现的频率不同，如字母 e 和 t 在单词中出现的次数要比 q 和 z 频繁得多。因此，人们希望能用较短的字符串表示出现频率高的字母。这样就能缩短信息字符串的总长度。对发送端来说，把信息转换成字符序列并无困难，但在接收端怎样才能准确无误地将收到的字符串分成长度不同的序列呢？为此，先引入前缀码的概念。

定义 2.17 ①由一个序列的第 1 个符号到序列中间的某个符号组成的子序列称为这个序列的前缀。

②如在一个序列的集合中，没有任何一个序列是另一序列的前缀，则称这个序列集合为前缀码。如果前缀码的字符只用 0 和 1，则称为二元前缀码。

例如，集合{000，001，01，10，110，111}是一个二元前缀码，但{000，001，00，10. 101，111}则不是前缀码。

定理 2.15 一个二元前缀码与一棵二元树一一对应。

证 对一棵二元树的边，标上 0 或 1，从分枝点向左引出的边标"0"，向右引出的边标"1"，每片树叶用从根到它的路径上各条边的标号所组成的 0，1 字符串表示。显然，没有任何一片树叶的标号是另一片树叶标号的前缀，所有树叶的字符串的集合是一个前缀码，因此，一棵二元树对应一个二元前缀码。

反之，一个二元前缀码也对应一棵二元树。设所给二元前缀码中最长序列的长度为 h，构造一棵高度为 h 的完全正则二元树，按前面的方法给每边标上"0"或"1"，并用从树根到某一顶点路径上各边标号形成的序列作为该点的标号，二元前缀码的每一字符码都恰好是二元树中的一个顶点的标号，以这些顶点作为树叶（即将它们的后代都去掉）得的二元树，其树叶标号集合就是所给的二元前缀码，证毕。

例 2.12 求前缀码{000，001，01，10，110，111}对应的二元树。

构造高为 3 的完全正则二元树如图 2.26(a)所示，去掉冗余的顶点便得所求的二元树，如图 2.26(b)所示。

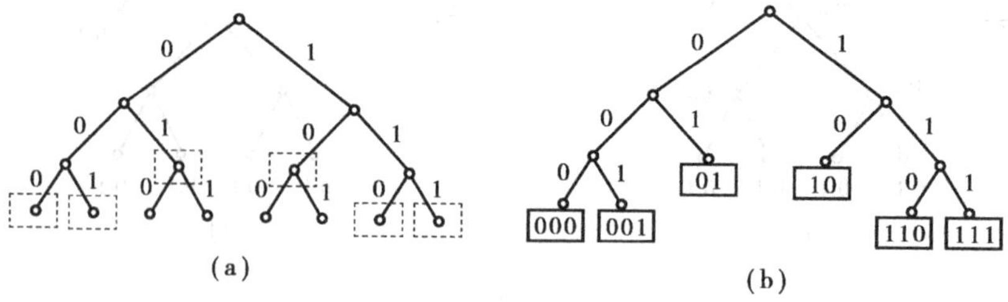

图 2.26

利用前缀码及其二元树可解决字符码长短不同的信息编、译码问题。先设计一个前缀码，利用此前缀码将信息编码并传送，当接收端收到这一长串字符时，利用前述的前缀码对应的二元树就可准确译码。方法是从树根开始，沿着字符的序列前进，当走到树叶时，前缀码的第一个序列被检测到了，然后回到树根重复上述过程找下一字符序列，这样就能准确地将一长串字符分成前缀码中长短不同的序列。如字符串的最后部分不能构成前缀码的序列，可约定添加 0 或 1 直到构成字符码为止。

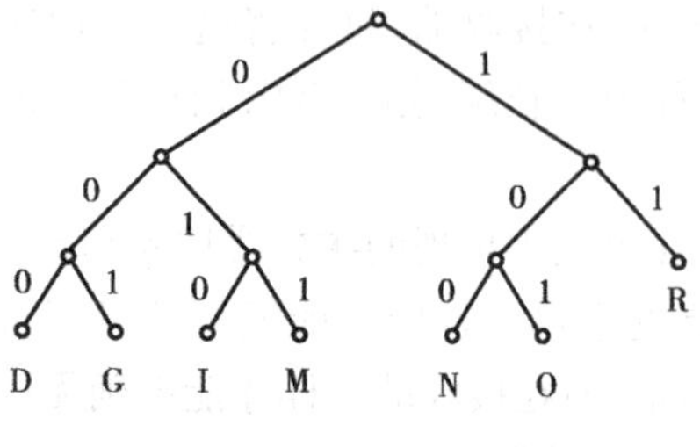

图 2.27

例 2.13 按如图 2.27 所示的前缀码二元树将下列信息译码：

0011011010000111011110001010000。

先分成前缀码中长短不同的序列，001，101，101，000，011，101，11，100，010，100，00，按二元树中所给的字符码所代表的字符可将字符串译为：GOODMORN-ING。

前缀码或二元树如何设计呢？由于不同字母出现的频率不同，一般希望经常出现的字母的码短些，因此，最佳编码的标准是使下面编码的长度的数学期望 $L=\sum_{i=1}^{n} w_i L(v_i)$ 最小。$L(v_i)$ 表示码 v_i 的长度，w_i 表示 v_i 出现的几率，n 是前缀码的基数。此问题其实就是寻求最优树的问题。最优树便是前缀码二元树的最佳选择。

例 2.14　设由 4 个字母 A，C，S，T 组成的字符，字母出现的几率为，A：40%，C：10%，S：20%，T：30%，试编一个相应的二元前缀码并对收到的下列信息进行译码。

000100101　000101001　001101　101　0110011

先构造树叶权为 0.4，0.1，0.2，0.3 的 Huffman 树见图 2.28(a)，得到前缀码二元树（见图 2.28(b)），二元前缀码为{000，001，01，1}，用对应的二元树对信息译码得：CAST CATS SAT AT TASA。

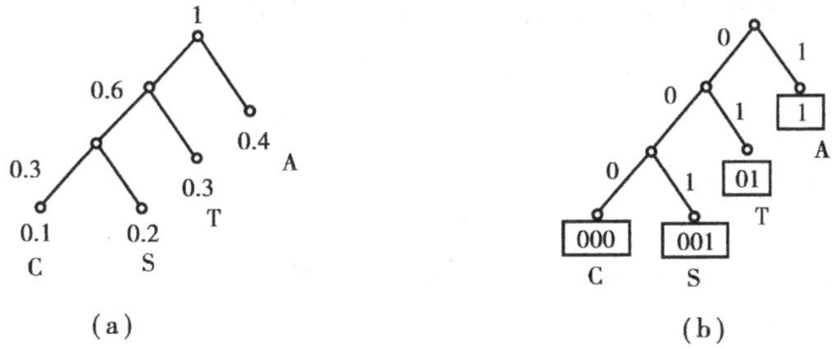

图 2.28

习题 2

1. $2n$ 个（$n\geqslant 2$）人中每个人至少同其中 n 个人相识，则其中至少有 4 个人，使得这 4 个人围圆桌而坐时，每人旁边是他认识的人。

2. 一个图，每个顶点次数至少是 2，则图中有圈。

3. 证明：G 中长为 k 的通路 $W_{v_iv_j}$ 的数目正好等于矩阵 A^k 中的 i 行 j 列元素。

4. 证明：G 是 $\delta\geqslant k$ 的简单图，则 G 有一条长为 k 的路径。

5. 证明：若 G 是不完备的连通简单图，则 G 存在 3 个顶点 u,v,w 使得，$uv\in E$，$vw\in E$ 而 $uw\notin E$。

6. 证明：若 G 是 $\delta\geqslant 2$ 的简单图，则 G 含有长至少是 $\delta+1$ 的圈。

7. 证明：①若 $\varepsilon\geqslant\nu$，则 G 含有圈。

②若 $\varepsilon\geqslant\nu+4$，则 G 含有两个边不相交的圈。

8. 是否有这种不连通简单图，$\nu\leqslant 6$，而每个点的次数为 2？

9. 有多少顶点为 6 个的简单图，每个顶点的次数为 2？

10. 一个 k 次正则二部图有顶点集划分 $V(G)=X\cup Y$，则 $|X|=|Y|$。

11. 连通图的两条最长路径必有公共顶点。

12. G 连通，每个顶点均为偶次，则 $\omega(G-v)\leqslant\frac{1}{2}d(v)$。

13. 证明:有向简单图所有顶点入次之和等于所有出次之和,且这个和等于边的数目。

14. 试求出图 2.29 中的有向图的强分图、单向分图和弱分图。

15. 试用深度优先搜索法和广度优先搜索法搜索如图 2.30 所示的无向图。

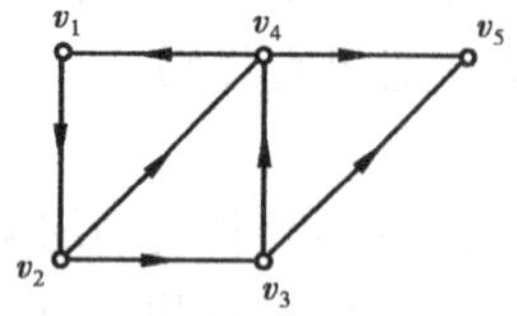

图 2.29

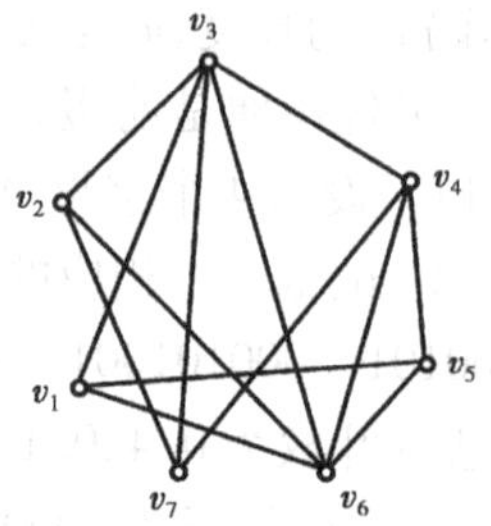

图 2.30

16. 证明:非平凡树的最长路径的起点与终点的次数都是 1。

17. 证明:正好有两个一次顶点的树,必定是一条路径。

18. 证明:若 G 是 $\Delta \geqslant k$ 的树,则 G 至少有 k 个一次顶点。

19. 画出 7 个顶点的非同构树。

20. 证明有 n 个顶点的树,顶点次数和为 $2n-2$。

21. 证明具有 n 个顶点及至少 n 条边的图必含有圈。

22. 证明每个树都是二部图。

23. 求 $\tau(K_{3,3})$。

24. 轮是圈加一个新顶点(轮心),再把每个顶点与新顶点连上一条边(辐条)所得的图,试求 n 条辐条的轮的生成树的数目。

25. 若 $e \in E(K_n)$,则 $\tau(K_n - e) = (n-2)n^{n-3}$。

26. 设 H 是一个图,它把图 G 的每条边用长为 k 的路径替换而得,证明:$\tau(H) = k^{\varepsilon - v + 1}\tau(G)$。

27. 证明:$\tau(K_{2,n}) = n \cdot 2^{n-1}$。

28. $|V| > 2$ 的连通图中至少有两个顶点,把它们删除后所得的图仍连通。

29. 连通图有 n 个顶点,至少有 $n-1$ 条边。

30. 在坐标纸上有 11 条水平线和 11 条竖直线,以它们的交点为顶点构成一个图,这些直线上的线段为边,问至少去掉多少条边,才能使每个顶点次数小于 4?至多可以去掉几条边,还能使图连通?

31. 试用 Kruskal 算法求图 2.31 的最小生成树。

32. 试用 Prim 算法求图 2.32 的最小生成树。

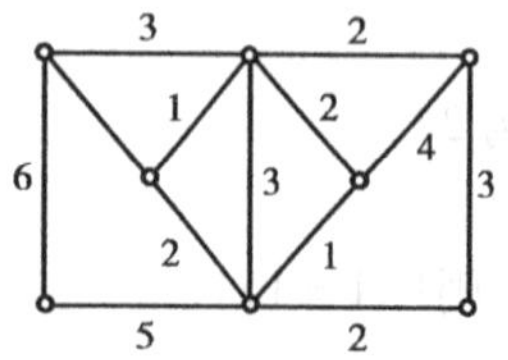

图 2.31

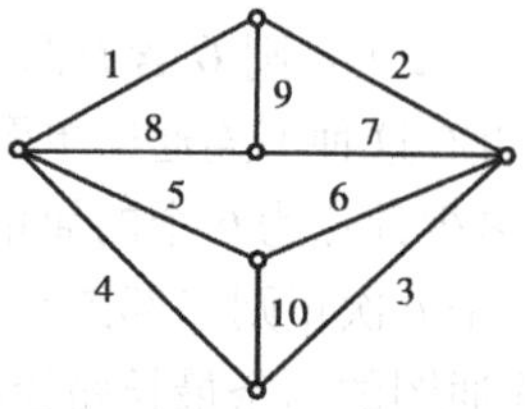

图 2.32

33. 某石油公司在墨西哥海湾拥有几个石油钻井平台，每个平台开采的石油需要装船运往路易斯安娜的炼油厂，在平台与路易斯安娜海岸之间建造一个管道网，这管道网该如何设计才能使建造费用最低？如图 2.33 所示为钻井平台，炼油厂之间可建造管道的路线及其费用。

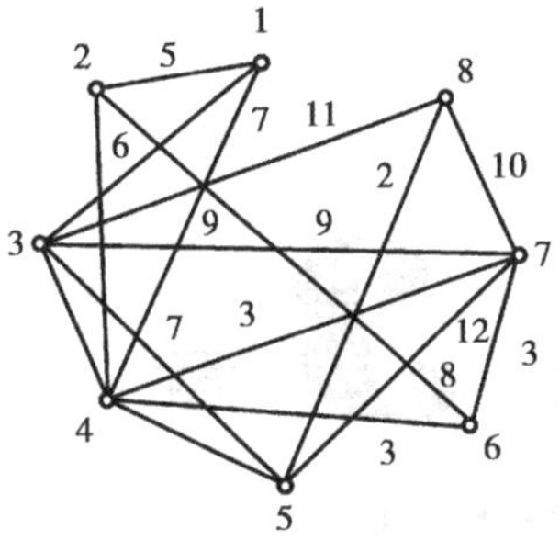

图 2.33

34. 试举例说明，一个简单有向图，仅有一个顶点的入次为 0，其余顶点的入次均为 1，不一定是有向树。

35. 求图 2.34 对应的二元树。

36. 求如图 2.35 所示的二元树对应的 m 元树。

37. 画出带权 0.1，0.2，0.3，0.4 的 Huffman 树。

38. 画出带权 0.2，0.18，0.12，0.1，0.1，0.08，0.06，0.06，0.06，0.04 的 Huffman 树。

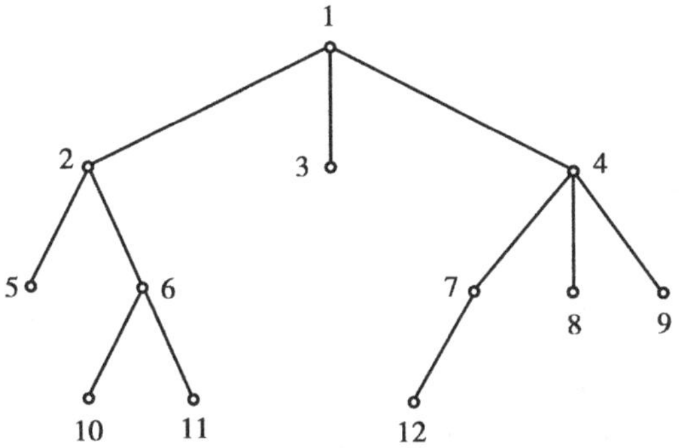

图 2.34

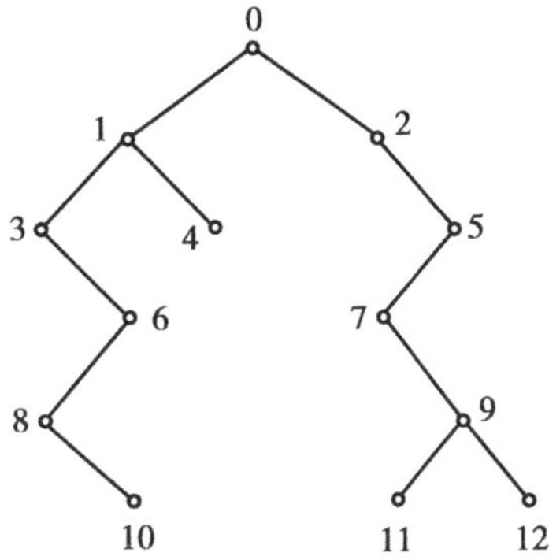

图 2.35

39. 设 7 个字母在通信中出现的频率如下：a：35%，b：20%，c：15%，d：10%，e：10%，f：5%，g：5%。设计一个相应的二元前缀码，使通信中出现的字符串尽可能短，画出对应的二元树，对下信息进行译码：1001101110001011011001010100 01。

40. 求出图 2.36 中各图的不同构生成树的个数。

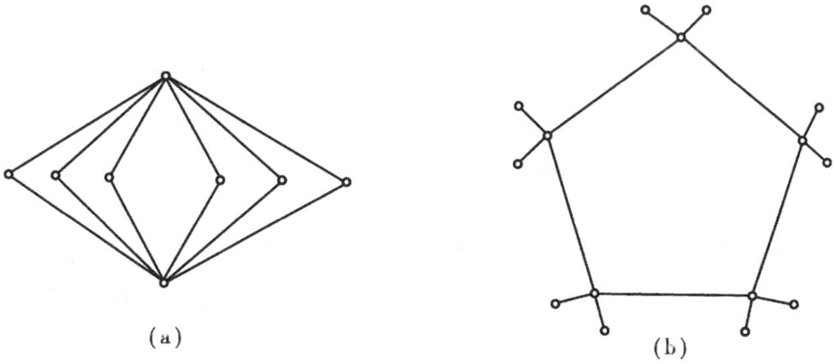

图 2.36

41. 证明 G 至少含有 $\varepsilon-\nu+\omega$ 个不同的圈。

第3章
连通性

3.1 连通度

图3.1中G_1,G_2,G_3,G_4都是连通图,但是连通的程度各不相同。G_1是树,删除任一条边就不连通了;G_2删除一边后仍连通,但它有一顶点v_0,G_2-v_0不连通;G_3只删除两条边或两个顶点后仍连通;而$G_4=K_5$,删除3个顶点或3条边都不能使其不连通。为了精确刻画连通的程度,下面引入两个量:边连通度和点连通度。

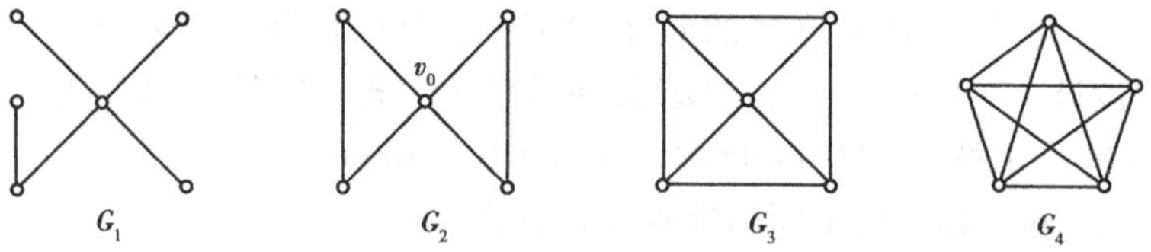

图3.1

定义3.1 ①设G连通,$V'\subset V(G)$,$G[V-V']$不连通,则称V'为G的点断集。

②最小点断集中顶点的个数称为G的连通度,记为$K(G)$;若G无点断集,则规定$K(G)=v(G)-1$;K(不连通图)$=0$;K(平凡图)$=0$;由一个顶点组成的点断集称为割点。

③若$k\leqslant K(G)$,称G为k—连通图。

事实上,使G成为不连通或平凡图至少需要删除k个顶点,则k为G的连通度。

如图3.1所示,$K(G_1)=1$,$K(G_2)=1$,$K(G_3)=3$,$K(G_4)=4$;v_0是G_2是割点,G_1中的非一次顶点皆是G_1的割点。

定义3.2 ①设G连通,$E'\subseteq E(G)$,$G-E'$(从G中删除E'中的边)不连通,则称E'是G的边断集。

②最小边断集所含的边数称为G的边连通度,记为$K'(G)$;当$|E'|=1$时,称E'中的边e为割边;规定K'(平凡图)$=0$,K'(不连通图)$=0$。

③若$k\leqslant K'(G)$,称G为k—边连通图。

如图3.1所示，$K(G_1)=1$，$K'(G_2)=2$，$K'(G_3)=3$，$K'(G_4)=4$。G_1 中每条边均为割边，G_2,G_3,G_4 中无割边。

定理 3.1　$K(G)\leqslant K'(G)\leqslant\delta$

证　设 $d(v)=\delta$，则去掉与 v 相连的 δ 条边，G 便不连通。

故
$$K'(G)\leqslant\delta$$

下证 $K(G)\leqslant K'(G)$，对 $K'(G)$ 用归纳法。

当 $K'(G)=0$ 或1时，显然
$$K(G)=K'(G)$$

假设对 $K'(G)=k$ 的图 G，有
$$K(G)\leqslant K'(G)$$

今设 $K'(H)=k+1\geqslant 2$，E 是 H 的一个边断集，且 $|E|=k+1$。若边 $e=uv\in E$，易知 $K'(H-e)=k$，故 $H-e$ 有一个顶点集 S，使得 $[H-e]-S$ 不连通或平凡，且 $|S|\leqslant k$，此时 $S'=S\cup\{u\}$ 或 $S\cup\{v\}$ 可使 $H-S'$ 不连通或平凡。故
$$K(H)\leqslant|S\cup\{u\}|\leqslant k+1=K'(H)$$

由归纳法原理可知，对任何 K'，结论均成立。证毕。

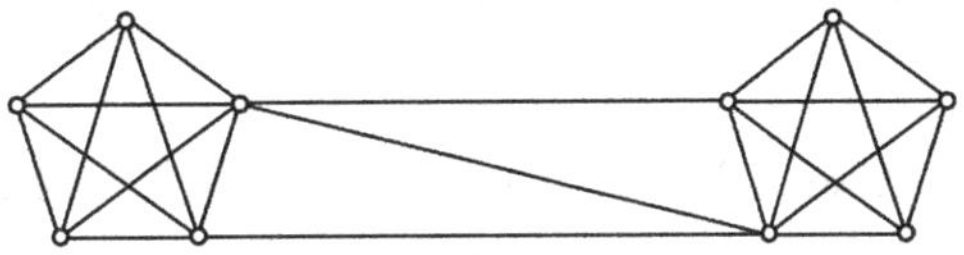

图3.2

上述定理中的不等式通常是严格的，如图3.2所示的 G，$K(G)=2$，$K'(G)=3$，$\delta(G)=4$。一般，若 l,m,n 是适合 $0<l\leqslant m\leqslant n$ 的正整数，则存在一个简单图 G，使得 $K(G)=l$，$K'(G)=m$，$\delta(G)=n$。事实上，可作两完备图 K_{n+1}，在一个 K_{n+1} 上取 l 个顶点，另一个 K_{n+1} 上取 m 个顶点，使得从此 m 个顶点引 m 条边与前面的 l 个顶点相连，且使这 $m+l$ 个顶点的次数至少增加1，如图3.3所示。

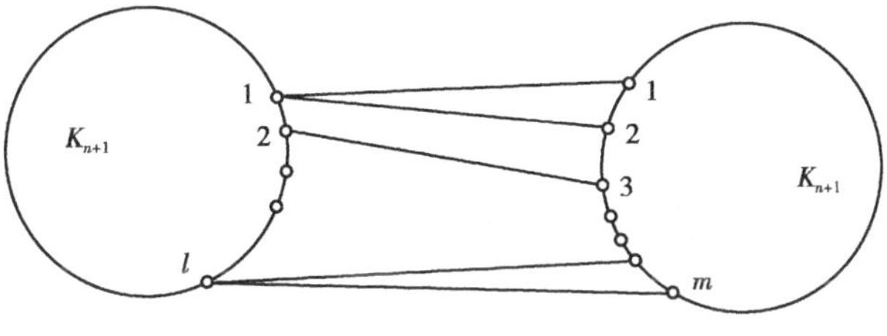

图3.3

定理 3.2（Whitney，1932）　设 G 是 $v\geqslant 3$ 的图，则 G 是2一点连通图充要条件是 G 的任意两个顶点至少由两条内不相交的路径连通。

证　充分性　设 G 的任何两个顶点至少由两条内不相交的路径连通，则 G 显然连通且没有割点，所以 $K(G)\geqslant 2$。

必要性　设 G 是2—点连通图，$v\geqslant 3$，任取 $u,v\subset V(G)$，对 $d(u,v)$ 用归纳法证明 u 与 v 至少由两条内不相交的路径连通。

①当 $d(u,v)=1$ 时，因 G 是2—连通图故 $2\leqslant K\leqslant K'$，所以 $e=uv$ 不是 G 的割边。

因此，$G-e$ 连通，从而有一个异于 uev 的从 u 到 v 的路径 $P(u,v)$，故 u 和 v 由两条内不相交的路径 uev 和 $P(u,v)$ 连通。

②假定当 $d(u,v)=k-1(k\geqslant 2)$ 时，结论成立，考虑 $d(u,v)=k$ 的情形。令 $P_0(u,v)$ 之长

为 k,w 是 P_0 上 v 的前一个顶点,则 $d(u,w)=k-1$。由归纳假设,G 中存在两条内不相交的路径 $P(u,w)$,$Q(u,w)$(见图 3.4)。因 G 是 2—连通图,因此 $G-w$ 连通,故 $G-w$ 中存在路径 $P'(u,v)$,设 x 是 P'上属于 $P\cup Q$ 的最后一个顶点,不妨设 $x\in P$,则 G 有两条 u,v 之间无公共顶点,即内不相交的路径,一个是 P 上从 u 到 x 段,加上在 P' 上从 x 到 v 段,另一个是 $Q+wv$。证毕。

推论 3.2.1　若 G 是 2—连通图($v\geqslant 3$),则 G 的任二顶点总位于 G 的某个圈上。

在 G 的一条边 e 上,添加一个新顶点,使它成为长是 2 的路径,这就是边的分割,如图 3.5 所示。

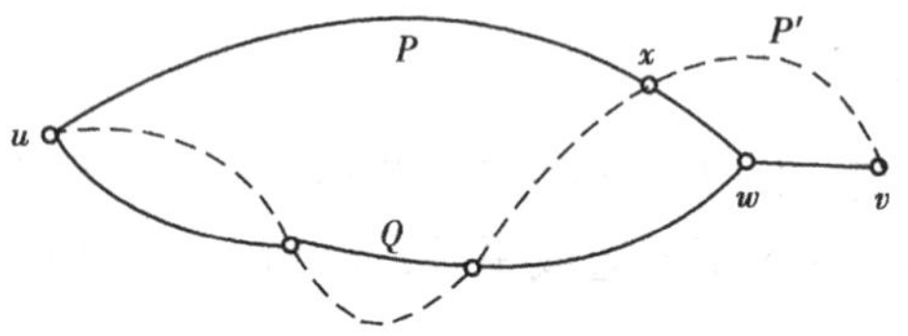

图 3.4

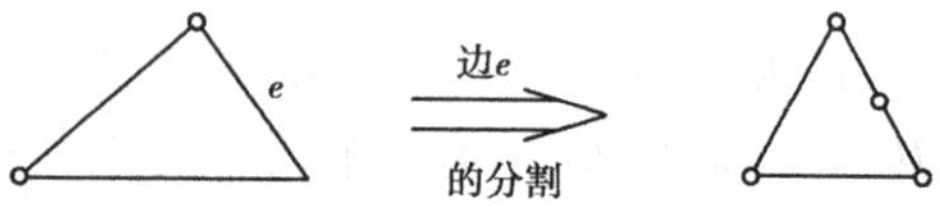

图 3.5

显然至少有 3 个顶点的 2—连通图经边的分割,它仍是 2—连通图。由此可证明下述推论。

推论 3.2.2　若 G 是 2—点连通图($v\geqslant 3$),则 G 的任意二边总位于 G 的某个圈上。

证　设 G 是 $v\geqslant 3$ 的 2—点连通图,e_1,e_2 是 G 的任意二边,添加两个新顶点 v_1 和 v_2 于 e_1 和 e_2 上,得到一个新图 G'。于是 G'也是 2—连通图。由推论 3.2.1,v_1 和 v_2 应在 G 的某个圈 C 上,当然 e_1 和 e_2 也必在圈 C 上。

定理 3.2 还可以推广到一般的 k—连通图,这就是著名的门格尔(Menger)定理。

定理 3.3　若 G 是 $v\geqslant k+1$ 的 k—点连通图,则 G 的任意二顶点总至少由 k 条内不相交的路径连通。

证明略。

3.2　割边、割集、割点

割边、割集、割点是同一个图中的关键部位,下面对其特征进行讨论。

3.2.1　割边与割集

定理 3.4　设 G 是连通图,$e\in E(G)$,则 e 是 G 的割边的充要条件是 e 不含在圈中。

证　必要性　设 e 是 G 的割边,若 e 在 G 的一圈 C 上,则 $G-e$ 仍连通,这不可能。

充分性　设 $e=xy$ 不在 G 的任何圈上,若 e 不是割边,则 $G-e$ 仍连通。$G-e$ 中 x 与 y 之间存在路径 $P(x,y)$,于是在 G 中 $P(x,y)$ 与 e 并成一个圈,与 e 不在圈上矛盾,故 e 是割边,证毕。

由树的特征用上述定理易得:

推论 3.4　设 G 连通,则 G 是树的充要条件是 G 的每条边都是 G 的割边。

定理 3.5　设 T 是连通图 G 的一棵生成树,$e\notin E(T)$但 $e\in E(G)$,则 $T+e$ 含唯一圈。

证 设$e=xy\notin E(T)$,则T中存在路径P_{xy},则$P_{xy}+e$,便是含在$T+e$中的一个圈。由于P_{xy}在T中是唯一的,故这个圈也是唯一的。证毕。

设$S\subset V,S\neq\varnothing$。$S'=V-S\neq\varnothing$,则用$[S,S']$表示一个端点在$S$,另一个端点在$S'$的全体边组成的集合,则显然$[S,S']$是一个边断集。

定义3.3 设G连通,若$[S,S']$只把G断成两个分支,则称$[S,S']$为G的一个割集。

定义3.4 ①若H是G的子图,则称$\overline{H}=G-E(H)$为H在G中的余图。

②若G连通,T是G的生成树,则T的余图$\overline{T}=G-E(T)$称为余树。

定理3.6 设T是连通图G的一棵生成树,对T的每条边e有:

①余树$\overline{T}$不含G的割集。

②$\overline{T}+e$含G的唯一割集。

证 ①设$E'\subseteq E(\overline{T})$,则$\omega(G-E')\leqslant\omega(G-E(\overline{T}))$,而$\omega(G-E(\overline{T}))=\omega(T)=1$,故$G-E'$连通,从而$E'$不是$G$的割集。

②设T是G的生成树,它的每条边都是割边,故$T-e$不连通,用S表$T-e$的一个连通片的顶点集,$\overline{S}=V(G)-S$,则$B=[S,\overline{S}]$是G的一个割集,且B完全含在$\overline{T}+e$中。下证割集的唯一性。否则,若$\overline{T}+e$除含割集B外还含有另一割集B',因$\overline{T}$不含割集,所以B'必含e。故$B'=B$。证毕。

值得指出的是,余树与割集之间的关系,类似于生成树与圈之间的关系,下面把它们做一对比:

余树与割集:

①余树$\overline{T}$不含割集。

②$e\in E(T)$,$\overline{T}+e$含唯一割集。

生成树与圈:

①生成树T不含圈。

②$e\in E(\overline{T})$,$T+e$含唯一圈。

问题:连通图G有多少不同的割集?如何找出其全部割集?

连通图G的边断集$[S,\overline{S}]$的个数主要看V的非空真子集S'有多少种,其总数为

$$\binom{v}{1}+\binom{v}{2}+\cdots+\binom{v}{v-1}=2^{v}-2$$

因此,$[S,S']$的总数有$2^{v-1}-1$种,但这种边断集中不全是割集。另外,连通图G的生成树T,对任何$e\in E(T)$,$\overline{T}+e$含唯一割集,而$\varepsilon(T)=v-1$,故G至少有$v-1$个割集。现在已有很多算法求出连通图的全部割集。

3.2.2 割点

定理3.7 设v是连通图G的一个顶点,则下述命题等价:

①v是割点。

②存在$V-\{v\}$的一个划分$V-\{v\}=U\cup W,U\cap W=\varnothing$,使得$\forall u\in U,\forall w\in W$,$u$到$w$的每条路径都必经过$v$。

③存在与v不同的两顶点u,w,使得u到w的每条路径都必经过v。

证 ①→② 因v是割点,$G-v$不连通,至少两个连通片,设U是一个连通片的顶点集,

令 $W=V-(U\cup\{v\})$,于是 u,w 分别属于 $G-v$ 的不同连通片。因此,在 G 中 u 要到达 w 必定经过 v,否则 u,w 在 $G-v$ 中会连通,与 u,w 分属 $G-v$ 的不同连通片矛盾。

②→③ ③只是②的特殊情况。

③→① 若 u 到 w 的每条路径都必经过 v,则 $G-v$ 中不存在 u 到 w 的路径,$G-v$ 不连通,故 v 是 G 的割点。证毕。由树的特征及此定理易得:

推论 3.7.1 树 T 的顶点 v 是 T 的割点的充要条件是 $d(v)\geqslant 2$。

证 必要性 设 v 是 T 的割点,则必存在不同于 v 的两顶点 u,w 使得 u 到 w 的路径经过 v,故 $d(v)\geqslant 2$。

充分性 若 $d(v)\geqslant 2$,则必有两个不同的顶点 u 与 w 与 v 相邻,因 T 是树,u 与 w 之间的路径唯一,即 uvw 必经过 v。由定理 3.7 知 v 是割点。证毕。

推论 3.7.2 无环的非平凡连通图至少有两个非割点。

证 设 T 是 G 的生成树,于是 T 至少有两个一次顶点,它们是 T 的非割点,因对 $v\in V(G)$

$$w(G-v)\leqslant w(T-v)$$

故 T 的两个非割点也是 G 的非割点,故 G 至少两个非割点。证毕。

*3.3 块与块划分

定义 3.5 ①一个没有割点的连通图称为块。

②图 G 的不含割点的最大连通图称为 G 的子块(或块)。

图 3.6 绘出了一个图 G 以及 G 的所有块。

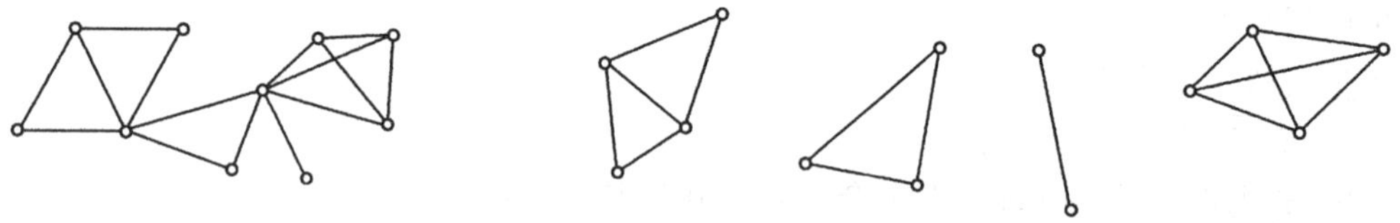

图 3.6

将一个图划分成若干块,称为图的块划分。从图 3.6 可以看出,连通块的获得相当于在图每个割点上把图"割开"。将采用深度优先搜索法求出连通图的所有块和割点。

深探法(DFS)最终得到的每个顶点的标号 $N(v)$(顺序号)称为 DFS 编码;最终得到的生成树 T 的每条边赋给一个方向由标号小的点指向标号大的点,这种有向边称为父子边;尾为父,头为子;G 中的不在 T 中的边,即非父子边称为返回边;返回边的方向由标号大的点指向标号小的点,上述为 G 的定向称为 DFS 定向,图 3.7 绘出了例 2.6 的深探法搜索结果的 G 的 DFS 定向图,实线为父子边,虚线为返回边。方框"□"里的数是 $N(v)$。

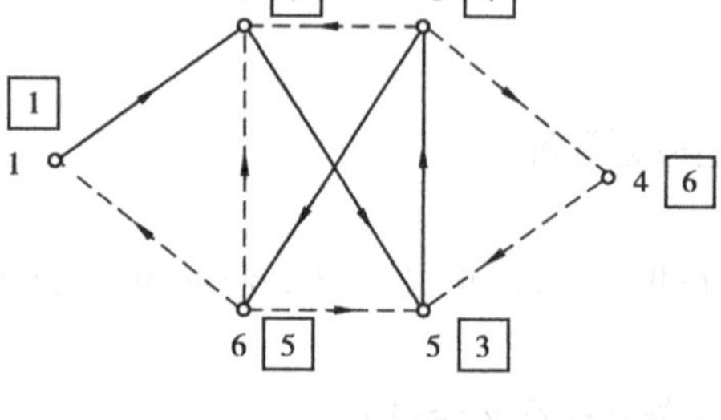

图 3.7

定理 3.8 G 是连通图,则 DFS 中产生的父子边导出子图(即 DFS 产生的生成树的 DFS

定向图)是以起点 v_0 为根的外向树。

证 显然,在父子边导出子图上,$D(v_0)=0,d(v)=1,(v\notin v_0)$。显然是生成树。考虑序列 $u_1,u_2,\cdots$,其中 u_i 的父亲是 $u_{i+1}(i>0)$,其中 $u_1\neq v_0$, 因 v_0 没有父亲,故这一序列止于 v_0。

这些给出了从 v_0 到 u_1 的一个有向路径。由 u_1 的任意性,可见父子边导出的子图是以 v_0 为根的外向树(见图3.8)。证毕。

定理3.9 在DFS中,$e=uv$ 是返回边,则要么 u 是 v 的祖先,要么 u 是 v 的后代。

证 设 $N(u)<N(v)$,若 u 不是 v 的祖先,则由于 u 比 v 先访问。则在访问 v 之前,已从 u 移到 u 的某个前辈。然而,由算法知,仅当与 u 相邻的顶点都已访问过后才倒行至其父。这说明 v 已被访问过,$N(v)<N(u)$,与 $N(v)>N(u)$ 矛盾,故 u 是 v 的祖先。

若 $N(u)>N(v)$,同理可证得 u 是 v 的后代。证毕。

如图3.7所示的(6,2)是返回边,2是6的祖先,6是2的后代,没有直系关系的6与4之间无返回边。

再引入顶点 v 的 P 标号,设连通图 G 已被DFS定向。令

$$P(v)=\min\left\{N(u)\ \middle|\ \begin{array}{l}u\text{ 是由 }v\text{ 可沿有向路径到达的顶点}\\ \text{路径至多含一条返回边,也包括 }v\text{ 在内}\end{array}\right\}$$

图3.7中,$P(1)=1,P(2)=1,P(3)=1,P(4)=3,P(5)=1,P(6)=1$。

定理3.10 在DFS中,$e=uv$ 是父子边,且 $N(u)>1$, $P(v)\geqslant N(u)$,则 u 是割点。

证 令 S 是从根 r 到 u 的有向路径上含 r 而不含 u 的一切顶点组成的集合;T_1 是以 v 为根的子树上的顶点集合(见图3.8)。由定理3.9,不存在连接 T_1 与 $V-(S\cup\{u\}\cup T_1)$ 的边(因 T_1 的祖先必属于 $S\cup\{(u)\}\cup T_1$),也不存在连接 $t\in T_1,s\in S$ 的边 ts,否则,ts 是返回边,且 $N(s)<N(u)$。这时 $P(v)\leqslant N(s)<N(u)$,与已知 $P(v)\geqslant N(u)$ 矛盾,故 ts 这种边不存在,故 u 是割点。证毕。

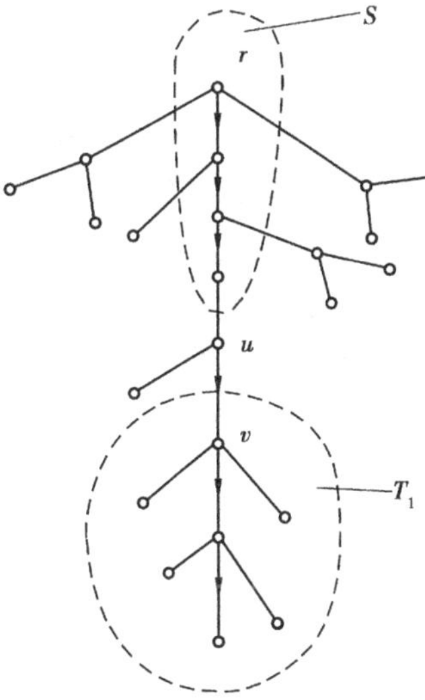

图3.8

定理3.11 若 u 是连通图 G 的割点,G 经过DFS后, $N(u)>1$,则存在父子边 $e=uv$,使得 $P(v)\geqslant N(u)$。

证 因 u 是割点,设 $V-\{u\}$ 划分成 $V_1,V_2,\cdots,V_m$, $G[V_i]$ 是 $G-u$ 的连通片,$i=1,2,\cdots,m(\geqslant 2)$,则当 $i\neq j$ 时,在 G 上从 V_i 到 V_j 的一切路径皆含 u;又 $N(u)>1$,u 不是有向生成树的根,不妨设 $r\in V_1$,r 是根。在DFS过程中,必然要搜索 u,设 uv 是 $v\notin V_1$ 的第一条父子边,设 $v\in V_2$,因无连通 V_2 与 $V-(V_2\cup\{U\})$ 之间的边,故 $P(u)\geqslant N(u)$。证毕。

定理3.12 r 是DFS过程中生成树的根,r 是图 G 的割点的充要条件是至少有两条以 r 为尾的父子边。

证 **必要性** 设 r 是DFS的生成树的根,且 r 是 G 的割点,$V_1,V_2,\cdots,V_m$ 是 $V-\{r\}$ 的一个划分,$G[V_1]$ 是 $G-r$ 的连通片,$i=1,2,\cdots,m$。$i\neq j$ 时,从 V_i 到 V_j 的路径都含 r,这时没有起于边 $rv(v\in V_i)$ 而止于 V_i 中端点的边,又 $V(G)-V(T)\cup\{r\}\neq\varnothing$,故至少有两条以 r 为尾的父子边。

充分性 设 ru_1,ru_2 是两条父子边,T_i 是根在 V_1 的子树,又定理3.9,无连接 $V(T_i)$ 与

$V(G)-(V(T)\cup\{r\})$的顶点的边,又 $V(G)-(V(T)\cup\{r\})\neq\varnothing$,故 r 是 G 的割点。证毕。

求连通图块和割点的算法步骤:

$k(e)$:边 $e=(u,v)$的标记

引入一个后进先出的堆栈 stack

输入:无向图各顶点 v 的邻接表 $L(u)$。

①对所有边(u,v),$k(u,v)\leftarrow\phi$,对所有顶点 v,$N(u)\leftarrow 0$,$i\leftarrow 0$,$v\leftarrow v_0$。

②$i\leftarrow i+1$,$N(v)\leftarrow i$,$P(v)\leftarrow i$,stack$\leftarrow v$。

③若对 v 的所有关联边(v,u)都有 $k(v,u)\neq 0$,转⑤。

④选一条 $k(v,u)=0$ 的边,$k(v,u)\leftarrow 1$,若 $N(u)\neq 0$,令

$$P(v)\leftarrow \min\{P(v),N(u)\}$$

转③;否则($N(u)=0$),令 $f(u)\leftarrow v$,$v\leftarrow u$,转②。

⑤若 $N(f(v))=1$,转⑨。

⑥($f(v)\neq v_0$)若 $P(v)<N(f(v))$,则

$$P(f(v)\leftarrow \min\{P(v),P(u)\}$$

转⑧。

⑦($P(v)\geqslant N(f(v))$),$f(v)$是割点,把 stack 中包括 v 在内的 v 上部的顶点弹出,这些顶点同$f(v)$导出一个块。

⑧$v\leftarrow f(v)$,转③。

⑨把 stack 中连同 v 上方之顶点弹出,这些顶点同 v_0 导出一个块。

⑩若 v_0 的全部关联边(v_0,v),都有 $k(v_0,v)=1$,停止。

⑪点 v_0 是割点,令 $v\leftarrow v_0$,转④。

这一算法的时间复杂性量级为 $0(|E|)$,与深探法搜索图的计算量级同级,虽然这里增加了一个栈,而栈的进入和弹出的工作量也是 $0(|E|)$的,所以总的执行时间仍然是 $0(|E|)$。因此,这是一个有效的算法。

3.4 可靠网络的设计

假设我们要构造一个有线通信网,使得几个通信站坏了之后,其余的通信站仍能彼此通话。显然,有两个要求是必要的:一是不怕坏的站的数目要多,二是整个造价要小。这个实际问题的数学模型如下:

G 是加权连通图,k 是给定的自然数,求 G 的有最小权的 k 连通生成子图,当 $k=1$ 时,就是最小生成树;当 $k>1$ 时,是尚未解决的难题之一。

当 $G=K_n$,每边权都是 1 时,Harary 于 1962 年解决了这一问题,下面介绍 Harary 的工作。

令 $f(m,n)$表示 n 个顶点的 m 连通图当中边数的最小值,$m<n$,由

$$\sum_{v\in V(G)} \mathrm{d}(v)=2\varepsilon,\quad K\leqslant K'\leqslant\delta$$

得

$$f(m,n)\geqslant\left\{\frac{mn}{2}\right\}$$

用符号 $H_{m,n}$ 表示 n 个顶点，$\left\{\frac{mn}{2}\right\}$条边的 m 连通图，若能构造出 $H_{m,n}$，则它便是 n 个顶点的边数最少的 m—连通图。

可分以下 3 种情况来讨论 Harary 构造的 $H_{m,n}$：

①当 m 是偶数，$m=2r$，$H_{2r,n}$ 以 $\{0,1,2,\cdots,n-1\}$ 为顶点集，当 $|i-j|\leqslant r$ 时，在顶点 i 与 j 之间连一边，这里加法在 mod n 意义下进行。

②当 m 是奇数，$m=2r+1$，n 是偶数，先构造 $H_{2r,n}$，然后对 $1\leqslant i\leqslant\frac{n-1}{2}$ 的 i，在 i 与 $i+\frac{n}{2}$ 间加一条边，则得 $H_{2r+1,n}$。

③当 m 是奇数，$m=2r+1$，n 是奇数，先构作 $H_{2r,n}$，然后在顶点 0 与 $\frac{n-1}{2}$，0 与 $\frac{n+1}{2}$ 之间加边，在顶点 i 与 $i+\frac{n+1}{2}$ 间加上边，其中 $1\leqslant i\leqslant\frac{n-3}{2}$，则得 $H_{2r+1,n}$。

图 3.9 中分别作出了 $H_{4,8}$，$H_{5,8}$ 和 $H_{5,9}$。

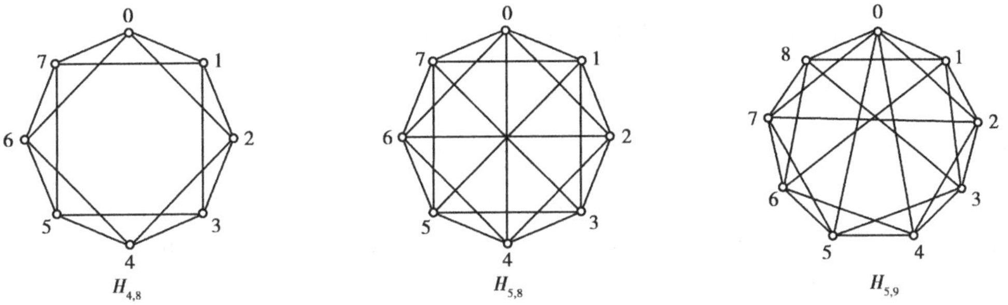

图 3.9

定理 3.13　(Harary，1962)　$H_{m,n}$ 是 m—连通图。

证　当 $m=2r$ 时，须证 $H_{2r,n}$ 是 m—连通图，只须证 $H_{2r,n}$ 没有比 $m=2r$ 个顶点少的点断集；否则，设 V' 是 $H_{2r,n}$ 的点断集，且 $|V'|<2r$，又设 i，j 是属于 $H_{2r,n}-V'$ 的不同连通片的顶点。如图 3.10 所示，令

$S=\{i,i+1,\cdots,j-1,j\}$

$T=\{j,j+1,\cdots,i-1,i\}$　(加法以 n 为模)

因 $S\cup T=V(H_{m,n})$，$S\cap T=\{i,j\}$，　$i,j\notin V'$

故 $(V'\cap S)\cup(V'\cap T)=V'$，

$(V'\cap S)\cap(V'\cap T)=\varnothing$

又因　$|V'|<2r$

则 $(V'\cap S)$ 或 $(V'\cap T)$ 的顶点数小于 r，不妨设 $|V'\cap S|<r$。

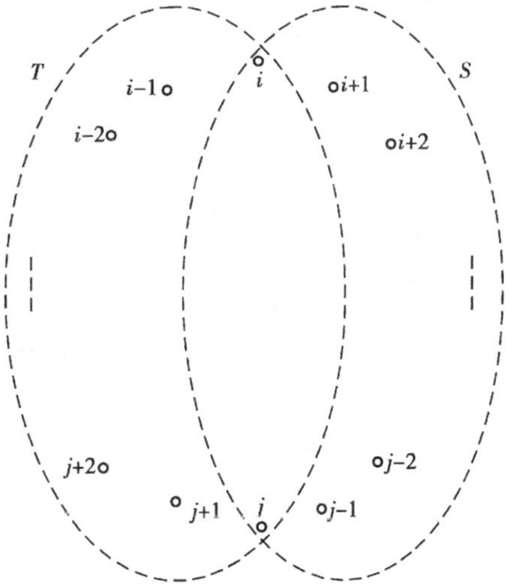

图 3.10

则显然存在 $S-V'$ 的序列，从 i 始至 j 终，使得序列中连续二顶点号码之差的绝对值最大的是 r，但这样的序列中相邻顶点之间存在边，即此序列是一条路径 $P(i,j)$，与 i,j 分属于 $H_{2r,n}-V'$ 的两个

连通片中矛盾。故 $H_{2r,n}$ 是 $2r$ 连通的。

类似地，可证明 $m=2r+1$ 时，$H_{2r+1,n}$ 是 $2r+1$ 连通的。证毕。

因 $K\leqslant K'$，所以 $H_{m,n}$ 亦是具有 n 个顶点的 m—边连通图。

习题 3

1. 证明：若 G 是 k—连通，则 $\varepsilon\geqslant k\upsilon/2$。

2. 证明：若 G 是 k—边通图（$k>0$），而 E' 是 G 的任意一个有 k 条边的集合，则 $\omega(G-E')\leqslant 2$。

3. 给出一个 K—连通图 G 及 G 的 K 个顶点的集合 V'，使得 $\omega(G-V')>2$。

4. G 是简单图，满足 $\delta\geqslant\upsilon-2$，则 $K(G)=\delta$。

5. 找一个简单图 G，满足 $\delta=\upsilon-3$，$K(G)<\delta$。

6. G 是简单图，$\delta\geqslant\frac{\upsilon}{2}$，则 $K'(G)=\delta$。

7. G 是简单图，$\delta\geqslant(\upsilon+k-2)/2$，则 G 是 k—连通的。

8. 给出一个简单图 G，使 $\delta=\left[\frac{\upsilon}{2}-1\right]$，而 $K'<\delta$。

9. 证明：若 G 是简单 3—正则图，则 $K=K'$。

10. 若 $1\leqslant m\leqslant n$，则存在简单图，满足 $K=1$，$K'=m$，$\delta=n$。

11. G 是 2—边连通的充要条件是任二顶点之间至少有两条无公共边的路径相连通。

12. P 是 2—连通图中 u 与 v 两顶点之间的路径，是否一定有另一条与 P 无公共内顶点的路径 $P_1(u,v)$？

13. $\forall e\in E(G)$，若 $K(G-e)<K(G)$，则称 G 是 K 临界图。

①每个 K 临界 2—连通图有一个二次顶点。

② G 是 K 临界 2—连通图，$\upsilon\geqslant 2$，则 $\varepsilon\leqslant 2\upsilon-4$。

14. 只有两个顶点不是割点的连通图是路径。

15. G 图每个顶点都是偶次，则 G 中无割边。

16. G 是 k 次正则二部图，$k\geqslant 2$，则 G 无割边。

17. G' 是 G 的真子图，G 连通，则 $\exists e\in E(G)$，$e\notin E(G')$，但 e 的一端在 G' 上。

18. 三次正则图有一个割点，当且仅当它有一条割边。

19. 有割边的三次正则图至少 10 个顶点。

20. 设 G 连通且 $e\in E(G)$，证明：

① e 是 G 的所有生成树的边，当且仅当 e 是 G 的割边。

② e 不是 G 的任何生成树的边，当且仅当 e 是 G 的环。

21. 证明 G 至少含有 $\varepsilon-\upsilon+\omega$ 个不同的圈。

22. 设 G 是 $\upsilon\geqslant 3$ 的连通图，证明：

① G 有割边必有割点。

② G 有割点却不一定有割边。

23. 若 G 不含偶圈和孤立点，则 G 的块或是 K_2 或是奇圈。

24. 一个不是块的连通图中至少存在两个块，它们仅含 G 的一个割点。

25. $b(v)$ 表示 G 中含顶点 v 的块的数目，则 G 的块数为 $\omega + \sum\limits_{v \in V(G)} (b(v) - 1)$。

26. G 是2—连通图，X 与 Y 是不相交子集，且每个之中至少含两个顶点，则 G 中含两条无公共内顶点的路径 P 与 Q，使得：

①P 与 Q 之起点皆属于 X；

②P 与 Q 之终点皆属于 Y；

③P 与 Q 的内点都不属于 $X \cup Y$。

27. 设 G 是连通图。

①顶点 $u \neq v_0$，是割点的充要条件是当 G 上 DFS 终止时，存在父子边 uv，不存在返回边 xy，使 x 是 v 的后代，y 是 u 的祖先。

②设计一个时间复杂度为 $O(|E|)$ 的求割点的算法，且能产生块。

28. 设计一个求割边的算法。

29. 画出 $H_{3,8}$，$H_{3,9}$。

30. 三维超立方体是8个顶点的具有最少边数的3—连通图。

31. 求一个简单图，它是有7个顶点、18条边的5—连通图。

第 4 章 路径算法

在所有网络最优化问题中,路径问题是得到最广泛研究的问题之一,这类问题通常在交通、通信、工程规划、决策和产品应用等方面都会遇到。在这里,不可能面面俱到,把现有的有关路的算法都一一介绍,现主要介绍传统的典型算法形成一个基础。

4.1 最短路径问题

定义 4.1 设 $P(u,v)$ 是加权图 G 中从 u 到 v 的路径, 则 $W(P) = \sum_{e \in E(P)} \omega(e)$ 称为路径 P 的权,其中 $\omega(e)$ 是边 e 的权。

在实际问题中,权可以表示 v_i 到 v_j 所需的时间,或从 v_i 到 v_j 运送某种物品所需的费用等。

在加权图 G 中,从顶点 s 到顶点 t 的具有最小权的路径 $P^*(s,t)$ 称为 s 到 t 的最短路径。

4.1.1 固定起点的最短路径

寻求从一固定起点到其余各点的最短路径的最有效算法之一是 Dijkstra(1959)算法,多数改进算法都是对执行 Dijkstra 算法时数据结构方面的改进。Dijkstra 算法是一种标号作业法,在每次迭代产生一个永久标号。

Dijkstra 算法的基本思想:是生长一棵以 v_0 为根的最短路树,在这棵树上每一顶点与根之间的路径皆为最短路径。由于网络不存在负权,最短路树的生长过程中各顶点将按照距 v_0 的远近以及顶点的相邻关系,逐次长入树中,先近后远,直至所有顶点都已在树中。

标号原理:先找出与起点 u_0 最接近的顶点,递归地,如已找出与 u_0 距离最短的 k 个顶点(包括 u_0),以及这 k 个顶点到 u_0 的最短距离和最短路径,它们构成一棵树,用到 u_0 的最短距离作为这 k 个顶点的永久标号。与 u_0 的距离第 $k+1$ 短的顶点可如下确定:对每个没有标记的顶点 y,构成 k 条从 u_0 到 y 的路径,它是由 u_0 到已标注的顶点 $x_i(i=1,2,\cdots,k)$ 的最短路径加上 $x_iy(i=1,2,\cdots,k)$(若 $x_iy \notin E(G)$,$\omega(x_iy)=\infty$),构成路径 $P(u_0,x_i)\cup\{x_iy\}(i=1,2,\cdots,k)$。在这 k 条路径中选出最短的,暂时作为从 u_0 到 y 的最短路径,其长度作为 y 的暂时标号。哪个具有暂时标号的 y 是第 $k+1$ 最靠近 u_0 的顶点呢? 它是具有最小暂时标号的顶点

y^*。这是因为，既然每边上的权都非负，则从 u_0 到第 $k+1$ 个最接近 u_0 的顶点的最短路径必须且只能以已有永久标号的顶点为中间点（见图 4.1）。将 y^* 的暂时标号作为其永久标号，树生长到 y^*。

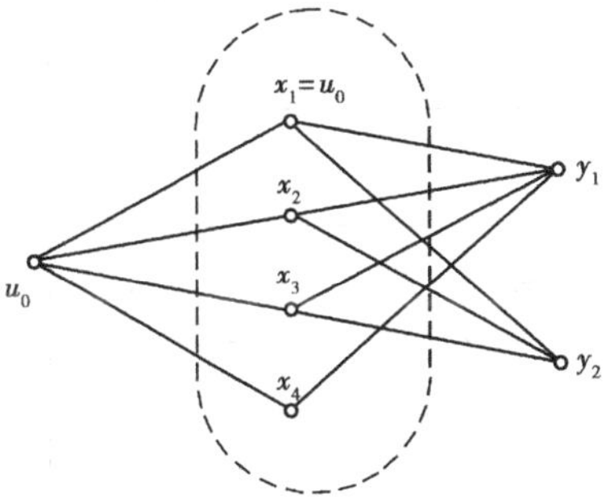

图 4.1

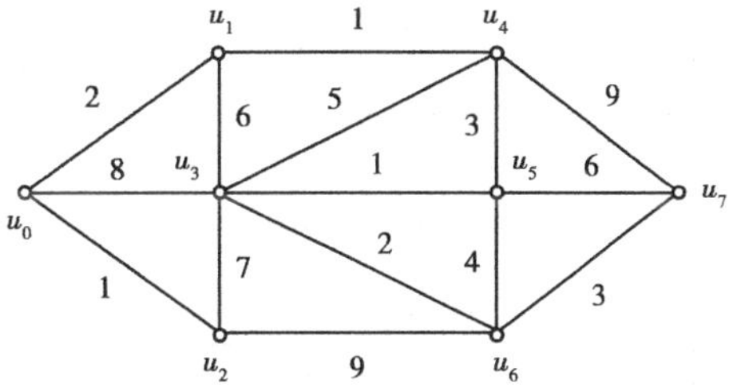

图 4.2

因此，若最接近 u_0 的 k 个顶点已知，则第 $k+1$ 个便可如上确定，从 $k=0$ 开始，这个过程可重复直到所有顶点都有了永久标号。

上述过程很麻烦，要反复地对已标记的顶点进行计算和比较，加以改进，即在求最短路径的过程中，不断修改未标记的路径参数，于是得到易于编程的算法步骤。

Dijkstra 算法步骤：

S：具有永久标号的顶点集；

$l(v)$：v 的标记；

$f(v)$：v 的父亲，用以确定最短路径（链）。

输入加权图的带权邻接矩阵 $W_{n\times n}=(w(u,v))_{n\times n}$。

1）$l(v_0)\leftarrow 0$，$\forall v\neq v_0$，$l(v)\leftarrow\infty$，$S\leftarrow\{v_0\}$，$u\leftarrow v_0$。

2）$\forall v\in\overline{S}=V-S$，若 $l(v)>l(u)+w(u,v)$，则

$l(v)\leftarrow l(u)+w(u,v)$，$f(v)\leftarrow u$

3）设 v^* 是使 $l(v)$ 取最小值的 $\overline{S}$ 中的顶点，令 $S\leftarrow S\cup\{v^*\}$，$u\leftarrow v^*$。

4）若 $\overline{S}\neq\phi$，转 2），否则，停止。

例 4.1　用 Dijkstra 算法求如图 4.2 所示的从 u_0 到 u_7 的最短路径。

先写出图 4.2 中加权图的邻接矩阵

$$
\boldsymbol{W}=\begin{pmatrix}
0 & 2 & 1 & 8 & \infty & \infty & \infty & \infty\\
 & 0 & \infty & 6 & 1 & \infty & \infty & \infty\\
 & & 0 & 7 & \infty & \infty & 9 & \infty\\
 & & & 0 & 5 & 1 & 2 & \infty\\
 & & & & 0 & 3 & \infty & 9\\
 & & & & & 0 & 4 & 6\\
 & & & & & & 0 & 3\\
 & & & & & & & 0
\end{pmatrix}
$$

因是无向图，故 W 是对称阵。

表 4.1 是 Dijkstra 各次迭代各变量值的变化情况。

表 4.1　Dijkstra 算法各次迭代各变量值

迭代次数	$l(u_i)$								先驱点(父)	u
	u_0	u_1	u_2	u_3	u_4	u_5	u_6	u_7		
1	[0]	∞	∞	∞	∞	∞	∞	∞		u_0
2	[0]	2	[1]	8	∞	∞	∞	∞	$f(u_2)=u_0$	u_2
3	[0]	[2]	[1]	8	∞	∞	10	∞	$f(u_1)=u_0$	u_1
4	[0]	[2]	[1]	8	[3]	∞	10	∞	$f(u_4)=u_1$	u_4
5	[0]	[2]	[1]	8	[3]	[6]	10	12	$f(u_5)=u_4$	u_5
6	[0]	[2]	[1]	[7]	[3]	[6]	10	12	$f(u_3)=u_5$	u_3
7	[0]	[2]	[1]	[7]	[3]	[6]	[9]	12	$f(u_6)=u_3$	u_6
8	[0]	[2]	[1]	[7]	[3]	[6]	[9]	[12]	$f(u_7)=u_4$	u_7

注:“□”里的数表示永久标号。

利用算法得到的先驱点(父)追踪便可得到从 u_0 到 u_7 的最短路径链:$u_7 \leftarrow u_4 \leftarrow u_1 \leftarrow u_0$,而且还可作出最短路径树,如图 4.3 所示。其中,“□”内的数代表永久标号,即 u_0 到此点的最短路径的长度。

Dijkstra 算法的运算时间是 $O(n^2)$ 级的。对于加权有向图,求 u_0 到各点的最短有向路径,同样可用 Dijkstra 算法,只是邻接矩阵不再是对称阵,边是有向边。

值得注意的是 Dijkstra 算法要求每边的权都非负,对于带负权的网络可用 Ford 算法。Ford 算法是将 Dijkstra 算法稍作修改而得。

①将第 2)步改为:$\forall v \in V(G)$,若 $l(v) > l(u) + w(u,v)$,则 $l(v) \leftarrow l(u) + w(u,v)$,$f(v) \leftarrow u$,$S \leftarrow S - \{v\}$。

②将第 4)步改为:在 $\overline{S} = \varnothing$ 且第 2)步再也不能减少任何顶点的标号时,算法终止。

Ford 算法不适于带负权的无向图,且要求有向图没有负费用有向圈。

例 4.2　求如图 4.4 所示的带负权的有向图的从 v_0 到其余各点的有向路径。

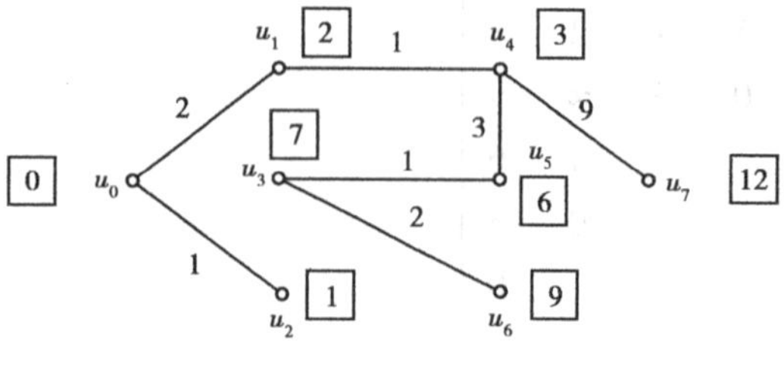

图 4.3

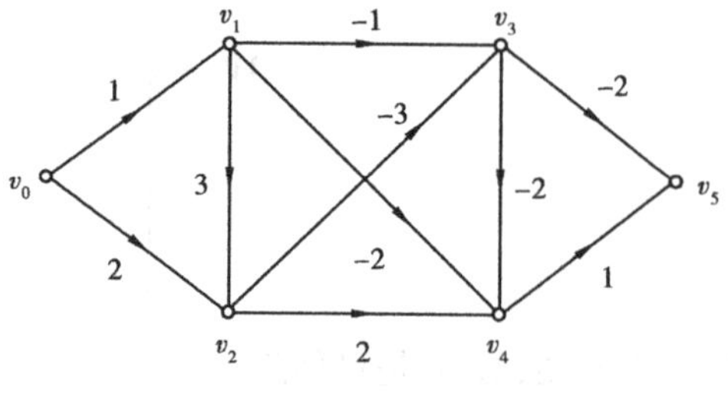

图 4.4

先写出图 4.4 中的加权有向图的邻接矩阵

$$
\boldsymbol{W}=\begin{bmatrix}
0 & 1 & 2 & \infty & \infty & \infty \\
\infty & 0 & 3 & -1 & -2 & \infty \\
\infty & \infty & 0 & -3 & 2 & \infty \\
\infty & \infty & \infty & 0 & -2 & -2 \\
\infty & \infty & \infty & \infty & 0 & 1 \\
\infty & \infty & \infty & \infty & \infty & 0
\end{bmatrix}
$$

因是有向图，W 不是对称阵。

下面用表格说明 Ford 算法计算过程如表 4.2 所示。

表 4.2

步数	$l(v_0)$	$l(v_1)$	$l(v_2)$	$l(v_3)$	$l(v_4)$	$l(v_5)$	选中的点	先驱点
(1)	$\boxed{0}$	∞	∞	∞	∞	∞	v_0	
(2)	$\boxed{0}$	$\boxed{1}$	2	∞	∞	∞	v_1	$f(v_1)=v_0$
(3)	$\boxed{0}$	$\boxed{1}$	2	0	$\boxed{-1}$	∞	v_4	$f(v_4)=v_1$
(4)	$\boxed{0}$	$\boxed{1}$	2	$\boxed{0}$	$\boxed{-1}$	0	v_3	$f(v_3)=v_1$
(5)	$\boxed{0}$	$\boxed{1}$	2	$\boxed{0}$	$\boxed{-2}$	-2	v_4	$f(v_4)=v_3$
(6)	$\boxed{0}$	$\boxed{1}$	2	$\boxed{0}$	$\boxed{-2}$	$\boxed{-2}$	v_5	$f(v_5)=v_3$
(7)	$\boxed{0}$	$\boxed{1}$	$\boxed{2}$	$\boxed{0}$	$\boxed{-2}$	$\boxed{-2}$	v_2	$f(v_2)=v_0$
(8)	$\boxed{0}$	$\boxed{1}$	$\boxed{2}$	$\boxed{-1}$	$\boxed{-2}$	$\boxed{-2}$	v_3	$f(v_3)=v_2$
(9)	$\boxed{0}$	$\boxed{1}$	$\boxed{2}$	$\boxed{-1}$	$\boxed{-3}$	-3	v_4	$f(v_4)=v_3$
(10)	$\boxed{0}$	$\boxed{1}$	$\boxed{2}$	$\boxed{-1}$	$\boxed{-3}$	$\boxed{-3}$	v_5	$f(v_6)=v_3$
(11)	$\boxed{0}$	$\boxed{1}$	$\boxed{2}$	$\boxed{-1}$	$\boxed{-3}$	$\boxed{-3}$		

最后一步未能使顶点的标号减少，则结束，同样可通过先驱点（父子关系）追踪其最短路径树，如图 4.5 所示。注意每个顶点只有一个父亲，即最后保留的 $f(v)$。

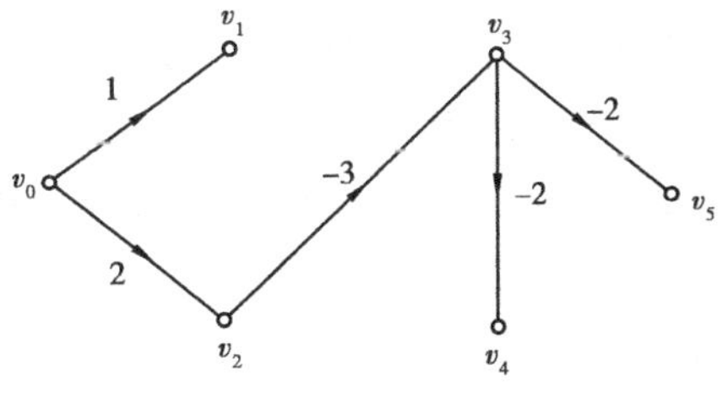

图 4.5

4.1.2　每对顶点间的最短路径

显然此问题可由重复 Dijkstra 最短路径算法，

每次取定一个顶点作起点，但这需要大量的重复计算。Floyd 提出了比这更好的算法。

为了利用加权图的带权邻接矩阵求图的任意两点之间的距离，先定义矩阵的一种运算：

定义 4.2 设 $A=(a_{ij})_{n\times k}$，$B=(b_{ij})_{k\times m}$，矩阵的"$*$"运算为：$C=A*B=(C_{ij})_{n\times m}$，其中 $C_{ij}=\min\{a_{i1}+b_{1j},a_{i2}+b_{2j},\cdots,a_{ik}+b_{kj}\}$

下面看邻接矩阵应用这种运算所产生的结果。先讨论加权无向图。

设 $(a_{ij})_{n\times n}$ 是加权无向图 $G=(V,E)$ 的带权邻接矩阵，记

$$A^{[2]}=A*A=(a_{ij}^{[2]})_{n\times n}$$

则 $a_{ij}^{[2]}=\min\{a_{i1}+a_{1j},a_{i2}+a_{2j},\cdots,a_{in}+a_{nj}\}$，$a_{ik}+a_{kj}$ 表示从顶点 i 经顶点 k 到顶点 j 含 2 条边的路径长度，$(k=1,2,\cdots,n)$；$a_{ij}^{[2]}$ 表示它们的最小值，即从顶点 i 最多经过一个中间点到顶点 j 的所有通路中最短的通路的长度。

依此类推，在 $A^{[k]}=(a_{ij}^{[k]})_{n\times n}$ 中，$a_{ij}^{[k]}$ 表示从顶点 i 最多经过 $(k-1)$ 个中间点到 j 的所有通路中最短的通路长。因图的顶点数为 n，从 i 到 j 的路径最多经过 $(n-2)$ 个中间顶点，所以只要求到 $A^{[n-1]}$ 就行了。

于是，得到求每一对顶点间距离的算法：

①给出加权图的邻接矩阵。

②求 $A^{[2]},A^{[3]},\cdots,A^{[n-1]}$。

③令 $D=A^{[n-1]}=(d_{ij})_{n\times n}$，则 D 即为图的距离矩阵。

如果不仅要求任意两点之间的距离，还要求出两点间的最短路径，则在矩阵运算时要注以下标，并在运算中保留下标，如：

$$a_{ik}+a_{kj}=a_{ikj}$$

$$a_{ijk}+a_{kmn}=a_{ijkmn}$$

下面介绍求每对顶点之间最短路径的 Floyd 算法。

算法的基本思路：直接在图的带权矩阵中用插入顶点方法依次构造出 n 个矩阵 $D^{(1)}$，$D^{(2)},\cdots,D^{(n)}$，使最后得到的矩阵 $D^{(n)}$ 成为图的距离矩阵，同时也求出插入点矩阵以便得到两点间的最短路径。

Floyd 算法的原理：首先把带权邻接矩阵 A 作为距离矩阵 D 的初值，即 $D^{(0)}=A$；

$$D^{(1)}=(d_{ij}^{(1)})_{n\times n}\text{，元素 } d_{ij}^{(1)}=\min\{d_{ij}^{(0)},d_{i1}^{(0)}+d_{1j}^{(0)}\}$$

是从 v_i 到 v_j 中间点只允许为 v_1 路径中的最短路径长度。

$D^{(2)}=(d_{ij}^{(2)})_{n\times n}$，元素 $d_{ij}^{(2)}=\min\{d_{ij}^{(1)},d_{i2}^{(1)}+d_{2j}^{(1)}\}$ 是从 v_i 到 v_j 中间点只允许为 v_1,v_2 的路径中的最短路径长度。

以此类推，$D^{(k)}=(d_{ij}^{(k)})_{n\times n}$ 的元素 $d_{ij}^{(k)}=\min\{d_{ij}^{(k-1)},d_{ik}^{(k-1)}+d_{kj}^{(k-1)}\}$ 是从 v_i 到 v_j 允许中间点为 $v_1,v_2,\cdots,v_k$，的路径中的最短路径长度。

当 $k=n$ 时，$D^{(n)}=(d_{ij}^{(n)})_{n\times n}$，其中，$d_{ij}^{(n)}$ 便是允许中间点为 $v_1,v_2,\cdots,v_n$ 的，从 v_i 到 v_j 的路径中的最短路径长度，即是从 v_i 到 v_j，中间可插入任何顶点的路径中的最短路径长度，因此，$D^{(n)}$ 即是距离矩阵。在求距离矩阵的迭代过程中，也可将路径起后继点矩阵 $\boldsymbol{R}$ 求出来，从而能由 $\boldsymbol{R}$ 求出两点间的最短路径。

Floyd 算法步骤：

$d(i,j)$：i 到 j 的距离；

$R(i,j)$：i 与 j 之间当前最短路径上，i 的后继点。

输入带权邻接矩阵 $a(i,j)$。

1) for i = 1 to n do

2) for j = 1 to n do

3) d(i,j) ←a(i,j), R(i,j) ←j

4) for k = 1 to n do

5) for i = 1 to n do

6) for j = 1 to n do

7) if d(i,k) + d(k,j) < d(i,j) then

d(i,j) ←d(i,k) + d(k,j)

R(i,j) ←R(i,k)

end

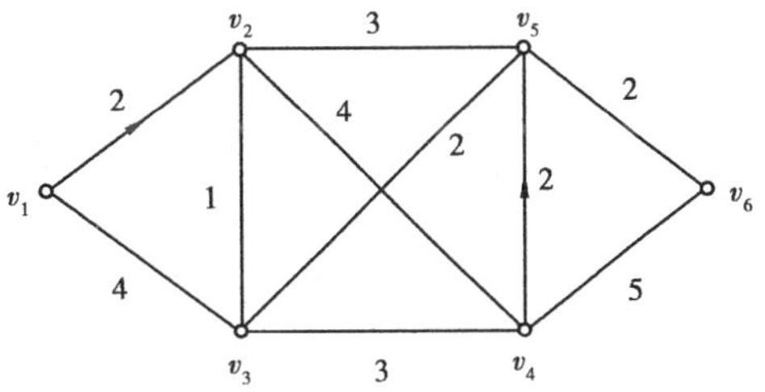

图 4.6

例 4.3　求如图 4.6 所示的加权图的任意两点间距离与路径。

先求出加权混合图的带权邻接矩阵。有向边按有向图的方法处理，无向边按无向图的情形处理。

$$
\boldsymbol{D}^{(0)} = \begin{bmatrix} 0 & 2 & 4 & \infty & \infty & \infty \\ \infty & 0 & 1 & 4 & 3 & \infty \\ 4 & 1 & 0 & 3 & 2 & \infty \\ \infty & 4 & 3 & 0 & 2 & 5 \\ \infty & 3 & 2 & \infty & 0 & 2 \\ \infty & \infty & \infty & 5 & 2 & 0 \end{bmatrix}, \boldsymbol{R}^{(0)} = \begin{bmatrix} 1 & 2 & 3 & 4 & 5 & 6 \\ 1 & 2 & 3 & 4 & 5 & 6 \\ 1 & 2 & 3 & 4 & 5 & 6 \\ 1 & 2 & 3 & 4 & 5 & 6 \\ 1 & 2 & 3 & 4 & 5 & 6 \\ 1 & 2 & 3 & 4 & 5 & 6 \end{bmatrix}
$$

插入 v_1 得：

$$
\boldsymbol{D}^{(0)} = \begin{bmatrix} 0 & 2 & 4 & \infty & \infty & \infty \\ \infty & 0 & 1 & 4 & 3 & \infty \\ 4 & 1 & 3 & 3 & 2 & \infty \\ \infty & 4 & 0 & 0 & 2 & 5 \\ \infty & 3 & 2 & \infty & 0 & 2 \\ \infty & \infty & \infty & 5 & 2 & 0 \end{bmatrix} = \boldsymbol{D}^{(0)}，故\ \boldsymbol{R}^{(1)} = \boldsymbol{R}^{(0)}
$$

插入 v_2 得：

$$
\boldsymbol{D}^{(2)} = \begin{bmatrix} 0 & 2 & 3 & 6 & 5 & \infty \\ \infty & 0 & 1 & 4 & 3 & \infty \\ 4 & 1 & 0 & 3 & 2 & \infty \\ \infty & 4 & 3 & 0 & 2 & 5 \\ \infty & 3 & 2 & 7 & 0 & 2 \\ \infty & \infty & \infty & 5 & 2 & 0 \end{bmatrix}, \boldsymbol{R}^{(2)} = \begin{bmatrix} 1 & 2 & 2 & 2 & 2 & 6 \\ 1 & 2 & 3 & 4 & 5 & 6 \\ 1 & 2 & 3 & 4 & 5 & 6 \\ 1 & 2 & 3 & 4 & 5 & 6 \\ 1 & 2 & 3 & 2 & 5 & 6 \\ 1 & 2 & 3 & 4 & 5 & 6 \end{bmatrix}
$$

矩阵中带“□”内的项为经迭代比较以后有变化的元素，即需引入中间点 v_2，从而 $\boldsymbol{R}^{(2)}$ 中相应的位置换为 2。

插入 v_3 得：

$$D^{(3)}=\begin{bmatrix}0&2&3&6&5&\infty\\5&0&1&4&3&\infty\\4&1&0&3&2&\infty\\7&4&3&0&2&5\\6&3&2&5&0&2\\\infty&\infty&\infty&5&2&0\end{bmatrix},R^{(3)}=\begin{bmatrix}1&2&2&2&2&6\\3&2&3&4&5&6\\1&2&3&4&5&6\\3&2&3&4&5&6\\3&2&3&3&5&6\\1&2&3&4&5&6\end{bmatrix}$$

$$D^{(4)}=\begin{bmatrix}0&2&3&6&5&11\\5&0&1&4&3&9\\4&1&0&3&2&8\\7&4&3&0&2&5\\6&3&2&5&0&2\\12&9&8&5&2&0\end{bmatrix},R^{(4)}=\begin{bmatrix}1&2&2&2&2&2\\3&2&3&4&5&4\\1&2&3&4&5&4\\3&2&3&4&5&6\\3&2&3&3&5&6\\4&4&4&4&5&6\end{bmatrix}$$

$$D^{(5)}=\begin{bmatrix}0&2&3&6&5&7\\5&0&1&4&3&5\\4&1&0&3&2&4\\7&4&3&0&2&4\\6&3&2&5&0&2\\8&5&4&5&2&0\end{bmatrix},R^{(5)}=\begin{bmatrix}1&2&2&2&2&2\\3&2&3&4&5&5\\1&2&3&4&5&5\\3&2&3&4&5&5\\3&2&3&3&5&6\\5&5&5&4&5&6\end{bmatrix}$$

$$D^{(6)}=D^{(5)}\qquad D^{(6)}=R^{(5)}$$

由上述计算过程可知，各顶点间的最短距离如 $D^{(6)}$ 所示。其最短路径可从最终的路径矩阵 $R^{(6)}=R^{(5)}$ 查得。例如，$d_{51}^{(6)}=8$，v_6 到 v_1 的路径，由 $R_{61}^{(6)}=5$，表示 v_6 到 v_1 的最短路径上 v_6 的后继点为 v_5，由 $R_{51}^{(6)}=3$，则 v_5 到 v_1 的最短路径上 v_5 的后继点为 v_3，$R_{31}^{(6)}=1$，则 v_3 到 v_1 的最短路径上 v_3 的后继点为 v_1，因此，v_6 到 v_1 最短路径为 $v_6\to v_5\to v_3\to v_1$。同理，可得 $d_{16}^{(6)}=2$，从 v_1 到 v_6 的最短路径为：$v_1\to v_2\to v_5\to v_6$。

Floyd 算法的时间复杂度是 $O(n^3)$，这一算法可允许有负权，只要不存在负费用圈即可。

4.2 最短路径问题的一些扩展

上一节讨论的最短路径问题，从某一点到其他点的路程或费用最小，其路径权为各边上的权之和。但在实际问题中常有这样的情况，路径的权是边权的其他函数，如边权之积或边权的最大值等。还可能是其他更复杂的函数，例如，运输过程在一些地方装卸时，需要有附加的费用或时间；在交通网络中，路径长度通常在交汇处转弯时，由于交通设施，路障等问题，转弯需要附加时间。对于这样的一类问题上一节的算法不能直接使用，需稍作修改，下面一一讨论这几类问题。

4.2.1 最可靠线路问题

在图 G 中，若 $\forall e\in E(G)$，有 $0<w(e)\leqslant 1$，表示线路的可靠性，P 是从 s 到 t 的路径。定义路径 P 的权 $w(P)=\prod_{e\in E(P)}w(e)$，即 P 的可靠性，“$\prod$”是连乘号，即 $w(P)$ 是 P 上所有边权

之乘积。称使 $w(P)$ 达到最大值的路径为 s 到 t 的最可靠线路。

因为 $0 < w(e) \leqslant 1$，将求最短路径的算法稍作修改即可。

同样，求最短路径的 Ford 算法也可修正来求最可靠线路。

4.2.2　最小爬高度路径问题

在图 $G=(V,E)$ 中，$\forall e \in E(G)$，$w(e)$ 表示沿 e 的爬高度，则从 s 到 t 沿路径 P 的爬高度为

$$w(P) = \max_{e \in P}\{w(e)\}$$

故称使 $w(P)$ 达到最小值的路径为从 s 到 t 的最小爬高度路径。

同样，可将求最短路径的算法修改一下来求最小爬高度路径。

类似地，Ford 算法稍作修改，也适用于此问题求解。

一般只要路径权函数在下述两种情形下，均可用最短路径算法（Dijkstra 算法和 Ford 算法）稍作修改之后求解。

情形 1：对任意 $P = v_1v_2v_3\cdots v_k$，$P' = v_1v_2v_3\cdots v_kv_{k+1}$ 均有；$W(P) \leqslant W(P')$，求使 $W(P)$ 达最小的路径。

情形 2：对任意 $P = v_1v_2v_3\cdots v_k$，$P' = v_1v_2v_3\cdots v_kv_{k+1}$ 均有：$W(P) \geqslant W(P')$，求使 $W(P)$ 达最大的路径。

最小爬高度问题属于情形 1，最大可靠性线路问题属于情形 2。

4.2.3　带有顶点附加值的最短路径问题

解决这一问题的基本思路是将带有顶点附加值的网络转化为无顶点附加值的网络，使得可用解最短路径问题的算法来求解。

例 4.4　在一个城市交通系统中取出一段如图 4.7 所示，其入口为顶点 v_1，出口为顶点 v_8，每条弧段旁的数字表示通过该路段所需的时间，每次转弯需要附加时间为 3，求从 v_1 到 v_8 的最短时间路径。

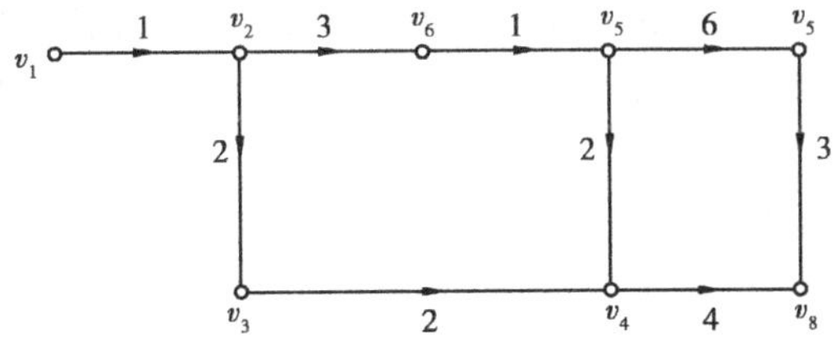

图 4.7

先将原网络转化为无顶点附加值的网络。如图 4.8 所示构造一个新网络，以旧网络的弧 L_i 为顶点，并增加两个虚拟点代表起点和终点。代表两弧 L_i 与 L_j 的两顶点连一条有向边 (L_i, L_j)，当且仅当 L_i 与 L_j 相邻，且方向为 L_ivL_j（v 是 L_0 的头，L_j 的尾）。(L_i, L_j) 上的权为 $w(L_j)$ 加上转弯附加值（若 L_i 到 L_j 不转弯，则不加）。L_0 与起点的所有关联边相连，其权为这些边的权；L_{10} 与终点的所有关联边相连，其权为 0。

显然如此构造的新图的每一条从起点到终点的路径都与旧图的起点到终点的路径一一对应，且路径的权相等，因此，求原图带转弯附加值的最短路径就转化为求新图的最短路径问题，

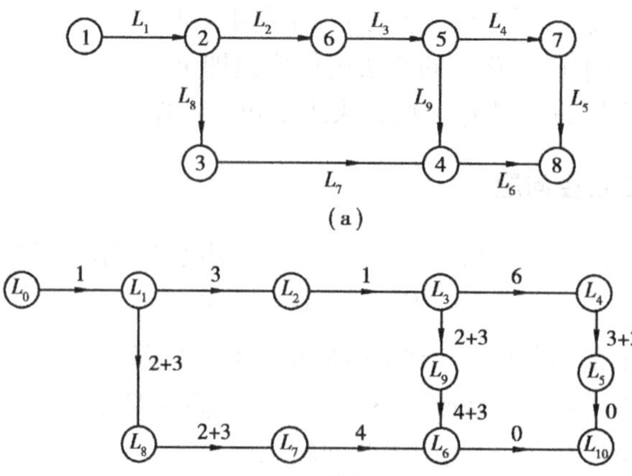

(a)

(b)

图 4.8

可用求最短路径的 Dijkstra 算法求解。

用 Dijkstra 算法求得图 4.8(b)的从 L_0 到 L_{10} 的最短路径为 $L_0 \leftarrow L_1 \leftarrow L_8 \leftarrow L_7 \leftarrow L_6 \leftarrow L_{10}$，其权 $W(P^*) = 1 + 2 + (3) + 2 + (3) + 4 + 0 = 15$。

与图 4.8(b)的 P^* 对应的原图 4.8(a)的路径 $\overline{P}^*$ 为：$1 \to 2 \to 3 \to 4 \to 8$，其权值

$$W(\overline{P}^*) = 1 + (3) + 2 + (3) + 2 + 4 = 15$$

P^* 与 $\overline{P}^*$ 的权值相等。$\overline{P}^*$：$1 \to 2 \to 3 \to 4 \to 8$ 便是原图带转弯附加数的最短路径。

4.3 最优路径

在研究各种工程、经济等决策问题时，通常用图作为一个数学模型进行描述，这种图称为决策图，它不同于一般有向图，有其自身的特点。

定义 4.3 决策图 $D = (V, E)$ 是一个不含有向圈的加权有向图，且

①顶点集分成 S 个子集，$V_1, V_2, V_3, \cdots, V_s$，且 $V_1 \cup V_2 \cup \cdots \cup V_s = V$，$V_i \cap V_j = \varnothing (i \neq j)$，$1 \leq i, j \leq s$。

②每个顶点子集称为一级，V_1 为第一级，只有一个顶点，称为初始顶点，V_i 为最后一级，可以有不止一个顶点，均称为得胜顶点。

③对任一有向边 $(u, v) \in E$，如 $u \in V_i$，则必有 $v \in V_{i+1}$。

如图 4.9 所示为一个决策图，有 5 级。

定义 4.4 在决策图 $D = (V, E)$ 中，如果存在一条从初始点到得胜点的有向路径，则称图是可解的，并称这样的路径为可解路径。一条路径上各边权之和，称为这条路径的成本，总成本最小的可解路径，称为决策图的最优路径。

定义 4.5 在决策图 $D = (V, E)$ 中，从顶点 v_{ij} 到某一得胜顶点 v_{ik} 的路径 P，如果是从 v_{ij} 到 v_{ik} 的所有得胜点的路径中成本最小的，则称 P 为顶点 v_{ij} 的最优路径。

定理 4.1 （最优化原理） 设

$$P = v_{ij}, v_{i+1,k}, v_{i+2,m}, \cdots, v_{s-1,r}, v_{sr}$$

是顶点 v_{ij} 的一条最优路径，则

$$P' = v_{i+1,k}, v_{i+2,m}, \cdots, v_{s-1,r}, v_{sr}$$

必然是顶点 $v_{i+1,k}$ 的最优路径。

由此定理，寻找顶点 v_{ij} 的最优路径可先求出它所能到达的下一级顶点的最优路径，因此可从得胜点开始，逐级往前求最优路径。

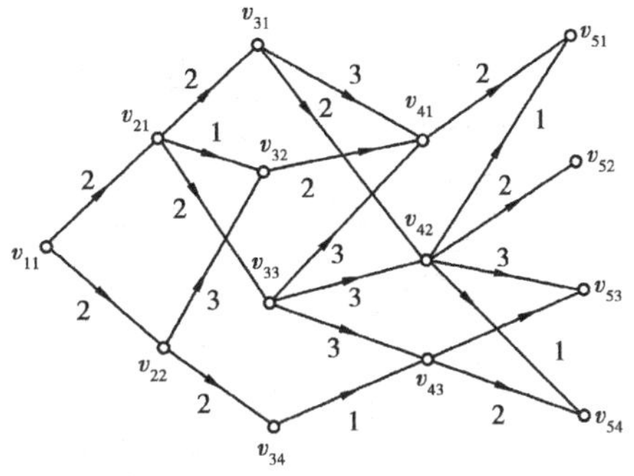

图 4.9

设顶点 v_{ij} 有 m 条弧引向下一级顶点，每条弧上的成本分别记为 $K_1, K_2, \cdots, K_m$，弧的终端顶点分别为 $v_{(i+1)}1, v_{(i+1)}2, \cdots, v_{(i+1)}m$，它们的最优路径成本分别记作 $K(1), K(2), \cdots, K(m)$，则 v_{ij} 的最优路径一定是这 m 条路径之一设为 P，则有

$$K(P) = \min\{K_1 + K(1), K_2 + K(2), \cdots, K_m + K(m)\}$$

即 m 条路径中成本最小的那条路径就是 P。

定义 4.6　在决策图 $D = (V, E)$ 中，顶点 v_{ij} 的最优路径的成本，称为顶点 v_{ij} 的成本，记作 $\boldsymbol{K}_{ij}$。

求决策图最优路径的算法步骤：

1) 令得胜级的每一顶点的成本为零，$K_m = 0, 1 \leqslant t \leqslant m$，$m$ 为得胜顶点数。

2) $i \leftarrow s - 1$。

3) 在 V_i 级中计算各顶点的成本及最优路径。

4) 2) $i \leftarrow i - 1$。

5) 若 $i = 0$，停止，否则转 3)。

例 4.5　求图 4.10 中的决策图的最优路径。

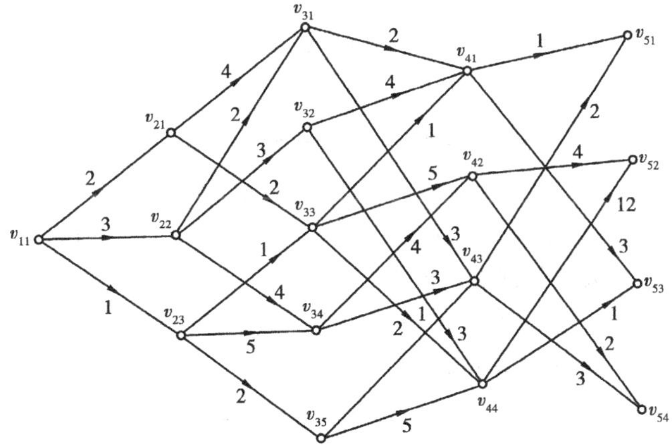

图 4.10

1) 各得胜点的成本都标 $\boxed{0}$，并由此得出 4 级各顶点的成本及最优路径（非最优路径不画出），如图 4.11(a) 所示。

2) 往前，计算 V_3 级各顶点的成本如下：

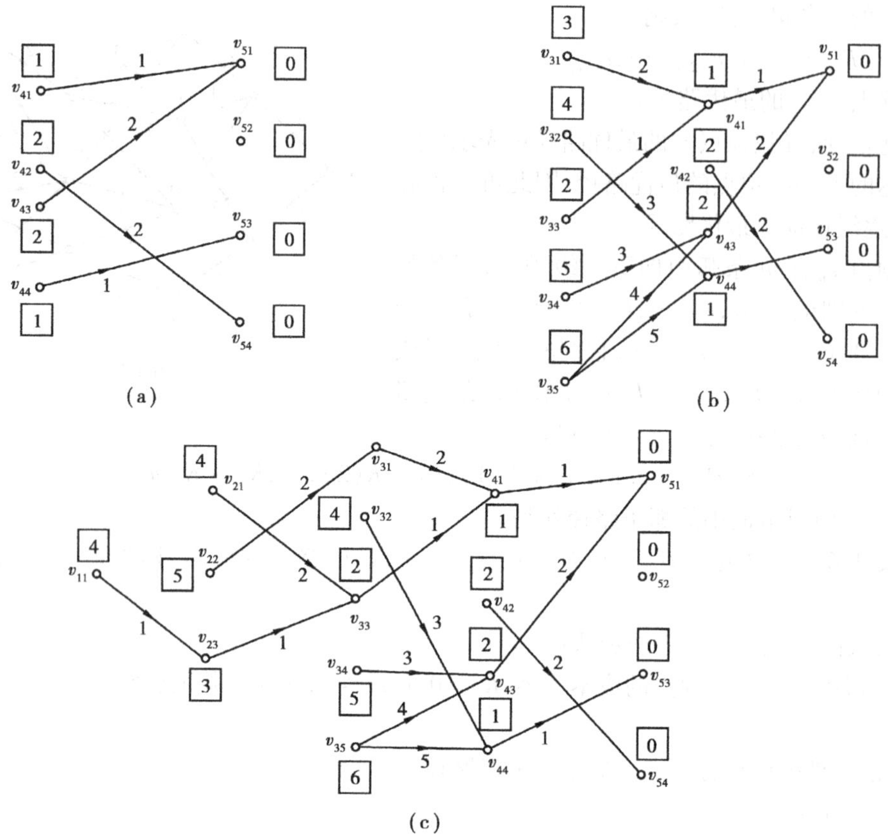

图 4.11

$$K_{31} = \min\{2+1, 3+2\} = 3，对应\ v_{31}v_{41}$$

$$K_{32} = \min\{4+1, 3+1\} = 4，对应\ v_{32}v_{44}$$

$$K_{33} = \min\{1+1, 5+2, 2+1\} = 2，对应\ v_{33}v_{41}$$

$$K_{34} = \min\{4+2, 3+2\} = 5，对应\ v_{34}v_{43}$$

$$K_{35} = \min\{4+2, 5+1\} = 6，对应\ v_{35}v_{43}, v_{35}, v_{44}$$

将各顶点成本标在图上并画出相应的最优路径，如图 4.11(b)所示。

3)再往前，计算第 2 级的各顶点的成本：

$$K_{21} = \min\{4+3, 2+2\} = 4$$

$$K_{22} = \min\{2+3, 3+4, 4+5\} = 5$$

$$K_{23} = \min\{1+2, 5+5, 2+6\} = 3$$

顶点的成本及最优路径如图 4.11(c)所示。

4)计算初始级顶点成本

$$K_{11} = \min\{2+4, 3+5, 1+3\} = 4$$

顶点的成本及最优路径如图 4.11(c)所示。

从最终得到的最优路径图，如图 4.11(c)所示，可得出决策图的最优路径为

$$P = v_{11}, v_{23}, v_{33}, v_{41}, v_{51}$$

其总成本为 4。

一般情况下,决策图的最优路径可能不唯一。

4.4　关键路径

在管理工作中,除了可以应用网络的方法制定决策外,还广泛地应用网络图论方法编制计划。20 世纪 50 年代以来,很多人都在探索如何制订一项新的生产组织和管理的科学方法,1956 年美国杜邦公司在制定协调企业不同业务部门的系统规划时,运用网络方法制订出第一套网络计划,这种计划借助于网络表示各项工作及所需要的时间,表示出各项工作之间的相互关系,从而找出编制与执行计划的关键路线。这种关系图称为评审图或统筹网络。

对于统筹网络,最基本的问题是:

①完成整个工程至少需要的时间。

②哪些工序(活动、任务)是影响整个工程能否按期完成的关键。

4.4.1　网络图

在应用网络的统筹方法(简称网络方法)编制计划时,是用网络图表表示一项工程组成工程的各道工序及其相互之间的关系的。

工程:一项施工任务,科研试制项目,生产以及较复杂的工作任务,统称工程。

工序:为了完成某项工程,在工艺技术和组织管理上相对独立的活动称为工序。一项工程由若干道工序组成,工序需一定的人力、物力等资源,并需要一定的时间,如果用一支箭(→)表示一道工序,把表示各道工序的很多支箭按照工程的工艺顺序,从左至右逻辑地排列起来,就可以画出一个图。

例 4.6　某工程由 a,b,c,d,e,f,g,h,l,m 等 10 道工序组成。它们之间的先后顺序是:

a,b 可以同时开工;

a 完工后,c,d,e 可以同时开工;

b 完工后,f 可以开工;

c 完工后,g 可以开工;

d 完工后,h 可以开工;

e,f 完工后,l 才可以开工;

g,h,l 完工后,m 才可以开工。

把这些工序按照生产工艺的先后顺序及它们之间的关系,结成的网络图如图 4.12 所示。

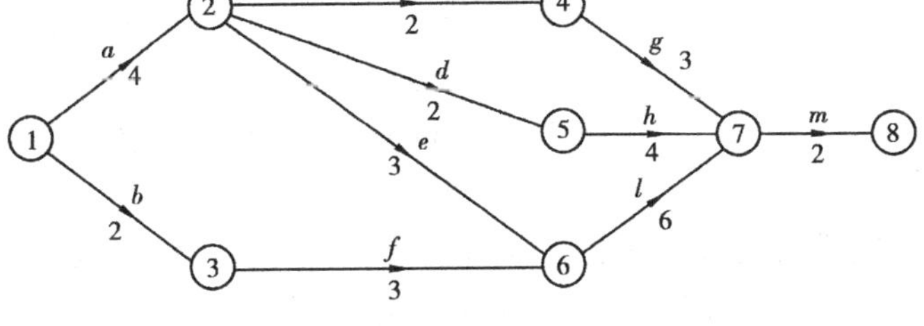

图 4.12

在图4.12中,相邻工序的交错处画一圆圈,表示相邻工序的分界点称为结点,结点也称事项,它表示前面工序的结束和后面工序的开始,是前后相邻工序在时间上的分界点。

由工序、事项及标有完成各道工序所需时间参数所构成的有向图,就是网络图。例如,在图4.12中,加上表示事项的结点,在各箭线上标上各道工序所需的时间,就构成了如图4.13所示的网络图。事项①表示工程开始和 a,b 工序开工,事项②表示 a 工序完工及 c,d,e 三道工序开工,……,事项⑧表示工程的最后一道工序 m 完工,即整个工程完工。

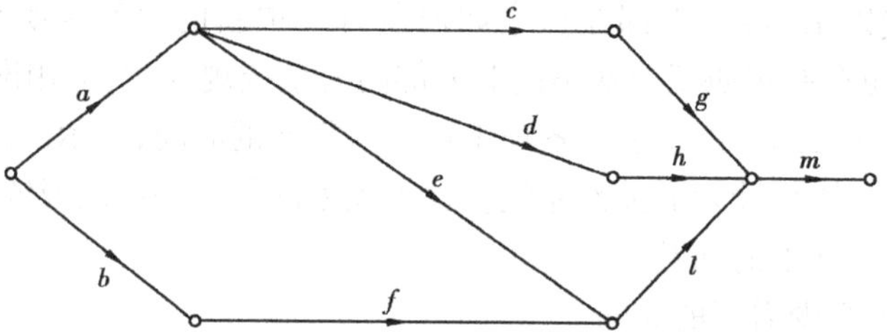

图4.13

在一张网络图上,只有始点这一事项表示工程开始,也只有终点这一事项表示工程完工,其他所有事项既是开工事项,又是完工事项。一个事项对它的紧前工序来说是完工事项,而对它的后接工序又是开工事项。前面用箭线表示工作,用结点表示事项的网络图,称为箭线式网络图 。还有一种用结点表示工序,用箭线表示事项的网络图,称为结点式网络图 。这里仅讨论箭线式网络图。

4.4.2 绘制网络图的规则

(1)网络图

网络图要求无有向圈,无平行边(即重边),无环。

(2)紧前工序和紧后工序

若有工序 c,d,e 都需要在工序 a 完工后才能开工,其网络图如图4.13所示。工序 a 是 c,d,e 的紧前工序,工序 a 的紧后工序是 c,d,e。

(3)缺口

在网络图上,除始点与终点外,其他所有事项前后都要用箭线连接起来,不可中断,不可有缺口。

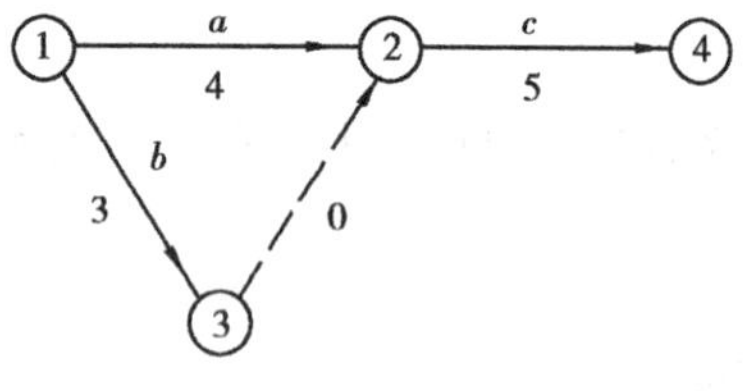

图4.14

(4)平行作业

例如,在设计一种新产品的工程中,收集技术资料和调查社会需要这两道工序可以平行作业,之后转到下一道工序——制订设计任务书。由于要求网络图不含重边,可通过引入一个虚工序来表示这种关系(见图4.14),表示 a,b 工序平行作业完工后转入 c 工序。

(5)交叉作业

对需要较长时间完成的相邻几道工序,只要在条件允许时,可以不必等待紧前工序全部完工后再转入后一道工序,而是紧前工序部分任务完成后即转入下一道工序,这种方式称为交叉作业。

例如,加工 3 个零件经过 a,b 两道工序,如果在 a 工序 3 个零件全部完工后再转到 b 工序,即 $a = a_1 + a_2 + a_3$,$b = b_1 + b_2 + b_3$,其网络图如图 4.15(b)所示。

(6)始点和终点

一张网络图上,必须也只能有一个始点和一个终点表示工程的开工和完工,如在工程开工时,有几道工序平行作业,且有两道工序或几道工序同时是某一道工序的紧前工序时,为使网络图清晰,在始点后最好设置虚工序。如图 4.16 所示,终点也可类似处理。

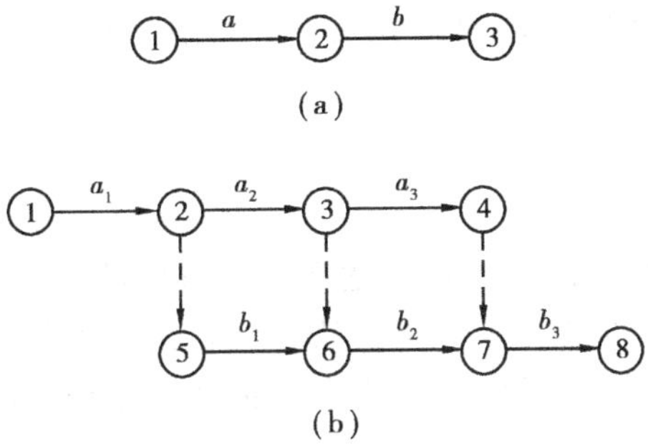

图 4.15

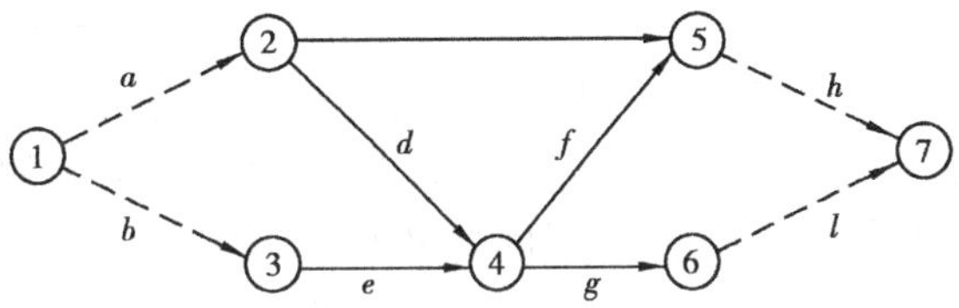

图 4.16

4.4.3　计算时间参数

(1)事项的最早完成时间 $t_E(v_i)$

它是一个事项最早可能开始的时间。它等于从始点起到本事项的最长路线上各道工序的工序时间之和,显然始点事项的最早完成时间 $t_E(v_1) = 0$。终点 v_1 的最早完成时间 $t_E(v_1)$,即是整个工程的最早完成时间,或工程的计划完成时间。

求一个事项 v_i 的最早完成时间,应从始点开始逐步后推。

如图 4.17 所示,设终止于 v_j 的弧共有 4 条,它们的始点分别记为 $v_1, v_2, \cdots, v_k$,这些点的最早完成时间分别记为 $t_E(v_1), t_E(v_2), \cdots, t_E(v_k)$,每条弧所带的权记作 $w(v_1, v_j), w(v_2, v_j), \cdots, w(v_k, v_j)$,则 v_j 的最早完成时间可按下式计算

$$t_E(v_j) = \max_{1 \leqslant i \leqslant k} \{ t_E(v_i) + w(v_i, v_j) \}$$

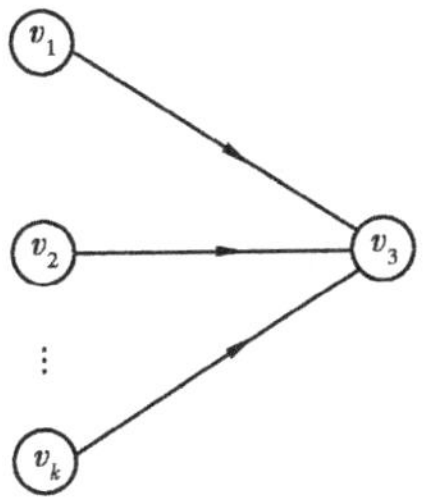

图 4.17

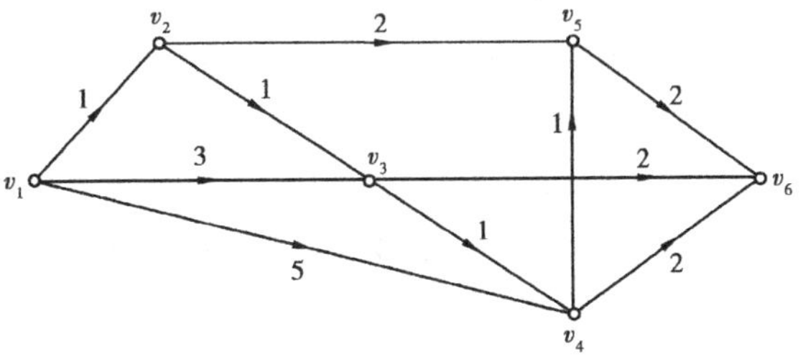

图 4.18

例 4.7　求如图 4.18 所示的网络图中各事项 v_i 的最早完成时间。

从始点开始,有

$$t_E(v_1) = 0$$

$$t_E(v_2) = \max(\{t_E(v_1) + w(v_1, v_2)\} = \max\{0 + 1\} = 1$$

$$t_E(v_3)=\max\{t_E(v_1)+w(v_1,v_3),t_E(v_2)+w(v_2+v_3)\}=\max\{0+3,1+1\}=3$$

$$t_E(v_4)=\max\{t_E(v_1)+w(v_1,v_4),t_E(v_3)+w(v_3,v_4)\}=\max\{0+5,3+1\}=5$$

$$t_E(v_5)=\max\{t_E(v_2)+w(v_2,v_5),t_E(v_4)+w(v_4,v_5)\}=\max\{1+2.5+1\}=6$$

$$t_E(v_6)=\max\{t_E(v_3)+w(v_2,v_5),t_E(v_4)+w(v_4,v_6),t_E(v_5)+w(v_5,v_6)\}$$
$$=\max\{3+2,5+2,6+2\}=8$$

(2)事项的最晚完成时间 $t_L(v_i)$

在终点 v_t 的最早完成时间不增加的前提下，允许从始点 v_1 最晚到达 v_j 的时间，称为 v_j 的最晚完成时间，记为 $t_L(v_j)$。

终点事项的最迟时间等于工程最早完工时间，即

$$t_L(v_t)=T_E=t_E(v_t)$$

设 P' 是从 v_j 到终点 v_t 的任意一条路径，$t_{p'}(v_j)$ 是从 v_j 沿路径 P' 到达终点 v_t 的时间。为保证整个工程的计划完成时间不受拖延，确定 v_j 的最晚完成时间必须考虑从 v_j 到 v_t 的各条路径（即各道工序）完成时间的最大值，结点 v_j 的最晚完成时间，是由 v_j 到终点 v_t 的各条路径中最长路线上各道工序的工作时间之和所决策的。

$$t_L(v_j)=t_E(v_t)-\max_{p'}\{t_{p'}(v_j)\}$$

计算结点的最晚完成时间，可从终点 v_j 开始，由后往前地逐点计算。

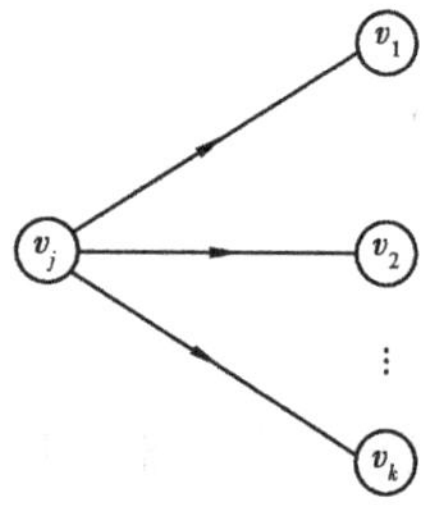

图 4.19

如图 4.19 所示，设从 v_j 引出的弧共有 k 条，即 (v_j,v_1)，(v_j,v_2)，…，(v_j,v_k)，用 $w(v_j,v_1)$，$w(v_j,v_2)$，…，$w(v_j,v_k)$ 分别表示各条弧上的权，则

$$t_L(v_j)=\min_i\{t_L(v_i)-w(v_j,v_i)\}$$

例 4.8 求如图 4.18 所示的网络图中各事项 v_i 的最晚完成时间。

从终点 v_6 开始，由例 4.7 的结果有：

$$t_L(v_6)=t_E(v_6)=8$$

$$t_L(v_5)=\min\{t_L(v_6)-w(v_5,v_6)\}=\min\{8-2\}=6$$

$$t_L(v_4)=\min\{t_L(v_6)-w(v_4,v_5),t_L(v_5)-w(v_4,v_5)\}=\min\{8-2,6-1\}=5$$

$$t_L(v_3)=\min\{t_L(v_6)-w(v_3,v_4),t_L(v_4)-w(v_3,v_4)\}=\min\{8-2,5-1\}=4$$

$$t_L(v_2)=\min\{t_L(v_5)-w(v_2,v_5),t_L(v_3)-w(v_2,v_3)\}=\min\{6-2,4-1\}=3$$

$$t_L(v_1)=\min\{t_L(v_4)-w(v_1,v_4),t_L(v_3)-w(v_1,v_3),t_L(v_2)-w(v_1,v_2)\}$$
$$=\min\{5-5,4-3,5-1\}=0=t_E(v_1)$$

(3)工序的最早可能开工时间 $t_{ES}(v_i,v_j)$

工序的最早可能开工时间就是它的全部紧前工序的最早可能完工时间，工序 (v_i,v_j) 的最早开工时间等于其箭尾事项 v_i 的最早完成时间，即

$$t_E(v_i,v_j)=t_E(v_i)$$

(4)工序的最迟必须开工时间 $t_{LS}(v_i,v_j)$

它是在不影响工程最早完工时间的前提下，工序最迟必须开工的时间。由于在网络图中的非关键路线上，各道工序可以允许在一定范围内推迟一定的时间开工，因此，对非关键工序，

就有一个最迟必须开工时间,工序的最迟必须开工时间等于箭头事项的最迟时间减去本工序的工序时间。用公式表示为

$$t_{LS}(v_i,v_j)=t_L(v_i,v_j)-w(v_i,v_j)$$

(5)工序的最早可能完工时间 $t_{EF}(v_i,v_j)$

它是从最早可能开工时间开工,所能达到的完工时间。显然它等于最早可能开工时间加上工序时间,即

$$t_{EF}(v_i,v_j)=t_{ES}(v_i,v_j)+w(v_i,v_j)$$

(6)工序的最迟必须完工时间 $t_{LF}(v_i,v_j)$

它是从最迟必须开工时间开工,所能达到的完工时间,它等于最迟必须开工时间加上工序时间,即

$$t_{LF}(v_i,v_j)=t_{LS}(v_i,v_j)+w(v_i,v_j)$$

4.4.4　时差与关键路径

(1)工序总时差 $R(v_i,v_j)$

在不影响工程最早完工时间的前提下,工序的完工期可以推迟的时间,称为总时差,或称工序总的允许延误时间。工序总时差等于该工序的最迟必须开工时间减去最早可能开工时间,或者是工序的最迟必须完工时间减去工序最早可能完工时间,即

$$R(v_i,v_j)=t_{LS}(v_i,v_j)-t_{ES}(v_i,v_j)=t_L(v_j)-t_E(v_i)-w(v_i,v_j)$$

或

$$R(v_i,v_j)=t_{LF}(v_i,v_j)-t_{EF}(v_i,v_j)$$

(2)工序单时差 $\gamma(v_i,v_j)$

在不影响紧后工序的最早可能开工时间的前提下,工序最早可能完工时间可以推迟的时间,称为工序单时差。它等于紧后工序的最早可能开工时间减去工序最早完成时间,即

$$\gamma(v_i,v_j)=t_E(v_j)-t_{EF}(v_i,v_j)=t_E(v_j)-t_E(v_i)-w(v_i,v_j)$$

例 4.9　求如图 4.18 所示的网络图中各工序的总时差和单时差。

先将例 4.7、例 4.8 计算出的各事项 v_i 的最早完成时间和最晚完成时间标在图 4.20 上,“□”内的数表示最早完成时间,“△”内的数表示最晚完成时间。

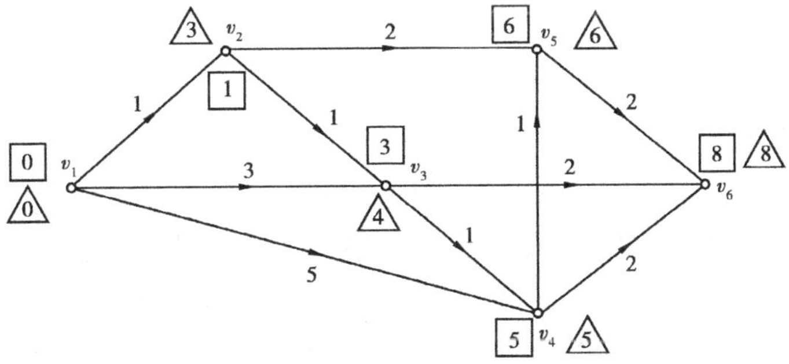

图 4.20

各事项的总时差和单时差如下:

$$R(v_1,v_2)=3-0-1=2\quad \gamma(v_1,v_2)=1-0-1=0$$

$$R(v_1,v_3)=4-0-3=1\quad \gamma(v_1,v_3)=3-0-3=0$$

$$R(v_1,v_4)=5-0-5=0 \quad \gamma(v_1,v_4)=5-0-5=0$$
$$R(v_1,v_5)=6-1-2=3 \quad \gamma(v_2,v_5)=6-1-2=3$$
$$R(v_2,v_3)=4-1-1=2 \quad \gamma(v_2,v_3)=3-1-1=1$$
$$R(v_3,v_6)=5-3-1=1 \quad \gamma(v_3,v_4)=8-3-2=3$$
$$R(v_4,v_5)=6-5-1=0 \quad \gamma(v_4,v_5)=6-5-1=0$$
$$R(v_4,v_6)=8-5-2=1 \quad \gamma(v_4,v_6)=8-5-2=1$$
$$R(v_5,v_6)=8-6-2=0 \quad \gamma(v_5,v_6)=8-6-2=0$$
$$R(v_1,v_2)=3-0-1=2 \quad \gamma(v_1,v_2)=1-0-1=0$$

定义 4.7　总时差为零的工序所形成的始点到终点的路径，称为关键路径。总时差为零的工序称关键工作。

例如，例 4.9 中的网络的关键路径为 $v_1 \to v_4 \to v_5 \to v_6$，其上的工序为关键工序。在所有时间参数中，最基本的时间参数为各工序的工序时间 $w(v_i,v_j)$，各事项的最早完成时间 $t_E(v_i)$ 和最迟完成时间 $t_L(v_i)$。其他的时间参数包括时差、关键路径都可通过这 3 个基本的时间参数求得。

对关键路径有如下结论：

1）关键路径上各道工序完成时间的总和，即为整个工程的计划完成时间。

2）关键路径上的任何一道工序，如果延误了完成时间，整个工程的计划完成时间也将推迟。反之，如果这些工序能提前完成，则工程的计划完成时间也可提前。因此，关键路径上的各道工序对工程的按期完成与否至关重要，应作为工程的重点项目给予充分注意和保证。

3）如把各条弧的权看做长度，则关键路径是图中长度最长的一条路径。

4）关键路径可以不止一条。

绘制网络图，计算时间参数和确定关键路径，是编制计划方案的基础，除此之外，还须对网络计划进行优化。所谓网络计划的优化，就是通过利用时差，不断改善网络计划的方案，它是均衡时间与费用的一种方法。限于篇幅，不再进一步介绍，具体的可参阅“网络计划技术”的书籍。

4.5　最短路径算法的应用

4.5.1　选址问题

选址问题或设点问题是指为一个或几个服务设施在一定区域内选定它的位置，使某一指标达到最优值。这类问题，在规划建设中经常可以碰到。所谓服务设施，可以是某些公共服务设施，如医院、商店、机场、消防站等，也可以是生产服务设施，如仓库、工厂、转运站等。选址问题的数学模型依赖于设施可能的区域和评判位置优劣的标准，有许多不同种类的选址问题。

这里仅介绍服务设施与服务对象都位于一个图的顶点上的单服务设施问题。

（1）中心问题

有些公共服务设施的选址，要求距网络中最远的被服务点距离尽可能小，如一些紧急服务型的设施（急救中心、消防站等）。

例 4.10　某城市要建立一个消防站，为城市所属的 7 个区服务，如图 4.21 所示。问需设在哪个区,才能使它至最远区的路径最短?

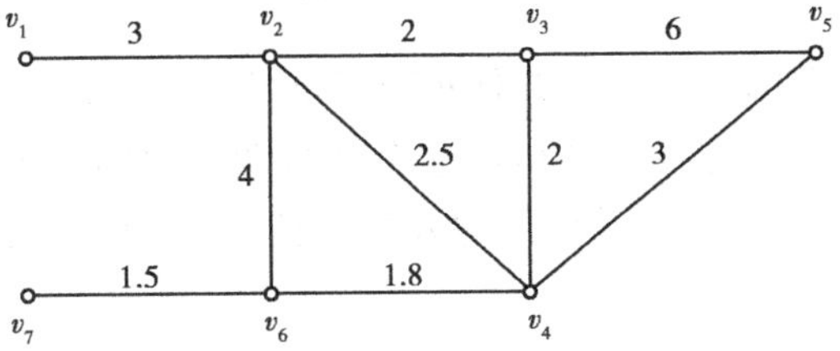

图 4.21

解　1)求出距离矩阵 $\boldsymbol{D}=(d_{ij})_{n\times n}$[可用 Floyd 算法]。

2)计算各点 v_i 设立服务设施的最大服务距离:$S(v_i)$,$(i=1,2,\cdots,n)$,$S(v_i)=\max\limits_{1\leqslant j\leqslant n}\{d_{ij}\}$。

3)求顶点 v_k 使

$$S(v_k)=\min_{1\leqslant i\leqslant n}\{S(v_i)\}$$

则 v_k 便是要求的服务设施地址(顶点)。此点称为图的"中心点"。

(2)重心问题(中位问题)

有些设施的选址要求设施到所有服务对象点的距离加权和最小。例如,一些非紧急型的公共服务设施、邮局、学校、图书馆及运动场。一般主要考虑人口密度问题,要使全体被服务对象来往的平均路程最短。

例 4.11　某矿区有 7 个矿点,其线路图如图 4.22 所示。已知各矿点每天的产矿量 $q(v_j)$(标在图 4.22 的各顶点上)。现要从这 7 个矿点中选一个来建造矿厂。问应选在哪个矿点,才能使各矿点所产的矿运到选矿厂所在地的总运力(千吨公里)最小。

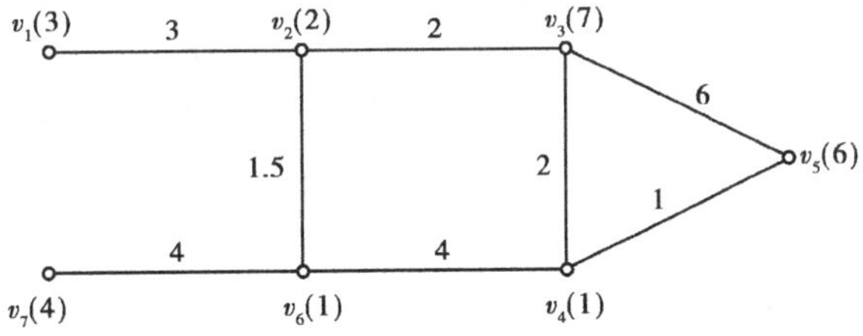

图 4.22

解　1)求距离矩阵 $\boldsymbol{D}=(d_{ij})_{n\times n}$。

2)计算各顶点作为选矿厂的总运力 $m(v_i)$

$$m(v_i)=\sum_{j=1}^{n}q(v_j)\times d_{ij}$$

3)求 v_k 使 $m(v_k)=\min\limits_{1\leqslant i\leqslant n}\{m(v_i)\}$,则 v_k 就是选矿厂应设之矿点,它称为图 G 的"重心",或"中位点"。

4.5.2　中国邮递员问题和推销员问题

在解中国邮递员问题时要用到最短路径算法。还有推销员问题也要用到,这在以后介绍。

4.5.3 有些整数线性规划中的问题可化为最短路径问题

例 4.12 整数背包问题：一个旅行者有 n 件物品，具有重量 w_i 和价值 v_i，但背包上能装总重量为 w 的物品（w 小于 n 件物品的总和），这个施行者必须确定把哪些物品装入背包，使重量 $\leqslant w$，且价值最大。一个更实际的情形是为太空飞船飞行的试验选择。

问题可表为：$\max \sum v_i x_i$

满足：$\sum w_i x_i \leqslant w$

物品 i 被选择 $x_i = 1$，否则为 0。

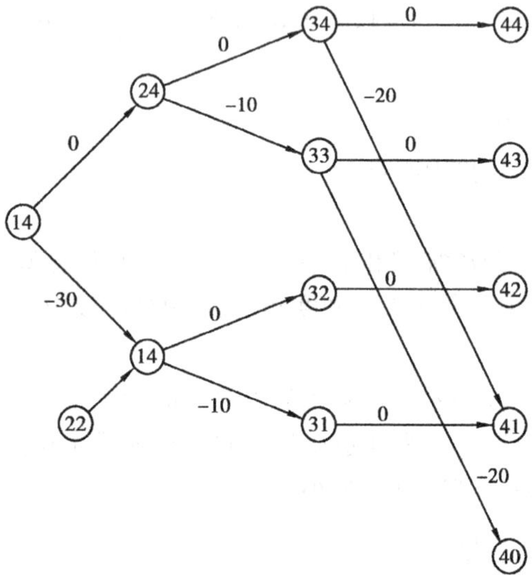

图 4.23

如下构造一个决策图，为简单，不妨设有 3 个物品，s_1, s_2, s_3，重量分别为 2,1,3，价值分别为 30,10,20。$w = 4$，以 (i, w) 为顶点，i 对应物品 s_i，w 对应于现在剩下的可容纳的重量位于第 i 级，每个顶点最多引出两条边分别表示此物品选择，还是不选择。代表选择的边其上的权为其价值反号，代表不选择的边，其上权为 0，再引入一个得胜级，即第 4 级。则从起始点到得胜点的每条路径都与一种选择方案一一对应。从而决策图的最低成本路线对应的选择方案，便是价值最大的选择方案。上述方法作出的决策图如图 4.23 所示。

这样作出的决策图，实际是个以 $(1, w)$ 为根的二元树，对顶点 (i, w_{i1})，若 i 的重量大于 w_{i1}，表示已容不下物品 s_i，这时从 (i, w_{i1}) 只能引出一条边代表不选择此物品，此边与下一级的顶点 $(i+1, w_{i1})$ 连接。若 i 的重量不大于 w_{i1}，则从 (i, w_{i1}) 引出两条边，分别与 $(i+1, w_{i1})$，$(i+1, w_{i1} - w_i)$ 连接。此例的最小成本路线为 14→22→31→41，对应的最大价值选择方案是：s_1, s_2 选入背包。

例 4.13 出租汽车公司考虑车辆更新策略，一辆汽车从购进到更新，使用年限不同，更新速度不同其总成本有明显差别，使用年限长，维修费用必然增长，油耗增加，营运收入降低，旧车出售的价值也降低，而更新频繁则新车购置费用必然上升，综合上述因素，若车辆于第 i 年购进，第 j 年出售，更新新车，在车辆使用期间的成本为

$$C_{ij} = P_i + \sum_{k=i}^{j-1} m_k - s_j$$

式中 C_{ij}——第 i 年到第 j 年间车辆使用成本；

P_i——第 i 年初新车价格；

m_k——第 k 年的维修费用；

s_j——第 j 年出售该车的价格。

设汽车最长使用期为 4 年，根据对汽车市场价格及其他费用因素的估计，得 8 年内，各种更新方案的单元成本估计值如图 4.24 所示，求最佳车辆更新策略，使总成本最低。

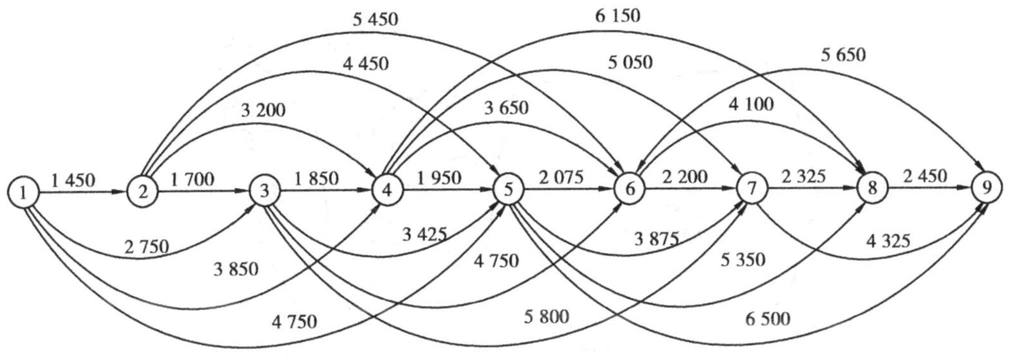

图 4.24

问题转化为求①到⑨的最短路,距离对应于费用,用 Dijkstra 算法可得车辆最优更新策略为 1→5→9,即第 1 年购进,第 5 年更新再用到第 9 年,总成本为 11 250。

*4.5.4　铁路短程交通路线的距离

运输部门为了便于分析采用不同的运输策略(如价格的调整和运输规则的颁布等)后所产生的效果,必须计算各种统计量,如在不同的区域内,铁路所运送的各种商品的吨/英里数,即运力。

例如,在美国,各洲际贸易委员会可提供整个货运单中随机抽取的 1/10 作为计算统计资料。一份货运单是一张表,其上记录了各装货所要运送的商品名称和商品重量,运送的始点和终点。

对于商品 k 的总吨/英里数 m_k 为

$$m_k = \sum_i \sum_j t_{kij} d_{ij}$$

其中,t_{kij} 为从 i 到 j 运送商品 k 的重量,d_{ij} 为 i 与 j 之间的铁路距离。各货物所运送的实际距离,可能不是最短距离,尽管如此,分析过程还是使用最短距离,这是由于最短距离可重复使用,而且它对运货的价格有着最直接的关系。

大约有 150 000 份运货单需处理,也就是说,对每份运货单都要计算货物运送起点与终点之间的距离。为了求得这些距离,所需要计算的铁路网络含有近 50 000 个车站,9 000 个岔道口和 13 000 条连线。这里的车站通常指的是装卸点,如终点、旁轨、矿山等。岔道口即网络的次数大于 2 的点。在计算最短路径时,使用的网络顶点均选为岔道口。铁路网络是一个相当大的网络,即使通过合并删去重复边等简化,其规模还是相当大。因此,把网络和运算量进行划分,使得每次只需考虑它的一部分。

为了划分铁路网络,首先将它划分成如图 4.25 所示的 4 个子区域(称为地带)。计算出地带内所有的距离。

由于在一个地带内两个顶点之间的距离的计算,有时涉及某条穿出那个地带的路径。因此,这就给这个方法带来了困难。这一困难是通过在一个地带内增加一组伪边的方式解决。所谓伪边,就是在同一地带内的两个边界顶点之间的一条路径。

伪边的添加过程分下列 3 个步骤:

①计算在每个地带内所有边界顶点的距离。

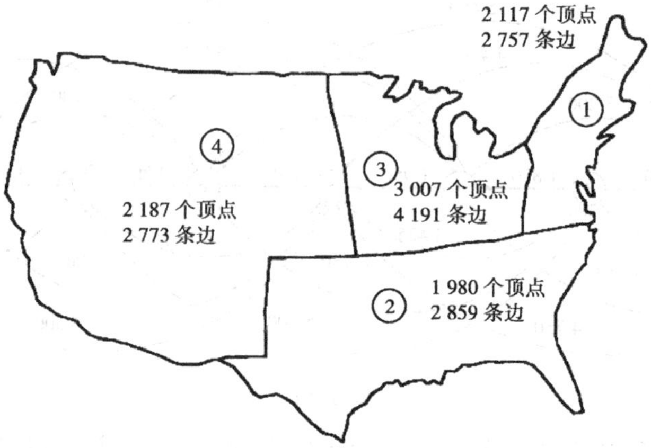

图 4. 25

②比较在不同的地带内算出的相同两边界顶点之间的距离。

③对于那些在其中距离较大的地带,加上一条边。这条边的两个端点是边界顶点,其长度等于在另一地带内算出的距离。

一旦这些边加到了地带网络上后,正确的地带内部距离就可以只参照所涉及的那个网络计算出来。

地带之间的距离的计算,需要参考一个称为边界网络的网络。所谓边界网络,就是由边界顶点及它们之间的距离构成的网络。这个网络的顶点集合由边界顶点组成,边由边界顶点对以及它们之间的距离组成(每个距离都是在一个地带内算出的)。

计算铁路网络中的距离过程需要下列 8 个步骤:

①在每个地带网络内计算边界顶点之间的距离。

②如需要,添加伪边。

③计算地带内部的距离,由此得出在同一地带内,所有顶点之间的实际最短路径距离。

④根据边界顶点之间的距离及③步,构造边界顶点网络。

⑤计算所有顶点之间的距离。

⑥将运货单划分为两类:一类是始点和终点落在同一地带内的运货单,另一类是需要通过地带之间的一条路线的运货单。

⑦对于那些始点和终点处在同一地带内的运货单,查出地带内部的距离。

⑧对于那些始点和终点处在不同的地带内的运货单,按下式计算距离:

$$\min_{\substack{b_1 \in B_1 \\ b_2 \in B_2}} \{ d(\text{始点}, b_1) + D(b_1, b_2) + d(b_2, \text{终点}) \}$$

其中,B_1 是含始点的区域内的边界顶点的集合,B_2 是相应于终点的集合,d 是地带内部的距离,D 是边界顶点网络内的距离。

实际上的计算更复杂,因为大多数情况下,始点和终点是车站而不是岔道口,前面的顶点都是岔道口。因此,对车站相邻的岔道口之间的 4 对距离必须施行步骤⑦与⑧。其中还得加上车站到岔道口的距离,需求的距离是这 4 个距离中的最小者。

下面介绍一下求解铁路距离的计算中的工作量。最终的划分后的网络规模如图 4. 25 所示,边界顶点集合含有 131 个顶点,完成这项工作大约需要 3 人年的工作量,仅包括前面步骤

①—⑧,在EXECⅡ运算系统中用UNIV AC1108机大约需要4.5 h。而原先估计这需要25 h。因此,有效的处理过程对于完成网络中的距离的运算来说,是非常重要的。

*4.5.5 运输信息系统

大多数运输公司都提供电话信息服务,回答顾客提出的关于特殊计划的施行路线和进程信息。在一个典型的呼叫中,包括3个过程:第一,确定呼叫人需要哪条施行线,始点和终点,希望到达或出发的时间,施行的天数,等等。第二,将这些因素综合起来,构成一条合适的施行线。第三,将施行线的表示告诉呼叫人。由于信息中心需要许多人来回答呼叫,而且劳力的费用较之其他费用增长得快。因此,将这个过程自动化很自然地成了当务之急。作为这一工作的开始,仅考虑呼叫过程中的1/3时间,即求路线那一部分的自动化。这部分是最短路线问题的一个变种,最短路线问题可以陈述为"在时刻C求从A到B的最好路线"。

所要考虑的首要因素是运输系统必须提供具体的服务,因此,最好的路线是依赖时间的。连接具体化的路线也是相当重要的。第2个主要因素是,当接到呼叫时,决策必须在有效的时间里做出来。而且,在必须向几个呼叫人提供服务时,即使不能同时提供服务,间隔也只能是一两秒钟的时间。另一重要的因素是较大的运输系统的规模问题。

运输信息呼叫的求线路部分的自动化可行吗?如果使用现有的一般算法,则对于一个较大的运输系统来说,在一台大型的IBM360计算机上就需要30~300 s的时间,这时间显然不合要求。一般的算法行不通,是由于它们不能利用特殊问题的结构,因此,其效率就低,需要的计算时间就多。另外,它们所提供的信息可能不如所希望的那样详细。

一般算法便是:将标准的最短路径算法用在一个网络上来计算路径。这里,网络的顶点表示运输站,网络的边表示运输站之间的路线,其上权为公共汽车的平均行驶时间与车辆之间的间隔时间的一半的和。这里假定了当转乘每半小时到达一辆车时,人们平均等候15 min的时间。当然,运输公司不希望把提供给顾客的施行计划就在这么一个平均而未定的信息之上,因此,运输公司知道公共汽车的实际到达和出发的时间。于是,就开始研究修改一般的算法并加以改造,使其适用于解决特殊的问题。

第一类问题是:路径的选择,以什么作为合适的选择标准,由于施行时间随天时变化,因此,传统意义上的选择最少时间作为准则,显然是不恰当的。在不同的环境下,出发时间和到达时间可能都是关键的。而在另外的例子里,可能只有总的天时才是重要的。在考察了大量的恰当的可能性后,他们选择了两个评判原则:以出发时间为主的原则(在计划的出发时间的条件下,尽快到达);和以到达时间为主的原则(在计划的到达时间到达的前提下,尽量晚出发)。前一原则的例子是在下课后安排一个回家的旅程。后一原则的例子是安排一个上学的旅程。另外转车的次数也被认为是一个重要因素。

(1)时间扩张网络算法

这个算法把网络的顶点考虑为地面上某一时刻的运输站的情况。意思就是说,在8:00第8号车站与在8:01的第8号车站是两个不同的顶点。网络里的弧是车辆的施行路段。也就是说,公共汽车从8:00的第8号车站出发到达8:10的第10号车站所走过的路径就是网络里的一条弧。这样获得的网络没有问题,因为每条弧都是从时间较早的顶点指向时间较晚的顶点。图4.26、图4.27给出了时间扩张网络的一个例子。图4.26中有3条路线,第1条是从顶点1到顶点2再到顶点3的局部路线,第2条是从顶点1到顶点3的直达路线,第3条是从顶点 3 到顶点 4 的路线。每条路线上的时间表如图 4. 26 所示。

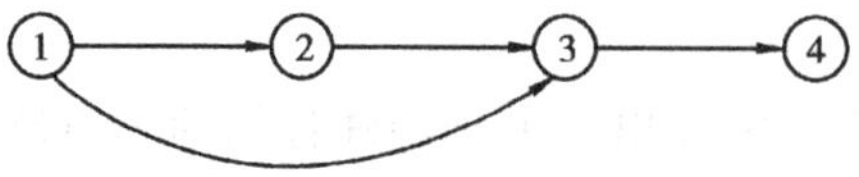

路线 1:

1	2	3
9:00	9:05	9:10
9:10	9:15	9:20
9:20	9:25	9:30

路线 2:

1	3
9:15	9:23

路线 3:

3	4
9:15	9:20
9:20	9:25
9:25	9:30

图 4. 26

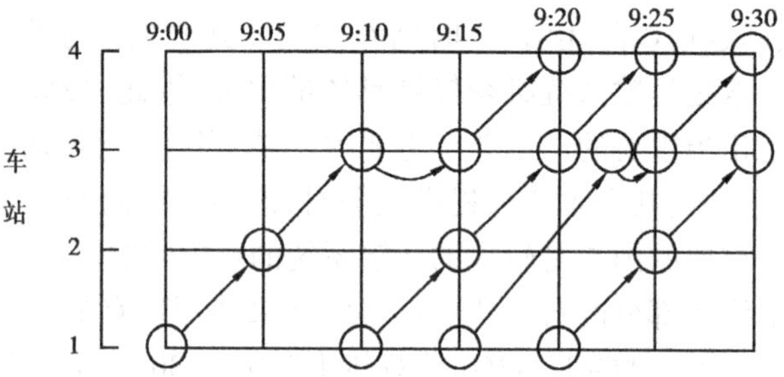

图 4. 27

这个网络的时间扩张形式给在图 4. 27 中,注意,转换车弧已包括在顶点 3 上,它连接这 3 条路线。

最短路径很容易一次性地在时间扩张网络上找到,从起点,如(站 1,9:10)开始,连接下一个时间最早的顶点(站 2,9:15),再到下一个与此连接的时间最早的顶点,直到到达终点站为止。对于以到达规则为主的原则也可类似处理。

这种方法使用一次性操作,不需对顶点重复标号。因网络能够事先按一个节点上的到达时间彻底排序,而且在这个算法中,也是以这个序来处理网络的,故这个算法提供了一个有效的记页方案。特别地,这个方案对于一个庞大的运输网络来说,可能是相当重要的。时间扩张网络方法的一个缺点是,它大大地扩大了网络。并且由于它要清楚地存储转换弧,因而需要较多的存储空间,才能取得一次性算法的优点。

还有一个问题,一般称为追问题。当从一个顶点晚出发的车子追上并超过早出发的车子时,这一问题就会出现。这通常是因为快车和慢车安排在同一路线上引起的。根据前面讨论的某个准则,两条路径可能是等价的。例如,其两条路径的到达时间相同,则根据出发时间为主的准则,这两条路径等价。但是,其中一条路可能需要的转车的次数多,因而就不如另一条好。图 4. 28 给出了一个例子,其中,第 1 条路从顶点①出发走路线 1 并在顶点③转走路线 2。第 2 条路径自始至终取路线 2。这两条路径都在同一时刻到达顶点 4。因此,在早先定义的这个准则的意义下,它们是同等称心的,然而第 2 条路径不需要转换路线,因而是更理想的。

从顶点①到顶点③的最短路径是路线 1。但是,这路径却不是顶点①到顶点④的最短路径的一部分。大多数的最短路径算法都要求,若从 a 到 c 的最短路径通过 b,则从 a 到 b 的子路径应是这两个顶点间的最佳路径。但对图 4. 28 的情况并不如此。因而,必须有某种方法来

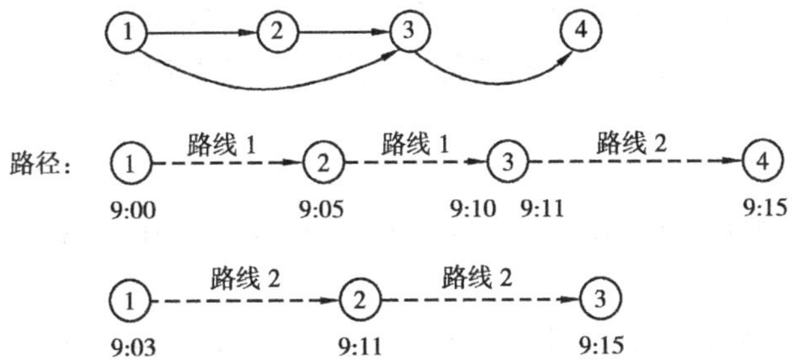

图 4. 28　追问题的例子

区别这两条路径。由于在时间扩张网络里（9:10 的站 3）和（9:11 的站 3）是不同的顶点，因此，时间扩张网络方案在理论上提供了这样一个方法。然而在实际中，追问题必定会出现。下面描述的算法将通过允许沿一条路线简单向回瞭望的方式改进这种情况。

路线 1：$\frac{1}{9:00}$　$\frac{2}{9:05}$　$\frac{3}{9:10}$

路线 2：$\frac{1}{9:03}$　$\frac{3}{9:11}$　$\frac{4}{9:15}$

（2）路线/车站二部图算法

为了考虑下述两种算法，首先设计另外的一个特殊的网络表示，将网络的顶点分成两类：一类是所有运输停车站的集合，另一类是所有运输路线的集合。弧把任何一条运输路线连接到该路线的停车站，也把任何一个运输停车站，同在该站要停下来的运输路线连接起来。这个网络是一个有向二部图，在此图里，一条路径是车站和线路交替出现的一个序列，满足在两个车站之间的这种路线是一条从其中一个车站到另一个车站的旅行线。在图 4. 29 中给出了图 4. 26 的路线/车站二部图网络表示。

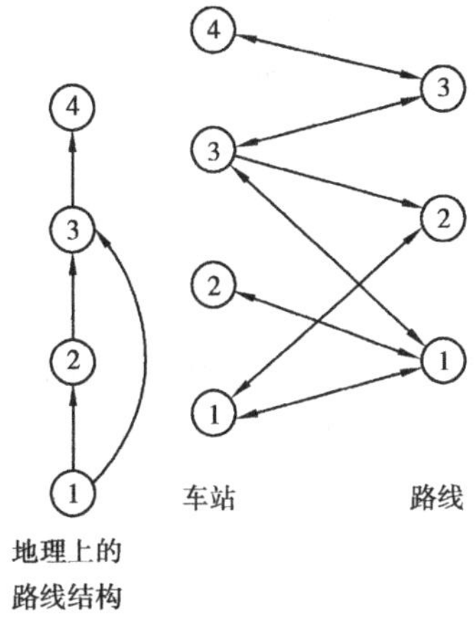

图 4. 29　路线/车站二部图网络例子

基本的路线/车站二部图算法的步骤如下：

初始值：对于所有 i，$T(i)\leftarrow\infty$，T（始点）←希望的出发时间，$s\leftarrow$始点。

①$i\leftarrow$始点。令 γ 是从 i 出发的第 1 条路线。

②对在 $T(i)$ 或 $T(i)$ 之后第 1 次出发的路线 γ，求出它的时间表。

③对于在这条车辆运行路线上的所有停车站 j（在停车站 i 之后），求出路线 γ 在其上的到达时间，并将它与 $T(j)$ 比较。如果由路线 γ 的到达时间更早，则将此时间赋给 $T(j)$。

④令 γ 是停在 i 的下一条路线。转第②步。如果没有下一条路线，则转④。

⑤$k\leftarrow\min\limits_{i\in S}\{T(i)\}$，若 k 是终点，则终止；否则，$i\leftarrow k$，$S\leftarrow\{k\}\cup S$，转②。

此方法有点类似于求最短路径的 Dijkstra 算法，故称它为 D—二部算法。这个方法可解决晚出发的车子超过早出发的车子的追问题，可还不能区别如图 4. 28 所示的两条路径那种到达时间相等的情形。可将 D—二部算法的第⑤步中的 k 改为使间隔距离最小的顶点，即从始点出发的后续连线的数目最小的顶点。这样就产生了与 Ford 算法类似的标号算法，将这种方法称为 F—二部算法。此法有着特别的优越性，因为这个与路线/车站二转换的数目直接相关，又因首先检验的是具有少量的转换的路径，故当使用以出发时间为主的原则时，就可以不考虑同一时刻到达的后面的路径，同样的决策规则也适应于以到达时间为主的原则。

(3)算法比较

由3个算法：时间扩张算法、D—二部算法和F—二部算法的计算结果表明，在某些情形下，它们分别有下列优点：

①F—二部算法比最快算法虽然慢2～3倍，但是所产生的路径总是具有少量的转换。

②D—二部算法对于较小网络和在一个简单网络结构上带频繁服务的网络来说，是最快的算法。

③时间扩张网络算法对于较大的复杂网络来说，是最快的算法。

一个具有225个顶点的方格网络，其每条路径的计算大约需要50 μs的时间。由回归分析的结果表明，对于所有这3种算法，计算时间主要依赖于网络顶点(停车站)数，而且线性地增长(对于D—二部算法和时间扩张算法来说，具有小于1的斜率)。通过对像华盛顿这样的城市里的运输信息系统网络的计算时间的估计表明，对于联机运输信息服务的自动低级，计算时间少，是可以接受的。

这个分析清楚地表明，需特别改编的能够利用网络的特殊结构的算法，解决这一问题还没有一般的算法，而上面所描述的特别设计算法却办到了这点。

习题4

1. 求图4.30中顶点a到其余顶点的最短路径和距离。

2. 求图4.31中顶点v_0到其余各点的最短路径和距离。

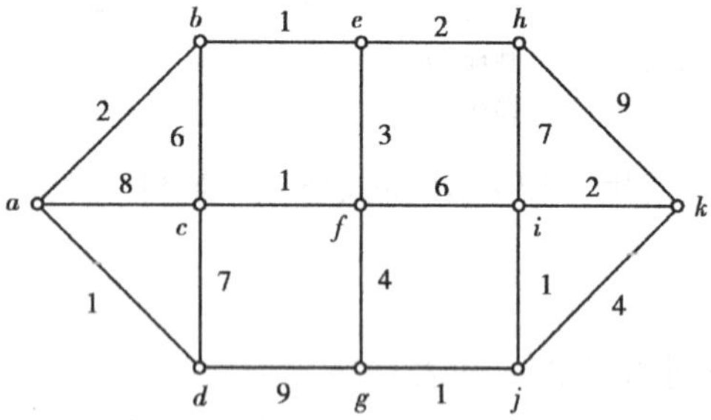

图4.30

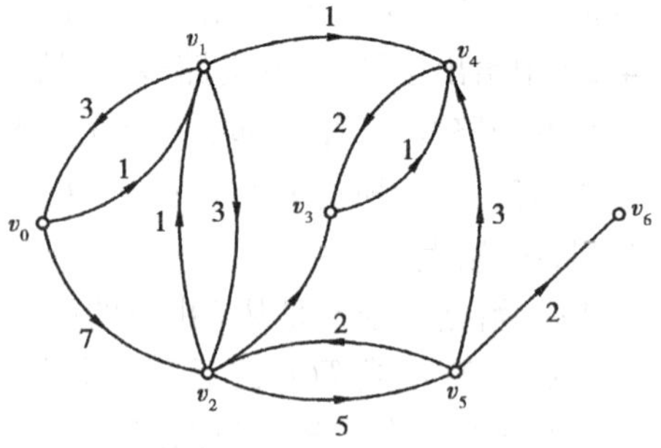

图4.31

3. 某公司在6个城市c_1,c_2,c_3,c_4,c_5,c_6中都有分公司，从c_i到c_j的直达航班票价由下述矩阵的第i行、第j列元素给出(∞表示无直达航班)。该公司想算出一张任意两个城市之间最廉价路线表，试设计同样的表。

$$\begin{Bmatrix} 0 & 50 & \infty & 40 & 25 & 10 \\ 50 & 0 & 15 & 20 & \infty & 25 \\ \infty & 15 & 0 & 10 & 20 & \infty \\ 40 & 20 & 10 & 0 & 10 & 25 \\ 25 & \infty & 20 & 10 & 0 & 55 \\ 10 & 25 & \infty & 25 & 55 & 0 \end{Bmatrix}$$

4. 炼油厂各油罐之间的运费率如表 4.3 所示。

表 4.3

油罐	*A*	*B*	*C*	*D*
A	0.00	0.13	0.14	0.15
B	0.08	0.00	0.13	0.08
C	0.17	0.12	0.00	0.18
D	0.10	0.06	0.13	0.00

从油罐 C 将油运到油罐 D，求最佳运输路线。如果这条路线遭到破坏，试求一次佳的运输路线。

5. 某旅店经营须安排好下个月结婚房间的预定。他已收到许多预定要求，到达和离去日期各不相同。旅店对各种预定可得到不同的收入，这是因为对学生、雇员、航空公司人员等规定了不同的收费。怎样用 Dijkstra 算法求结婚房间的最佳预定计划，使旅店可以获得最大利润。

（提示：用连接到达日期和离去日期的一条弧表示每一个预定要求，最终得到的图将不包含回路，此时，可用一种经修改的 Dijkstra 算法）。

6. 一个大型仓库，计划建立内部单据分配系统，在各部门之间通过气动管道来分送、传递单据。并且，某些部门仅仅是将仓库收到的单据向各个部门发送，不要求有接受内部发来单据的功能，而其他一些部门则要求收、发单据不受限制。其部门和气动管道分布如图 4.32 所示，顶点表示部门，弧表示管道，有指定方向的弧表示该部门只能发出单据，而不接受单据，弧旁数字为两部门之间的距离。试确定每一部门到其他部门发送单据的最短路线。

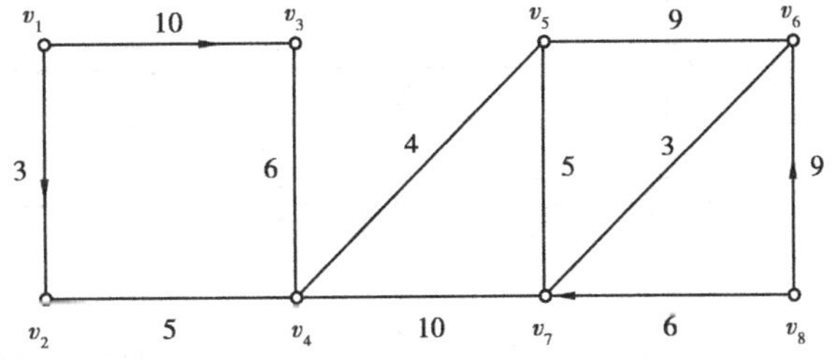

图 4.32

7. 图 4.33 给出了一个决策图，试求其最优路径。

8. 图 4.34 给出了一个评审图，试求出各结点的最早完成时间，最晚完成时间，各工序的时差，完成工程的最短时间及关键路径。

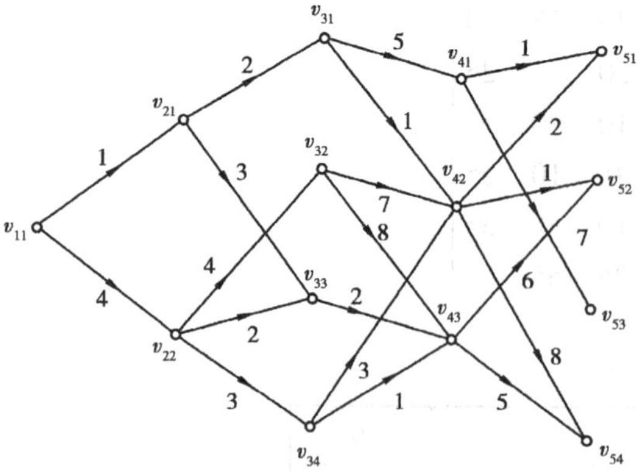

图 4.33

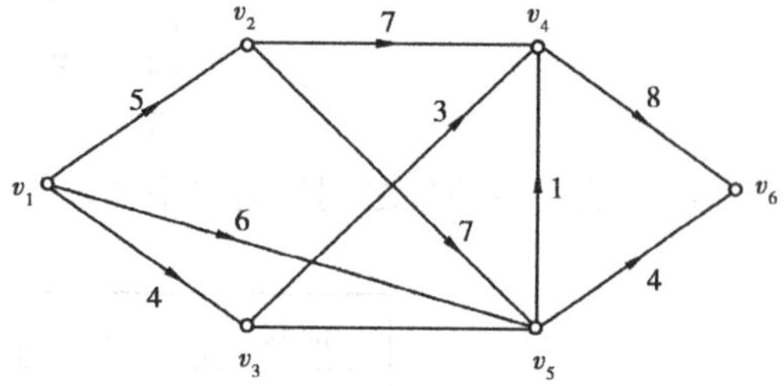

图 4.34

9. 设有 14 项任务构成某工程，它们之间的先后次序见下表，试给出工程的网络图。

表 4.4

任务序号 j	1	2	3	4	5	6	7
前期任务号	3,4	5,7,8	5,9	—	10,11	3,8,9	4
任务序号 i	8	9	10	11	12	13	14
前期任务号	3,5,7	4	—	4,7	6,7,14	5,12	1,2,6

10. 对于如图 4.34 所示的统筹网络，如果活动(v_3,v_4)的时间改为 5，对原计算的各项结果有无影响？这项活动的时间可以增加多少而不致改变整个工程的最早完成时间？

11. 试解释：如果工序(v_i,v_j)的单时差 $\gamma(v_i,v_j)$为负值将对工程筹划有何影响。

12. 构造一个网络图，在网络中有一项工序有负值的单时差。对这个值加以解释。

13. 图 4.35 中的公共汽车网络有下述时间表。水平方向的路线每 5 min 开出一辆汽车，初始时间为 9:00。每条线路要花 4 min 的时间走完。垂直方向的路线每 7 min 开出一辆公共汽车，初始时间为 9:02。每条线段要花 4 min 的时间走完。求在 9:03 或 9:03 后出发的从顶点①到⑭的最佳路径。

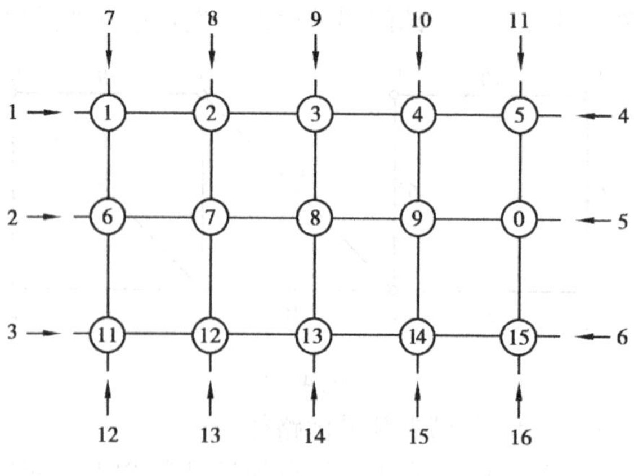

图 4.35

14. 设计一个例子，对于此例，路线/车间二分图方案产生不出一条转换次数最少的最短路径，并解释为什么。

15. 提出一个在运输算法里实现转换时间最小化的方法。你将怎样运用这个方法，当：

①各运输站上的转车时间是同一数；

②转车时间在不同的运输站上是不同的；

③公共汽车到公共汽车的转车时间是一个数，铁路到铁路的转车时间是另一个数，公共汽车到铁路的转车时间是第 3 个数，铁路到公共汽车的转车时间是第 4 个数。

16. 考虑一个有两部分的运输系统，其中，一部分是由公共汽车组成的公汽网络，另一部分是高速铁路系统，而且这两部分是连接的。公共汽车网络具有几千个停车站及不规则的时间表。而铁路系统只有 20 个停车站和一张相当规则的时间表。由于大多数施行至多涉及一个公共汽车/铁路或铁路/公共汽车转换。因此，应怎样才能利用服务的规划性和铁路规模小的优点来约化计算呢?

第5章 匹配

首先来考察一个工作分配的问题,设有 n 个人 $x_1,x_2,\cdots,x_n$,m 件工作 $y_1,y_2,\cdots,y_m$,若每件工作只能分配给一人做,且每人只能分配一件工作。设每个人都有自己擅长的工作,问:

①是否每个人都能分配到自己擅长的工作?

显然并非肯定可以,因为或许有 3 个人都只擅长其中两件工作,而这 3 人所擅长的两件工作又完全一样。

②在什么条件下可以使每人都得到自己擅长的工作?当这种条件不具备时。

③最多有几人能得到自己擅长的工作?

④如何分配才会使全体人最为满意?

这些问题可转化为图论的形式,用点集 $X=\{x_1,x_2,\cdots,x_n\}$,$Y=\{y_1,y_2,\cdots,y_m\}$ 分别表示人与工作,当 x_i 擅长 y_j 时,就把 x_i 与 y_j 连接起来,这样得到一个二部图,问题就等价于一些关于匹配的问题。这正是本章所要研究的内容。

5.1 匹配的概念

定义 5.1 设 $G=(V,E)$ 是无向图,$M\subseteq E$,M 中任二边均不相邻,称 M 为 G 的一个匹配;M 中每条边的两个端点称为配对的;若顶点 v 与 M 中边关联,则称 v 为 M 渗透点,否则,称为 M 非渗透点。

例如,在图 5.1 中,$M=\{v_1v_7,v_2v_3,v_4v_5\}$ 是一个匹配,v_1,v_2,v_3,v_4,v_5,v_7 均是 M 渗透点,v_6,v_8 是 M 非渗透点,其中 v_1 与 v_7 配对,v_2 与 v_3 配对,v_4 与 v_5 配对。

定义 5.2 设 M 是 G 的匹配:

①若 M 渗透了 G 的每个顶点,则称 M 为 G 的理想匹配。

②若 M 是 G 中含边数最多的匹配,则称 M 为 G 的最大匹配。

显然理想匹配是最大匹配,但最大匹配不一定是理想匹配。例如,在图 5.2 中,$M=\{v_2v_3,v_4v_5\}$ 是最大匹配,但却不是理想匹配。由此可知,并非每个图都有理想匹配。一个图有理想匹配的一个必要条件是:它必须是偶数个顶点的图。

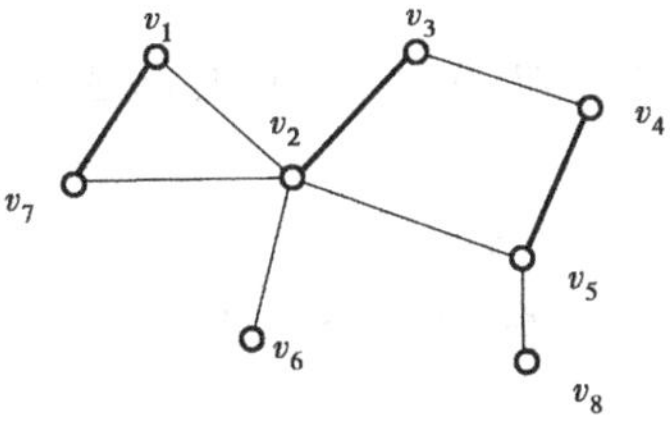

图5.1

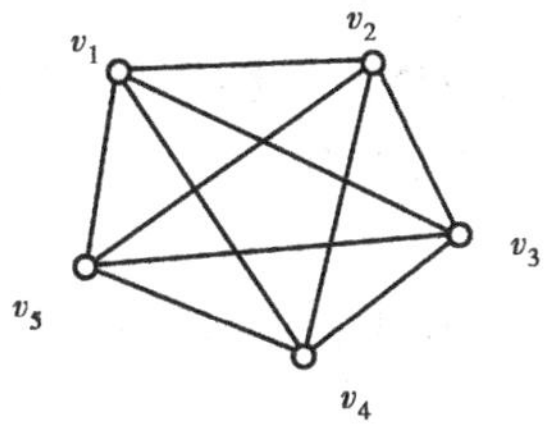

图5.2

定义5.3　设 M 是 G 的一个匹配，P 是 G 中的一条路径。

①若 P 的边在 M 与 $E-M$ 中交替出现，则称 P 是一条 M 交错路径。

②若一条 M 交错路径的起点和终点都是 M 非渗透点，则称其为 M 可增长路径。

例如，在图5.1中，$M_1=\{v_1v_7,v_2v_3,v_4v_5\}$ 是一个匹配，$P:v_6v_2v_3v_4v_5v_8$ 是一条 M 可增长路径。可以沿 P 修改 M_1，得新的匹配 $M_2=\{v_1v_7,v_2v_6,v_3v_4,v_5v_8\}$，使 $|M_2|>|M_1|$，这正是可增长的含义，即可以把可增长路径上不在匹配中的边放入匹配中，而把原来属于匹配的边从匹配中去掉，得到的新匹配比原来的匹配边数增大1。

5.2　匹配基本定理

将 A 与 B 两个集合的对称差记为 $A\triangle B$，定义 $A\triangle B=(A\cup B)-(A\cap B)$，显然 $A\triangle B=B\triangle A$，故名对称差。

下面是著名的 Berge，Hall，König 和 Tutte 4 个著名定理。

5.2.1　Berge 定理

定理5.1(Berge，1957)　M 是 G 的最大匹配的充要条件是 G 不含 M 可增长路径。

证　必要性　设 M 是 G 的最大匹配，但 G 含 M 可增长路径 $P=v_0v_1v_2\cdots v_{2m+1}$。

令 $M'=M\triangle E(P)$，显然 M' 是 G 的一个匹配，且 $|M'|=|M|+1$，与 M 是最大匹配矛盾，故 G 中无 M 可增长路径。

充分性　设 G 不含 M 可增长路径，但 M 不是最大匹配。设 M' 是 G 的一个最大匹配，则 $|M'|>|M|$。令 $H=G[M\triangle M']$，则 H 的每个顶点在 H 中的次数只能是1或2，因为它最多只能与 M 和 M' 中的一条边相关联。因此，H 的每个连通分支或是一条边在 M 和 M' 中交错的偶圈，或是一条边在 M 和 M' 中交错的路径，由于 $|M'|>|M|$，故必定有一分支是一条路径 P，始边与终边均属于 M'，且 P 的端点是 M 非渗透点，从而 P 是 M 可增长路径，与 G 中无 M 可增长路径矛盾，故 M 是 G 的最大匹配，证毕。

5.2.2　Hall 定理

定义5.4　设 $S\subseteq V(G)$，$V(G)$ 中与 S 的顶点相邻的所有顶点构成之集合称为 S 的邻域，记为 $N_G(S)$。

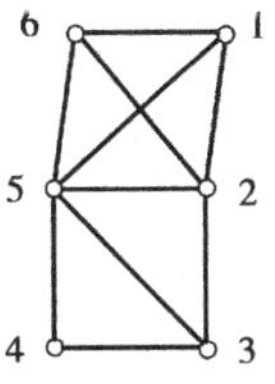

图5.3

例如，在图5.3中，若 $S=\{1,2\}$，则 S 的邻域 $N(S)=\{1,2,3,5,6\}$。

设 G 是一个二部图，划分为 (X,Y)，在许多应用中总希望找到 G 的一个匹配，使它渗透 X 的每个顶点。

定理 5.2(Hall,1935)　设 G 是二部图，其划分为 (X,Y) 则 G 有渗透 X 每个顶点的匹配的充要条件是：$\forall S \subseteq X$，恒有

$$|N_G(S)| \geq |S|$$

证　必要性　设 G 中含渗透 X 中每个顶点的匹配 M。$\forall S \subseteq X$，则 S 中各顶点在 Y 中皆有匹配点，故 $|N_G(S)| \geq |S|$。

充分性　若 G 没有渗透 X 的匹配，令 M^* 为 G 的一个最大匹配，则 M^* 不能渗透 X，令 $u \in X$ 是 M^* 非渗透点（见图 5.4），令 Z 是从 u 出发可由 M^* 交错路径到达的顶点集。

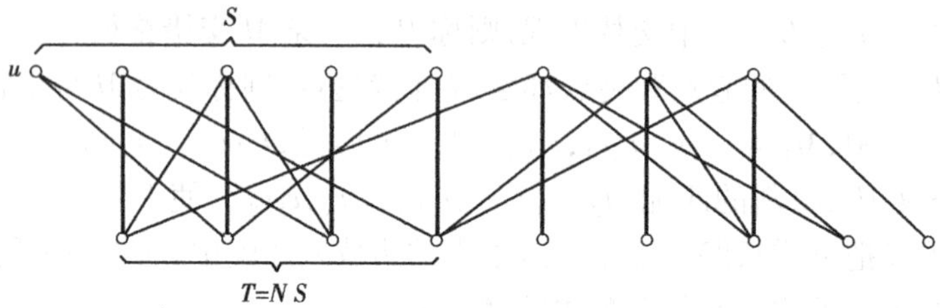

图 5.4

因 M^* 是最大匹配，由 Berge 定理，u 是 Z 中仅有的未被 M^* 配对的顶点，取

$$S = Z \cap X, T = Z \cap Y$$

显然，$S - \{u\}$ 中的顶点在 M^* 中与 T 中的顶点配对，于是

$$|T| = |S| - 1, N(S) = T$$

故得

$$|S| = |N(S)| + 1$$

与 $|N(S)| \geq |S|$ 矛盾，证毕。

推论 5.2.1　若 G 是 k—正则二部图 $(k>0)$，则 G 有一个理想匹配。

证　设 G 的二部图划分为 (X,Y)，则

$$k|X| = \varepsilon = k|Y|$$

因 $$k>0$$

故 $$|X| = |Y|$$

令 S 是 X 中任一非空子集，E_1 与 E_2 分别表示与 S 及 $N(S)$ 中顶点相关联的边集，由 $N(S)$ 的定义，$E_1 \subseteq E_2$，故

$$k|N(S)| = |E_2| \geq |E_1| = k|S|$$

于是 $|N(S)| \geq |S|$，由 Hall 定理，G 中有渗透 X 中所有顶点的匹配 M，又因 $|X| = |Y|$，故 M 为理想匹配，证毕。

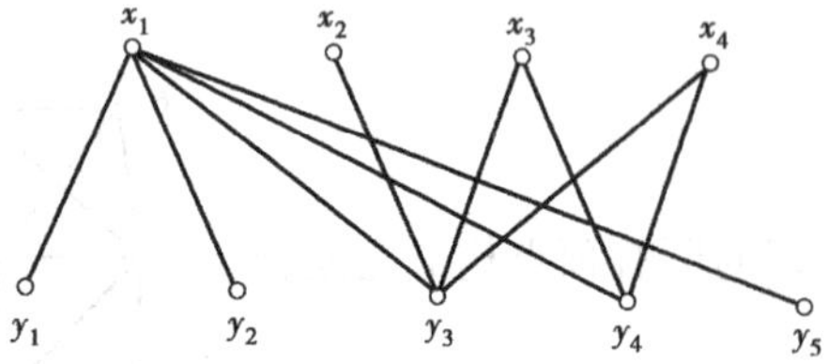

图 5.5

例如，在图 5.5 中，不存在渗透 X 中所有顶点的匹配，因为若取 $S = \{x_2, x_3, x_4\}$，则 $N(S) = \{y_3, y_4\}$，$|N(S)| < |S|$，因此，由 Hall 定理知，图 5.5 中的图无渗透 X 的匹配。

下面再给出一个二部图存在渗透 X 的匹配的一个充分条件，称为"t 条件"。

推论 5.2.2　设 G 是划分为(X,Y)的二部图,若存在整数 $t>0$,使 X 中的每个顶点 x_i,都有 $d(x_i)\geqslant t$,$\forall y_j\in Y$,都有 $d(y_j)\leqslant t$,则 G 中必有渗透 X 的匹配。

证　令 S 是 X 中任一非空子集,E_1 与 E_2 分别表示与 S 及 $N(S)$ 中顶点相关联的边集,则

$$|E_2| = \sum_{y\in \boldsymbol{N}(S)} d(y) \leqslant t|N(S)|$$

$$|E_1| = \sum_{x\in S} d(x) \geqslant t|S|$$

又由 $N(S)$ 的定义,$E_1\subseteq E_2$,故

$$t\,|N(S)| \geqslant |E_2| \geqslant |E_1| \geqslant t\,|S|$$

故

$$|N(S)| \geqslant |S|$$

由 Hall 定理知,G 中有渗透 X 的匹配,证毕。

5.2.3　König 定理

定义 5.5　设 $G=(V,E)$,$K\subseteq V$。

①若 G 的每条边至少有一个端点属于 K,则称 K 是 G 的一个覆盖。

②若 K 是 G 的一个覆盖,$\forall v\in K$,$K-\{v\}$ 不是覆盖,则称 K 为极小覆盖。

③若 K 是 G 的一个覆盖,但无覆盖 K',使得 $|K'|<|K|$,则称 K 为最小覆盖,用 $\alpha(G)$ 表示 G 中最小覆盖的顶点数,$\alpha(G)$ 称为 G 的覆盖数。

如图 5.6 所示的黑色顶点是一个极小覆盖,同时也是一个最小覆盖,$\alpha(G)=4$。一般最小覆盖必定是极小覆盖,但极小覆盖却不一定是最小覆盖。这里"覆盖"一词的含义是顶点覆盖全体边,即若 K 是覆盖,则 $G-K$ 为无边图。

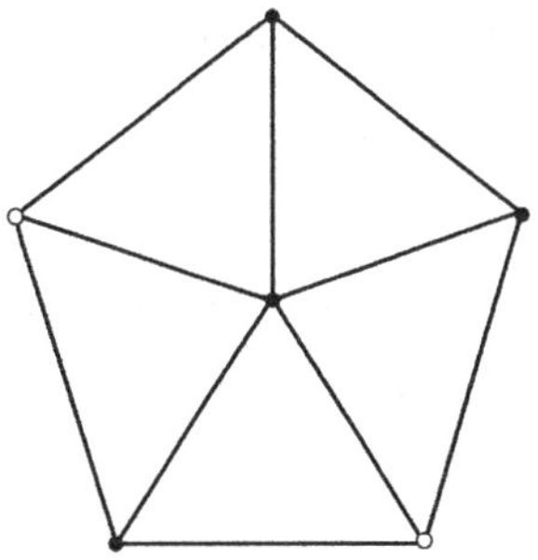

图 5.6

若 K 是 G 的覆盖,M 是 G 的匹配,则 K 要覆盖 M,至少需要 $|M|$ 个顶点,因此

$$|K|\geqslant|M| \qquad 从而\ \alpha(G)\geqslant|M|$$

引理 5.2.1　设 K 与 M 分别是 G 的覆盖与匹配,则

$$|M|\leqslant|K|$$

引理 5.2.2　若 G 存在匹配 M 和覆盖 K,使得 $|M|=|K|$,则 M 是最大匹配,K 是最小覆盖。

证　设 $\widetilde{K}$,M^* 分别是 G 的最小覆盖和最大匹配,则

$$|K|\geqslant|\widetilde{K}|\geqslant|M^*|\geqslant M$$

因

$$|K|=|M|$$

则

$$|K|=|\widetilde{K}|=|M^*|=|M|$$

故 M 也是最大匹配,K 也是最小覆盖,证毕。

定理 5.3(König,1931)　设 G 是二部图,M^* 是 G 的最大匹配,$\widetilde{K}$ 是 G 的最小覆盖,则

$$|M^*|=|\widetilde{K}|=\alpha(G)$$

证　设 G 是二部图,其划分为(X,Y),若 M^* 渗透 X 的所有顶点,则 $|M^*|=|X|$;这时,显然 X 是一个最小覆盖,故 $|M^*|=|\widetilde{K}|=\alpha(G)$。

若在 X 中存在 M^* 非渗透点,令 U 是 X 中的 M^* 非渗透点的集合,如图 5.7 所示。

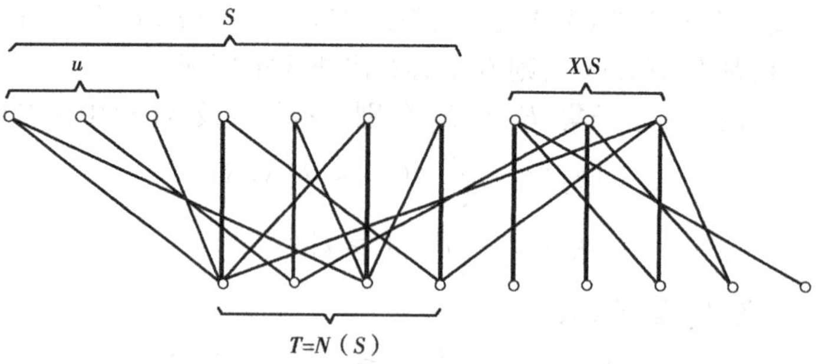

图 5.7

Z 是由 M^* 交错路径与 U 中顶点相连通的顶点之集合，且令

$$S=Z\cap X,T=Z\cap Y$$

则

$$N(S)=T$$

又令

$$\widetilde{K}=(X-S)\cup T$$

则 G 的每一边至少有一端在 $\widetilde{K}$ 中，不然，将会有一边，一端在 S 中，另一端在 $Y-T$ 中，这与 $N(S)=T$ 矛盾，故 $\widetilde{K}$ 是 G 的一个覆盖，且显然有 $|M^*|=|\widetilde{K}|$。由引理 5.3.2 知，$\widetilde{K}$ 是最小覆盖，证毕。

5.2.4 Tutte 定理

刻画理想匹配的一个非常深刻的成果归功于 Tutte，用它来否定一个图存在理想匹配很方便。

定义 5.6 图的顶点数为奇数的连通片称为奇片，顶点数为偶数的连通片称为偶片，用 $0(G)$ 表示 G 中奇片的个数。

定理 5.4（Tutte，1947） 图 G 有理想匹配的充要条件是对一切 $S\subseteq V$，有

$$0(G-S)\leqslant |S|$$

证 不妨设 G 是简单图。

必要性 设 G 有理想匹配，$G_1,G_2,\cdots,G_n$ 是 $G-S$ 的奇片，$n\geqslant 0$，显然，当 $S=\varnothing$，$0(G-S)=0$，即 $n=0$，所以不妨设 $S\neq\varnothing$，因 $G_i,i=1,2,\cdots,n$ 是奇片，G_i 中的某个顶点 u_i 必然与 S 的一个顶点配对，因而$(u_1,u_2,\cdots,u_n)\subseteq S$，所以

$$0(G-S)=n=|\{u_1,u_2,\cdots,u_n\}|\leqslant |S|$$

充分性 若对一切 $S\subseteq V$，$0(G-S)\leqslant |V|$，但 G 中无理想匹配，可对 G 加边而成为无理想匹配的最大图 G^*，G 是 G^* 的生成子图，从而 $G-S$ 是 G^*-S 的生成子图，故 $0(G^*-S)\leqslant 0(G-S)$，于是 $0(G^*-S)\leqslant |S|$。特别地，取 $S=\varnothing$，$0(G^*)=0$，故 $v(G^*)$ 是偶数。

用 U 来表示 G^* 中 $v-1$ 次顶点的集合，则：

①若 $U=V$，则 G^* 是有偶数个顶点的完备图，它必定有一个理想匹配，这与 G^* 的假定矛盾。

②若 $U\neq V$，这时，将证明 G^*-U 是一些不相交的完备图的并。否则，G^*-U 的某个连通片不是完备图，则在该连通片中，存在顶点 x,y,z 使得 $xy,yz\in E(G^*)$，但 $xz\notin E(G^*)$，又 $y\notin U$，存在 $w\in V(G^*-U)$，使得 $yw\notin E(G^*)$，因 G^* 是没有理想匹配的 $|V(G)|$ 个顶点的边数最多的图，对一切 $e\notin E(G^*)$，G^*+e 中有理想匹配，令 M_1 与 M_2 分别是 G^*+xz，G^*+yw 的

理想匹配，H 为 $M_1 \triangle M_2$ 在 $G^* + xz + yw$ 中的导出子图，则 H 的每个顶点均为2次，H 是不相交偶圈的并，因为它们上面的边是 M_1 与 M_2 的边交替出现的，图5.8中的粗实线是 M_1 的边。

情形1：xz 和 yw 在 H 的不同连通片中，若 yw 在 H 的圈 C 上，那么 M_1 在 C 上的边与 M_2 不在 C 上的边构成 G^* 的一个理想匹配，与 G^* 的定义矛盾，如图5.8所示。

情形2：xz 与 yw 在 H 的同一个圈 C 上（见图5.9），这时在 C 上 $yw \cdots z$ 部分 M_1 的边与 yz 及 M_2 不在 $yw \cdots z$ 部分的边构成 G^* 的一个理想匹配，矛盾。

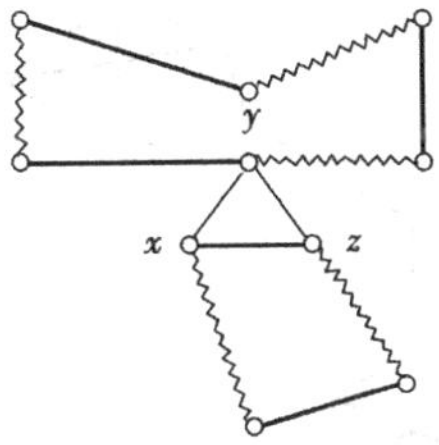

图5.8

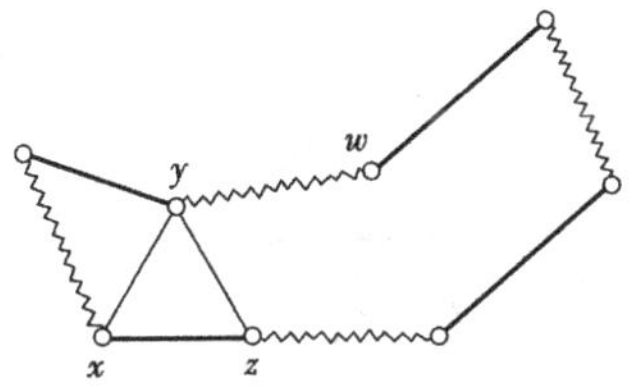

图5.9

综上所述，知 $G^* - U$ 是不相交的完备图的并。

由 $0(G^* - U) \leqslant |U|$，$G^* - U$ 中的奇片最多 $|U|$ 个。这时 G^* 显然有一个理想匹配，（见图5.10），它由 $G^* - U$ 的奇片的一个顶点和 U 中的一个顶点配对，U 和 $G^* - U$ 的连通片中的其余顶点（由于每个 $G^* - U$ 的连通片都是完备图）可以同自身所在连通片或 U 中的另一顶点配对，这与 G^* 中无理想匹配矛盾，证毕。

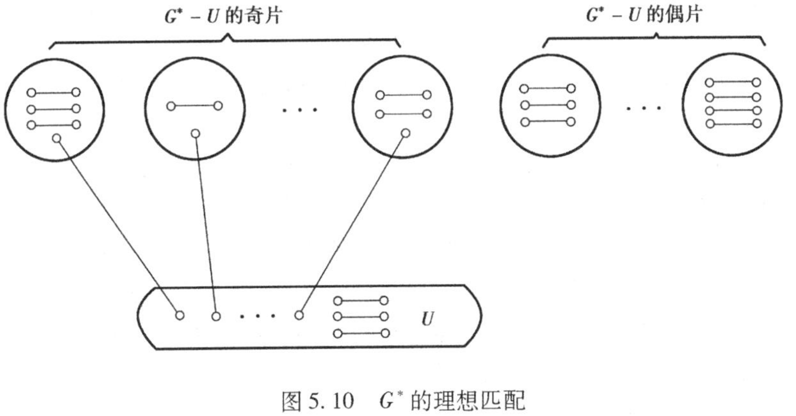

图5.10 G^* 的理想匹配

推论5.4 每个无割边的3—正则图有理想匹配。

证 令 G 是3—正则图且无割边，S 是 $V(G)$ 的真子集，$G_1, G_2, \cdots, G_n$ 是 $G - S$ 的奇片，设 m_i 是一个端点在 G_i，另一端点在 S 的边的数目，$(i = 1, 2, \cdots, n)$。因 $d(v) = 3$，$(v \in V(G))$，则

$$\sum_{v \in V(G_i)} d(v) = 3v(G_i), i = 1, 2, \cdots, n$$

$$\sum_{v \in S} d(v) = 3|S|$$

于是

$$m_i = \sum_{v \in V(G_i)} d(v) - 2\varepsilon(G_i) = 3v(G_i) - 2\varepsilon(G_i)$$

可见 m_i 是奇数，又无割边，故 $m_i \neq 1$，$m_i \geqslant 3$，$1 \leqslant i \leqslant n$，从而

$$0(G-S)=n\leqslant\frac{1}{3}\sum_{i=1}^{n}m_i\leqslant\frac{1}{3}\sum_{v\in S}d(v)=|S|$$

由 Tutte 定理，G 中有理想匹配，证毕。

如图 5.11 所示为无割边的 3—正则图，因而有理想匹配。

而图 5.12 的图虽然是 3—正则图，但有割边，不能用推论 5.4 来判定它是否有理想匹配，事实上，由于 $0(G-v)=3$，由 Tutte 定理知，它没有理想匹配。

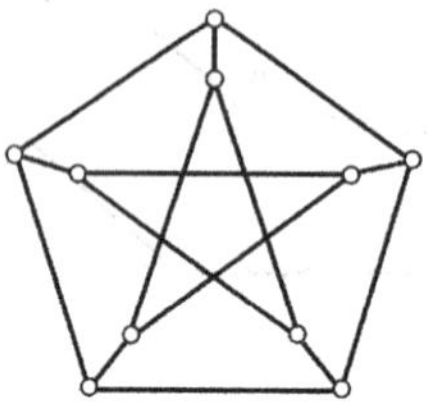

图 5.11

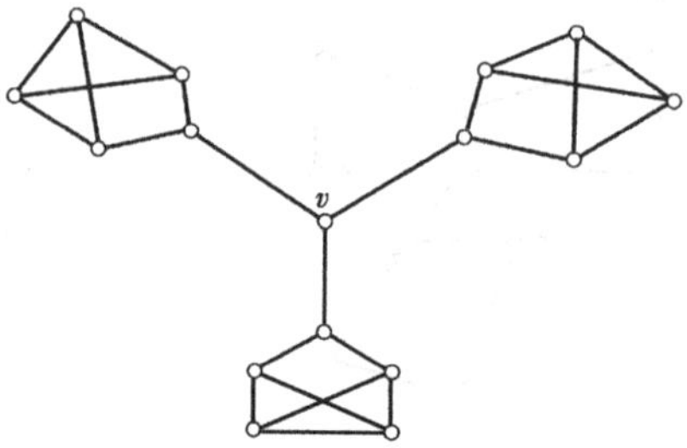

图 5.12

5.3 二部图的最大匹配

二部图最大匹配问题是图的最大匹配问题的特殊类型，根据 Berge 定理，可以通过反复寻求当前匹配 M_i 的可增长路径 P，并通过 $M_i\triangle E(P)$ 扩大当前匹配。

定义 5.7　设 G 是划分为 (X,Y) 的二部图，把 G 的渗透 X 每个顶点的匹配，称为 G 的 X 的完全匹配。

下面介绍由 Edmonds(1965)提出的求二部图完全匹配的算法，其基本思想是：先从 G 的一个任意匹配 M 开始，若 M 已经渗透了 X 的每个顶点，则 M 即为所求的完全匹配。否则，就在 X 中选取一个 M 非渗透点 u，并从 u 开始寻求一条 M 可增长路径，若存在这样一条路径 P，则 $M\triangle E(P)$ 就是比 M 更大的匹配，则用 $M\triangle E(P)$ 代替 M，重复上述过程。若不存在 M 可增长路径，则把从 u 出发能用一条 M 交错路径达到的那些顶点的集合记为 Z，则 $S=Z\cap X$，就能使 $|N(S)|<|S|$，从而得出 X 的完全匹配不存在。

下面叙述 M 可增长路径的搜索过程。

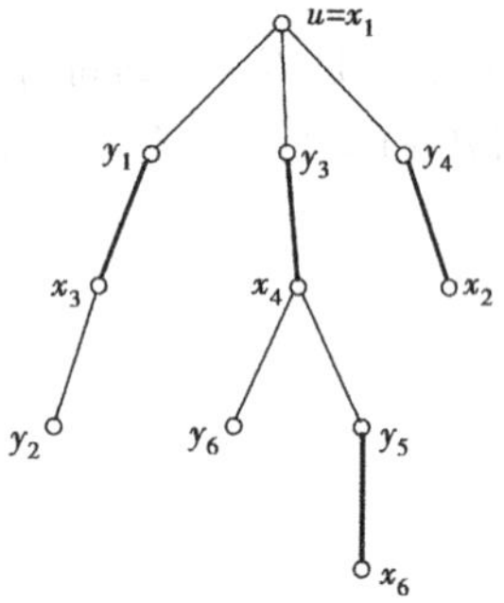

图 5.13

定义 5.8　设 M 是 G 的匹配，$u\in X$ 是一个 M 非渗透点，H 是 G 之以 u 为根的子树，且对 H 的每个顶点 v，H 中从 u 到 v 的唯一路径 $P(u,v)$ 是一条 M 交错路径，则称 H 是以 u 为根的 M 交错树。

图 5.13 是一棵以 x_1 为根的 M 交错树，其中匹配 M 里的边用粗线表示。

寻求一条从非渗透点 u 出发的 M 可增长路径的过程，实际上是一个以 u 为根的 M 交错树的生长过程，可以用图的搜索技术中的深探法。

上述搜索过程的思路是：从 $u\in X$ 出发，找到与 u 相邻的点，比如 $y_1\in Y$，交错树 H 生长一条边 uy_1，标记 u 是 y_1 的父亲。若 y_1 是非渗透点，则 uy_1 便是 M 可增长路径；否则，若 y_1 是渗透点，则找到与 y_1 匹配的点 $x_2 \in X$，交错树 H 生长一条边 y_1x_2。再从 x_2 出发，若存在与 x_2 相邻的不在交错树 H 上的点 $y_2 \in Y$，则 H 生长一条 x_2y_2，标记 x_2 是 y_2 的父亲，当 y_2 是非渗透时，则可得到一条 M 可增长路径，此路径按下述方法得到：从 y_2 按父子关系回溯到 x_2，再从 x_2 按匹配关系回溯到 y_1，从 y_1 按父子关系回溯到起始点 u，即 $y_2 \xleftarrow{\text{父子}} x_2 \xleftarrow{\text{匹配}} y_1 \xleftarrow{\text{父子}} u$，则 $uy_1x_2y_2$ 便是从 u 出发的 M 可增长路径。当 y_2 是渗透点时，找到与 y_2 配对的点 $x_3 \in X$，H 生长一条边 y_2x_3，若存在与 x_3 相邻的不在 H 上的点则继续上述树 H 的生长过程，否则退回到 x_2，重复上述过程，最后或是找到了 M 可增长路径，或是 H 中任何 $x_i \in X$ 都不存在不在 H 上的邻点，即交错树 H 不能再继续生长，说明不存在从 u 出发的可增长路径，故可断定图不存在 X 的完全匹配。下面给出的算法称为匈牙利算法。

求二部图中 X 的完全匹配的算法步骤：

S：交错树中属于 X 的顶点集；

T：交错树中属于 Y 的顶点集；

$F(y)$：y 的父亲；

$N(S)$：S 的邻域。

输入：x_i 的邻接点集 $A(x_i)$。

①任取一个匹配 M。

②若 M 已渗透 X，则 M 即为所求，停止，否则，取 X 中任一 M 非渗透点 u，记 $S=\{u\}$，$T=\varnothing$。

③若 $N(S)=T$，停止，无渗透 X 每个点的匹配，否则 $N(S)\supset T$，则 $\exists\ x \in S, y \in A(x)-T, f(y) \leftarrow x$。

④若 y 是 M 渗透点，设 $yz \in M$，$S \leftarrow S \cup \{z\}$，$T \leftarrow T \cup \{y\}$，转③；否则转下一步。

⑤若 y 不是 M 渗透点，则可得 M 可增长路径 $P(u,y)$，令 $M \leftarrow M \triangle E(P)$，转②。

例 5.1　求图 5.14 的理想匹配。

1）任取一个匹配 M，$M=\{x_1y_1,\ x_3y_5,\ x_5y_3\}$，在图 5.14 中，用粗线表示的边构成 M。

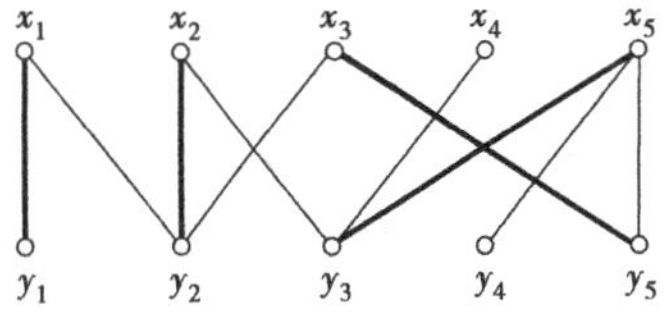

图 5.14

2）取 X 中一 M 非渗透点 x_2。

$$S=\{x_2\},T=\varnothing,N(S)=\{y_2,y_3\}$$

3）因 $N(S)\neq T$，找一点 $y_2 \in A(x_2)-T, f(y_2)\leftarrow x_2$。

4）因 y_2 是 M 非渗透点，故得一条 M 可增长路径 $P=x_2y_2$，$E(P)=\{x_2y_2\}$，则

$$M=M\triangle E(P)=\{x_1y_1,x_3y_5,x_5y_3,x_2y_2\}$$

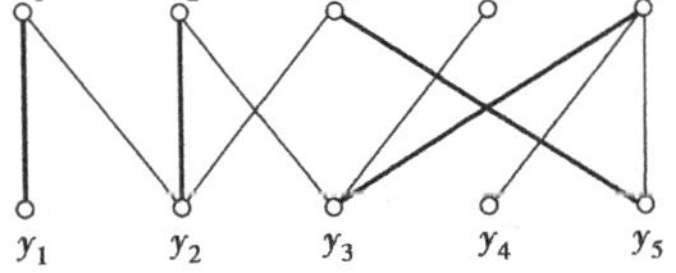

图 5.15

得到一新的匹配，如图 5.15 所示的粗线所示。由于 M 尚未渗透 X 的所有顶点，继续。

5）找出 X 中的 M 非渗透点 x_4

$$S=\{x_4\},T=\varnothing,N(S)=\{y_3\}$$

6）因 $N(S)\neq T$，找一点 $y_3 \in A(x_4)-T, f(y_3)\leftarrow x_4$。

7）y_3 是 M 渗透点，$x_5y_3 \in M$，于是

$$S=\{x_4\}\cup\{x_5\}=\{x_4,x_5\},$$

$$T=\{y_3\},N(S)=\{y_3,y_4,y_5\}$$

8）因 $N(S)\neq T$，找一点 $y_5\in A(x_5)-T,f(y_5)\leftarrow x_5$。

9）y_5 是 M 渗透点，$x_3y_5\in M$，于是 $S=\{x_4,x_5,x_3\}$，$T=\{y_3,y_5\}$，$N(S)=\{y_2,y_3,y_4,y_5\}$。

10）因 $N(S)\neq T$，找一点 $y_4\in A(x_5)-T,f(y_4)\leftarrow x_5$。

11）y_4 是 M 非渗透点，因而存在一条从 x_4 到 y_4 的可增长路径 P，用回溯法求出这条路径。因 $f(y_4)=x_5$，由 x_5 回溯到它的配对点 y_3，又因 $f(y_3)=x_4$，回溯到了起点 x_4，于是可增长路径 $P=x_4y_3x_5y_4$

$$E(P)=\{x_4y_3,x_5y_3,x_5y_4\}$$

$$M=M\triangle E(P)=\{x_1y_1,x_3y_5,x_2y_2,x_4y_3,x_5y_4\}$$

这时 M 已渗透 X 的全部顶点，这一匹配也是理想匹配。

以上求渗透 X 的匹配的算法只要稍作改动，即可采用来求二部图的最大匹配，将第 3）步改为：

3）若 $N(S)=T$，则图不存在渗透 X 的匹配，将 u 作为 M 渗透点（或称伪渗透点）转步 2）。否则 $N(S)\supset T$，则 $\exists\, x\in S,y\in A(x)-T,f(y)\leftarrow x$。

现举一例来说明此算法。

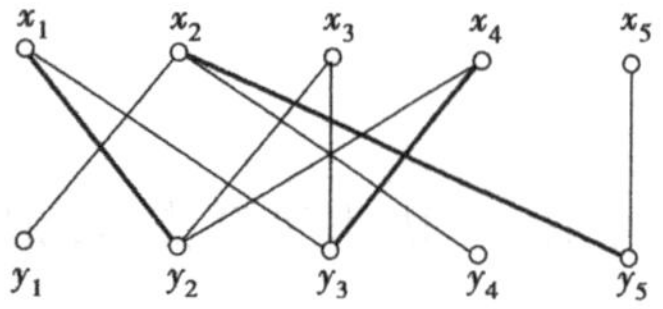

图 5.16

例 5.2 求如图 5.16 所示的二部图的最大匹配。

1）给出初始匹配

$$M=\{x_1y_2,x_2y_5,x_4y_3\}$$

如图 5.16 所示。

2）找到 X 的非渗透点 x_3，$S=\{x_3\}$，$T=\varnothing$，$N(S)=\{y_2,y_3\}$。

3）$N(S)\neq T$，$\exists\, x_3\in S,y_2\in A(x_3)-T,f(y_2)=x_3$，$y_2$ 为渗透点，其配对点为 x_1，$S=\{x_1,x_3\}$，$T=\{y_2\}$，$N(S)=\{y_2,y_3\}$。

4）$N(S)\neq T$，$\exists\, x_1\in S,y_3\in A(x_1)-T,f(y_3)=x_1$，$y_3$ 为 M 渗透点，其配对点为 x_4，$S=\{x_1,x_3,x_4\}$，$T=\{y_2,y_3\}$，$N(S)=\{y_2,y_3\}$。

5）因 $N(S)=T$，故不存在渗透 X 的匹配，将 x_3 当做饱和点。转步骤 2）。

6）X 还未全部渗透，找到非渗透点 x_5

$$S=\{x_5\}$$

$$T=\varnothing$$

$$N(S)=\{y_5\}$$

7）$N(S)\neq T$，找到 $x_5\in S,y_5\in A(x_5)-T,f(y_5)=x_5$，$y_5$ 为 M 渗透点，其配对对点为 x_2

$$S=\{x_2,x_5\}$$

$$T=\{y_5\}$$

$$N(S)=\{y_1,y_4,y_5\}$$

8）$N(S)\neq T$，找到 $x_2\in S,y_1\in A(x_2)-T,f(y_1)=x_2$，$y_1$ 为非渗透点，回溯得到路径 $y_1\leftarrow x_2\leftarrow y_5\leftarrow x_5$，到达起始点 x_5，故增长路径

$$P=x_5y_5x_2y_1,E(P)=\{x_5y_5,y_5x_2,x_2y_1\}$$

$$M=\{x_1y_2,x_2y_5,x_4y_3\}\triangle\{x_5y_5,y_5x_2,x_2y_1\}$$

$$=\{x_1y_2,x_2y_1,x_4y_3,x_5y_5\}$$

M 的边如图 5.17 所示的粗线，由于此时 X 的顶点已全部渗透，M 即为最大匹配。

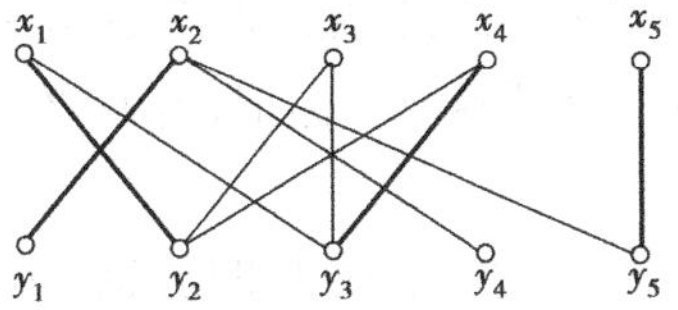

图 5.17

上述求二部图最大匹配的算法主要是基于 Berge 定理,且因二部图的一切 M 可增长路径都是一个端点在 X,另一端点在 Y 的非渗透点,上述方法对 X 中的所有非渗透点出发的交错路径都进行搜索,如搜索不到可增长路径,说明图中不存在任何可增长路径因而最终得到的匹配是最大匹配。

5.4　二部图的最大权匹配

匹配问题的进一步讨论是在加权图中寻求权值总和最大的匹配,即最大权匹配。显然当每条边上的权皆为 1 时,便是最大匹配问题。最大匹配问题只是最大权匹配问题的特殊情形。

这里只讨论完备加权的二部图,且 $|X| = |Y| = n$ 的最大权匹配问题。若用穷举法,需要对 $n!$ 个理想匹配进行比较,当 n 较大时,计算量过大,是不可能很快得到结果的,本节给出一种有效算法。这一算法是采取所谓顶点标记的方法,寻求图的最大权匹配。

定义 5.9　$\forall v \in V(G)$ 定义一个标记 $l(v) \geqslant 0$,满足 $\forall x \in X, y \in Y$ 恒有

$$l(x) + l(y) \geqslant w(x,y)$$

则称 $l(v)$ 是二部图的可容顶点标。

可容顶点标是存在的,例如:

$$l(x) = \max_{y \in Y} w(x,y)\text{ ,当 } x \in X$$

$$l(\mathrm{y}) = 0\text{,当 } \mathrm{y} \in \mathrm{Y}$$

定义 5.10　设 $l(v)$ 是二部图 G 的可容顶点标,令 $E_l = \{xy \mid xy \in E(G), l(x) + l(y) = w(x,y)\}$,称以 E_l 为边集的 G 之生成子图为 G 的等子图,记为 G_l。

例 5.3　求如图 5.18 所示的完备加权二部图的一个可容顶点标 $l(v)$ 及其等子图。

显然可取所有 y_i 的标记为 0,x_i 的标记为与 x_i 关联的边上的权之最大值,即

$l(x_1) = \max\{2,3,6\} = 6, l(x_2) = \max\{1,2,4\} = 4, l(x_3) = 8, e(y_1) = 0, l(y_2) = 0, l(y_3) = 0$

可验证任何边上的权都不超过其端点的标记之和,因而这种规定的 l 是可容顶点标。由边权恰好等于端点标记之和的边为边集合的 G 的生成子图,即为对应 l 的等子图,如图 5.19 所示。

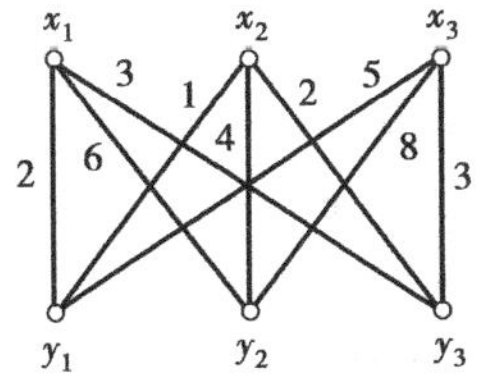

图 5.18

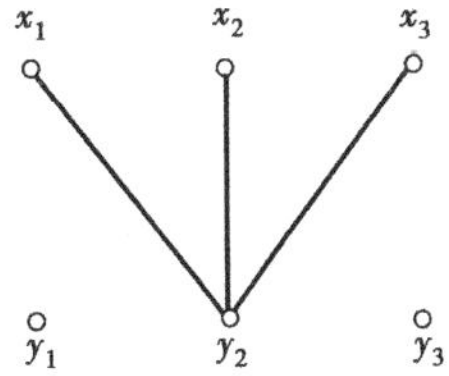

图 5.19

G 的等子图 G_l 的匹配与 G 的最大权匹配之间有着紧密联系。

定理5.5 设 $l(v)$ 中 G 的一个可容顶点标记,若 G_l 有一个理想匹配 M^*,则 M^* 必定是 G 的最大权匹配。

证 设 M^* 是 G_l 的理想匹配,则 M^* 也是 G 的理想匹配

$$W(M^*) = \sum_{e \in M^*} W(e) = \sum_{v \in V(G)} l(v)$$

另一方面,若 M 是 G 的任意一个匹配,则

$$W(M) = \sum_{e \in M} W(e) \leqslant \sum_{v \in V(G)} l(v)$$

则

$$W(M^*) \geqslant W(M)$$

故 M^* 是 G 的最大权匹配,证毕。

上述定理将寻求 G 的最大权匹配转化为寻求 G_l 的理想匹配,而求理想匹配的算法上一节已给出。但问题是 G_l 不一定存在理想匹配,这就需要修改顶点标记 $l(v)$。下面介绍以定理5.5为基础的 Kuhn-munkres 算法。

算法的基本思路:开始时任意选取一个可容顶点标记 l,定出等子图 G_l,用匈牙利算法求 G_l 的理想匹配,若在 G_l 中求出一个理想匹配,则它便是 G 的最大权匹配。否则,匈牙利算法得到一个非理想匹配 M',和一棵 M'交错树 H,H 不含 M'可增长路径。这时可以改进 l 成为一个新的可容顶点标记 $\bar{l}$,使得 G_l 中仍包含 M'和 H 中的边,且 H 可在 G_l 中继续生长。这种改进顶点标记的做法可以继续下去,直到一个理想匹配在等子图中求到为止。

Kuhn-munkres 算法步骤:

$A_{G_l}(x_i)$:G_l 中 x_i 的邻接点集;

S:G_l 中 M 交错树里属于 X 的顶点集;

T:G_l 中 M 交错树里属于 Y 的顶点集;

$f(y)$:y 的父亲,$N_{G_l}(S)$:S 在 G_l 中的邻域。

输入:完备二部图的边权阵 $W = [W_{ij}]_{n \times n}$。

①给出初始标号

$$\forall i, l(x_i) \leftarrow \max_j w_{ij}, \forall j, l(y_j) \leftarrow 0$$

②求出邻点集:

$$\forall i, A_{G_l}(x_i) = \{y_j \mid y_j \in Y, l(x_i) + l(y_j) = w_{ij}\}$$

以及 G_l 中的一个匹配 M。

③若 M 已渗透 X 的所有顶点,则 M 即是 G 的最大权匹配,停止。否则,取 X 中的非渗透点 u,$S \leftarrow \{u\}$,$T \leftarrow \varnothing$。

④若 $N_{G_l}(S) = T$,计算

$$a_l = \min_{x_i \in S, y_j \notin T} \{l(x_i) + l(y_j) - w_{ij}\}$$

$$\bar{l}(v) = \begin{cases} l(v) - a_l, v \in S \\ l(v) + a_l, v \in T \\ l(v) \quad 其他 \end{cases}$$

$l \leftarrow \bar{l}$,$A_{G_l}(x_i) \leftarrow A_{G_{\bar{l}}}(x_i)$,转步骤⑤。

否则，若 $N_{G_l}(S)\neq T$，转下一步。

⑤找到 $x\in S, y\in A_{G_l}(x)-T, f(y)\leftarrow x$。

a. 若 y 是 M 渗透点，且 $yz\in M$，则

$$S\leftarrow S\cup\{z\}, T\leftarrow T\cup\{y\}\text{，转步骤④}$$

b. 若 y 是 M 非渗透点，则可按父子关系和匹配关系，从 y 回溯直到起始点，从而得到一条 M 可增长路径 $P(u,y)$，$M\leftarrow M\triangle E(P)$，转步骤③。

例 5.4　已知 $K_{5,5}$ 的边权阵 W 如下，其中 $K_{5,5}$ 的顶点划分为 $X=\{x_1,x_2,\cdots,x_5\}$，$Y=\{y_1,y_2,\cdots,y_5\}$，求最大权匹配。

$$\mathbf{W}=\begin{array}{c}\\ x_1\\ x_2\\ x_3\\ x_4\\ x_5\end{array}\begin{array}{c} \begin{matrix} y_1 & y_2 & y_3 & y_4 & y_5\end{matrix}\\ \begin{bmatrix} 3 & 5 & 5 & 4 & 1\\ 2 & 2 & 0 & 2 & 2\\ 2 & 4 & 4 & 1 & 0\\ 0 & 1 & 1 & 0 & 0\\ 1 & 2 & 1 & 3 & 3\end{bmatrix}\end{array}=(W_{ij})_{5\times 5}$$

其中，W_{ij} 为 x_iy_j 边上的权。

1）给出初始标号 l：

$l(x_1)=\max\{3,5,5,4,1\}=5$

$l(x_2)=\max\{2,2,0,2,2\}=2$

$l(x_3)=\max\{2,4,4,1,0\}=4$

$l(x_4)=\max\{0,1,1,0,0\}=1$

$l(x_5)=\max\{1,2,1,3,3\}=3$

$l(y_1)=l(y_2)=l(y_3)=l(y_4)=l(y_5)=0$

2）求出 $A_{G_l}(x_i)$ 及匹配 M：

$A_{G_l}(x_1)=\{y_2,y_3\}$　　$A_{G_l}(x_2)=\{y_1,y_2,y_4,y_5\}$　　$A_{G_l}(x_3)=\{y_2,y_3\}$

$A_{G_l}(x_4)=\{y_2,y_3\}$　　$A_{G_l}(x_5)=\{y_4,y_5\}$

对应的等子图 G_l 如图 5.20 所示，求得匹配 M，如图 5.20所示的粗线。

$$M=\{x_1y_2,x_2y_1,x_3y_3,x_5y_5\}$$

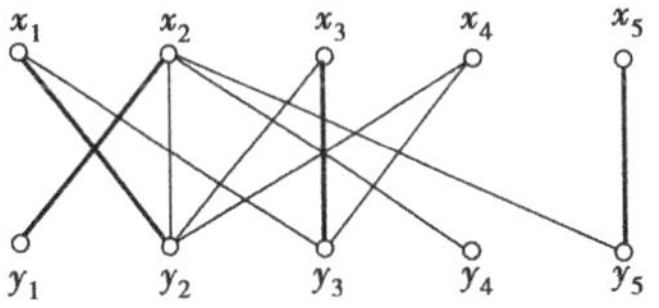

图 5.20

3）x_4 是非渗透点，$u=x_4$，用匈牙利算法求以 u 为根的 M 交错树得：

$$S=\{x_4,x_3,x_1\}\qquad f(y_3)=x_4$$

$$f(y_2)=x_3\qquad T=\{y_3,y_2\}$$

因 $N_{G_l}(S)=T$，于是

$$a_l=\min_{x_i\in S, y_j\notin T}\{l(x_i)+l(y_j)-w_{ij}\}=1$$

$l(x_1)=5-1=4$　　$l(x_2)=2$　　$l(x_3)=4-1=3$　　$l(x_4)=1-1=0$　　$l(x_5)=3$

$l(y_1)=0$　　$l(y_2)=0+1=1$　　$l(y_3)=0+1=1$　　$l(y_4)=l(y_5)=0$

4）将新的标号标在权矩阵的右侧和下侧，且把 G_l 的矩阵元素框起来，对应的等子图如图 5.21 所示，匹配仍用粗线表示。

$$
\begin{array}{r} \\ \\ x_1 \\ x_2 \\ \mathbf{W}=x_3 \\ x_4 \\ x_5 \\ \\ \end{array}
\begin{array}{c}
\begin{array}{ccccc} y_1 & y_2 & y_3 & y_4 & y_5 \end{array} \\
\begin{bmatrix}
3 & \boxed{5} & \boxed{5} & \boxed{4} & 1 \\
\boxed{2} & 2 & 0 & \boxed{2} & \boxed{2} \\
2 & \boxed{4} & \boxed{4} & 1 & 0 \\
\boxed{0} & \boxed{1} & \boxed{1} & \boxed{0} & \boxed{0} \\
1 & 2 & 1 & \boxed{3} & \boxed{3}
\end{bmatrix} \\
\begin{array}{ccccc} 0 & 1 & 1 & 0 & 0 \end{array}
\end{array}
\begin{array}{c} \\ 4 \\ 2 \\ 3 \\ 0 \\ 3 \\ \\ \end{array}
$$

$A_{G_l}(x_1)=\{y_2,y_3,y_4\}$　　$A_{G_l}(x_2)=\{y_1,y_4,y_5\}$　　$A_{G_l}(x_3)=\{y_2,y_3\}$

$A_{G_l}(x_4)=\{y_1,y_2,y_3,y_4,y_5\}$　　$A_{G_l}(x_5)=\{y_4,y_5\}$

5）M 交错树在 G_l 中可继续生长，找到 $x_4\in S,y_1\in A_{G_l}(x_4)-T,f(y_1)=x_4$，因 y_1 是渗透点，$S=\{x_4,x_3,x_1\}$，$T=\{y_1,y_2,y_3\}$，又找到 $x_4\in S,y_4\in A_{G_l}(x_4)-T,f(y_4)=x_4$，$y_4$ 是非渗透点，得 M 可增长路径 x_4y_4

$$E(P)=\{x_4y_4\}$$

因而得到新匹配

$$M=\{x_1y_2,x_2y_1,x_3y_3,x_4y_4,x_5y_5\}$$

如图 5.22 所示。

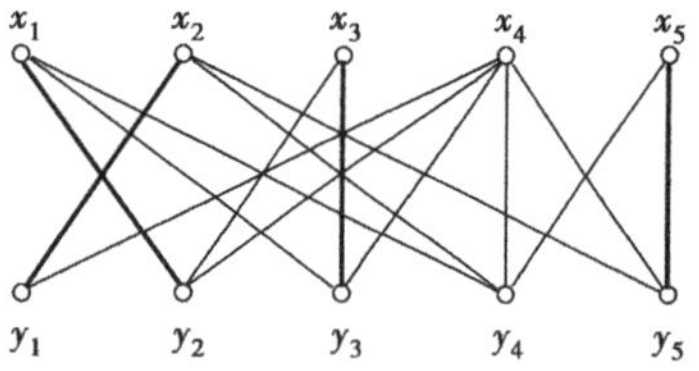

图 5.21

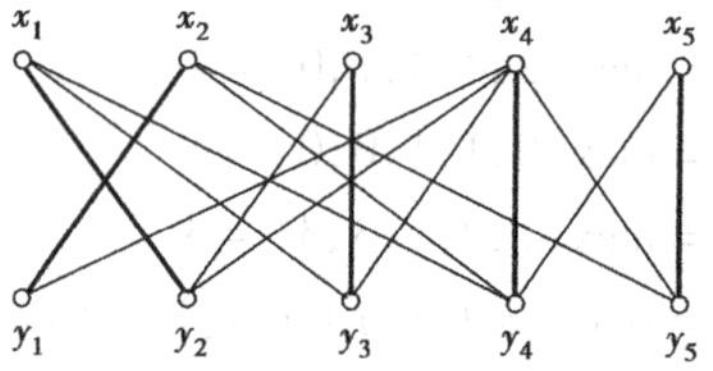

图 5.22

6）至此，X 中的顶点都已渗透，G_l 已有理想匹配，它也是原图的最大权匹配，其最大权为：

$$W(M^*)=5+2+4+0+3=14$$

另外，等子图 G_l 中还有理想匹配

$$M_l=\{x_1y_4,x_2y_1,x_3y_3,x_4y_2,x_5y_5\}$$

当然它也是原图的最大权匹配，$W(M_l)=14$。

因此，最大权匹配可能不唯一。

例 5.5　求如图 5.23 所示的加权二部图的最大权匹配。

图 5.23 中的图不是完备二部图，且 $|X|\neq|Y|$，因此，在 X 中增加一个虚拟点 x_5，并添加权值为 0 的边，使其成为完备二部图，得到的权矩阵 $W_{5\times5}$ 为

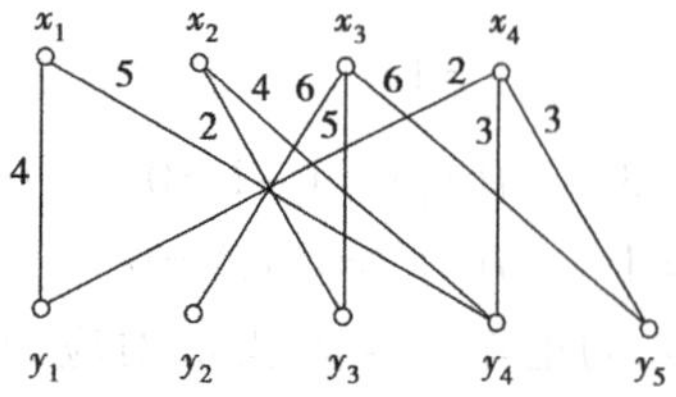

图 5.23

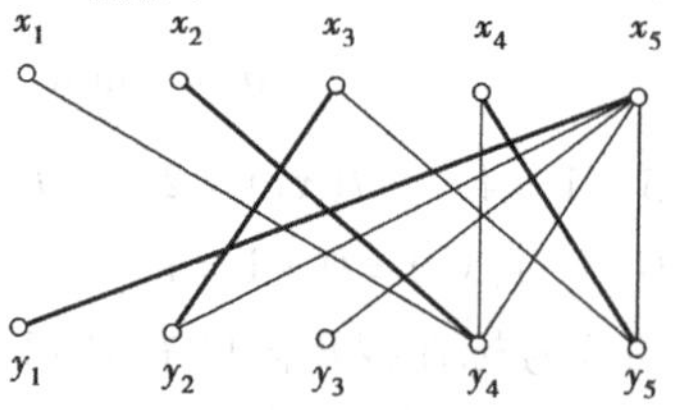

图 5.24

$$
\boldsymbol{W}=\begin{array}{c} \\ x_1 \\ x_2 \\ x_3 \\ x_4 \\ x_5 \\ \\ \end{array}
\begin{array}{c}
\begin{array}{ccccc} y_1 & y_2 & y_3 & y_4 & y_5 \end{array} \\
\left[\begin{array}{ccccc}
4 & 0 & 0 & \boxed{5} & 0 \\
0 & 0 & 2 & \boxed{4} & 0 \\
0 & \boxed{6} & 5 & 0 & \boxed{6} \\
2 & 0 & 0 & \boxed{3} & \boxed{3} \\
\boxed{0} & \boxed{0} & \boxed{0} & \boxed{0} & \boxed{0}
\end{array}\right] \\
\begin{array}{ccccc} 0 & 0 & 0 & 0 & 0 \end{array}
\end{array}
\begin{array}{c} 5 \\ 4 \\ 6 \\ 3 \\ 0 \end{array}
$$

将初始顶点标在矩阵的右侧和下侧，等子图 G_l 上的边权框起来，G_l 如图 5. 24 所示。

取初始匹配

$$M=\{x_2y_4,x_3y_2,x_4y_5,x_5y_1\}$$

x_1 是非渗透点，求以 x_4 为根的 M 交错树得

$$S=\{x_1,x_2\} \qquad f(y_4)=x_1 \qquad T=\{y_4\}$$

因 $N_{G_l}(S)=T$，于是

$$a_l=\min_{x_i\in S,y_j\notin T}\{l(x_i)+l(y_j)-w_{ij}\}=1$$

$$l(x_1)=5-1=4 \qquad l(x_2)=4-1=3$$

$$l(y_4)=0+1=1$$

其余顶点标记不变，将其标在权矩阵上，所对应的等子图的边权仍框起来，G_l 如图 5. 25 所示。

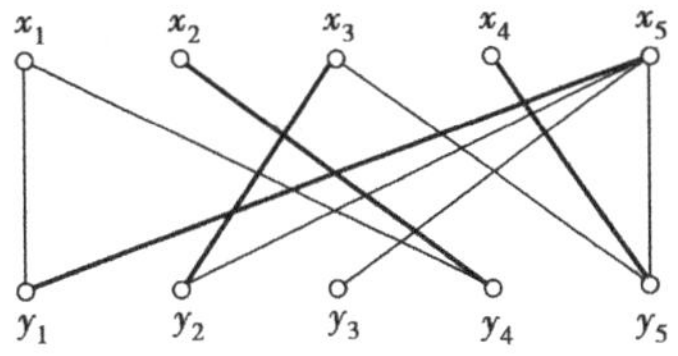

图 5. 25

$$
\boldsymbol{W}=\begin{array}{c} \\ x_1 \\ x_2 \\ x_3 \\ x_4 \\ x_5 \\ \\ \end{array}
\begin{array}{c}
\begin{array}{ccccc} y_1 & y_2 & y_3 & y_4 & y_5 \end{array} \\
\left[\begin{array}{ccccc}
\boxed{4} & 0 & 0 & \boxed{5} & 0 \\
0 & 0 & 2 & \boxed{4} & 0 \\
0 & \boxed{6} & 5 & 0 & \boxed{6} \\
2 & 0 & 0 & 3 & \boxed{3} \\
\boxed{0} & \boxed{0} & \boxed{0} & 0 & \boxed{0}
\end{array}\right] \\
\begin{array}{ccccc} 0 & 0 & 0 & 1 & 0 \end{array}
\end{array}
\begin{array}{c} 4 \\ 3 \\ 6 \\ 3 \\ 0 \end{array}
$$

交错树可继续生长得

$$S=\{x_1,x_2,x_5\} \qquad T=\{y_4,y_1\} \qquad f(y_1)=x_1$$

找到 $x_5\in S,y_3\in A_{G_l}(x_5)-T,f(y_3)=x_5$，且 y_3 是 M 非渗透点，从 y_3 回溯得 $y_3\xrightarrow{\text{父子}}x_5\xrightarrow{\text{匹配}}y_1\xrightarrow{\text{父子}}x_1$，故 M 可增长路径 $P:x_1y_1x_5y_3$

$$E(P)=\{x_1y_1,y_1x_5,x_5y_3\}$$

由此得新匹配

$$M=\{x_1y_1,x_2y_4,x_3y_2,x_4y_5,x_5y_3\}$$

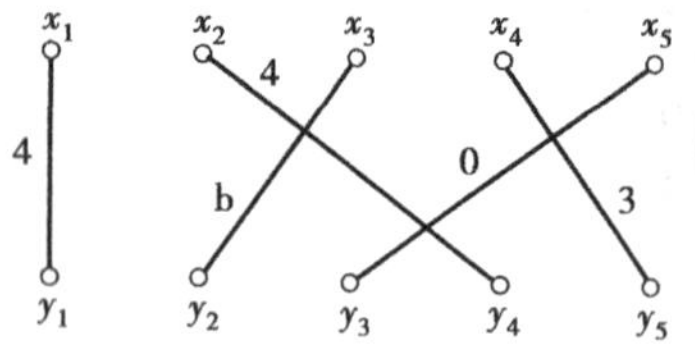

图 5.26

如图 5.26 所示。

其权 $W=4+4+6+3+0=17$，故原图的最大权匹配为

$$M^*=\{x_1y_1,x_2y_4,x_3y_2,x_4y_5\}$$

其权 $W(M^*)=W(M)=17$。

有时要求具有最小权的理想匹配时（如当边权表示成本、耗费或时间等），仍可采用上述的 Kuhn-Munkres 算法，只要取一大于题给最大边权的值 $W_{\max}$，令

$$\overline{W}_{ij}=W_{\max}-W_{ij}$$

则 $\overline{W}=(\overline{W}_{ij})_{n\times n}$ 的最大权理想匹配，即为原来 $W=(W_{ij})_{n\times n}$ 的最小权理想匹配。

二部图的匹配问题也可转化为网络流问题求解，将在第 9 章讨论。

*5.5 一般图的最大匹配

本节讨论一般图即非二部图的最大匹配问题，二部图中求解最大匹配的算法思想是否可推广到一般非二部图呢？由于 Berge 定理对一般图仍成立，可通过寻求图中 M 可增长路径来获得最大匹配。但由于一般图含有奇圈，如像二部图那样构造交错树，可能会出现交错树中找不到 M 可增长路径，而原图确实又有 M 可增长路径。如图 5.27 所示，匹配 M 的边用粗线画出。图 5.27 中(a)含有 M 可增长路径 $v_1v_2v_3v_4v_5v_6v_7v_8v_{10}v_9$。然而从 v_1 出发按二部图时的方法生长的以 v_1 为根的交错树（见图 5.27(b)），不能再生长，却不含 M 可增长路径，从 v_4 出发，以 v_5 为根的交错树（见图 5.27(c)）也不能再生长，也不含 M 可增长的路径。可见二部图时的算法不能照搬，必须做些修正；先引入几个术语。

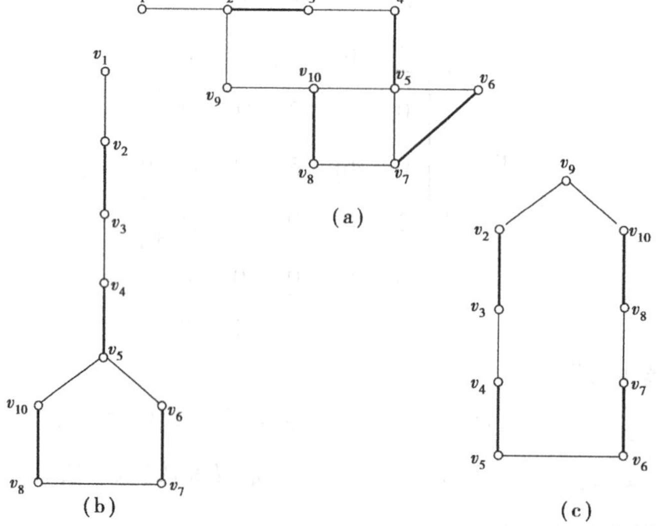

图 5.27

定义 5.11　设 H 是以 v_0 为根的 M 交错树，将 H 的顶点分为内点和外点两类，v_0 为外点，匹配边的两端点，靠近 v_0 的一个为内点，远离 v_0 的一个为外点。

内点和外点在交错树的路径上交错出现，例如，在图 5.27(c) 中，v_3, v_1, v_8, v_5, v_6 为外点，v_2, v_{10}, v_4, v_7 为内点。

定义 5.12　设 M 是 G 的匹配，若 G 是 G 的长为 $2k+1$ 的奇圈，且 C 上有 k 条匹配边，则称 C 为花苞；C 上相邻两非匹配边共有的端点 v_0 称为花苞 C 的基。

如图 5.27(a) 所示，$v_1v_2v_3v_4v_5v_6v_7v_8v_{10}v_9$ 就是一个花苞，v_4 是它的基。

一般的图如不含奇圈，则是二部图，因此，一般非二部图与二部图的区别在于是否含奇面，非二部图的奇圈有两种情况：

①奇圈中的匹配比较稀疏，没达到最大值，则二部图中求 M 可增长路径的算法仍可用。

②若圈中匹配边已达到最大(k 条)，即圈为花苞时(见图 5.27(a))，不能用二部图时的方法，因此，在非二部图中要通过可增长路径来求最匹配，必须解决"花苞"的发现和处理问题。

探测花苞的存在并不特别困难，在构造 M 交错树的过程中，当一个外点与另一个外点相邻时，则出现了"花苞"，如图 5.28 所示。事实上，当一个外点 u_{2j+1} 与一外点 u_{2j} 相邻时，分别从 u_{2j}, u_{2j+1} 回溯，最终必得到一个被两条路共用的一个外点 u_0，形成一个奇圈，因其上匹配数达到最大，因而出现花苞，两条路的共用的这个外点便是此花苞的基点。

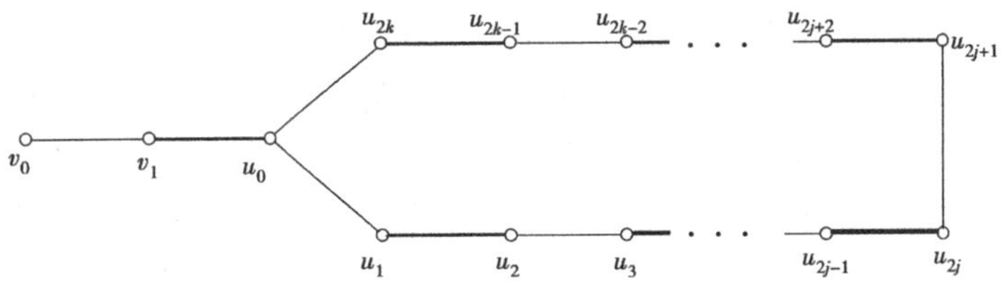

图 5.28

探测到了花苞，需对花苞进行处理，可增长路径的搜索过程方能继续进行，其基本方法是收缩花苞成一个点，将花苞中所有的顶点用一虚拟的顶点 u_b 代替，称为伪点，与花苞中各顶点关联的边将直接与 u_b 关联。图 5.29 表示花苞的收缩过程。当从 v_1 开始搜索 $v_1 \to v_2 \to v_3 \to v_4 \to v_5 \to v_6 \to v_7$，得 v_7 是个外点，v_7 有一个外点与已是外点的 v_5 相邻，出现花苞 $b_1(v_5, v_6, v_7)$，将其收缩成一个点 v_b，得到图 5.29(b)。再从 v_b 开始继续搜索，$v_6 \to v_8 \to v_{10}$，v_{10} 是个外点，与已是外点的 v_b 相邻，出现花苞 b':(v_6, v_8, v_{10})。将其收缩成一个点 $v_{b'}$，得到图 5.29(c)。由此可见，在收缩花苞的过程中，一个花苞内部可以包含一个或多个花苞。

当图经过不断收缩花苞，使最后所得之图不存在花苞和奇圈时，这样的图是二部图，可用前面的算法求最大匹配，然后将花苞逐一打开(即将伪点恢复为原来的奇圈)，再求出各花苞内部的匹配边，最后即可得到原图的最大匹配(后面证明)。

花苞内部匹配边的选取，有两种情况：

①如果花苞收缩成的伪点是 M 渗透点，则打开花苞后就以渗透点为基点，交替选取匹配边即可得到奇圈的最多匹配边。

②如果伪点不是所在图的 M 渗透点，则任意交替地取匹配边，使奇圈的匹配边数达到最大。

以图 5.29(c) 为例，它存在 M 可增长路径，由此得到新匹配，如图 5.30(a) 所示，将图5.29(a) 中花苞打开，得到图 5.29(b)，在奇圈上取匹配边(v_8, v_b)。

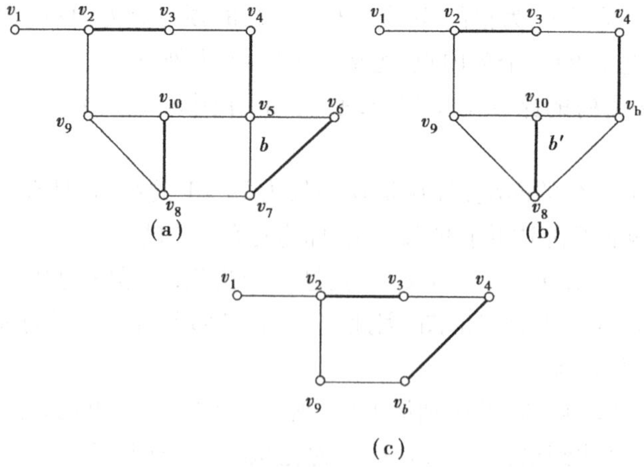

图 5.29

有关非二部图中求最大匹配的基本定理：

定理 5.6 设 M 是 G 的一个匹配，在寻找以 M 非渗透点 v_0 为始点的 M 可增长路径中，若出现花苞 B，则 G 中存在 M 可增长路径的充要条件是，花苞收缩以后得到的图 G_b 中亦存在以 v_0 为始点的 M_b 可增长路径，其中 M_b 是 B 收缩后余下的匹配。

证　充分性 设 G_b 存在以 v_0 为始点的可增长路径 P。

若不穿过伪点 v_b，则 P 本身就是 G 的一条可增长路径。若 P 穿过 v_b（见图 5.30(a)），则与 v_0 关联的两条边必然一条是匹配边，一条是非匹配边。不妨设 (v_i, v_b) 是匹配边，则在花苞中与这条匹配边关联的顶点必然是基点 u_0，由于花苞中除 u_0 外其余点都是 M 渗透点，故非匹配边 (v_b, v_j) 无论与花苞中任一点关联，都是 M 渗透点，不妨设该点为 u_i（见图 5.30(b)），则在 G 中存在从 v_0 到 v_p 的一条路径为

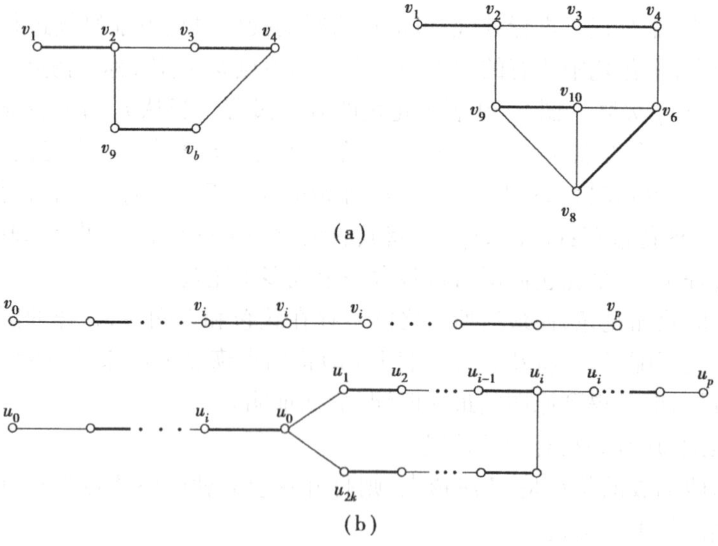

图 5.30

$$P' = v_0, \cdots, v_i, v_0, v_1, \cdots, u_{i-1}, u_i, v_j, \cdots, v_p$$

相当于在路径 P 中插入一段

$$P'' = u_0, u_1, \cdots, u_{i-1}, u_i$$

P''中匹配与非匹配的边数相等,因此,若 P 是可增长路径,P'也一定是 G 中的可增长路径。

必要性(略)

推论 5.6　设 M_b 是图 G 收缩花苞后成为图 G_b 时的最大匹配,则打开花苞后获得的匹配 M 是图 G 的最大匹配。

证　设 M 不是 G 的最大匹配,则必然存在 M 非渗透点 v_0 出发的 M 可增长路径,由定理 5.6,G_b 也存在以 v_0 为起点的 M_b 可增长路径,与 M_b 是 G_b 的最大匹配矛盾,证毕。

下面介绍由 Edmonds 于 1965 年提出的一般图的最大匹配算法,其基本思路为:通过生长以非渗透点为根的交错树,搜索可增长路径,一旦找到可增长路径,则扩大匹配;若出现花苞,则收缩花苞,G 换为 G_b,M 换为 M_b,继续交错树的生长步骤。当所有的非渗透点均经过交错树生长步骤,交错树再也不能生长,即确认不存在可增长路径,则现行的匹配是 G_b 的最大匹配,打开花苞,再求出各花苞内部的匹配边,最后即得原图的最大匹配。

交错树生长的过程及求最大匹配的算法步骤:

S:交错树中外点的集合;

T:交错树中内点的集合;

$f(y)$:y 的父亲,用来记录交错树;

(1)交错树生长的过程 MATG(G)

①找到 $x \in S$ 及与 x 关联的未检测的边(x,y),将(x,y)记作已检测;否则,与 S 关联的边均已检测则转 H。

②若 y 未标记,且非渗透点,$f(y) \leftarrow x$,转 A。

③若 $y \in S$,转 B。

④若 $y \in T$,则返回①。

⑤若 y 是未标记的渗透点,设 $yz \in M_i$,则 $f(y) = x$,$T \leftarrow T \cup \{y\}$,$S \leftarrow S \cup \{x\}$,返回①。

(2)最大匹配算法

①任选 G_0 的一个初始匹配(或 $M_0 \leftarrow \varnothing$),$i \leftarrow 0$,记所有 M 非渗透点为未检测点。

②任选一未检测的非渗透点 v,$S \leftarrow \{v\}$,$T \leftarrow \varnothing$;否则,没有未检测的非渗透点,转⑦。

$\underline{L}$:③(交错树生长)MATG(G_i)

$\underline{B}$:④(存在花苞)收缩花苞 G_i,$T \leftarrow T - V(B)$,$S \leftarrow S - V(B_i)$,$i \leftarrow i+1$,得伪点 b_i,图 G_i 及匹配 M_i,$S \leftarrow S \cup \{b_i\}$,转③。

$\underline{H}$:⑤(交错树生长终止)记 v 已检测,转②。

$\underline{A}$:⑥(存在可增长路径)由父子关系,匹配关系从 y 开始回溯直到树根,得到可增长路径 P,$M_i \leftarrow M_i \triangle E(P)$,转②。

⑦(打开花苞)若未经收缩 $G = G_0$,$M = M_0$,停止。若图经收缩 $M_i^* = M_i$,图从 $G_i \to G_{i-1} \to \cdots \to G_0$,匹配则从 $M_i^* \to M_{i-1}^* \to M_{i-2}^* \to M_0^*$。花苞内匹配边的选取,按前述方法。

本算法分为主程序和过程两部分,在交错树生长的过程中有 3 个出口,分别转主程序的 H,A 和 B。

例 5.6　求如图 5.31 所示 G 的最大匹配。

1)任给初始匹配 $M = (v_2v_3, v_4v_5, v_7v_8, v_9, v_{10})$,如图 5.31 所示的粗线,以非渗透点 v_{10} 为根,生长交错树,$v_{11} \to v_{10} \to v_9 \to v_8 \to v_7 \to v_5 \to v_4$,$f(v_{10}) = v_{11}$,$f(v_8) = v_3$,$f(v_5) = v_7$,内点集 $T = \{v_{10},$

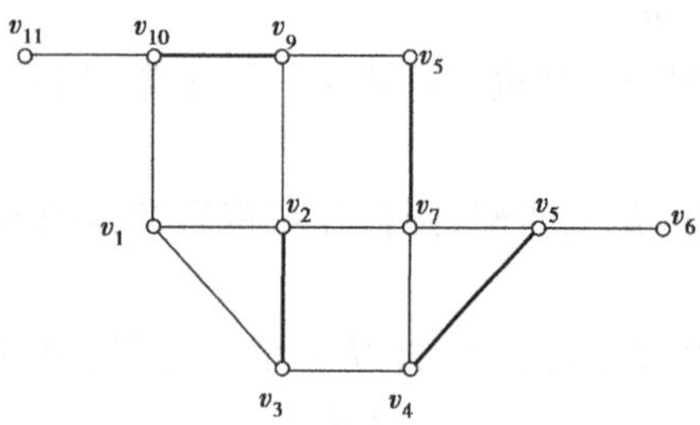

图 5.31

$v_8,v_5\}$,外点集 $S=\{v_{11},v_9,v_7,v_4\}$,v_4 这个外点与外点 v_7 相邻,出现花苞。

2)收缩花苞 B_1 成为一伪点 b_1,得到图 G_1 及匹配 M_1(见图 5.32(a)),$M_1=\{v_2v_3,b_1v_8,v_9v_{10}\}$,$b_1$ 是外点,$S=\{b_1,v_{11},v_9\}$,$T=\{v_{10},v_8\}$,外点 v_2 与外点 b_1 相等,出现花苞 $B_2=\{b_1,v_3,v_2\}$。

收缩花苞 B_2 成一伪点 b_2,得到图 G_2 及匹配 M_2(见图 5.32(b)),$M_2=\{v_3v_{10}\ b_2v_8\}$,$S=\{v_{11},v_9,b_2\}$,$T=\{v_{10},v_8\}$。

3)继续在 G_2 中生长交错树,从 b_2 继续 $b_2\to v_6$,$f(v_6)=b_2$,v_6 是标记的 M_2 非渗透点,存在 M 可增长路径,从 v_6 回溯直到树根 v_{11}

$$v_6 \xleftarrow{\text{父子}} b_2 \xleftarrow{\text{匹配}} v_8 \xleftarrow{\text{父子}} v_9 \xleftarrow{\text{匹配}} v_{10} \xleftarrow{\text{父子}} v_{11}$$

得到可增长路径 $v_{11}v_{10}v_6v_8b_2v_6$,扩大匹配得

$$M_2=\{v_{11}v_{10},v_8v_9,b_2v_6\}$$

如图 5.33(a)所示的粗线。

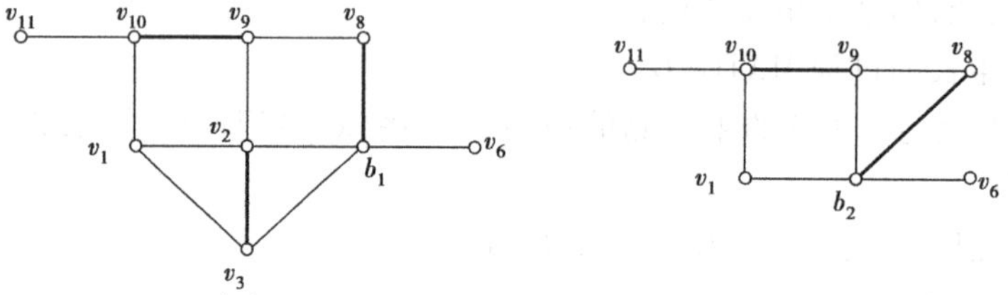

(a)G1　　(b)G2

图 5.32

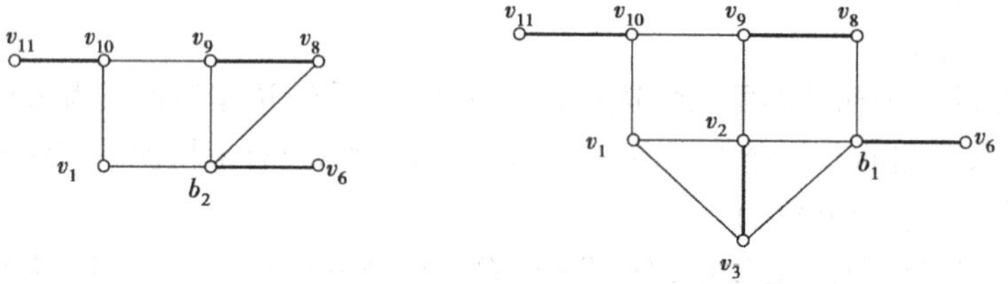

图 5.33

4)从非渗透点 v_1 开始继续生长交错树,$v_1\to b_2\to v_6$,,刷新 S 和 T,$S=\{v_1,v_6\}$,$T=\{b_2\}$,$v_1\to v_{10}\to v_{11}$,$T=\{b_2,v_{10}\}$,与 S 相关联的边均已检测,交错树不能再生长,此外再无别的非渗透点可供选择。

5)最后一步是打开花苞,首先打开 b_2,选花苞内的匹配,得 G_1,G_1^* 如图 5.33(b)所示。然后打开 b_2,选花苞内的匹配,得 G_0,M_0^* 如图 5.34 所示。

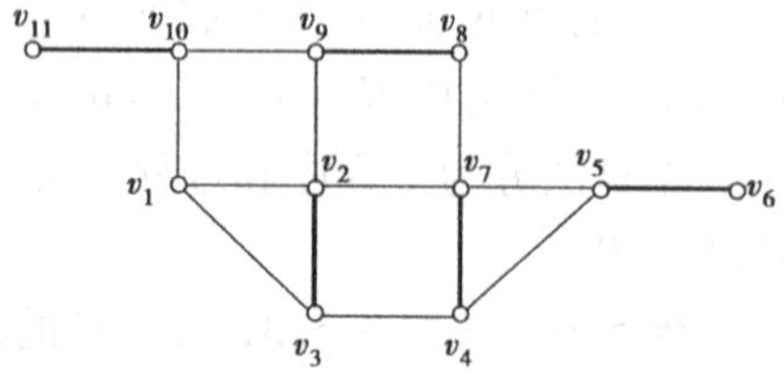

图 5.34

因此得到原图的最大匹配为

$$M^*=\{v_2v_3,v_4v_7,v_5v_6,v_8v_9,v_{10}v_{11}\}$$

一般来说,交错树的生长可采用搜索技术中的深探法,扫描完图中所有的边。另外,一个图的最大匹

配不是唯一的,它取决于按怎样的次序选择非渗透点作为交错树的根,以及在交错树的生长过程中对外点的选择次序和检测边的次序,但无论怎样选择,最终得到的匹配的边数总是相等的。

上面给出的求最大匹配的算法,其计算复杂度是多项式量级的,因而是有效算法。

*5.6 一般图的最大权匹配

这一节介绍由 Edmonds 和 Johnsom 于 1970 年提出的求解加权图 $G=(V,E)$ 的最大权匹配的一个算法。算法的思路与求最大匹配的一样,也是形成一棵交错树,从中寻找加权的 M 可增长路径,当相对于某个匹配加权可增长路径不存在时,则当前匹配即为最大权匹配。

由于最大权匹配是边权总和最大的匹配,有如下几种类型的加权 M 可增长路径。

定义 5.13 在一条 M 交错路径上:

①若路径的两端都是 M 非渗透点,且匹配边权值总和小于非匹配边的权值总和,则称此交错路径为强可增长路径。

②若匹配边数与非匹配边数相等,且匹配边权值总和小于非匹配边的权值总和,此交错路径或是偶圈,或是一端为 M 非渗透点的非封闭路径,则称它们为中性可增长路径。

③若非匹配边数少于匹配边数,且匹配边权值总和小于非匹配边权值总和,则称其为弱可增长路径。

定理 5.7 加权圈 G 的匹配 M 是最大匹配当且仅当 G 不含加权 M 可增长路径。

证 必要性 若图 G 含有加权 M 可增长路径 P,则可构造一新的匹配 $M'=M\triangle E(P)$,显然,M'是权比 M 大的匹配,因而与 M 是最大权匹配矛盾。

充分性 若 M 不是最大权匹配,设 M'是权比 M 大的一个匹配,即 $W(M')>W(M)$,令 $G'=G[G\triangle M']$,则 G'的任一顶点次数最多是 2,因此,G'的每个连通片或是一条 M 和 M'的边交替出现的路径或是偶圈,由于 $W(M')>W(M)$,故 G'中至少有一分支,其中 M'的边权之和超过 M 边权之和,这一分支就是加权 M 可增长路径。与 G 不含加权 M 可增长路径矛盾,证毕。

求最大权匹配的算法是应用线性规划中原始对偶松弛条件来设计求解图的最大权匹配的。

每个顶点 $v\in V(G)$ 对应一个对偶变量或顶点标号 $a_v\geqslant 0$。

每个花苞 B_m 对应一个对偶变量 $\gamma'_m\geqslant 0$。

对偶变量值的选取要求满足:

$$a_i+a_j+\sum_{v_i,v_j\in B_m}\gamma_m\geqslant w(v_i,v_j)\qquad (v_i,v_j)\in E(G)$$

由线性规划的原始对偶松弛条件可得如下最大权匹配的充要条件:

定理 5.8 匹配 M 是圈 G 的最大权匹配的充要条件是:

①对所有非渗透点 v 均有 $a_v=0$。

②对一切匹配边 (v_i,v_j) 有 $a_i+a_j+\sum\limits_{v_i,v_j\in B_m}\gamma_m=w(v_i,v_j)$。

③匹配边未达到最大的花苞 B_m 均有 $\gamma_m=0$。

本算法以此定理的结论为基础设计对偶变量值的调整方案。其基本思路为:从满足条件 $a_i+a_j+\sum\limits_{v_i,v_j\in B_m}\gamma_m=w(v_i,v_j)$ 的对偶变量及零匹配开始,以 $a_v>0$ 的非渗透点为根,在 $T_k=G[E_a]$

中生长交错树,其中,E_a 为满足 $a_i + a_j + \sum_{v_i, v_j \in B_m} \gamma_m = w(v_i, v_j)$ 的边构成的集合,交替树的生长过程,可能有以下 3 种结果:

①得到了一条 M 可增长路径。

②出现花苞。

③交错树不能再生长。

若情况①出现则得到了一条强可增长路径,匹配边数与相关权数增大,非渗透点得以渗透;若情况②出现,则收缩花苞,在此基础上继续生长交错树;若情况③出现,则需修正对偶变量值 a_i,使达到可以有新的边加到交错树上。迭代的最终结果或者使 $a_v = 0$,或者使 v 成匹配点。

下面介绍最大权匹配算法的算法步骤,其中用到的交错树生长的过程 MATG(G)与上节完全一样,在此从略。

(1)最大权匹配算法

①对所有 $v \in V(G_0)$,$a_v = \frac{1}{2}\max\{w(v_i, v_j) \mid (v_i, v_j) \in E(G)\}$,$\gamma_m = 0$,$i \leftarrow 0$

$$E* = \{(u,v) \mid a_H + A_D + \sum_{u,v \in B_m} \gamma_m = w(u,v)\}$$

G^* = 以 G^* 为边集的 G_0 的生成子图。

$\underline{C}$:②任选择使 $a_v > 0$ 且未检测的非渗透点 v,$S \leftarrow \{v\}$,$T \leftarrow \varnothing$;否则,没有未检测的且 $a_v > 0$ 的非渗透点,转 L。

$\underline{M}$:③(交错树生长)MATG(G')。

$\underline{B}$:④(存在花苞),$i \leftarrow i+1$,收缩花苞 B,得伪点 b_i,图 G_i 及匹配 M_i,$S \leftarrow S - V(B_i)$,$T \leftarrow T - V(B_i)$,$S \leftarrow S \cup \{b_i\}$,转 M。

$\underline{H}$:⑤(交错树生长终止)HUT。

$\underline{A}$:⑥(存在强可增长路径)由父子关系,匹配关系从 y 开始回溯直到树根 v,得到强可增长路径 P,$M_i \leftarrow M_i \triangle E(P)$,转 C。

$\underline{L}$:⑦(打开花苞)图从 $G_i \to G_{i-1} \to \cdots \to G_0$,即最后形成的伪点最先打开,在所得的奇圈中产生一个最大匹配。最后得到的匹配,即是 G_0 的最大权匹配。

(2)调整量 δ 的计算过程 DEV

①当花苞 B_i 收缩为伪点 b_i,且 $b_i \in T$,B_i 是最外层花苞时,取

$$\delta_1 = \frac{1}{2}\min_{B_i}\{\gamma\}$$

②对 $v \in S \cap V$,或 v 属于 S 中的伪点对应的花苞,取

$$\delta_2 = \min\{a_v\}$$

③对 $u \in D$,或 u 属于 S 中的伪点对应的花苞,$v \notin S \cup T$,以

$$\delta_3 = \min_{(u,v)}\{a_u + a_v - w(u,v)\}$$

④对 $u, v \in S$,或 u, v 分属于 S 中不同伪点对应的花苞时,取

$$\delta_4 = \frac{1}{2}\min_{(u,v)}\{a_u + a_v - w(u,v)\}$$

⑤取调整量

$$\delta = \min\{\delta_1, \delta_2, \delta_3, \delta_4\}$$

(3)对偶变量调整过程 DNC

①对所有外点 u(包括 S 中的伪点所对应的花苞中的点)

$$a_u \leftarrow a_u - \delta$$

②对所有内点 u(包括 T 中的伪点所对应的花苞中的点)

$$a_u \leftarrow a_u + \delta$$

③花苞 B_i 的伪点 $b_i \in S$ 时

$$\gamma_i \leftarrow \gamma_i + 2\delta$$

④花苞 B_i 的伪点 $b_i \in T$ 时

$$\gamma_i \leftarrow \gamma_i - 2\delta$$

(4)交错树生长终止的处理过程 HUT

①(调整量 δ 的计算)DEV

②(对偶变量 δ 的调整)DVC

③如果 $\delta = \delta_1$,则存在伪点 b_i 对应的 γ_i 为零,将 b_i 打开回复为原来的奇圈,并相应安排奇圈上的匹配边,转 M。

④如果 $\delta = \delta_2$ 且树根 v 的对偶变量 $a_v > 0$,则存在从树根到 $u(a_u = 0)$ 的一条中性可增长路径 P,$M_i \leftarrow M_i \triangle E(P)$。若 $a_v = 0$,转 C。

⑤如果 $\delta = \delta_3$ 或 $\delta = \delta_4$,则将确定 δ_3 或 δ_4 的边 (u,v) 加入 E^*,转 M。

算法说明:求 $G = (V,E)$ 的最大权匹配必须从匹配为空集开始,然后给定对偶变量 a_v 和 γ_i 的两个初值,每一顶点都有一个对偶变量,γ_i 是在发现花苞时出现的,它们的值在计算过程中得到调整。在算法进行中,将需要进行花苞的收缩或伪点的打开,一个花苞可能又包含多个花苞,算法对花苞的标记,那是对最外层花苞而言。

这一算法的时间复杂度也是多项式级的,为 $0(n^9)$。

例 5.7　求如图 5.35 所示加权图的最大权匹配。

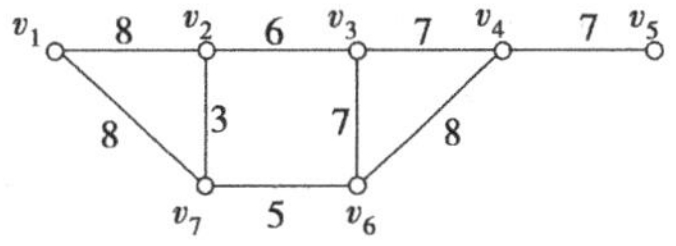

图 5.35

1) $a_v = \dfrac{1}{2}\max\{w_{ij}\} = 4$, $\gamma_m = 0$, $E^* = \{v_1v_2, v_1v_7, v_4v_6\}$, $M = \varnothing$。

2) 以 v_1 为根,在 $G^* = (V,E^*)$ 中生长交错树,$S = \{v_1\}$,$f(v_2) = v_1$,$T = \varnothing$,v_2 是非渗透点,得强可增长路径 P:v_1v_2,故

$$M_1 = \{v_1v_2\}$$

3) 以 v_7 为根,E^* 不变,在 G^* 中生长交错树得:$S = \{v_1, v_2\}$,$T = \{v_1\}$,$f(v_1) = v_7$,交错树生长终止,须修改对偶变量,先确定 δ 如下:

$$\delta_1 = \infty \text{(不存在收缩点)}$$

$$\delta_2 = \min\{a_7, a_2\} = 4$$

$$\delta_3 = \min\{a_6 + a_7 - 5, a_2 + a_3 - 6\} = 2$$

$$\delta_4 = \frac{1}{2}\min\{a_2 + a_7 - 3\} = 2.5$$

得

$$\delta = 2, a_7 = 4 - 2 = 2, a_2 = 4 - 2 = 2, a_1 = 4 + 2 = 6$$

其余不变。

修正后的 a_v 如下表:

a_1	a_2	a_3	a_4	a_5	a_6	a_7
6	2	4	4	4	4	2

因 $\delta=\delta_3$，将相应的边 v_2v_3 加入 E^* 得

$$E^*=\{v_1v_2,v_1v_7,v_4v_6,v_2v_3\}$$

交错树可在 $G^*=(V,E^*)$ 中继续生长，接上 $v_2\to v_3$，$f(v_3)=v_2$，因 v_3 是非渗透点，得强可增长路径 P：$v_7v_1v_2v_3$，从而扩大匹配

$$M_1=\{v_1v_7,v_2v_3\}$$

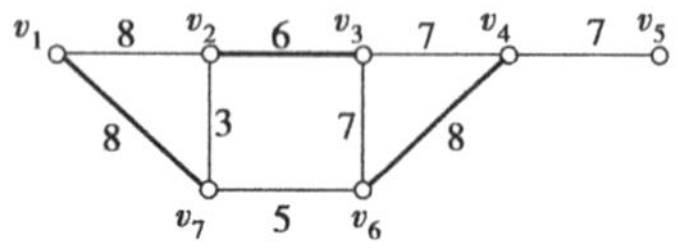

图 5.36

4）以 v_6 为根，$S=\{v_6\}$，$T=\varnothing$，$f(v_4)=v_6$，v_4 是非渗透点，可扩大匹配，$M_1=\{v_1v_7,v_2v_3,v_4v_6\}$，如图 5.36 所示的粗线。

5）以 v_5 为根，$S=\{v_5\}$，$T=\varnothing$，交错树生长终止，调整对偶变量。

$\delta_1=\infty$

$\delta_2=a_5=4$

$\delta_2=\{a_4+a_5-7\}=1$

$\delta_4=\infty$（符合条件的$(v_i,v_j)=\varnothing$）

$\delta_1=1,a_5=4-1=3$

其余对偶变量不变。

因 $\delta=\delta_3$，将相应的边 v_5v_4 加入 E^*，得

$$E^*=\{v_1v_2,v_1v_7,v_4v_6,v_2v_3,v_4v_5\}$$

交错树可在 $G^*=(V,E^*)$ 中继续生长：$v_5\to v_4\to v_6$，$S=\{v_5,v_6\}$，$f(v_4)=v_5$，$T=\{v_4\}$，交错树生长停止，调整对偶变量。

$\delta_1=\infty$

$\delta_2=\min\{a_5,a_6\}=\min\{3,4\}=3$

$\delta_3=\min\{a_3+a_6-6,a_6+a_7-5\}=\min(4+4-6,4+2-5)=1$

$\delta_4=\infty$

$\delta=1,a_5=3-1=2,a_6=4-1=3,a_4=4+1=5$

得调整了的 a_v 值如下表：

a_1	a_2	a_3	a_4	a_5	a_6	a_7
6	2	4	5	2	3	2

因 $\delta=\delta_3$，将相应的边 v_6v_7 加入 E^* 得

$$E^*=\{v_1v_2,v_1v_7,v_4v_6,v_2v_3,v_4v_5,v_6v_7\}$$

交错树可在 $G^*=(V,E^*)$ 中继续生长，接上，$v_6\to v_7\to v_1\to v_2\to v_3$

$$S=\{v_5,v_6,v_1,v_2\},f(v_7)=v_6,f(v_2)=v_1,T=\{v_4,v_7,v_2\}$$

交错树生长终止，调整对偶变量值：

$\delta_1=\infty$

$\delta_2 = \min\{a_5, a_6, a_1, a_3\} = 2$

$\delta_3 = \infty$（不存在未标记顶点）

$\delta_4 = \frac{1}{2}\min\{a_6 + a_3 - 6\} = \frac{1}{2} = 0.5$

$\delta = 0.5$

修正后的 a_v 如下表：

a_1	a_2	a_3	a_4	a_5	a_6	a_7
5.5	2.5	3.5	5.5	1.5	2.5	2.5

因 $\delta = \delta_4$，从而将相应的边 v_3v_6 加入 E^*，得

$$E^* = \{v_1v_2, v_1v_7, v_4v_6, v_2v_3, v_4v_5, v_6v_7, v_3v_6\}$$

继续在 $G^* = (V, E^*)$ 中生长交错树，v_3 与 v_6 这两个外点相邻，出现花苞 $B_1 = \{v_3, v_2, v_1, v_7, v_6\}$，收缩 B_1，记伪点 b_1，如图 5.37 所示。现在 $S = \{v_5, b_1\}$，$T = \{v_4\}$，交错树生长终止，调整对偶变量值：

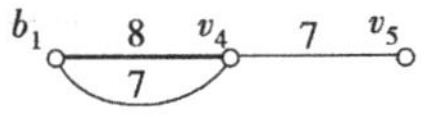

图 5.37

$\delta_1 = \infty$（不存在经收缩的内点）

$\delta_2 = \min\{1.5, 3.5, 2.5, 5.5, 2.7, 2.5\} = 1.5$

$\delta_3 = \infty$（符合条件的边不存在）

$\delta_4 = \infty$（不存在符合条件的边）

$\delta = 1.5$

用 δ 调整 a_v，得下表：

a_1	a_2	a_3	a_4	a_5	a_6	a_7
4	1	2	7	0	1	1

$$\gamma_1 = 0 + 2\delta = 3$$

因 $a_5 = 0$，不存在以 v_5 为起点的中性可增长路径。

6）在图 5.37 中，不存在 $a_v > 0$ 的未检测的非渗透点，转 L。

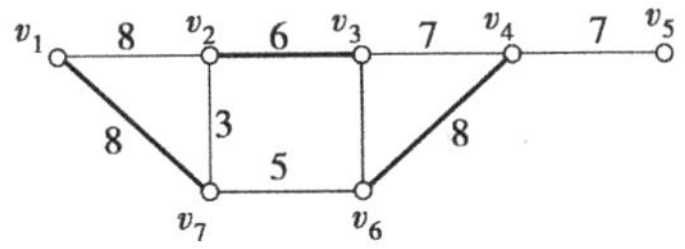

图 5.38

7）打开花苞 $B_1 = \{v_3, v_2, v_1, v_7, v_6\}$，因 v_4v_6 是匹配边，故取 v_2v_3, v_1v_7 为匹配边

$$M^* = \{v_2v_3, v_1v_7, v_4v_6\}$$

如图 5.38 所示的粗线。

总权数

$$W(M^*) = 8 + 8 + 6 = 22$$

M^* 即为最大权匹配。

将最终的 a_v 值与 γ_i 值，以及匹配边相对应的权值代入定理 5.8 的 3 个条件验证确定满足，据此可检验解确为最优。

例 5.8　求如图 5.39 所示的加权图的最大权匹配。

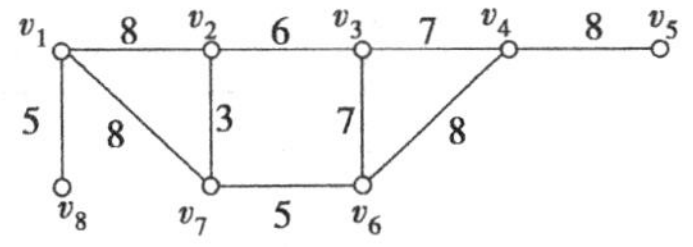

图 5.39

1）$a_v = 4$，$E^* = \{v_1v_2, v_1v_7, v_6v_4, v_4v_5\}$，$M_1 = \varnothing$。

2)以 v_1 为根,在 $G^*=(V,E^*)$ 中生长交错树,$S=\{v_1\}$,$T=\varnothing$,$f(v_2)=v_1$,因 v_2 为非渗透点,M_1 可扩大,$M_1=\{v_1v_2\}$。

3)以 v_7 为根,E^*,G^* 不变,在 G^* 中生长交错树,$v_7\to v_1\to v_2$ 得:$S=\{v_7,v_2\}$。$f(v_1)=v_7$,$T=\{v_1\}$,交错树生长终止,修正对偶变量值:

$\delta_1=\infty$(没有经收缩的内点)

$\delta_2=\min\{a_7,a_2\}=4$

$\delta_3=\min\{a_7+a_6-w_{67},a_2+a_3-w_{23}\}=2$

$\delta_4=\frac{1}{2}\min\{a_2+a_7-w_{27}\}=2.5$

则 $\delta=\min\{\delta_1,\delta_2,\delta_3,\delta_4\}=2$

故 $a_2=4-2,a_7=4-2,a_1=4+2$

其余对偶变量不变,将它们列于下表:

a_1	a_2	a_3	a_4	a_5	a_6	a_7	a_8
6	2	4	4	4	4	2	4

因 $\delta=\delta_3$,将相应的边 v_2v_3 加入 E^* 得

$$E^*=\{v_1v_2,v_1v_7,v_6v_4,v_4v_5,v_2v_3\}$$

交错树可继续在 $G^*=(V,E^*)$ 中生长,接上 $v_2\to v_3$,$f(v_3)=v_2$,v_3 为未渗透点,可得从树根 v_7 到 v_3 的强可增长路径 P:$v_7v_1v_2v_3$,因此,扩大匹配得

$$M_1=\{v_1v_7,v_2v_3\}$$

4)以 v_4 为根,v_6 为非渗透点,$v_4\to v_6$,$S=\{v_4\}$,$f(v_6)=v_4$,$T=\varnothing$,得

$$M_1=\{v_1v_7,v_2v_3,v_4v_6\}$$

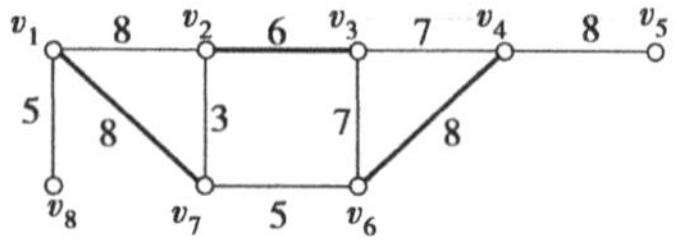

图 5.40

如图 5.40 所示的粗线。

5)以 v_5 为根,在 G^* 中生长交错树 $v_5\to v_4\to v_6$,$S=\{v_5,v_6\}$,$f(v_4)=v_5$,$T=\{v_4\}$,交错树生长终止。需修正对偶变量值:

$\delta_1=\infty$(没有收缩点)

$\delta_2=\min\{a_5,a_6\}=\min\{4,4\}=4$

$\delta_3=\min\{a_6+a_7-w(v_6,v_7),a_6+a_3-w(v_3,v_6)\}=\min\{4+2-5,4+4-7\}=1$

$\delta_4=\infty$(没有满足条件的边)

$\delta=\delta_3=1$

因此改变 S,T 中的顶点的对偶变量值。

$$a_5=4-1=3,\quad a_6=4-1=3,\quad a_4=4+1=5$$

其余的对偶变量不变,将 a_v 的值列于下表:

a_1	a_2	a_3	a_4	a_5	a_6	a_7	a_8
6	2	4	5	3	3	2	4

因 $\delta=\delta_3$,将相应的边 v_3v_6 加入 E^* 得

$$E^* = \{v_1v_2, v_1v_7, v_6v_4, v_4v_5, v_2v_3, v_6v_7, v_6v_3\}$$

交错树可在 G^* 中继续生长，接上，$v_6 \to v_7 \to v_1 \to v_2 \to v_3 \to v_6$，$S = \{v_5, v_6, v_1, v_3\}$，$f(v_7) = v_6$，$f(v_2) = v_1$，$T = \{v_4, v_7, v_2\}$，$v_3$ 与 v_4 两个外点相邻，得到花苞 $B_1 = \{v_6, v_7, v_1, v_2, v_3\}$，收缩花苞 B_1，记伪点为 b_1（见图5.41），$S = \{v_5, b_1\}$，$T = \{v_4\}$，交错树生长停止，修改对偶变量值：

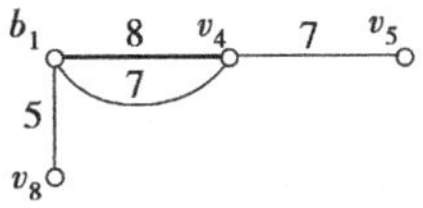

图5.41

$\delta_1 = \infty$（没有收缩为内点的伪点）

$\delta_2 = \min\{a_5, a_6, a_7, a, a_2, a_3\} = 2$

$\delta_3 = \min\{a_8 + a_1 - w(v_8, v_1)\} = 4 + 6 - 5 = 5$

$\delta_4 = \infty$（没有满足条件的边）

$\delta = \delta_2 = 2$

将 S，T 及 B_1 中的点的对偶变量修改得下表：

a_1	a_2	a_3	a_4	a_5	a_6	a_7	a_8
4	0	2	7	1	1	0	4

因 $\delta = \delta_2$，且树根 v_5 的对偶变量 $a_5 \neq 0$，则存在从 v_5 到 a_v 为0的顶点的中性增长路径 P：$v_5v_4b_1$，因此将 P 中匹配边与非匹配边交换得：$M_1 = \{v_4v_5\}$

6）以 v_8 为根在 G^* 中生长交错树，$S = \{V_8\}$，$T = \varnothing$，交错树生长终止，修改对偶变量值：

$\delta_1 = \infty$（没有为内点的收缩点）

$\delta_2 = \min\{a_8\} = 4$

$\delta_3 = \min\{a_8 + a_1 - 5\} = \min\{4 + 4 - 5\} = 3$

$\delta_4 = \infty$（没有满足条件的边）

$\delta = \delta_2 = 3$，$a_8 = 4 - 3 = 1$

其余的对偶变量均不变，将 v_1v_8 加入 E^* 得

$$E^* = \{v_1v_2, v_1v_7, v_6v_4, v_4v_5, v_2v_3, v_6v_7, v_6v_3\}$$

继续生长交错树，$v_8 \to b_1$，$f(b_1) = v_8$，b_1 是非渗透点，因此

$$M_1 = \{v_4v_5, v_8b_1\}$$

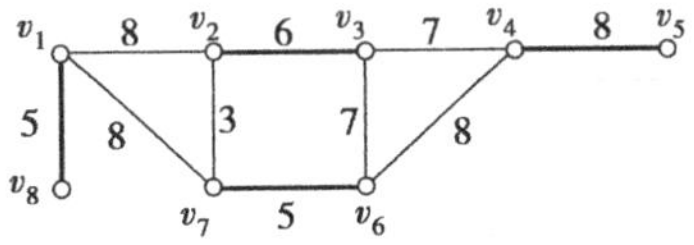

图5.42

7）所有未渗点都已检测，转 L。

8）打开花苞 $B_1 = \{v_6, v_7, v_1, v_2, v_3\}$，因 v_1v_8 是匹配边，故取 B_1 内的匹配边为：v_2v_3，v_6v_7，得 M^* 为

$$M^* = \{v_4v_5, v_1v_8, v_2v_3, v_6v_7\}$$

如图5.42所示的粗线的，因图中无收缩点，得现有匹配为最大匹配。其总权数为

$$W(M^*) = 8 + 5 + 6 + 5 = 24$$

5.7　匹配的应用

匹配可用于各种分配问题，如任务分配、工作分配，机器分配等以及一些配对的问题。匹配的算法在中国邮递员问题的求解中也会用到。下面列举一些应用实例。

5.7.1 飞行员配对

在第二次世界大战时,许多飞行员从沦陷国征募来到英国加入英国皇家空军。由皇家空军送出的每一架飞机上都需要配备有在航行与语言技能上互相搭配的两名飞行员。皇家空军希望同时送出尽可能多的飞机。

此问题可转化为最大匹配问题。

构造一个图,图中每一顶点代表皇家空军飞行员。两顶点连边当且仅当对应的飞行员满足要求。这个图的任何一个匹配就表示一种搭配方式。因此,要使送出尽可能多的飞机,只需求出图中具有最多边数(等于飞机数)的匹配,即求出图的最大匹配。

5.7.2 卖房计划

某房地产公司的经营业务是代客买卖房屋,现有一批房子需要出售,该公司掌握了房屋需求者的有关资料,每一个买主需要哪一类房子,他们愿意出多少钱买房,每达成一笔交易,该公司可以提取原价5%的手续费,如何计划这批房屋的推销方案,使总收入达到最大?

每一名买主和每一套房子各用一个顶点表示,连接买主与房子之间的边为买房的需求,边所赋予的权为该买主可能成交的买价,则每一条边代表一笔可能的交易。在这样的网络图中,求最大权匹配则可达到该公司最大收入。

5.7.3 公共汽车司机与售票员上岗安排

设某公共汽车公司有若干公共汽车,每个车都有各自的运行计划,即换班的时刻与位置的计划。

如图5.43所示,1号车在 T_1 时刻从 L_1 位置出发,在 T_2 时刻到达 L_2 位置,T_3 时刻到达 L_3 位置,T_4 时刻车位于 L_4 位置。2号车的运行计划可能不同。一个上岗组(司机与售票员),在车上工作的一个连续时段称为一个班,如:一个班一般可能是4h,对于一个当班组来说,每上一个班有一段休息或吃饭时间,但车不休息,车子继续由另一组来服务。一个组一天最多做两个班,称为一轮。问如何合理安排上岗任务。

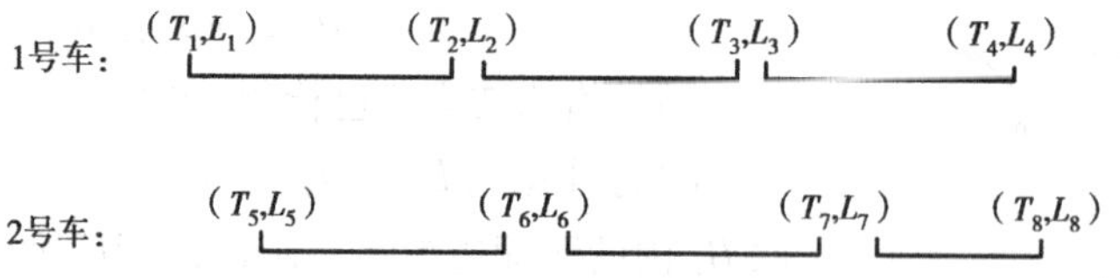

图5.43

考虑3辆车有如图5.44所示的行车计划。

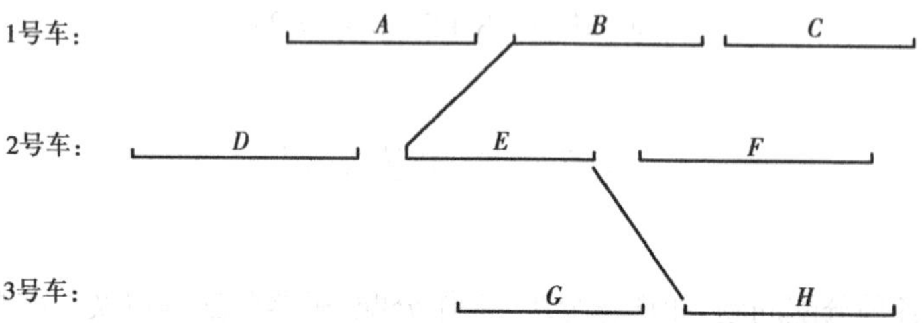

图5.44

现可构造一个图,顶点代表班 $A,B,C\cdots,H$,满足约束的班之间连边。如 A 可以与 C,F,H 连边,因做了 A 班的一个组,去做 C,F,H 是可行的(任何相继的班必须在一定时间之后),但做了 A 班的组便不能去 G 班,因缺乏时间,图 5.44 对应的可行图如图 5.45 所示。可求出可行图的最大匹配,同一组就可担任配对的两班,图 5.44 的行车计划由 4 个组便可完成,(A,F),(C,E),(H,B),(D,G) 分别由这 4 个组担任。

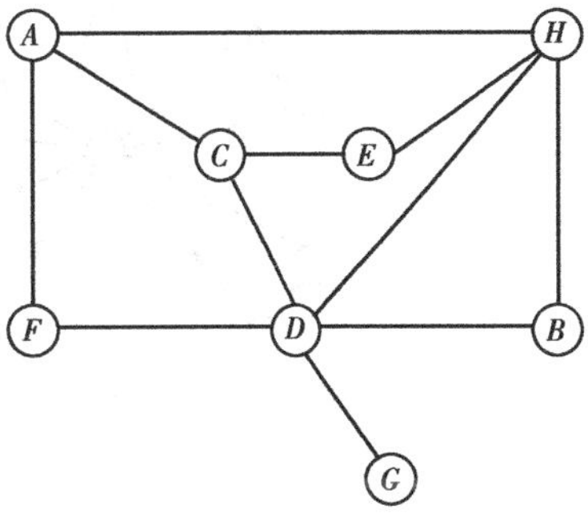

图 5.45

5.7.4　车辆调查

某车队有 n 辆车,它们存放在不同的地点,队长要派出其中 m 辆到 m 个不同的工地去运货,各车辆从存放处调到装货地点所需的费用已知,问应选那 m 辆车调到何处去运货,才能使各车从车所在地点调到装货地点所需的总费用最少?

用 n 个点代表 n 辆车,m 个点代表 m 个工地,作一个完备二部图 $K_{n,m}$,车与工地之间的边权为所需的费用,问题便成为求最小权的完全匹配问题。可用一个比所有费用大的数 max 减各个费用来替换原费用,可转化为求最大权的完全匹配问题,然后通过添加虚拟点,虚拟边变成齐次完备二部图 $K_{n,m}$,虚拟边赋权为 0,可用 Kuhn-munkres 算法求解。

5.7.5　篮球运动会的比赛安排

某个篮球比赛共有 10 个队,采用主、客场赛制,即每个队与其他各队打两场,分别是主场与客场,因此,共有 90 场比赛。设一个队在一个周末最多打两场比赛。寻求使所有队的总行程最小的比赛安排。

设 10 个队 $A,B,C,D,\cdots,J$ 分成每两个一组,共 5 组,如分成$\{A,B\}$,$\{C,E\}$,$\{D,H\}$,$\{F,J\}$,$\{G,I\}$。考虑如下安排策略,在一个周末的计划可以是:A 队先到 C 去,与 C 队打一场比赛,再从 C 到 E,去与 E 队打一场比赛,然后返回 A;B 队先到 E 去,与 E 队打一场比赛,再从 E 到 C,去与 C 队打一场比赛,然后返回 B;D 队先到 F 去,与 F 队打一场比赛。再从 F 到 J,去与 J 队打一场比赛,然后返回 D;H 队先到 J 去,与 J 队打一场比赛,再从 J 到 F,去与 F 队打一场比赛,然后返回 H;G 队先到 I 去,与 I 队打一场比赛,再从 I 返回 G;I 队先在 I 与 G 打一场比赛,再到 G 去,与 G 队打一场比赛,然后从 G 返回 I。因此,一个周末共进行 10 次比赛,共需 9 个周末。对其他周末的计划可类似地构造组的其他组合形式来安排。

对这样的安排分析一下一个队的行程如 A 队,其行程如图 5.46(a)所示,要与其余 9 个队分别进行主、客两场比赛,共需打 18 场。但只有客场才需要出行,则在每个周末的计划是打两场,如在一个周末 A 队到 C 队,与 C 队打一场比赛;再从 C 到 E,去与 E 队打一场比赛,然后返回 A。其行桯为

$$d(A,C)+d(C,E)+d(E,A)$$

A 队的所有 9 个客场赛,共需 5 个周末。对 C 队来说,其行程类似,如图 5.46(b)所示。每个队都必须到其余各队所在地一次,这个行程是固定的,不受分组的影响,但同一周末相继两对手间的距离将随配对的不同而变化。因此,使 A 队的总行程最短,只需使:

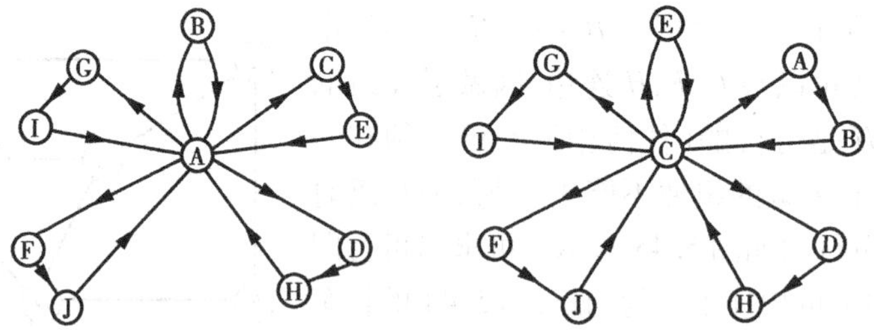

(a) (b)

图 5.46

$$d(A,B)+d(D,H)+d(C,E)+d(F,J)+d(I,G)$$

最小。对其他队也一样。

问题转化为在 K_{10} 这个加权完备图中求最小权的理想匹配的问题,修改权之后,可用 Edmonds 与 Johnson 的算法求解。

习题 5

1. 证明 K 维超立方体有理想匹配。

2. 求 K_{2n} 和 $K_{n,n}$ 中不同的理想匹配的个数。

3. 对于 $k>1$,给出没有理想匹配的 k 次正则图的例子。

4. 两人在图 G 上博弈:交替选不同的顶点 $v_0,v_1,v_2,\cdots$,使得 $i>0$ 时,v_i 与 v_{i-1} 相邻,直到不能选到顶点为止,谁最后选得一顶点谁赢。证明:第一个选顶点人有必胜策略的充要条件是 G 中无理想匹配,并叙述一个必胜策略。

5. 证明树最多有一个理想匹配。

6. G 的一个 k 次因子是指 G 的一个 k 次正则生成子图。G 的 k 次因子分解是指把 G 表成无公共边的 k 次因子之并,即 $G=\bigcup_{i=1}^{n} H_i$,其中 $H_i,1\leqslant i\leqslant n$ 是 G 的 k 次因子。证明:

①$K_{n,n}$ 与 K_{2n} 是可 1 次因子分解的。

②Petersen 图(见图 5.47)是不可一次因子分解的。

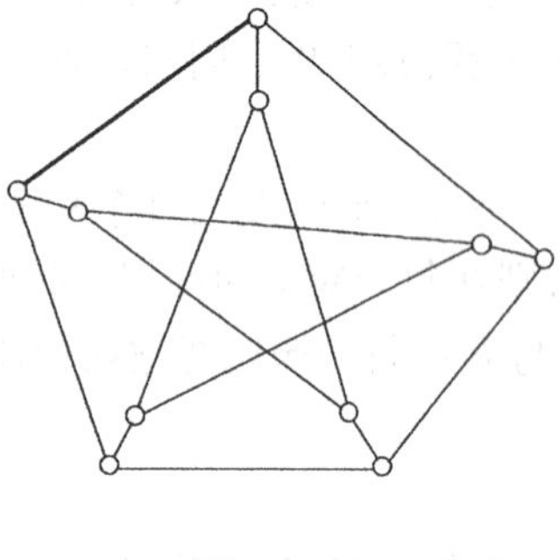
图 5.47

7. $K_{2n+1}(n\geqslant1)$ 可表示为 n 个连通的 2 次因子之并。

8. 证明:二部图有理想匹配的充要条件是对任何 $S\subseteq V$,都有 $|N(S)|\geqslant|s|$。并问这一命题对一般图是否成立?

9. 对于 $k>0$,证明:

①每个 k 次正则二部图是可以一次因子分解的。

②每个 $2k$ 次正则图是可以二次因子分解的。

10. 矩阵的一行或一列称为矩阵的一条线,证明:0—1 矩阵中含矩阵的所有 1 的线集合的最小阶数等于没有两个在同一线上的 1 的最大个数。

11. $A=(a_{ij})_{m\times n},a_{ij}\in\{0,1\},m\leqslant n$,且矩阵 A 的每一行都有 k 个 1,而每一列中 1 的个数不超过 k 个,则 $A=P_1+P_2+\cdots+P_k$,其中 P_i 也是 $m\times n$ 的 0—1 矩阵,每行恰有 1 个 1,每列中 1 个数

不超过 1 个。

12. G 是顶点集划分为 X 与 Y 的二部图，则 G 的最大匹配的边数等于

$$|X| - \max_{S \subseteq X}\{|S| - |N(s)|, 0\}$$

13. 树 G 有理想匹配的充要条件是：对于每个顶点 $v \in V(G)$ 都有：$0(G-v)=1$。

14. 证明：若 G 是 $|V|$ 为偶数的 $(k-1)$—边连通图和 k—正则图，则 G 有理想匹配。

15. 由 König 定理推导出 Hall 定理。

16. 由 Tutte 定理推导出 Hall 定理。

17. 甲、乙两人玩"捉乌龟"游戏，先将 54 张扑克牌藏起 1 张，于是剩下的有 1 张没有对子，它叫做"乌龟"，再将牌分给两人，每人手中的对子都出来，你能否判断"乌龟"在谁手中？为什么？

18. 出席某次国际学术报告的 6 个成员，a,b,c,d,e,f，他们的情况是：

a：会讲汉语、法语和日语；

b：会讲德语、日语和俄语；

c：会讲英语和法语；

d：会讲汉语和西班牙语；

e：会讲英语和德语；

f：会讲俄语和西班牙语。

欲将此 6 人分为每两人一组，使同一组的人能交谈，是否可行？为什么？

19. 有 4 名教师：张明、王同、李林和赵丽，欲分派他们去教 4 门课：数学、物理、电工和图论，已知这 4 位教师的情况是：

张明：能教物理和电工；

王同：能教数学和图论；

李林：能教数学、物理和电工；

赵丽：能教电工。

问应如何分派他们的工作？

20. 一次舞会，共有 n 个男士和 n 个女士参加，已知每个男士至少认识两个女士，而每个女士最多认识两个男士，问能否把男士和女士正好分成 n 对使每一对男女都彼此认识？

21. 某杂志公布了 7 个征求答案的题目，当从读者寄来的解答中挑选每道题的两个解答准备下期发表时，编辑发现所有 14 个挑选出来的解答恰好是 7 个读者提出的，而且他们每个人正好提供了两个答案。试证明：编辑可以怎样发表每道题的解答，使得在发表的解答中，这 7 个读者中的每一个人都有一个解答。

22. a,b,c,d,e,f 这 6 个人组成一个小组检查 5 个单位的工作，若某单位和 b,c,d 3 人有过工作联系，则用 $\{b,c,d\}$ 表示，其余 4 个单位分别是 $\{d,e,f\}$，$\{a,b,e,f\}$，$\{a,b,d,f\}$，$\{a,b,c\}$，若到一单位检查工作的人，必须是与该单位没发生过联系的人，问应如何安排？

23. 已知用 x_1,x_2,x_3,x_4 4 种原料制造 y_1,y_2,y_3,y_4 4 种产品的成本如下面矩阵所示，问采用哪种方案可使成本最低？（假定用原料制作某种产品就不能再用来制作其他产品）

$$E = \begin{array}{c} \\ x_1 \\ x_2 \\ x_3 \\ x_4 \end{array} \begin{array}{c} \begin{array}{cccc} y_1 & y_2 & y_3 & y_4 \end{array} \\ \begin{bmatrix} 99 & 6 & 59 & 73 \\ 79 & 15 & 93 & 87 \\ 67 & 93 & 13 & 81 \\ 16 & 79 & 66 & 26 \end{bmatrix} \end{array}$$

24. $\{ace, bc, dab, db, be\}$ 这组信息是否可以分别把每个字用它的一个字母来代替，加以简化？若能，给出简化结果。

25. 从 54 格棋盘上选 15 个格，使每行每列含其中两个格，求证可以把 16 个棋子（8 个白子 8 个黑子）放在所选的格子上，使每行每列恰有一个白子一个黑子。

26. 外贸交易会议准备安排各类专业谈判，已知现有翻译人员语种和专业情况见表 1，仅当翻译人员的语种和专业都对口时谈判方能顺利进行，如何安排才能使同时展开的谈判小组数最多？

表 1

语种 / 专业	*A*	*B*	*C*	*D*	*E*
Ⅰ	√		√		√
Ⅱ	√	√	√		√
Ⅲ				√	
Ⅴ					√

27. 有 4 种不同规格的产品要分配在 4 台不同性能的机床上同时加工，由于产品的规格不同和机床的性能各异，因此，每一件产品在不同机床上加工的工时定额也不同，其工时定额列于表 2，问应如何合理分配加工任务，使总的加工时间最省？

表 2

产品 / 机床	1	2	3	4
1	7	50	16	1
2	20	13	40	35
3	21	16	25	42
4	48	27	43	16

28. 有一车队有 8 辆车，这 8 辆车存放在不同的地点，队长要派出其中 5 辆到 5 个不同的工地去运货，各车从存放处调到装货地点所需费用列于表 3，问应选那 5 辆车调到何处去运货，才能使各车从车所在地点调到装货地点所需的总费用为最少？

表 3

装货地点 \ 语种	1	2	3	4	5	6	7	8
1	30	25	18	32	27	19	22	26
2	29	31	19	18	21	20	30	19
3	28	29	30	19	19	22	23	26
4	29	30	19	24	25	19	18	21
5	21	20	18	17	16	14	16	18

29. 联合国发起姐妹城市活动，城市双双地配对进行文化交流活动，今有 10 个新的城市申请参加，试求这些城市双双配对的最好方案以便所有姐妹城市之间的距离总和为最短，城市之间的距离如表 4 所示。

表 4

从城市 \ 至城市	1	2	3	4	5	6	7	8	9	10
1	0	80	70	79	60	45	90	110	85	155
2		0	75	95	90	80	90	160	70	45
3			0	65	70	60	100	80	80	35
4				0	80	80	70	170	200	250
5					0	110	170	190	270	300
6						0	100	150	110	200
7							0	75	95	100
8								0	90	100
9									0	50

30. 求如图 5.48 所示的加权图的最大权匹配。

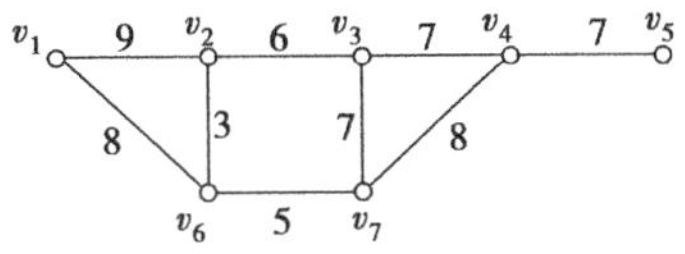

图 5.48

第6章 行遍性问题

本章主要讨论图的可行遍性。一般有两种可行遍性:一种是行遍所有的边,另一种是行遍图的所有顶点。由此引出两种特殊形式的图:欧拉图和哈米尔顿图,简称 E 图和 H 图。

6.1 欧拉图

本节把七桥问题引出的图论问题系统地进行介绍。

定义 6.1 设 $G=(V,E)$ 是连通无向图。

①巡回:经过 G 的每边至少一次的闭通路称为巡回。

②欧拉巡回:经过 G 的每边正好一次的巡回称为欧拉巡回。

③欧拉图:存在欧拉巡回的图称为欧拉图或 E 图。

④欧拉道路:经过 G 的每边正好一次的道路称为欧拉道路。

例如,在图 6.1 中,闭通路 $v_1e_1v_2e_2v_3e_4v_1e_5v_4e_3v_3e_4v_1$ 经过了图中所有边,是一个巡回,但不欧拉巡回,其中有的边不止出现一次。

又如,在图 6.2 中,闭通路 $v_1e_1v_2e_3v_4e_5v_1e_4v_3e_3v_4e_6v_1$ 是一欧拉巡回,因此,此图是一欧拉图。

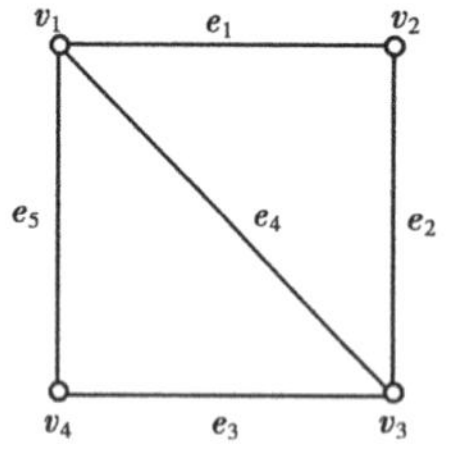

图 6.1

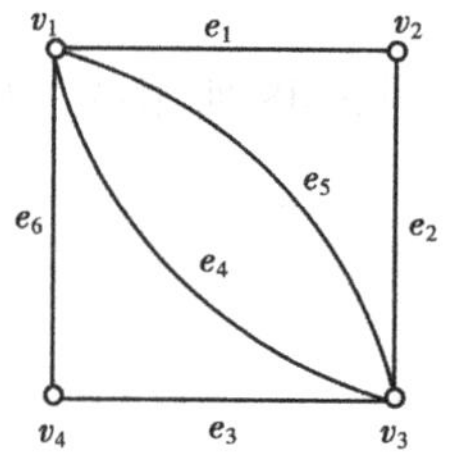

图 6.2

定理 6.1 G 是非空连通图,下列命题等价:

①G 是欧拉图。

②G 无奇次顶点。

③$G=\bigcup_{i=1}^{d} C_i$，C_i 是圈，且 $E(C_i)\cap E(C_j)=\varnothing\ (i\neq j)$。

证　①⇒②　已知 G 是欧拉图，设 W 是 G 中的欧拉巡回，$\forall\ v\in V(G)$，则 v 必在 W 上出现，设 v 出现了 k 次，则显然 $d(v)=2k$，即 v 是偶次的，由 v 之任意性，②成立。

②⇒③　已知 G 无奇次顶点，因 G 是非空连通图，故 $\delta(G)\geqslant 2$，从而 G 必定含有圈 C_1，令 $G_1=G-E(C_1)$，则 G_1 仍无奇次顶点，若 G_1 已无边，则 $G=C_1$，③成立，否则 G_1 中必有连通片无奇次顶点，于是 G_1 中有圈 C_2，把 C_2 的边从 G_1 中删除，得一新图 G_2，依次类推，进行有限次之后，得到无边图 G_d，于是 $G=\bigcup_{i=1}^{d} C_i$，C_i 是 G 中之圈，且 $E(C_i)\cap E(C_j)=\varnothing$，$i\neq j, 1\leqslant i,j\leqslant d$。

③⇒①　$d=1$ 时，G 显然是欧拉图，$d\geqslant 2$ 时，由于 G 连通，有圈 C_2 至少与 C_1 有一个公共顶点 v_1，则 $C_1\cup C_2$ 的是闭道路，因从 v_1 出发行遍 C_1 回到 v_1，再从 v_1 行遍 C_2 回到 v_1，是 $C_1\cup C_2$ 的一欧拉巡回。这时若 $G=C_1\cup C_2$，则 G 是欧拉图，否则，令 $C_{12}=C_1\cup C_2$，有 C_3 与 C_{12} 至少有一个公共顶点，于是 $C_{123}=\bigcup_{i=1}^{3} C_i$ 也是闭道路，如此下去，得证 $G=\bigcup_{i=1}^{3} C_i$ 是闭道路，故 G 是欧拉图，证毕。

推论 6.1　设 G 是非平凡连通图。G 有欧拉道路的充要条件是 G 最多只有两个奇次顶点。

证　必要性　设 G 有欧拉道路 $P=v_0e_1v_1e_2v_2\cdots e_xv_x$，则此道路中，除起点与终点外，都是偶次顶点，故奇次顶点最多只有两个。

充分性　若 G 中无奇次顶点，由定理 6.1 知，G 有一条闭欧拉道路，若 G 有奇次顶点，则正好两个奇次顶点 u 和 v，则 $G+e(e=uv)$ 无奇次顶点，$G+e$ 有一条欧拉巡回 $C=ueve_1v_1\cdots e_\varepsilon u$，于是 $C-e=ve_1v_1\cdots e_\varepsilon u$ 是 G 中的一条欧拉道路，证毕。

推论 6.1 为判别图形能否"一笔画"给出了依据。

例 6.1　在图 6.3 中，哪一些可以"一笔画"？

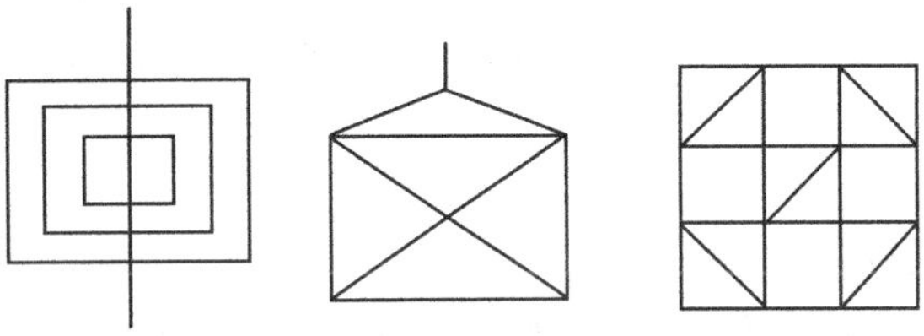

(a)　(b)　(c)

图 6.3

图 6.3(a) 与图 6.3(c) 可以，图 6.3(b) 不可以。因为图 6.3(a) 中只有两个奇次顶点，竖线的两个端点；图 6.3(c) 中只有两个奇次顶点，中间小正方形上的两个 5 次顶点；图 6.3(b) 上方三角形一个顶点和下方矩形的下底边的两个顶点为 3 次顶点，最上方还有一个一次顶点。

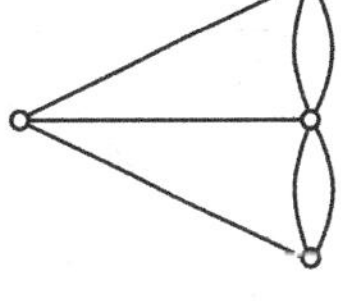

图 6.4

第 1 章介绍的七桥问题无解，表示七桥问题的图如图 6.4 所示，其中有奇次顶点，不是欧拉图，不会有欧拉巡回，即不会每桥(边)恰行一次而回到出发点，甚至，因它有 4 个奇次顶点，亦无欧拉道路，即使不要求回到出发点，每桥(边)恰过一次也不可能。

例 6.2　在圆上任取 $n>2$ 个点，把每个点用线段与其余各点连接，能否一笔画出所有这些线段，使第一条线段的终点与第二条线段的起点相重，第二条线段的终点与第三条线段的起点相重，……，最后一条线段的终点与最初那条线段的起点重合？

以这 n 个点为顶点，以所连接线段为边，构成一个连通图：当 n 为奇数时，G 的每个顶点都是偶次，由定理 6.1 知，答案是肯定的；当 n 为偶数时，G 的每个顶点皆奇次，由定理 6.1 知，答案是否定的。

6.2 中国邮递员问题

一位邮递员从邮局选好邮件去投递，然后回到邮局，当然他必须经过他所管辖的每条街至少一次，然后，返回邮局，选择一条行程最短的路线。

这就是中国邮递员问题的原始模型，是我国管梅谷教授首先提出并进行研究的。它具有普遍意义，如公安执勤人员执行巡逻任务、企业的巡回检测、街道清扫、街道除雪等都存在如何选择最短巡回路线的问题。

如果把投递区的街道用边表示，街道长度用边权表示，邮局，街道交叉口用点表示，则一个投递区构成一个加权连通无向图，中国邮递员问题便可转化为下面的图论问题。

在一个非负加权连通图中，寻求一条权最小的巡回，这样的巡回称为最佳巡回。下面分 3 种情况进行讨论。

6.2.1 G 是欧拉图

此时 G 的欧拉巡回便是最佳巡回。下面介绍求欧拉图中欧拉巡回的两种方法：Fleury 算法和 Hierholzer 算法。

先看 Fleury 算法，其基本思想是：从任一点出发，每当访问一条边时，先要进行检查，如果可供访问的边不止一条，则应选一条不是未访问边的导出子图的割边作为访问边，直到没有边可选择为止。

Fleury 算法步骤：

① $\forall\ v_0 \in V(G)$，令 $w_0 = v_0$。

②若 $w_i - v_0e_1v_1e_2 \cdots e_iv_i$ 已选定，则从 $E-\{e_1,e_2,\ \cdots,e_i\}$ 中选一条边 e_{i+1} 使：

a. e_{i+1} 与 v_i 相关联。

b. 除非不能选择，否则一定要使 e_{i+1} 不是 $G_i = G[E-\{e_1,e_2,\ \cdots,e_i\}]$ 的割边。

③第②步不能执行时停止。

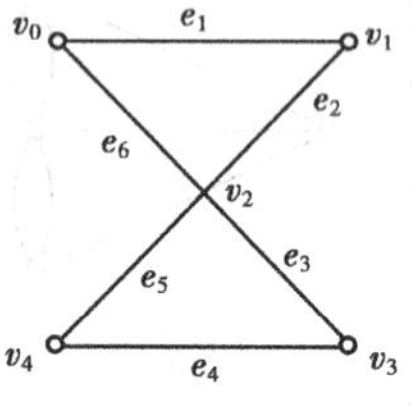

图 6.5

如图 6.5 所示的欧拉图，从 v_0 出发访问了 e_6 而达到 v_2 点，这时下一步访问的边还有 3 条可供选择，即 e_2,e_3,e_5，对未访问过的边构成的子图来说，e_2 是割边，e_3,e_5 不是割边，如选择 e_2，必然破坏子图的连通性而不能遍历图，因此不能选择 e_2，应选 e_3 或 e_5，继续访问可得 $v_0e_6v_2e_3v_3e_4v_4e_5v_2e_2v_1e_1v_0$。

下面证明 Fleury 算法确实能得到欧拉图的欧拉巡回。

定理 6.2 若 G 是欧拉图，则由 Fleury 算法得出的每一条道路都是欧拉巡回。

证　设 G 是欧拉图，$W_n = v_0e_1v_1e_2 \cdots e_nv_n$ 是 Fleury 算法终止时得到的道路，则 $d_{G_n}(v_n) = 0$，因此 $d_{W_n}(v_n) =$ 偶数，从而 $v_n = v_0$，故 w_n 是闭道路。

下证 w_n 包含 G 的全部边，否则，令 S 是 G_n 中非零次顶点的集合，则 $S \neq \phi$。但 $v_n \in \overline{S} = V - S$，令 m 是使 $v_m \in S, v_{m+1} \in \overline{S}$ 的最大整数，因 w_n 终止于 $\overline{S}$，故 e_{m+1} 是 G_m 的割边（见图 6.6）。令 e 是 G_m 中与 v_m 关联的一边，由算法第②步，e 必为 G_m 的割边，因此，也是 $G_m[S]$ 的割边，又 $G_m[S] = G_n[S]$，故 $G_m[S]$ 中每顶点皆偶次，$G_m[S]$ 无割边，与 e 是 $G_m[S]$ 的割边矛盾，证毕。

下面给出 Fleury 算法的具体实现步骤：

变量说明：

w：欧拉巡回的起始点；

EC：欧拉巡回顺序顶点集；

E'：已经过的边集合；

cv：当前访问顶点；

$A(v)$：顶点 v 在 $G - E'$ 中的邻接表。

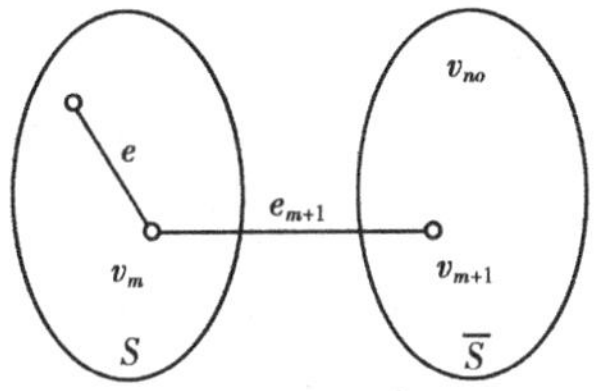

图 6.6

Fleury 算法：

①$EC \leftarrow \{w\}$，$cv \leftarrow w$，$E' \leftarrow \varnothing$。

②若 $|A(cv)| > 1$，找一点 $v \in A(cv)$ 且 (cv, v) 不是子图 $G[E - E']$ 的割边，转④。

③若 $|A(cv)| = 1$，将 $A(cv)$ 中的一点记为 v。

④在 $A(cv)$ 中删除 v，$A(v)$ 中删除 cv，$E' \leftarrow E' \cup \{(cv, v)\}$，$cv \leftarrow v$，将 cv 加到 EC 的表末尾。

⑤若 $|A(cv)| = 0$，则输出 EC，停止，否则转②。

此算法的计算量主要是②—④，需要重复 $|E|$ 次，在第②步，需判定访问的边 (cv, v) 是否是 $G[E - E']$ 的割边，计算量为 $0(|E - E'|)$，因此，总的计算量是 $0(|E|2)$ 级的。

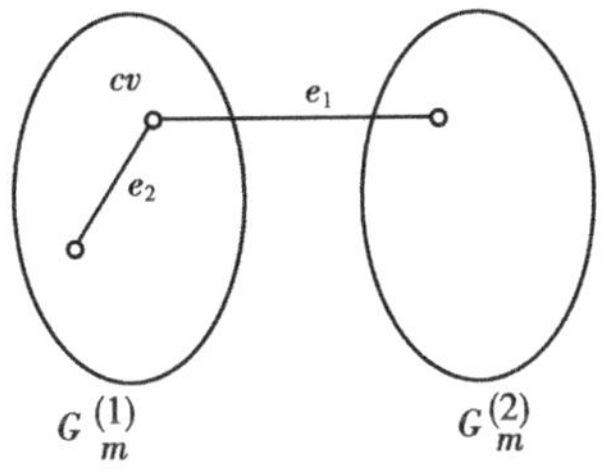

图 6.7

下面说明上述算法的可行性，除②步之外其他都显然可行。下面证明当 $|A(cv)| > 1$ 时，一定能找到一点 $v \in A(cv)$ 使 (cv, v) 不是子图 $G[E - E']$ 的割边，即证与 cv 关联的边最多有一条是 $G[E - E']$ 的割边。

用反证法，设 e_1 与 e_2 是 $G_m = G[E - E']$ 的与 cv 关联的割边，$G_m^{(1)}$，$G_m^{(2)}$ 分别是 $G_m - e_1$ 的两个连通片（见图 6.7）。G_m 中只有两个奇次顶点：一个是 cv，一个是起始点 w。由于任何图的奇次点个数必为偶数，则 $G_m^{(1)}$ 中的 cv 的次数降低一次成偶次，不可能有其他奇次顶点，从而 $G_m^{(1)}$ 中全是偶次顶点，无割边，与 e_2 是 G_m 中，从而 $G_m^{(1)}$ 中的割边矛盾，故 cv 关联的边最多只有一条是 $G[E - E']$ 的割边。

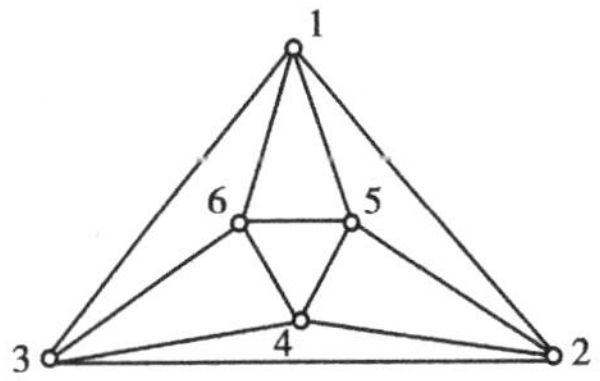

图 6.8

例 6.3　用 Fleury 算法求图 6.8 的欧拉巡回。

以顶点 1 为起点 $w = 1$，$EC = \{1\}$，$cv = 1$，$|A(cv)| = 4$，$E' = \varnothing$。

1）因 $|A(cv)| > 1$，在 cv 的邻接点集 $A(cv)$ 中找到点 2 且边 $(1,2)$ 不是 $G[E - E']$ 的割边，E' 中增加一边 $(1,2)$，巡回从 1 走到

2,于是

$A(1)\leftarrow\{2,3,5,6\}-\{2\}=\{3,5,6\}$

$A(2)\leftarrow\{1,3,4,5\}-\{1\}=\{3,4,5\}$

$E'\leftarrow\varnothing\cup\{(1,2)\}=\{1,2\}$

$cv\leftarrow 2, EC\leftarrow\{1,2\}$

2)因 $|A(2)|>1$,在 $A(2)$ 中找到点 3 且边(2,3)不是 $G[E-E']$ 的割边,E' 中增加一边(2,3),巡回续前从 2 走到 3,于是

$A(2)\leftarrow\{3,4,5\}-\{3\}=\{1,5\}$

$A(3)\leftarrow\{1,2,4,6\}-\{2\}=\{1,4,6\}$

$E'\leftarrow\{(1,2)\}\cup\{(2,3)\}=\{(1,2),(2,3)\}$

$cv\leftarrow 3, EC\leftarrow\{1,2,3\}$

3)因 $|A(3)|>1$, 在 $A(3)$ 中找到点 1 且(3, 1)不是 $G[E,E']$ 的割边,E' 中增加一边(3,1),巡回续前从 3 走到 1,于是

$A(3)\leftarrow\{1,4,6\}-\{1\}=\{4,6\}$

$A(1)\leftarrow\{3,5,6\}-\{3\}=\{5,6\}$

$E'\leftarrow\{(1,2),(2,3),(3,1)\}$

$cv\leftarrow 1, EC\leftarrow\{1,2,3,1\}$

4)因 $|A(1)|>1$,在 $A(1)$ 中找到点 5 且(1,5)不是 $G[E-E']$ 的割边,E' 中增加一边(1,5),巡回续前从 1 走到 5,于是

$A(1)\leftarrow\{5,6\}-\{1\}=\{4,6\}$

$A(5)\leftarrow\{1,2,4,6\}-\{1\}=\{2,4,6\}$

$E'\leftarrow\{(1,2),(2,3),(3,1),(1,5)\}$

$cv\leftarrow 5, EC\leftarrow\{1,2,3,1,5\}$

5)因 $|A(5)|>1$,在 $A(5)$ 中找到点 2 且(5,2)不是 $G[E-E']$ 的割边,E' 中增加一边(5,2),巡回续前从 5 走到 2,于是

$A(5)\leftarrow\{2,4,6\}-\{2\}=\{4,6\}$

$A(2)\leftarrow\{4,5\}-\{5\}=\{4\}$

$E'\leftarrow\{(1,2),(2,3),(3,1),(1,5),(5,2)\}$

$cv\leftarrow 2, EC\leftarrow\{1,2,3,1,5,2\}$

6)因 $|A(2)|=1$, $A(2)=4$, E' 中增加一边(2,4),巡回续前从 2 走到 4,于是

$A(2)\leftarrow\{4\}-\{4\}=\varnothing$

$A(4)\leftarrow\{2,3,5,6\}-\{2\}=\{3,5,6\}$

$E'\leftarrow\{(1,2),(2,3),(3,1),(1,5),(5,2),(2,4)\}$

$cv\leftarrow 4, EC\leftarrow\{1,2,3,1,5,2,4\}$

7)因 $|A(4)|>1$, 在 $A(4)$ 中找到 3 且(4,3)不是 $G[E-E']$ 的割边,E' 中增加一边(4,3),巡回续前从 4 走到 3,于是

$A(4)\leftarrow\{3,5,6\}-\{3\}=\{5,6\}$

$A(3)\leftarrow\{4,6\}-\{4\}=\{6\}$

$E\leftarrow\{(1,2),(2,3),(3,1),(1,5),(5,2),(2,4),(4,3)\}$

$cv \leftarrow 3, EC \leftarrow \{1,2,3,1,5,2,4,3\}$

8）因 $|A(3)| = 1$，$A(3)=6$，E'中增加一边$(3,6)$，巡回续前从3走到6，于是

$A(3) \leftarrow \{6\} - \{6\} = \varnothing$

$A(6) \leftarrow \{1,3,4,5\} - \{3\} = \{1,4,5\}$

$E' \leftarrow \{(1,2),(2,3),(3,1),(1,5),(5,2),(2,4),(4,3),(3,6)\}$

$cv \leftarrow 6, EC \leftarrow \{1,2,3,1,5,2,4,3,6\}$

9）因 $|A(6)| > 1$，在$A(6)$中找到4，使$(6,4)$不是$G[E-E']$的割边，E'中增加一边$(6,4)$，巡回续前从6走到4，于是

$A(6) \leftarrow \{1,4,5\} - \{4\} = \{1,5\}$

$A(4) \leftarrow (5,6) - \{6\} = \{5\}$

$E' \leftarrow \{(1,2),(2,3),(3,1),(1,5),(5,2),(2,4),(4,3),(3,6),(6,4)\}$

$cv \leftarrow 4, EC \leftarrow \{1,2,3,1,5,2,4,3,6,4\}$

10）因 $|A(4)| = |\{5\}| = 1$，E'中增加一边$(4,5)$，巡回续前从4走到5，于是

$A(4) \leftarrow \{5\} - \{5\} = \varnothing$

$A(6) \leftarrow \{1,5\} - \{5\} = \{1\}$

$E' \leftarrow \{(1,2),(2,3),(3,1),(1,5),(5,2),(2,4),(4,3),(3,6),(6,4),(4,5)\}$

$cv \leftarrow 5, EC \leftarrow \{1,2,3,1,5,2,4,3,6,4,5\}$

11）因 $|A(5)| = |\{6\}| = 1$，E'中增加一边$(5,6)$，巡回续前从5走到6，于是

$A(5) \leftarrow (6) - \{6\} = \varnothing$

$A(6) \leftarrow \{1,5\} - \{5\} = \{1\}$

$E' \leftarrow \{(1,2),(2,3),(3,1),(1,5),(5,2),(2,4),(4,3),(3,6),(6,4),(4,5),(5,6)\}$

$cv \leftarrow 6, EC \leftarrow \{1,2,3,1,5,2,4,3,6,4,5,6\}$

12）因 $|A(6)| = |\{1\}| = 1$，E'中增加一边$(6,1)$，巡回续前从6走到1，于是

$A(6) \leftarrow \{1\} - \{1\} = \varnothing$

$A(1) \leftarrow \{6\} - \{6\} = \varnothing$

$E' \leftarrow \{(1,2),(2,3),(3,1),(1,5),(5,2),(2,4),(4,3),(3,6),(6,4),(4,5),(5,6),(6,1)\}$

$cv \leftarrow 1, EC \leftarrow \{1,2,3,1,5,2,4,3,6,4,5,6,1\}$

13）因 $|A(1)| = 1$，计算结束，输出EC。

在Fleury算法中需要判断割边，因此，还须设计一个判断割边的子程序，这可用判断$G_m - e$的连通性来判断e是否是G_m的割边，当然连通性可以用深探法或广探法看从cv出发是否能搜索遍$G_m - e$的所有边。

还有一个求欧拉图欧拉巡回的方法，它不需要检测边是否割边，而且编程也很方便，这就是Hierholzer算法，其基本思路是从某点v_0开始产生G中的闭道路G_1，若$G_1 = G$，则G_1便是欧拉巡回，否则再以G_1上的顶点v_1（要求v_1在$G-E(G_1)$中的次数不为零）为起点在$G-E(G_1)$上产生闭道路G_2，将G_2插入到G_1中，得更大的闭道路$G_1 \cup G_2$，这样不断地产生闭道路，并且把它们适当地接在一起，最终便形成欧拉巡回。

Hierholzer算法步骤：

①任选一点$v_0 \in V(G)$，以v_0为起点产生一个闭道路T_0，$i \leftarrow 0$。

②若 $E(T_i)=E(G)$，则停止；否则，在 T_i 上选择一个顶点 v_i 使 v_i 有不在 T_i 上的关联边。现在图 $G-E(T_i)$ 中构造以 v_i 为起点的闭道路 T_i^*（T_i^* 也包含 v_i）。

③构造一个闭道路 T_{i+1}，它包含 T_i 与 T_i^* 的所有边，它是从 v_i 开始，行遍 T_i^* 的边，回到 v_i，因 T_i 也包含 v_i，然后从 v_i 继续行遍 T_i 的边，$i \leftarrow i+1$，转②。

算法说明：在第①步，一定能产生以 v_0 为起点的闭道路。现证明如下：由于 G 是欧拉图，因此每个顶点的次数皆为偶数，从 v_0 出发，必有一点 v_1 与 v_0 相邻，得到 v_0v_1，由于 v_1 的次数是偶数，只用到过与 v_1 关联的一条边 (v_0,v_1)，因此还有边 (v_1,v_2) 没用过，这样便得到 $v_0v_1v_2$。一般来说，设已得到道路 $v_0v_1v_2\cdots v_i$，只要 $v_i \neq v_0$，则此道路必可增长。因为在此道路上最多用过与 v_i 关联的奇数条边，又 v_i 的次数是偶数，必有边 (v_i,v_{i+1}) 没用过，这样就得到 $v_0v_1v_2\cdots v_{i+1}$。由于图 G 的边有限，此道路必会终止，只可能终止于 v_0。

在第②步，若 $E(T_i)\neq E(G)$，由于 G 是连通的，则必存在不在 T_i 上的边与 T_i 的顶点关联，即在 T_i 上能找到顶点 v_i 使 v_i 有不在 T_i 中的关联边。另外，由于图 $G-E(T_i)$ 的每个顶点的次数也均为偶次，因而与第①步类似，一定能产生以 v_i 为起点的闭道路 T_i^*。

例 6.4 用 Hierholzer 算法求图 6.8 的欧拉巡回。

1）首先从顶点 1 出发，按深探法搜索顺序得到一条闭通路：

$T_0=1-2-3-1-5-2-4-3-6-1$

2）T_0 上存在顶点 5，其有关联边未访问，继续按深探法搜索顺序从顶点 5 出发在剩余的图上得到另一条闭通路：

$T_0^*=5-4-6-5$

3）将 T_0 与 T_0^* 合并，即将 T_0^* 插入到 T_0 中得到 T_1：

T_0：$1-2-3-1-5$（将 T_0^* 插入到此）$-2-4-3-6-1$

T_0 与 T_0^* 合并：$1-2-3-1-(5-4-6-5)-2-4-3-6-1$

$T_1=1-2-3-1-5-4-6-5-2-4-3-6-1$

T_1 已包含所有边，因此，T_1 为所求的欧拉巡回。

下面给出 Hierholzer 算法具体实现步骤：

变量说明：

s：子闭道路的起始点；

T：子闭道路的顺序顶点链表；

w：欧拉巡回的起始点；

EC：欧拉巡回的顺序顶点链表；

K：已经过的边数；

cv：当前访问的顶点；

$A(v)$：顶点 v 在 $G-E'$ 中的邻接表，其中 E' 为已经过的边集。

Hierholzer 算法：（无向欧拉图）

①$E' \leftarrow \varnothing$，$T \leftarrow \varnothing$，$K \leftarrow 0$，$cv \leftarrow w$，$s \leftarrow w$，$EC \leftarrow \{s\}$。

②找一点 $v \in A(cv)$

$K \leftarrow K+1$，将 v 加到 T 的表末尾；

在 $A(cv)$ 中删除 v，在 $A(v)$ 中删除 cv；

$cv \leftarrow v$。

③若 $|A(cv)|=0$，则必有 $cv=s$，将 T 插入链表 EC 中紧接 s 项之后，转④；否则，若 $|A(cv)|>0$，转②。

④若 $|K|=|E|$，则输出 EC，停止；否则，在 EC 中找一个点 v，使 $|A(v)|>0$，$s \leftarrow v$，$cv \leftarrow v$，$T \leftarrow \varnothing$，转②。

例 6.5（续例 6.3）　表 6.1 给出了用 Hierholzer 算法求图 6.8 的欧拉巡回的迭代过程。

表 6.1　用 Hierholzer 算法求图 6.8 的欧拉巡回各次迭代各记录的演变过程

K	s	cv	T	$A(1)$	$A(2)$	$A(3)$	$A(4)$	$A(5)$	$A(6)$	EC
0	1	1	∅	{2,3,5,6}	{1,3,4,5}	{1,2,4,6}	{2,3,5,6}	{1,2,4,6}	{1,3,4,5}	{1}
1		2	{2}	{3,5,6}	{3,4,5}	{1,2,4,6}	{2,3,5,6}	{1,2,4,6}	{1,3,4,5}	
2		3	{2,3}	{3,5,6}	{4,5}	{1,4,6}	{2,3,5,6}	{1,2,4,6}	{1,3,4,5}	
3		1	{2,3,1}	{5,6}	{4,5}	{4,6}	{2,3,5,6}	{1,2,4,6}	{1,3,4,5}	
4		5	{2,3,1,5}	{6}	{4,5}	{4,6}	{2,3,5,6}	{2,4,6}	{1,3,4,5}	
5		2	{2,3,1,5,2}	{6}	{4}	{4,6}	{2,3,5,6}	{4,6}	{1,3,4,5}	
6		4	{2,3,1,5,2,4}	{6}	∅	{4,6}	{3,5,6}	{4,6}	{1,3,4,5}	
7		3	{2,3,1,5,2,4,3}	{6}	∅	{6}	{5,6}	{4,6}	{1,3,4,5}	
8		6	{2,3,1,5,2,4,3,6}	{6}	∅	∅	{5,6}	{4,6}	{1,4,5}	
9		1	{2,3,1,5,2,4,3,6,1}	∅	∅	∅	{5,6}	{4,6}	{4,5}	
9	5	5	∅	∅	∅	∅	{5,6}	{4,6}	{4,5}	{1,2,3,1,5,2,4,3,6,1}
10		4	{4}	∅	∅	∅	{6}	{6}	{4,5}	
11		6	{4,6}	∅	∅	∅	∅	{6}	{5}	
12		5	{4,6,5}	∅	∅	∅	∅	∅	∅	
12		5		∅	∅	∅	∅	∅	∅	{1,2,3,1,5,4,6,5,2,4,3,6,1}

Hierholzer 算法的计算时间复杂度是 $0(|E|)$ 级的。

如果图 $G=(V,E)$ 是欧拉图，则用上述方法可求出欧拉巡回，这是最理想的，每条边只需经过一次，巡回 EC 的权

$$W(EC)=\sum_{e \in E} w(e)$$

6.2.2　G 不是欧拉图

若 G 不是欧拉图，则 G 的任何巡回通过有些边必定多于一次，解决这类问题的一般方法是在一些点对之间引进重复边（重复边是与它平行且权相等的边）使原图成为欧拉图，但希望所加重复边的权，其总和为最小，即要使邮递员重复走的路程尽可能短。

中国邮递员问题的一般解法是：

①对 G 添加重复边，使 G 成为欧拉图 G^*，且要求 $\sum_{e\in E(G^*)/E(G)} w(e)$ 尽可能小。

②在 G^* 中求一条欧拉巡回。

对②已有了有效算法（如 Fleury 算法和 Hierholzer 算法），下面介绍①的解法，现将分两种情形讨论：

情形 1　G 正好有两个奇次顶点。

定理 6.3　设 G 正好有两个奇次顶点 u,v，则沿 u 到 v 的一条最短路径 $P^*(u,v)$，加重复边得到 G^*，G^* 的一条欧拉巡回便是 G 的最佳巡回。

证　G'是由 G 添加重复边而得到的欧拉图，则 $G'-E(G)$ 也只有 u,v 两个奇次顶点，它们必在 $G'-E(G)$ 的同一分支中，故 $G'-E(G)$ 中存在一条路径 $P(u,v)$，因此

$$\sum_{e\in G'/E(G)} w(e) \geqslant W(P) \geqslant W(P^*)$$

从而

$$\sum_{e\in G^*} w(e) \leqslant \sum_{e\in G'} w(e)$$

故 G^* 的一条欧拉巡回是 G 的最佳巡回。

由此可得，G 正好有两个奇次顶点的求最佳巡回的算法如下：

①求出奇次顶点 u 与 v 之间的最短路径 P。

②令 $G^* = G\cup P$。

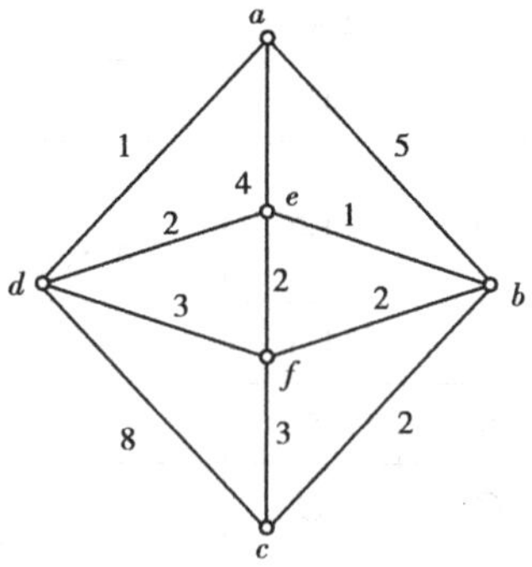

图 6.9

③G^* 为欧拉图，穿行 G^* 的欧拉巡回便是 G 的最佳巡回。

例 6.6　求如图 6.9 所示的加权图 G 的最佳巡回。

如图 6.9 所示的图中恰有两个奇次顶点 a 和 c，先求 a 到 c 的最短路径 P：

$$P = adebc$$

P 的长度为 $1+2+1+2=6$。

如图 6.10 所示，将 P 加到 G 上即沿路径 P 添加重复边（图中虚线所示），现在已得到一个欧拉图 G^*，用前面求欧拉图欧拉巡回的方法，求出 G^* 的欧拉巡回

$$EC: abcbfebedadcfdea$$

即为原图的最佳巡回，其总长度为 $33+6=39$。

情形 2　G 中有 $2n$ 个奇次顶点（$n\geqslant 2$）。

对于一般情况，即 G 中有多于 2 个奇次顶点情形，现将介绍求解最佳巡回的最小对集法。

最小对集法的基本思路是：先将奇次顶点配对，要求最佳配对，即点对之间的距离总和最小，再沿点对之间的最短路径添加重复边得到欧拉图 G^*，G^* 的欧拉巡回便是原图的最佳巡回。

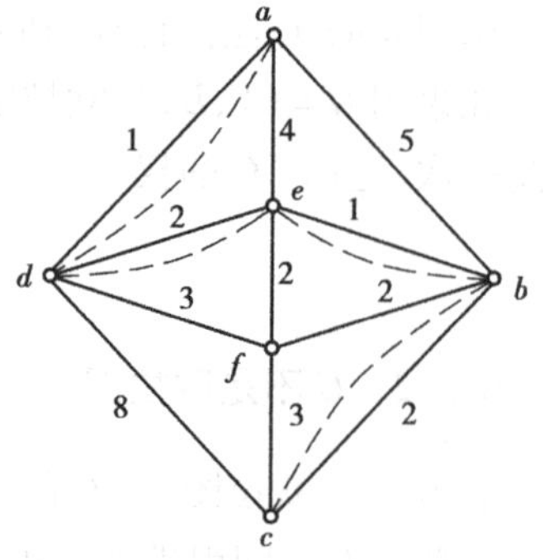

图 6.10

最小对集法步骤（Edmonds）：

①求出图 G 所有奇次顶点之间的最短路径和距离。

②以 G 的所有奇次顶点为顶点集(个数为偶数),作一完备图,边上的权为两端点在原图 G 中的最短距离,将此完备加权图记为 G_1。

③求 G_1 的最小权理想匹配 M,得到奇次顶点的最佳配对。

④在 G 中沿配对顶点之间的最短路径添加重复边得欧拉图 G^*。

⑤求出 G^* 的欧拉巡回,即是原图的最佳巡回。

此算法的第①步,可以用求任意点对之间最短路径的 Floyd 算法。算法的第③步,可以用求最大权匹配的算法求 G_1 的最小权理想匹配,只需把 G_1 上各边的权修改为:一个非常大的数 MAX 减去 G_1 中的相应边的权,此加权图记为 G_1',则 G_1'的最大权理想匹配一定对应 G_1 的最小权理想匹配。

例 6.7 用最小权对集法求如图 6.11 所示的加权图的最佳巡回。

图中有 4 个奇次顶点:v_1,v_2,v_4,v_5,用 Floyd 算法求出它们之间的距离和最短路径如表 6.2 所示。

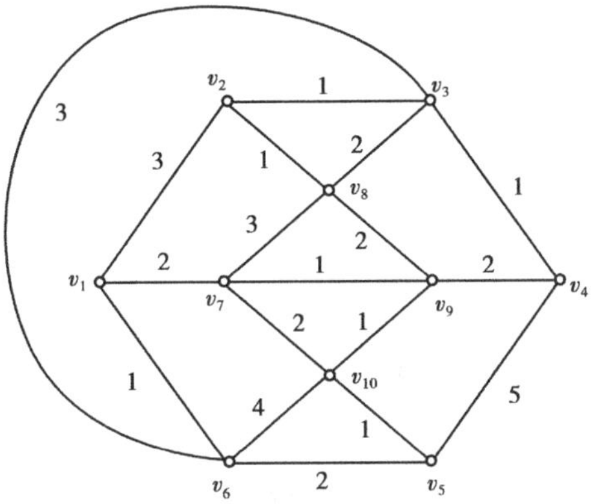

图 6.11

表 6.2 v_1,v_2,v_4,v_5 两两之间的距离和最短路径

顶点	v_2	v_4	v_5
v_1	$3(v_1v_2)$	$5(v_1v_7v_9v_4)$	$3(v_1v_6v_5)$
v_2		$2(v_2v_3v_4)$	$5(v_2v_8v_9v_{10}v_5)$
v_4			$4(v_4v_9v_{10}v_5)$

以 v_1,v_2,v_4,v_5 为顶点,它们之间的距离作为边的权构造完备图 G_1,如图 6.12(a)所示。用一个很大的数不如 10 减去各边权得修改了边权的图 G_1',如图 6.12(b)所示。

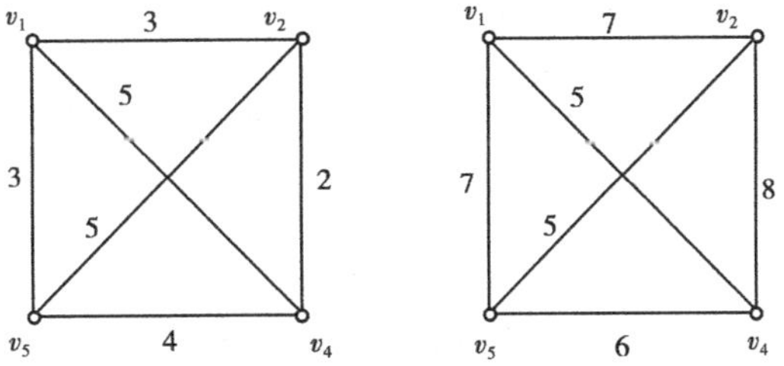

(a) G_1 (b) G_1'

图 6.12

求出 G_1' 的最大权匹配：$M=\{v_1v_5,v_2v_4\}$，M 也是 G_1 的最小权理想匹配。

沿 v_1 到 v_5 的最短路径：$v_1v_6v_5$ 添加重复边于 G 上，沿 v_2 到 v_4 的最短路径：$v_2v_3v_4$ 添加重复边于 G 上，得到欧拉图 G^*，如图 6.13 所示。求出 G^* 的欧拉巡回：

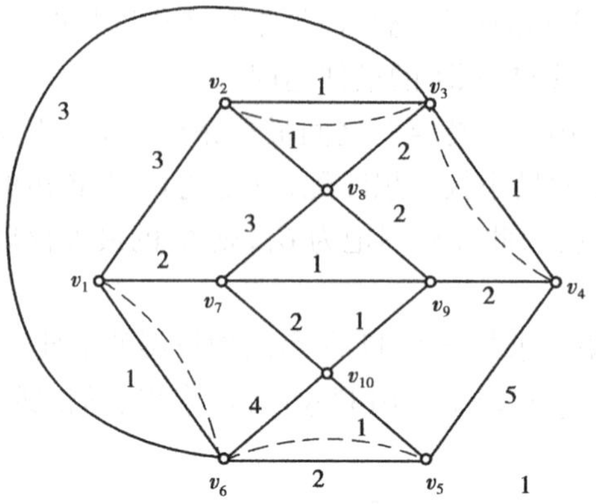

图 6.13

$$C=v_1v_2v_3v_4v_9v_{10}v_5v_6v_{10}v_7v_8v_9v_7v_1v_6v_5v_4v_3v_2v_8v_3v_6v_1$$

它即是原图的最佳巡回，其权为

$$W(C)=37+5=42$$

6.3 有向欧拉图

可以把无向欧拉图时的概念及结论推广到有向图。

定义 6.2 设 $G=(V,E)$ 是弱连通有向图：

①有向巡回：经过 G 的每条弧至少一次的有向闭通路称为有向巡回。

②有向欧拉巡回：经过 G 的每条弧正好一次的有向巡回称为有向欧拉巡回。

③有向欧拉图：存在有向欧拉巡回的有向图称为有向欧拉图。

④有向欧拉道路：经过 G 的每条弧正好一次的有向道路称为有向欧拉道路。

如图 6.14(a)所示的有向图，具有有向欧拉道路 $v_1v_2v_3v_4v_1v_3$，而如图 6.14(b)所示的有向图具有有向欧拉巡回 $v_1v_2v_3v_4v_1v_3v_1$，因而是有向欧拉图。

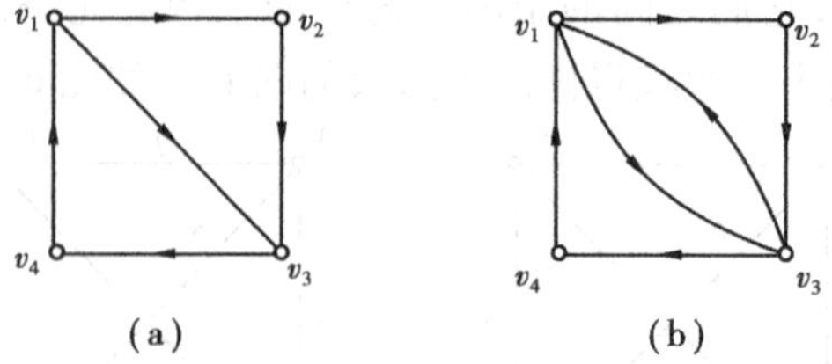

图 6.14

直观地讲，有向欧拉图是从一顶点出发，顺着箭头指示的方向走，可以走过每条边恰一次又终止于出发点的那种图。下面给出有向欧拉图的特征描述。

定理 6.4 G 是弱连通有向图，则下述命题等价：

①G 是有向欧拉图。

②$\forall v \in V(G), d^-(v) = d^+(v)$。

③$G = \bigcup_{i=1}^{n} C_i$，其中 C_i 是有向圈，且 $E(C_i) \cap E(C_j) = \varnothing, 1 \leqslant i < j \leqslant n$，$n$ 为某个自然数。

此定理的证明与第1节中定理6.1证明相似。当证明②⇒③时，首先证明 G 中有有向圈 C_1，为此，考虑 G 中的最长有向路径 $P(u,v)$，因 $d^+(v) = d^-(v)$，故有一条边 e，e 的尾是 v，e 的头必在 $P(u,v)$ 上，于是产生了有向圈。其他推导与定理6.1雷同，证毕。

推论6.4　有向圈 G 有以 u_1 为起点，以 u_2 为终点的有向欧拉道路的充要条件是：G 是弱连通有向图，且满足：

$$d^-(v) = \begin{cases} d^+(v) - 1, & v = u_1 \\ d^+(v) + 1, & v = u_2 \\ d^+(v) & v \neq u_1, u_2, v \in V(G) \end{cases}$$

其证明与推论6.1完全类似。

寻求有向欧拉图的有向欧拉巡回也有好些算法，无向欧拉图中的 Hierholzer 算法同样适于有向图，只是要求每次产生的闭道路为有向闭道路，把每个顶点的邻接表改为外向邻接表。Hierholzer 算法在有向欧拉图中的实现叙述如下：

s：子有向闭道路的起始点；

w：有向欧拉巡回的起始点；

T：子有向闭道路的顺序顶点链表；

EC：有向欧拉巡回的顺序顶点链表；

K：已经过的弧数；

cv：当前访问顶点；

$A(v)$：顶点 v 在 $G-E'$ 中的外向邻接表，其中 E' 为已经过的边集。

Hierholzer 算法（有向欧拉图）：

输入有向欧拉图的外向邻接表 $A(v)$：

①$E' \leftarrow \varnothing, T \leftarrow \varnothing, K \leftarrow 0, cv \leftarrow w, s \leftarrow w, EC \leftarrow \{s\}$。

②找一点 $v \in A(cv)$，$K \leftarrow K+1$，将 v 加到 T 的表末尾，在 $A(cv)$ 中删除 v，$cv \leftarrow v$。

③若 $|A(cv)| = 0$，则必有 $cv = s$，将 T 插入链表 EC 中的紧接 s 顶点之后，转④。否则，若 $|A(cv)| > 0$，转②。

④若 $K = |E|$，则输出 EC，停止；否则在 EC 中找一个点 v，使 $|A(v)| > 0$，$s \leftarrow v$，$cv \leftarrow v$，$T \leftarrow \varnothing$，转②。

例6.8　用 Hierholzer 算法求如图6.15所示的有向欧拉图的有向欧拉图的有向欧拉巡回。

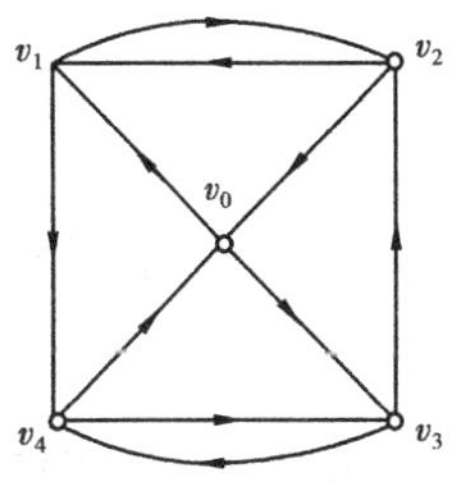

图6.15

先写出各点的外向邻接表：

$$A(v_0) = \{v_1, v_3\}$$
$$A(v_1) = \{v_2, v_4\}$$
$$A(v_2) = \{v_0, v_1\}$$
$$A(v_3) = \{v_2, v_4\}$$
$$A(v_4) = \{v_0, v_3\}$$

$$|E| = 10$$

用 Hierholzer 算法求图 6.15 的有向欧拉巡回的迭代过程如表 6.3 所示。

表 6.3　用 Hierholzer 算法求图 6.15 的有向欧拉巡回各次迭代各记录的演变过程

K	s	cv	T	$A(0)$	$A(1)$	$A(2)$	$A(3)$	$A(4)$	EC
0	0	0	∅	{1,3}	{2,4}	{0,1}	{2,4}	{0,3}	{0}
1		1	{1}	{3}					
2		2	{1,2}		{4}				
3		0	{1,2,0}			{1}			
4		3	{1,2,0,3}	∅					
5		2	{1,2,0,3,2}				{4}		
6		1	{1,2,0,3,2,1}			∅			
7		4	{1,2,0,3,2,1,4}		∅				
8		0	{1,2,0,3,2,1,4,0}					{3}	
8	3	3	∅						{0,1,2,0,3, 2,1,4,0}
9		4	{4}	∅	∅	∅	∅		
10		3	{4,3}	∅	∅	∅		∅	
10		3		∅	∅	∅	∅		{0,1,2,0,3,4,3,2,1,4,0}

$EC = \{v_0, v_1, v_2, u, v_3, v_4, v_3, v_2, v_1, v_4, v_0\}$ 即为所求的有向欧拉巡回。

有向图中使用 Hierholzer 算法，与无向图相比较，只是将其中顶点 v 的邻接表 $A(v)$ 改为 v 的外向邻接表，即每条弧 (v_i, v_j) 只是在 $A(v_i)$ 中记录，在 $A(v_j)$ 中没有记录。因此，相应地，在算法的第②步，当找到一点 $v \in A(cv)$，寻迹到 (cv, c)，只须将 $A(cv)$ 中的 v 删除，而不会涉及 $A(v)$，因 $A(v)$ 中没有记录 (cv, v)。

无向图的中国邮递员问题可以推广到有向图的中国邮递员问题，它的求解可转化为最小费用流问题来求解，这里不在阐述。

6.4　中国邮递员问题的应用与推广

最佳巡回路线问题，在实际中经常会遇到，如：城市街道的清扫，道路的铲雪，撒盐，警车巡逻，电线检查，以及工厂的自动导车都涉及最小行程地行遍图的所有边的问题。

6.4.1　计算机磁鼓的设计

一个旋转鼓轮，表面上分成 2^n 块扇行区域，每一块分别由导体或绝缘体组成，如图 6.16(a) 所示，图 6.16(b) 是它的剖面图。图中阴影区表示导体，空白区表示绝缘体，鼓的位置信息用二进制数表示，通过鼓面上的 4 个接触点将位置信息输出。假定接触点的接触面为导电区时，输出信息“1”，与绝缘区接触时输出信息“0”。图 6. 16(b)现在所处的位置，输出端 *abcd* 输出的信息为“1011”，鼓逆时针方向旋转，则下一个位置输出信息为“0110”，因此，每转 1 步输出一个四位二进制数码，16 个扇形区，鼓轮旋转 1 周，将输出 16 个四位二进制数码。

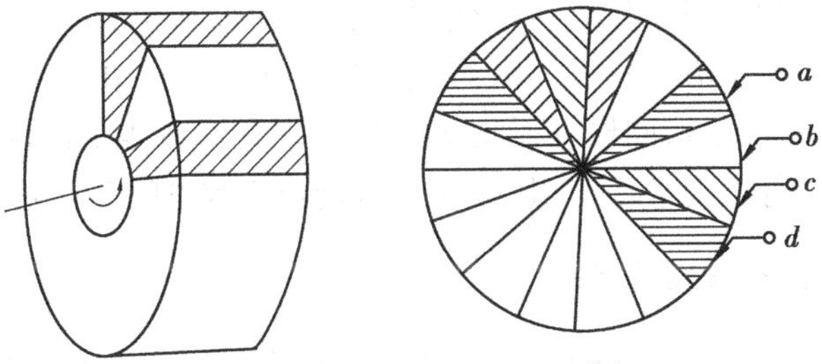

(a)　　　　(b)

图 6. 16

现在提出一个问题：导电区和绝缘区应该怎样安排，才能使磁鼓转 1 周的 16 步中每一步输出的信息均不相同，或者说应该怎样将 16 个“0”或“1”的数码组成一个圆形排列，使得任意两个不同位置取出的四位二进制数码均不相同，也即 16 步将输出 16 个不同的四位二进制数码。

首先构造一个有向图 D_8，D_8 的顶点是全体三位二进制数，000，001，010，011，100，101，110，111，共 8 个顶点，从每一顶点引出两条弧，设顶点是 $a_1a_2a_3$，则从 $a_1a_2a_3$ 分别引向 $a_2a_3 0$ 和 $a_2a_3 1$。这两条弧编码分别为：$a_1a_2a_3 0$ 和 $a_1a_2a_3 1$。例如，顶点 001 引出两条弧，一条弧引向 010，此弧的编码为 0010，另一条弧引向 011，这条弧的编码为 0011，此有向图 D_8 如图 6. 17 所示。

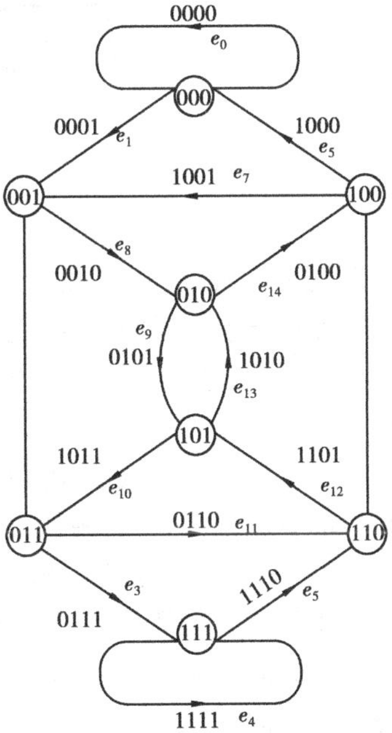

图 6. 17

一共 8 个顶点，每顶点引出两条弧，共有 16 条弧，这 16 条弧正好由 16 个不同的四位二制数码表示。任何四位二进制数码 $a_1a_2a_3a_4$ 都是 D_8 中的一条弧，因为从 $a_1a_2a_3$ 引向 $a_2a_3a_4$ 的弧编码正好是 $a_1a_2a_3a_4$。

可以证明 D_8 是一个有向欧拉图，显然 D_8 是弱连通的。且每个顶点的出次和入次都是 2。这是因为顶点 $a_1a_2a_3$ 的外向邻接点为 $a_2a_3 0$ 和 $a_2a_3 1$，且只有这两个外向邻接点，因此，出次是 2。又顶点 $a_1a_2a_3$ 的内向邻接点为 $0a_1a_2$ 的内向邻接点为 $0a_1a_2$ 和 $1a_1a_2$，且只有这两个内向邻接点，因此，入次也是 2。故 D_8 有一个欧拉巡回，从顶点 000 出发的欧拉巡回为

$$e_0e_1e_2e_3e_4e_5e_6e_7e_8e_9e_{10}e_{11}e_{12}e_{13}e_{14}e_{15}$$

它可以看做是磁鼓顺次产生的 16 个四位二进制数，刚好前一个数的后 3 位与相继出现的前 3 位相同。此欧拉巡回对应的四位二进制数的序列为

0000111100101101

如果将鼓轮的扇形区按上面的序列进行安排，即对应“1”处是导电区，对应“0”处是绝缘

区，则鼓轮转时，必将依次输出 16 个不同的四位二进制代码。

可将问题推广到 n 个接触器的情形，鼓轮分成 2^n 个扇形区，要求磁鼓绕行 1 周共 2^n 个不同位置，输出 2^n 个不同的 n 位二进制数，即使不同位置输出的数不相同。同样，可以构造一个 2^{n-1} 个顶点的有向图，其顶点标号为 $n-1$ 位二进制数。从顶点 $a_1a_2\cdots a_{n-1}$（a_i 为 0 或 1），引出两条弧，一条弧的编码为 $a_1a_2\cdots a_{n-1}0$，终止于顶点 $a_2\cdots a_{n-1}0$，另一条弧的编码为 $a_1a_2\cdots a_{n-1}1$，终止于顶点 $a_2\cdots a_{n-1}1$，同样可证此图弱连通，且每个顶点的出次，入次相等，等于 2，因而是有向欧拉图，其有向欧拉巡回，产生 2^n 个二进制数序列，适用于磁鼓的设计。

*6.4.2 铲雪车的行驶路线问题

马里兰州维克米科城被大雪覆盖，有两辆铲雪车清除积雪。其地图如图 6.18 所示，地图中的实线表示马里兰州维克米科城中扫雪区域中的二车道马路，虚线表示州属高速公路。两辆扫雪车位于地图 * 标记地点以西 4 英里处出发清除道路上的积雪，现为它们设计两条行车路线，以最大限度地减少空驶的时间。

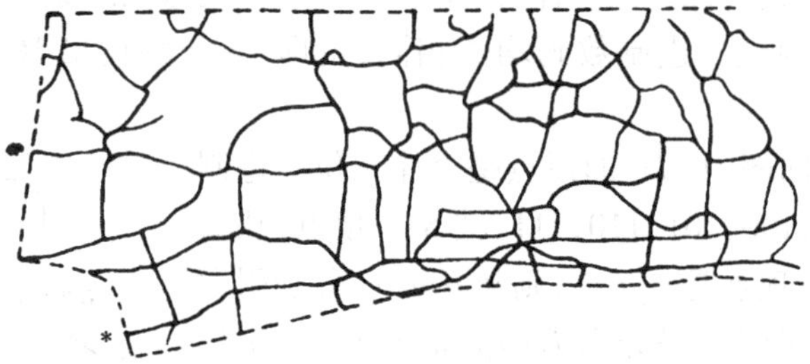

图 6.18

首先把该城市分为两部分，分派给两车，两部分道路的总长应该基本相等，否则，一车先于另一车完成作业，与两车同时完成作业相比，会增加完成整个地区的作业时间。此外，两部分区域应该明确，且个区域保持连通，否则，指定在一区域内作业的车会驶上另一车正在作业的路面。

为平均划分这一城市，需测量所有街道的长度。方法是：用影印机放大地图，用一软绳模拟路段的弯曲形状，然后绷紧，再以其长度按比例扩大，就是路段的实际长度。用此法确定所以路段的长度后，就可以将该城市分为连通的南北两部分。

由于每条街道都是两个车道，扫雪车需要在每条街道来回各铲一次，因此，可把每条街道看成两条异向的弧，因而每个顶点（街道的交叉口或道路尽头）的出次与入次都相等。南北两部分都是有向欧拉图，可按一般的方法寻求巡回路线，避免空驶，但得出的路线若没什么规律，则会给出熟悉该地区的驾驶员作业带来不便，可能需要随身携带地图，每到一叉道口都要查看该走那条路，这会相当不便。由于此图很特殊，任两点之间只要有路，都是两异向弧。可利用深探法的思路来行遍所有的边。考虑道路网的无向图 G，只需每条边走两次即可，其规则是：

①初始：所有边都未标记，置 $v\leftarrow s$，s 为起始点。

②如果没有未编辑边与 v 相关联，转④。

③选择一条与 v 关联的未标记的边，标上“1”，沿此边走到另一端点 u。

a. 如果与 u 相关联的其他边中有边已标记（即 u 已访问过），则返回到 v，将此边的标记改为“2”，转②。

b. 如果与 u 相关联的其他边都未标记，置 $v \leftarrow u$，转②。

④如果与 v 相关联的边都已标“2”，则停止；否则，转下一步。

⑤沿标记为“1”的边走到另一端点 u，置 $v \leftarrow u$，转③。

上述方法标“2”的边表示已走过两次，标“1”的边表示只走过一次，这种方法最终必然终止于起点。

这种巡回方式对不熟悉该地区的司机很适合，他只需遵守与上述规则相应的行驶规则即可。其规则如下：

①从起点出发，优先选择未作业过的路段。

②到达岔路口时，若前方路段都未作业过，则驶入最靠右边的路段继续作业；若前方已有路段作业过，且身后路面只铲了一个车道，应调头在反向行车道上继续作业；但若身后路面两车道都已作业，前面还有完全未作业过的路段，驶入最靠右边的路段继续作业。

③行驶到一头不通的街道尽头应该调头，在反向车道上继续作业。

如图6. 19所示的街道，从 s 出发沿右车道经 $v_1 \to v_2 \to v_3 \to v_4 \to v_5 \to v_6 \to v_7 \to s$ 到岔路口 s 发现前方已有路段已作业过（(s,v_1)（见图6. 19(a)），调头 $s \to v_6$，v_6 身后两车道都已作业继续靠右向前 $v_6 \to v_7 \to v_1$，到 v_1 发现已有作业过的路段（(s,v_1)（见图6. 19(b)），调头从 v_1 到 $v_7 \to v_3$，调头回到 v_7，继续到 v_4（见图6. 19(c)）调头返回到 v_7，继续 $v_7 \to v_6 \to v_5 \to v_4 \to v_3 \to v_2 \to v_1 \to s$（见图6. 19(d)），结束。可见每段街道都是正向，反向两个车道都各作业一次，没有空驶，且终止于起点。

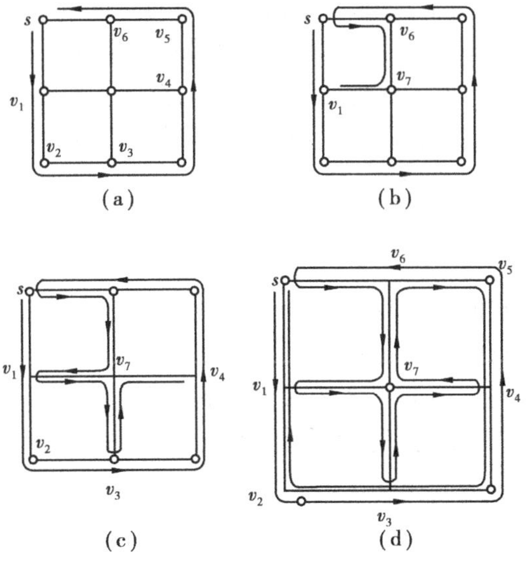

图6. 19

上述方法提供了一种遵循简单指令便可沿最短路线作业完全部路段，终止于起点的方案。但这种方法有个缺点是调头（即“U”弯）的数目较多，也可结合其他方法找出使“U”弯尽可能少的巡回路线，对熟悉该地区的驾驶员来说更好。因为转“U”弯花的时间较多，且若是在高速路上转“U”弯还特别危险。

前述方法一开始就把整个街区划分为南北两个区域，分别由两个铲雪车来负责，下面介绍一种现在不划分，直接在整个街区寻求两条子巡回路线的方法。其方法思路类似于 Hierholzer

算法。

要产生两个欧拉子巡回,每个铲雪车从各自的起点(地图上的“ * ”号)开始,在每一步靠加入边到较短的道路保持两条道路近似相等。当第 1 条道路到达某个起点时,不再加边,直到第 2 条道路到达另一个起点。在两条道路都到达起点后,算法再搜寻没用到的边中的闭道路。这些闭道路必须插入到上述道路中,当可能时,把闭道路插到两道路中较短的一个。当所有边都用完了,程序检验两条道路的长度,若长度相差大于 5 英里。程序在较长的道路中寻求可以插入较短道路中的圈,若这样的圈找到,把它从较长道路中去掉,插入到较短道路中,这个过程重复直到两道路长不超过 5 英里。

这种方法对于这个问题的解相当令人满意,对大多数其他的实际问题也相当好。但对某些问题不可能有这么均衡的划分。甚至在最坏的情形,即使存在颇为均衡的解,但用此法不能找到最好的均衡划分解。

*6.4.3 容量约束中国邮递员问题

城市环保局每天要派出洒水车为城市街道洒水,由于洒水车的容量有限,中途需要返回加水,若已知每英里道路需要的水量以及洒水车的容量,问应如何安排车的行驶路线使总行程最短? 又如城市垃圾收集、流动餐车、道路撒盐等与上述问题都非常类似,可把它们抽象为如下的称为容量约束中国邮递员问题:

已知一个图 G,其边上带有费用权 $a(x,y)$(相当于路长)和需求 $q(x,y)$(相当于用水量)以及一些具有固定容量 W 的货车,寻求一个最小费用的闭道路的集合,使每个闭道路经过一个固定顶点(总站),每个闭道路上的总需求不超过货车容量 W。

此问题是 NP—完全问题,有一些近似算法,例如,路径扫描算法,其基本思想是基于某种在每点选择边的决策规则构造可行路线。当卡车的供给用完时,从此顶点沿最短路径返回形成闭路。选择边的准则有如下 5 种:

①$a(x,y)/q(x,y)$最小。

②$a(x,y)/q(x,y)$最大。

③从顶点 y 回到出发点的距离最小。

④从顶点 y 回到出发点的距离最大。

⑤若现在路径上的总需求小于 $W/2$,则使从 y 到出发点的距离最大,否则使距离最小。

如果到达一个顶点,所有邻边都包含在已形成的闭路中,则到一个还有边未用过的最近顶点。

这种方法相当直观,但可能很难求出令人很满意的解。

6.5 哈米尔顿图

1859 年,数学家哈米尔顿(Hamilton)发明了一种周游世界的游戏:在一个 12 面体上的每个角点代表一个城市,问能否从某城市出发,沿 12 面体的棱行走,经过每个城市一次且仅一次,最后回到出发地。这种游戏在欧洲曾风靡一时,Hamilton 以 25 个金币的高价把该项专利卖给了一个玩具商。用图论的语言来讲,就是在 12 面体上找出生成圈(见图 6.20)。

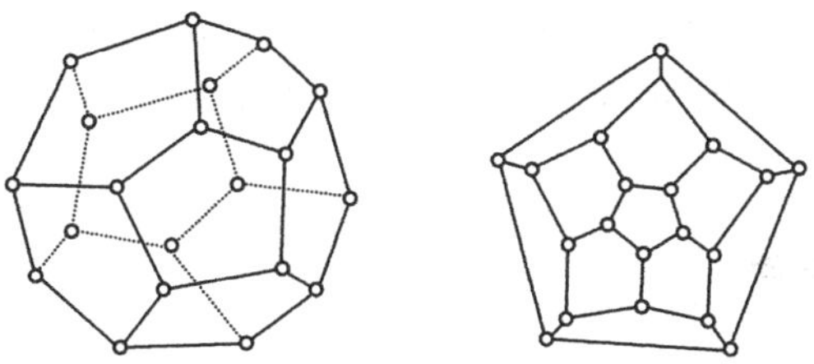

(a)　　(b)

图 6.20

定义 6.3　经过图 G 每个顶点正好一次的路径，称为 G 的一条哈米尔顿路径，简称 H 路径。经过 G 的每个顶点正好一次的圈，称为 G 的哈米尔顿圈或 H 圈。含 H 圈的图称为哈米尔顿图或 H 图。

例 6.9　$K_n(n\geqslant 3)$ 是哈米尔顿图。但奇数个顶点的二部图不是哈米尔顿图，因为二部图中没有奇圈。埃斯欠尔(Herschel)图(见图 6.21)是 11 个顶点的二部图，因此，它不是 H 图。

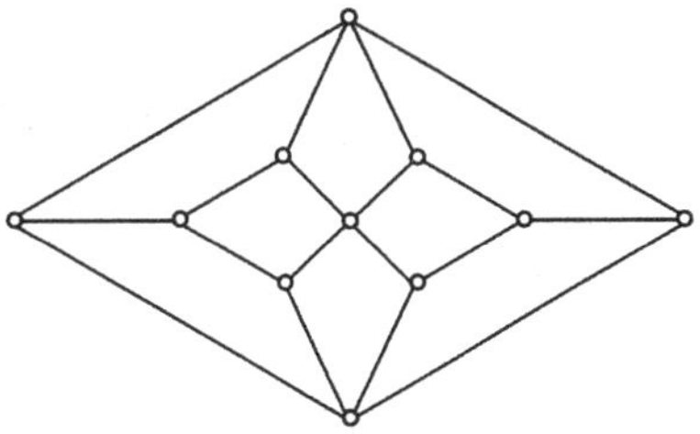

图 6.21

表面看来，哈米尔顿圈与欧拉巡回很相似，但判断一个图是否是 H 图，要比判断一个图是否 E 图困难得多。对于 E 图，已有非常有效且简捷的充分必要的判别定理。但对 H 图，至今尚未建立起来较像样的充要条件，这方面的探索一直在继续。下面介绍一些较成熟的判别定理，这些只能在一些特殊情形下见效。

6.5.1　H 图的必要条件

定理 6.5　若 G 是 H 图，则 $\forall\ S\subset V, S\neq\varnothing$ 有

$$\omega(G-S)\leqslant |S|$$

证　设 C 是 G 的 H 圈，则 $\forall\ S\subset V, S\neq\varnothing$ 有

$$w(C-S)\leqslant |S|$$

又 $C-S$ 是 $G-S$ 的生成子图，故

$$w(G-S)\leqslant w(C-S)\leqslant |S|$$

证毕。

例 6.10　如图 6.22(a)所示的图不是 H 图，因为图中 3 个黑点删去后，有 4 个连通片，由定理 6.7，它不是 H 图。

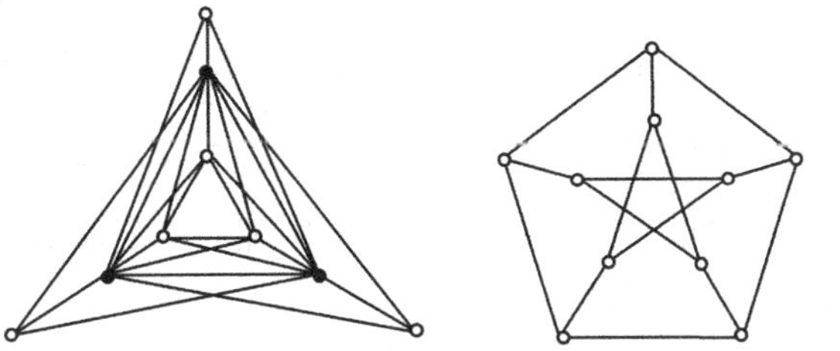

(a)　　(b)

图 6.22

注意定理6.7只是必要条件,其逆并不成立。如图6.22(b)所示的Petersen图,它不是H图。但满足$\forall S\subset V,S\neq\varnothing$,则$\omega(G-S)\leqslant|S|$,这可由$G-v$是$H$图得到,其中$v$是$G$的某个顶点。

6.5.2 H图的充分条件

以下均假设G是简单图。

引理6.6 设G是$v\geqslant 3$的简单,非H图,x,y在G中不相邻,若$G+xy$是H图,则

$$d_G(x)+d_G(y)<v$$

证 设G不是H图,$G+xy$是H图,则$G+xy$的每个H圈都含边xy,于是G中有条H路径$P(x,y)=v_1v_2\cdots v_v(v_1=x,v_v=y)$

令$S=\{v_i\mid xv_{i+1}\in E(G)\}$,则

$$|S|=d(x)$$

令 $T=\{v_i\mid v_iy\in E(G)\}$,则

$$|T|=d(y)$$

因$v_v\notin S$,且$v_v\notin T$,故

$$v_v\notin S\cup T$$

从而$|S\cup T|<v$

下证$|S\cap T|=0$

否则,存在$v_i\in S\cap T$,从而$xv_{i+1}\in E(G)$,$v_iy\in E(G)$,则G含圈$v_1v_2\cdots v_iyv_{v-1}\cdots v_{i+1}x$,此圈是$H$圈(见图6.23),这与$G$不是$H$图矛盾。故$d(x)+d(y)=|S|+|T|=|S\cup T|<v$,证毕。

图6.23

定理6.6(Dirac,1952) 若G是$v\geqslant 3$,且$\delta\geqslant\dfrac{v}{2}$的简单图,则$G$是$H$图。

证 若G不是H图,在G的一些不相邻的顶点对之间加边,使G成为最大的非H图G^*。显然G^*不是完备图,G^*中存在不相邻的顶点x,y,且有G^*+xy是H图,由引理6.8,有

$$d_{G^*}(x)+d_{G^*}(y)<v$$

从而$2\delta(G^*)<v$,与$\delta(G^*)\geqslant\dfrac{v}{2}$矛盾。故$G$是$H$图,证毕。

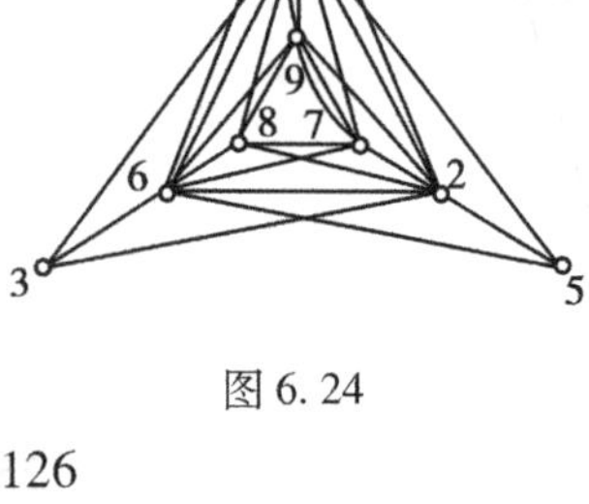

图6.24

例6.11 如图6.24所示的无向图中存在H圈1234567891,因而是H图,但$\delta=3<\dfrac{9}{2}=\dfrac{v}{2}$,这个$H$图不能用Dirac定理来判断,同时也说明Dirac定理的逆定理不成立。

例6.12 若围圆桌至少坐着5个人,那么一定可以调整他们的座位,使得每人两侧都挨着新邻居。

证 若恰好5个人,原来座次是$ABCDEA$,可调成$ADBECA$。若超过5个人,以人为顶点,当且仅当两人原来不邻座时,在

此相应的二顶点之间连一条边，得图 G，显然 $d(v)=v-3\geqslant v-\frac{v}{2}=\frac{v}{2}$。由 Dirac 定理知，$G$ 是 H 图，按 G 的 H 圈的次序请各位入座即可。

例 6.13 一个有限集的全部子集可以这样排序，使任何相邻的集合相差一个元素。

证 设此集合为 A，$|A|=n$，且

$$A=\{1,2,\cdots,n\}$$

A 的子集 A_0 用 n 维数组 $(a_1,a_2,\cdots,a_n)$ 表示，其中

$$a_i=\begin{cases}0 & \text{当 } i\notin A_0\\ 1 & \text{当 } i\in A_0\end{cases}$$

子集总数为 2^n 个，以这 2^n 个子集为顶点，仅当两个顶点的数组恰有一位数不同时，连一边，得到一个图，此图是 n 维超立方体，n 维超立方体是由两个 $n-1$ 维立方体之间顶点标一致的两个顶点之间加上边构成的，于是用数学归纳法易证 n 维超立方体是 H 图，按其 H 圈的次序对 A 的全部子集排序即可，证毕。

在图 6.25(a)和(b)中，实线表示 H 圈。

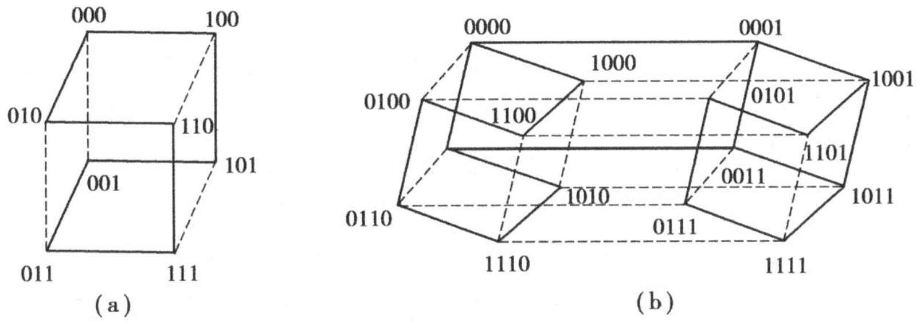

图 6.25

下面介绍 Bondy 与 Chratal 于 1974 年建立的闭包判别法。

定理 6.7 x 与 y 是 G 的两个不相邻的顶点，且 $d(x)+d(y)\geqslant v$，则 G 为 H 图的充要条件是 $G+xy$ 是 H 图。

证 必要性显然，只需证充分性。若 $G+xy$ 是 H 图，而 G 不是 H 图，由引理 6.8 知，应有

$$d(x)+d(y)<v$$

这与假设矛盾，故 G 也为 H 图，证毕。

定义 6.4 将 G 中次数之和至少为 v 的不相邻顶点之间添加一边，得到图 G_1，再将 G_1 中次数之和至少为 v 的不相邻顶点之间添加一边，得到图 G_2，这样的过程重复直到图 G_n 没有这样的顶点为止。最终得到的图 G_n 称为 G 的闭包，记为 $C(G)$。

例如，在图 6.26 中，绘出了 G 的添边过程，最终得到的图便是 G 的闭包 $C(G)$（见图 6.26(d)）。

易证 G 的闭包存在且唯一。

定理 6.8 简单图 G 是 H 图的充要条件是 $C(G)$ 是 H 图。

推论 6.8 G 是 $v\geqslant 3$ 的简单图，若 $C(G)$ 完备，则 G 是 H 图。

在图 6.26(a)中的图 G，不满足 Dirac 定理的条件，但 C 的闭包是 K_6，因而 G 是 H 图。由此可见，闭包的引入是有一定作用的。由推论 6.10 可以推得 Dirac 定理。

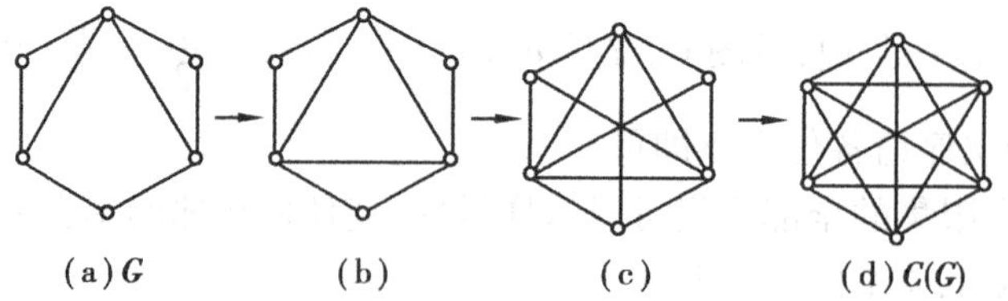

图 6.26

6.6 有向哈米尔顿图

定义 6.5 在有向图 G 中，经过每个顶点正好一次的有向路径称为有向 H 路径，经过每个顶点正好一次的有向圈称为有向 H 圈。具有有向 H 圈的有向图，称为有向 H 图或有向哈米尔顿图。

定理 6.9 若有向图 G 的底图（即去掉弧的方向之后的图）是完备图，则 G 存在一条有向 H 路径。

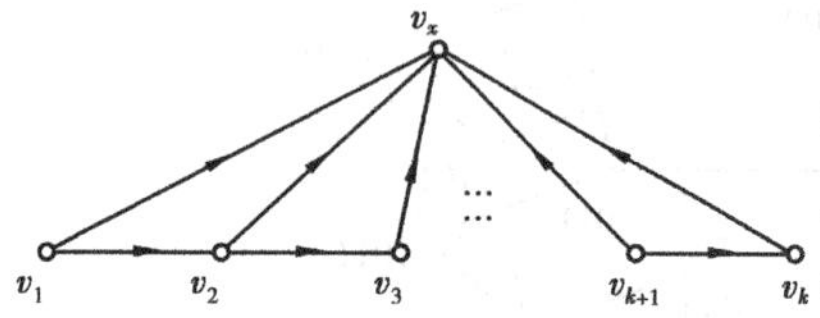

图 6.27

证 若 G 中不存在有向 H 路径，设有向路径 $P:v_1v_2\cdots v_k$ 是 G 中的最长有向路径，存在 v_x 不在 P 上，若 $v_xv_1\in E$，则 P 可增长，因此 $v_x\notin E$，从而 $v_1v_x\in E$；若 $v_xv_2\in E$，则可将 v_x 插入 v_1 与 v_2 之间，则 P 可增长，故 $v_xv_2\notin E$，从而 $v_2v_x\in E$；如此继续下去，最终可得 $v_xv_k\notin E$，$v_kv_x\in E$，从而 P 可增长，与 P 是最长有向路径矛盾（见图 6.27）。故 P 应包含 G 的所有顶点，从而 G 存在一条有向 H 路径。

定理 6.10 若强连通图 G 的底图是完备图，则 G 是有向 H 图。

证 因 G 强连通，则一定存在有向圈，设 $C=(v_1,v_2,\cdots,v_m,v_1)$ 是 G 中最长有向圈，下证 C 是有向 H 圈。

否则，设 C 不是有向 H 圈，即还存在顶点不在 C 上，设为 v，则对 C 上的任一顶点 v_i。

①若 $(v,v_i)\in E$，则必有 $(v_{i-1},v)\notin E$，否则可将 v 插入 C 的 v_{i-1} 与 v_i 之间使圈增长（见图 6.28(a)），这与 C 是最长圈矛盾。另外，因 G 的底图是完备图，若 $(v_{i-1},v)\notin E$，则必有 $(v,v_{i-1})\in E$，则得若 $(v,v_i)\in E$，则必有 $(v,v_{i-1})\in E$，由 v_i 的任意性，可见 C 上每一顶点都有一条有向弧由 v 引出。

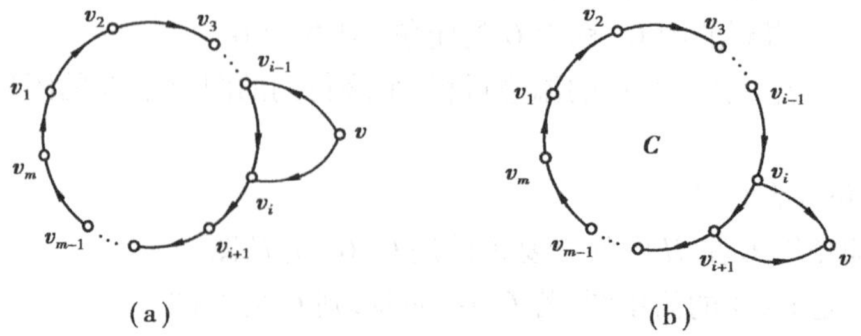

图 6.28

②同理,若$(v,v_i) \notin E$,则$(v_i,v) \in E$,可得$(v,v_{i+1}) \notin E$,因而$(v_{i+1},v) \in E$(见图6.28(b)),这时C上各个顶点,都将有一引出弧终止于v。

因此,C外的顶点可分为两类:一类是第①种情况的顶点,其构成的集合记为V'。另一类是第②种情况的顶点,其构成的集合记为V'',由G是强连通图,有$V' \neq \varnothing$及$V'' \neq \varnothing$,且存在有向弧从V''中的顶点引向V'中的顶点,设其中一条为(V'',V'),于是可得圈(见图6.29)。

$$C' = v_1 v_2 \cdots v_m,\ v'' v' v_1$$

C'的长度大于C的长度,与C是最长圈矛盾,故C是H圈。证毕。

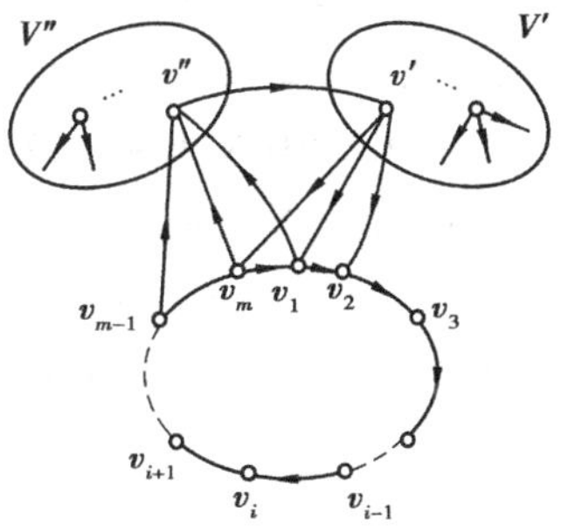

图6.29

与定理6.8类似地有下列定理:

定理6.11　设G是具有n个顶点的简单强连通有向图,若对G的任一顶点v,均有

$$d^+(v) + d^-(v) \geq n$$

则G是有向H图。

此定理是Ghouila-Houri于1960年提出的,其证明略。

6.7　哈米尔顿圈的寻迹

要判定一个图是否含有H圈是NP—完全的,要求出一个图的H圈也没有多项式时间算法,下面将介绍两种对有向图与无向图都适用的求有向(或无向)H圈的方法,它们都是某种穷举法,在图的规模不大时,可以使用。

6.7.1　**回溯法**

回溯法是应用深度优先搜索法构成解的树形结构来找出图的所有H回路。

设$G=(V,E)$是有n个顶点的连通有向(或无向)图,算法输入图的邻接矩阵GRAPH(1:n,1:n),输出$X(1)$,$X(2)$,…,$X(n)$表示H圈。规定H圈的起点$X(1)=1$,算法主要包括两个过程:一是回溯过程HAMILTONTIAN(k)。另一个是寻找下一顶点的过程NEXTVERTEX(k)。首先执行赋值语句$X(1) \leftarrow 1$,$X(2:n) \leftarrow 1$,然后执行调用语句,HAMILTONTIAN(2)。

```
HAMILTONIAN(k)(求所有H圈)
①While X(k) ≤n do
  begin
②NEXTVERTEX(k)(找X(k)的下一顶点)
③if X(k) =0 then return(结束本次调用)
④if k =n then(找到一个H圈)
⑤Print(X,"1")(输出圈)
⑥else HAMILTONIAN(k +1)(找下一个点)
  end
```

NEXTVERTEX(k)(产生下一个顶点)

begin

① X(k) ←(X(k)+1)mod(n+1)(找下一顶点)

②if X(k)=0 then return(找不到合适顶点,结束本次调用)

③if GRAPH(X(k-1),X(k))=1 then

begin ((X(k-1),X(k))是图的一条边)

④for j=1 to k-1 do

⑤if X(j)=X(k) then go to 1

⑥if k<n 或 k=n 且 GRAPH(X(n),1)=1

then return

end

⑦else go to 1

end

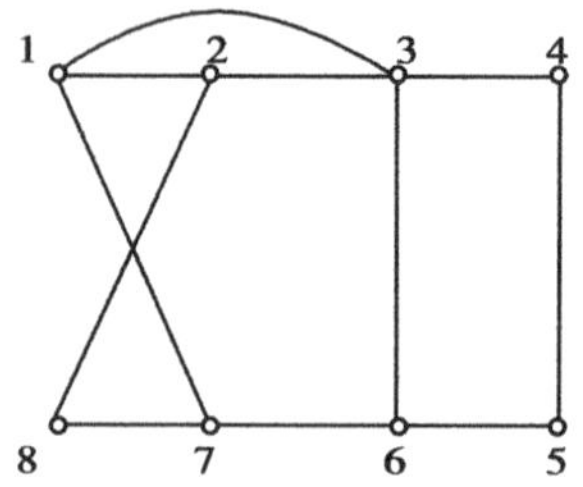

图 6.30

例 6.14 如图 6.30 所示的无向图,用回溯法求出它的 H 圈。

搜索过程如图 6.31 所示的回溯树,其中顶点的编号反映了过程的执行顺序,从树根到根稍为各条路径,其中长度为 8 的路径是 H 路径,若起点与终点相邻,则是 H 圈,其中有两条树根到 A 和树根到 A' 的 H 圈,A'实际上与 A 是同一圈,只是寻迹路线相反。树根到 A 的 H 圈是 1,2,8,7,6,5,4,3。

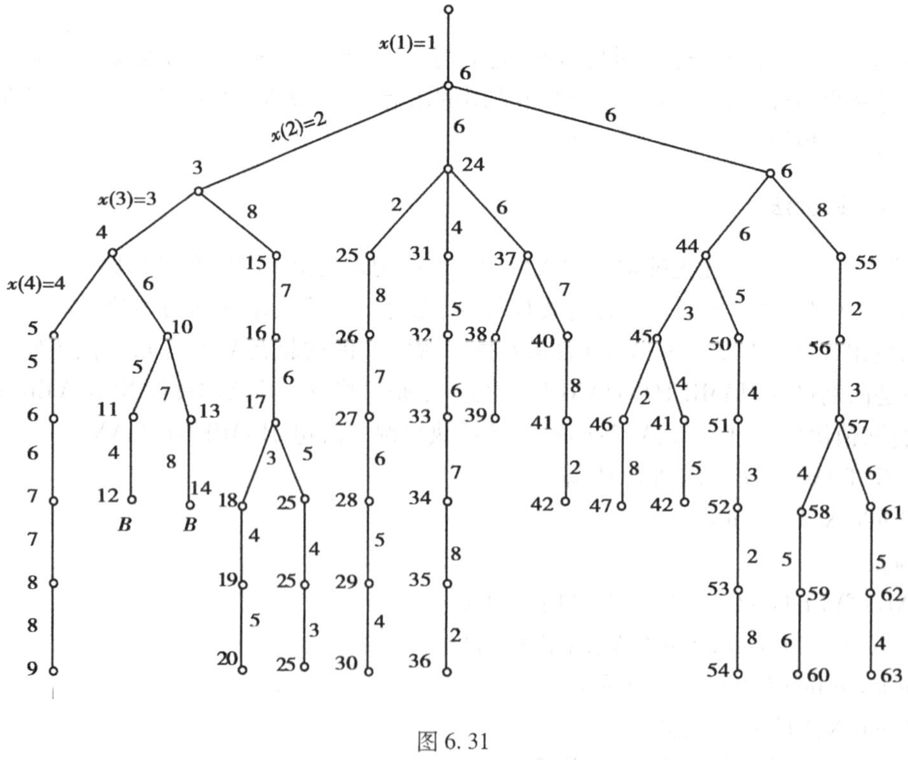

图 6.31

6.7.2　矩阵法

当图不是完备图时，可以用矩阵法求出图的所有 H 路径或 H 圈（如图存在），算法对有向图或无向图均适用。

1）引入邻接矩阵的弧表示法，M_1 是 $n\times n$ 矩阵，其 i 行 j 列元素为边 v_iv_j，若无此边，则为 0。

2）M 是将 M_1 中非零元素的第一个顶点去掉而得到的 $n\times n$ 矩阵。

其算法步骤：

①给出图的弧表示邻接矩阵 M_1，及相应的 M。

②定义矩阵的串乘法如下：

$$M_k = M_{k-1} * M$$

其中

$$M_k(i,j) = \{\underset{t}{V}M_{k-1}(i,t)0M(t,j)\}$$

这里：

①“0”是特种乘法，其运算规则：

a. 零乘任何项均为零。

b. 不为零的两项相乘是将此两项串联起来。

c. 两项中有公共元素时（除第一元素）相乘为零。

②“V”是特种加法，加法的结果是项的并列。

d. $M_k(i,j)$ 表示从 v_i 到 v_j 长度为 k 的路径的集合，故 $M_{n-1}(i,j)$ 即表示从 v_i 到 v_j 的 H 路径的集合（n 为图的顶点数）。

例 6.14　用矩阵法求如图 6.32 所示的有向图的 H 圈。

先求出弧表示邻接矩阵 M_1：

$$M_1 = \begin{bmatrix} 0 & AB & 0 & 0 & 0 \\ 0 & 0 & BC & 0 & 0 \\ 0 & 0 & 0 & CD & CE \\ 0 & 0 & 0 & 0 & DE \\ EA & EB & 0 & ED & 0 \end{bmatrix}$$

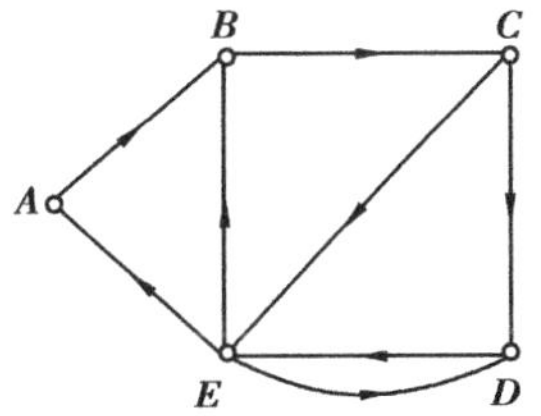

图 6.32

去掉 M_1 的非零项的第一个顶点得

$$M = \begin{bmatrix} 0 & B & 0 & 0 & 0 \\ 0 & 0 & C & 0 & 0 \\ 0 & 0 & 0 & D & E \\ 0 & 0 & 0 & 0 & E \\ A & B & 0 & D & 0 \end{bmatrix}$$

$$M_2 = M_1 * M = \begin{bmatrix} 0 & 0 & ABC & 0 & 0 \\ 0 & 0 & 0 & BCD & BCE \\ CEA & CEB & 0 & CED & CDE \\ DEA & DEB & 0 & DED & 0 \\ 0 & EAB & EBC & 0 & DED \end{bmatrix}$$

$$M_3 = M_2 * M = \begin{bmatrix} 0 & 0 & 0 & ABCD & ABCE \\ BCEA & BCEB & 0 & BCED & BCDE \\ CDEA & \begin{pmatrix} CEAB \\ CDEB \end{pmatrix} & CEBC & 0 & 0 \\ 0 & DEAB & DEBC & 0 & 0 \\ 0 & 0 & EABC & EABD & EBCE \end{bmatrix}$$

$$M_4 = M_3 * M = \begin{bmatrix} ABCEA & 0 & 0 & ABCED & ABCDE \\ BCDEA & \begin{pmatrix} BCEAB \\ BCDEB \end{pmatrix} & 0 & 0 & 0 \\ 0 & CDEAB & \begin{pmatrix} CEABC \\ CDEBC \end{pmatrix} & 0 & 0 \\ 0 & 0 & DEABC & DEBCD & 0 \\ 0 & 0 & 0 & EABCD & \begin{pmatrix} EABCE \\ EABDE \end{pmatrix} \end{bmatrix}$$

$$M_5 = \begin{bmatrix} ABCDEA & 0 & 0 & 0 & 0 \\ 0 & BCDEAB & 0 & 0 & 0 \\ 0 & 0 & CDEABC & 0 & 0 \\ 0 & 0 & 0 & DEABCD & 0 \\ 0 & 0 & 0 & 0 & EABCDE \end{bmatrix}$$

6.8 流动推销员问题

流动推销员需要访问某地区的所有城镇,回到出发点,问如何安排其旅行路线使总行程(或时间、或费用)最小。流动推销员问题,具有广泛的意义,它不仅是如何解决推销员的最优巡回路线问题,而且流水作业生产线的顺序问题,装配线进度问题,数控机床的运行问题以至机组人员的轮班安排等都直接或间接地与推销员问题有关。因此引起人们的极大关注,也提出了多种不同的解法,但至今还没一个求解推销员问题的有效算法,推销员问题是 NP—难题。

推销员问题可用图论的语言来描述。构造一个图 $G=(V,E)$,顶点表示城镇,边表示连接两城镇的路,边上的权 $W(e)$ 表示距离(或时间或费用)。于是推销员问题就成为在加权图中寻找一条经过每个顶点至少一次的最短闭通路的问题。

定义 6.6 在加权图 $G=(V,E)$ 中:

①权最小的哈米尔顿圈称为最佳 H 圈。

②经过每个顶点至少一次的权最小闭通路称为最佳推销员回路。

一般来说，一个最佳哈米尔顿圈不一定是最佳推销员回路。如图6.33所示的加权图只有唯一的哈米尔顿圈 $C:v_1v_2v_3v_1$，其权为 $w(C)=1+1+20=22$。其中存在一个推销员回路 C'：$v_1v_2v_1v_3v_1$，其权

$$w(C')=1+1+1+1=4$$

可见如图6.33所示的加权图的最佳哈米尔顿圈不可能是最佳推销员回路。

那么，什么时候最佳哈米尔顿圈也是最佳推销员回路呢？

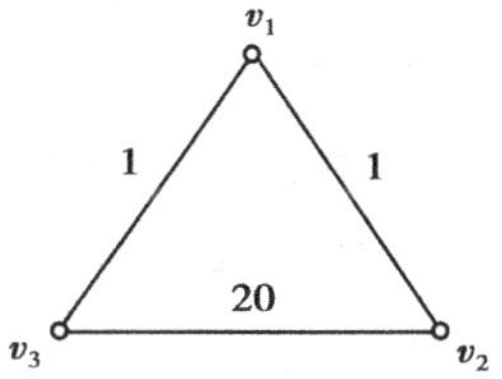

图6.33

定义6.7 在加权完备图 $G=(V,E)$ 中，若对任意 $x,y,z\in V,z\neq x,z\neq y$，都有

$$w(x,y)\leq w(x,z)+w(z,y)$$

则称 G 满足三角不等式。

定理6.12 若加权完备图 G 满足三角不等式，则 G 的最佳 H 图也是 G 的最佳推销员回路。

证 设 C 是 G 的一个最佳推销员回路。若 C 不是 G 的 H 圈，则存在某顶点 z 在 C 上出现至少两次。z 在 C 上第1次出现的前一个顶点是 x，后一顶点是 y，则去掉第1个 z 及边 (x,z) 和 (z,y)，增加边 (x,y)，得到 C'，由于 G 满足三角不等式，则 $w(C')\leq w(\mathrm{C})$。因此，C' 也是 G 的最佳推销员回路。重复上述过程，直到没有重复顶点为止，便得到一个 H 圈，其权不超过 C 的权，当然是 G 的最佳推销员回路，证毕。

在 G 满足三角不等式的条件下，寻求最佳推销员回路只需求最佳哈米尔顿圈。

如果图 G 不满足三角不等式，最佳 H 圈不一定是最佳推销员回路，但仍可将求最佳推销员回路问题转化为求最佳哈米尔顿圈的问题。其方法是由给定的图 $G=(V,E)$ 构造一个以 V 为顶点集的完备图 $G'=(V,E')$。E' 中每条边 (x,y) 的权 $w(x,y)$ 等于 x 与 y 在 G 中的最短路径的权。由于 G 不满足三角不等式，x 与 y 之间的最短路径权可能不是 G 中的边 (x,y) 上的权。为了便于查找，可以在 G' 中的边上标出权所对应的路径。如图6.33所示不满足三角不等式，但可作出与它相应的满足三角不等式的图，如图6.34所示。可以看出 G' 中最佳 H 圈 $v_1'v_2'v_3'v_1'$，只要将上面的每条边换为其权所对应的 G 中的路径，便得到 $v_1v_2v_1v_3v_1$，正是 G 中的最佳推销员回路。因此，一般情况下，只要求出 G' 中的最佳 H 圈，将边换为 G 中的路径，便得到 G 中的最佳推销员回路。

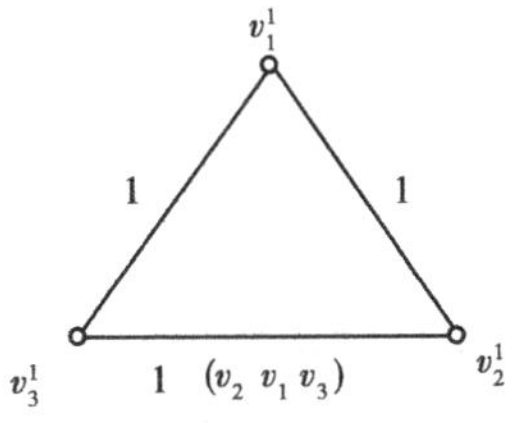

图6.34

定理6.13 加权图 G 的最佳推销员回路的权和 G' 的最佳 H 圈的权相同。

证 设 C 是 G 的一条最佳推销员回路，其权为 $w(\mathrm{C})$，C' 是 G' 的最佳 H 圈，其权为 $w(C')$。

设 G' 中与 C 在 G 中行走路线相同的闭通路为 C_1'。由 G' 的构造有 $w(C_1')\leq w(\mathrm{C})$，若 C_1' 在 G' 中经过有些顶点多于一次，如 z，设 x 是第1个 z 的前一顶点，y 是第1个 z 的后一顶点，由于 G' 满足三角不等式，因此，用边 xy 取代边 xz 和 zy 所得的闭通路仍是 G' 的推销员回路，且其权小于等于 $w(C_1')$，对 C_1' 的所有重复顶点重复以上做法直到 C_1' 不再有重复顶点为止。最后得到的是 G' 的 H 圈 C_0'。

$$w(C_0')\leq w(C_1')\leq w(\mathrm{C})$$

故

$$w(C')\leq w(C_0')\leq w(\mathrm{C})$$

又 G' 的最佳 H 圈 C' 展开又是 G 中的一个权相同的推销员回路,故

$$w(\mathrm{C}) \leqslant w(C')$$

综上,$w(\mathrm{C}) = W(C')$,证毕。

总之,在图中寻求最佳推销员回路问题可转化为在一个完备加权图中寻求最佳哈米尔顿圈的问题,以下只须讨论在完备加权图中求最佳 H 圈的问题,称为 TSP 问题。

求解 TSP 问题的一种直觉解法就是采用枚举法,即求出图的所有 H 圈,进行比较,权最小者即为所求。K_n 共有 $(n-1)!/2$ 个不同的 H 圈,因此,求所有 H 圈的计算量是 $0(n!)$ 级的,随 n 的增加,计算量比指数增长速度还快,故当 n 较大时,难以在较短时间内完成计算任务。例如,设计算机的加法计算速度为 10^8 次/s,n 取不同值时,计算机需要的计算时间如表 6.4 所示:

表 6.4

n	$n!$	计算时间
12	4.8×10^8	5 s
15	1.3×10^{12}	3 h
20	2.4×10^{18}	800 a
50	3.0×10^{64}	10^{49} a

由表 6.4 可见,只有 20 个顶点的完备图,计算时间竟需要 800 年,因此,人们都在寻求计算量在多项式时间内的近似算法。实际上,TSP 问题是 NP 难题,很可能不存在多项式时间内的精确算法。

6.9 TSP 的近似算法

人们在提出近似解的算法时,总希望由算法求出的近似解,在保证计算量为多项式时间的前提下尽量接近精确值,设 L 为计算得到的近似值,L_0 为精确值,当问题是求最小值时,令

$$1 \leqslant L/L_0 \leqslant \alpha$$

当问题是求最大值时,令

$$1 \leqslant L_0/L \leqslant \alpha$$

于是 α 越接近 1,算法的精度越高。

近似算法包括构造型算法和改进型算法,构造算法是按一定规则一次性的构造出一个解。而改进型算法则是以某一解作为初始解,逐步迭代,改进解,是一种迭代法,一般是以构造型算法得到一个初始解,然后再用改进型算法逐步改进。

下面先介绍两种构造型算法。

6.9.1 Christofides **最小权匹配算法**

此法的基本思想是在最小生成树基础上,通过在最小权配对的奇数顶点之间添边,得到欧拉图 G^*,求得 G^* 的欧拉巡回 C,将 C 上的重复顶点删去,得到的圈便是一个哈米尔顿圈。

这方法要求 G 满足三角不等式,其算法步骤如下:

①求 G 的最小生成树 T。

②构造图 G',以 T 的所有奇数顶点为顶点集 V',V'在 G 中的导出子图 $G[V']$即是 G'。求出 G'的最小权理想匹配 M。

③将 M 的边加到 T 上得到欧拉图 G^*。

④求 G^* 的欧拉巡回 C。

⑤按访问的先后次序检查 C,将以后出现的重复顶点删去(不删最后一个顶点),得到一个顶点重复的圈 C^*,即为 H 圈。

上述算法得到的 H 圈未必是最佳 H 圈,不过算法的时间复杂是 $0(n^3)$。

例 6.15　用 Christofides 最小权匹配算法求如图 6.35 所示的加权图的一个较优 H 圈。

先求出如图 6.35 所示的加权图 G 的最小生成树 T,如图 6.36(a)所示。这里 T 中的 6 个顶点都是奇次顶点,因而 $G'=G$,求出 G'的最小权理想匹配

$$M=\{(v_1,v_6),(v_2,v_3),(v_4,v_5)\}$$

将 M 的边加到 T 上得到图 G^*,如图 6.36(b)所示。由 G^* 得到 G^* 的欧拉巡回。

$$C=(v_1,v_6,v_1,v_2,v_3,v_2,v_4,v_5,v_1)$$

依次删去 C 中重复出现的顶点得

$$C^*=\{v_1,v_6,v_2,v_3,v_4,v_5,v_1\}$$

C^* 的权 $w(C^*)=12$

下面分析在一般情况下,Christofides 法求得的 H 圈与最佳 H 圈之间的最大误差。

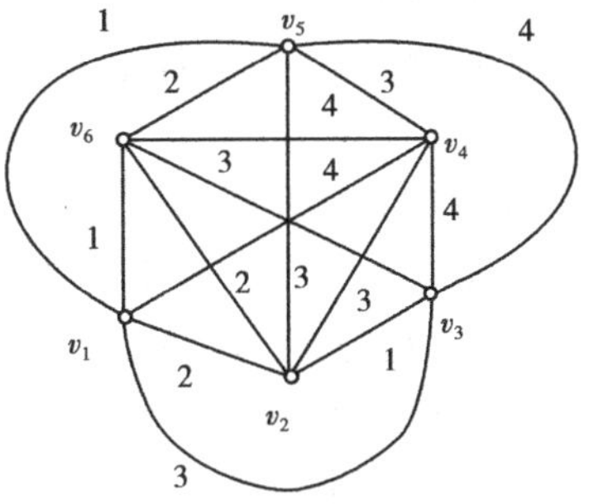

图 6.35

定理 6.14　对 Christofides 法,有 $\alpha<\dfrac{3}{2}$。

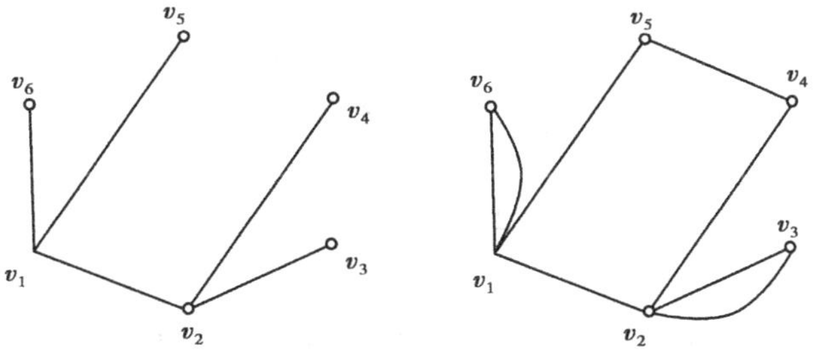

(a)T　　　(B)G^*

图 6.36

证　设 C^* 是算法得到的 H 圈,C 是算法中 G^* 的欧拉巡回,T 和 M 分别是 G 的最小生成树和树中奇次顶点导出子图的最小权匹配,则

$$W(C^*)\leqslant W(C)=W(T)+W(M)$$

设 H 是最佳 H 圈,则 $W(T)<W(H)$。

下证 $W(M)\leqslant\dfrac{1}{2}W(H)$

设在 $H:v_1v_2\cdots v_nv_1$ 上去掉 T 中的偶次顶点得一个只含 T 的奇数顶点的圈 C',显然

$$W(C') \leqslant W(H) \text{ 且 } W(C') \geqslant 2W(M)$$

因此
$$W(M) \leqslant \frac{1}{2}W(C') \leqslant \frac{1}{2}W(H)$$

综上
$$W(C^*) < W(H) + \frac{1}{2}W(H) = \frac{3}{2}W(H)$$

故 $\alpha < \frac{3}{2}$，证毕。

到目前为止，还没有一个能使 α 值比 $\frac{3}{2}$ 更小的近似算法。

6.9.2 对角线完全算法

此方法对有向图，无向图均适合，它主要是基于如下结论，因为有向（或无向）H 圈是通过图的每个顶点一次且仅一次的圈，圈上的 n 条边对应距离矩阵中的 n 个不同行，不同列的元素，即对图的距离矩阵的每一行，任何一个有向（或无向）H 圈必然含该行的一个且仅一个元素，对列的情况一样。若能在 $n \times n$ 距离矩阵中找出 n 个元素，使它们是不同行也不同列，其和为最小值，且这 n 个元素构成一条哈米尔顿圈时，此圈便是最佳 H 圈。直接在矩阵上找满足上述条件的 n 个元素会很复杂，为此先引入矩阵的简化。

将矩阵的每一行的各元素减去本行的最小元素称为对行简化，从第 i 行减去的数称为第 i 行的约数，记为 $R(i)$。列的简化类似，将矩阵的每一列的各元素减去本列的最小元素称为对列简化，从第 j 列减去的数称为第 j 列的约数，记为 $R'(j)$。各行各列的约数之和称为矩阵的约数，记为 R。矩阵经行的简化和列的简化后所得矩阵称为原矩阵的简化矩阵，简化矩阵的每一行每一列都至少有一个零元素。

例 6.16 求下列距离矩阵 D 的简化矩阵及各行，各列的约数。其中

$$D = \begin{bmatrix} \infty & 25 & 40 & 31 & 27 \\ 5 & \infty & 17 & 30 & 25 \\ 19 & 15 & \infty & 6 & 1 \\ 9 & 50 & 24 & \infty & 6 \\ 22 & 8 & 7 & 10 & \infty \end{bmatrix}$$

元素出 D 中各行的约数

$$R(1) = 25, R(2) = 5, R(3) = 1, R(4) = 6, R(5) = 7$$

D 经行简化得

$$D \to \begin{bmatrix} \infty & 0 & 15 & 6 & 2 \\ 0 & \infty & 12 & 25 & 20 \\ 18 & 14 & \infty & 5 & 0 \\ 3 & 44 & 18 & \infty & 0 \\ 15 & 1 & 0 & 3 & \infty \end{bmatrix} = D'$$

求出 D' 各列的约数

$$R'(1) = 0, R'(2) = 0, R'(3) = 0, R'(4) = 3, R'(5) = 0$$

再经列简化得

$$D' \rightarrow \begin{bmatrix} \infty & 0 & 15 & 3 & 2 \\ 0 & \infty & 12 & 22 & 20 \\ 18 & 14 & \infty & 2 & 0 \\ 3 & 44 & 18 & \infty & 0 \\ 15 & 1 & 0 & 0 & \infty \end{bmatrix}$$

由于简化矩阵同一行各元素减同一数，同列各元素也是减同一数，因而每个 H 圈的权都减少同一数即 R，因此有如下定理：

定理 6.15　设 D'是图 G 的距离矩阵 D 的简化矩阵，则 D'对应图 G'的最佳(有向)H 圈也是原图 G 的最佳(有向)H 圈。G'只是边权与 G 不同，去掉权之后完全一样。因此，当简化矩阵中的零元素构成 H 圈时，即是原问题的最佳 H 圈。

定义 6.8　一个 H 圈的一些不相交路径称为可行部分路。

可行部分路不能含子循环，例如，(1,2)，(2,1)或(1,2)，(2,7)，(7,1)等。可行部分路中每个顶点的出次或入次不能大于1。图6.37是10个顶点完备图的两个不可行部分路，图6.37(a)中含有子循环，1—2—7—1，图6.37(b)中有一个顶点5的入度为2。图6.37(c)就是10个顶点完备图的一个可行部分路，即是一个 H 圈的部分。

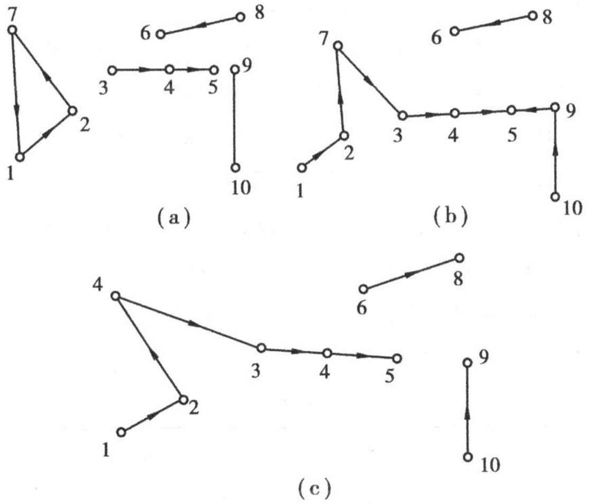

图6.37

在图 G 的距离矩阵的简化矩阵 D'中，第 i 行的最小元素与次小元素之差称为 i 行的**罚数**，记为 $P(i)$。第 j 列的最小元素与次小元素之差称为第 j 列的**罚数**，记为 $P'(j)$，某行(或列)的罚数即是若 H 圈不选择该行(或列)的最小元素会使其权增加的最小值。

对角线完全算法的步骤：

输入：图的距离矩阵 D。

①求 D 的简化矩阵 D'以及各行各列的约数 $R(i)$，$R'(j)$，罚数 $P(i)$，$P'(j)$。

②计算在简化矩阵中零元素所在行与列的罚数和，即 $P(i,j)=P(i)+P'(j)$。将 $P(i,j)$由大到小排列后，依次选取可作为可行部分路的边(i,j)。这些边对应的零元素记为 0^*。用这些选择出来的边构成可行部分路。

③构造新的距离矩阵称为重构距离矩阵：按上述可行部分路的顶点序重新排列简化矩阵

D'的行,列也按使上述所有“ 0^* ”位于对角线上的次序重新排列。不在对角线上的元素可不考虑。

④产生 D 的子阵:设重构矩阵对角线上 m 个非零元素对应的边为(i_1,j_1),(i_2,j_2),…,(i_m,j_m),则从 D 中取出相应的 m 行,m 列构成一个 $m\times m$ 子阵 D_1。为保证选出的边与原来的可行部分路不形成子循环,有 m 条边不能选择,将其对应的元素置为∞。并将列做适当调整使对角线元素为∞。

⑤对 D_1 重复①—④步,直到重构矩阵对角线上的元素全为 0 为止,这时便可得到一个 H 圈。

第 2 次迭代中的简化矩阵称为二级简化阵,重构矩阵称为二级重构矩阵,选出的零元素记为 0^{**},表示第 2 次迭代产生的零元素。同理有三级,四级,……,简化阵,重构阵,以及 0^{***},0^{****},…。

例 6.17 用对角线完全法注加权图 K_{10}的较佳 H 圈,K_{10}的距离如下:

$$
D=\begin{array}{c}
 \\ 1\\2\\3\\4\\5\\6\\7\\8\\9\\10
\end{array}
\begin{array}{c}
\begin{array}{cccccccccc}
1 & 2 & 3 & 4 & 5 & 6 & 7 & 8 & 9 & 10
\end{array}\\
\begin{bmatrix}
\infty & 220 & 418 & 420 & 568 & 608 & 600 & 806 & 644 & 570\\
220 & \infty & 198 & 308 & 362 & 388 & 462 & 586 & 445 & 462\\
418 & 198 & \infty & 140 & 200 & 191 & 410 & 388 & 290 & 438\\
520 & 308 & 140 & \infty & 60 & 130 & 521 & 304 & 150 & 357\\
568 & 362 & 20 & 60 & \infty & 143 & 573 & 281 & 90 & 335\\
608 & 388 & 191 & 130 & 143 & \infty & 464 & 197 & 198 & 477\\
600 & 462 & 410 & 521 & 573 & 464 & \infty & 580 & 653 & 848\\
806 & 586 & 388 & 304 & 281 & 197 & 580 & \infty & 270 & 590\\
644 & 445 & 290 & 150 & 90 & 198 & 653 & 270 & \infty & 320\\
570 & 462 & 438 & 357 & 335 & 477 & 848 & 590 & 320 & \infty
\end{bmatrix}
\end{array}
$$

1)首先求出第 1 级简化阵,及相应的各行,列的约数和罚数如表 6.5 所示。

表 6.5

	1	2	3	4	5	6	7	8	9	10	$R(i)$	$P(i)$
1	∞	0	198	300	348	388	116	519	424	120	220	116
2	0	∞	0	110	164	190	0	321	247	34	198	0
3	256	58	V	0	60	51	6	181	150	68	140	6
4	438	248	80	∞	0	70	197	177	90	67	60	67
5	486	302	140	0	∞	83	249	154	30	45	60	30
6	456	258	61	0	13	∞	70	0	68	117	130	0
7	168	52	0	111	163	54	∞	103	243	208	410	52
8	587	389	191	107	84	0	119	∞	73	163	197	73
9	532	355	200	60	0	108	299	113	∞	0	90	0

续表

	1	2	3	4	5	6	7	8	9	10	$R(i)$	$P(i)$
10	228	142	118	37	15	157	264	203	0	∞	320	15
$R'(j)$	22	0	0	0	0	0	264	67	0	230		
$P'(j)$	168	52	0	0	0	51	6	103	30	34		

2)求出以上第 1 级简化阵中零元素对应的罚数，如 $P(1,2)=P(1)+P'(2)=116+52=168$，并将这些罚数按由大到小的次序排列如下：

$P(1,2)=168$

$P(2,1)=168$

$P(8,6)=124$

$P(6,8)=103$

$P(4,5)=67$

$P(7,3)=52$

$P(10,9)=45$

$P(9,10)=34$

$P(5,4)=30$

$P(2,7)=6$

$P(3,4)=6$

$P(2,3)=0$

$P(6,4)=0$

$P(9,5)=0$

现依次从上述各边选择能形成可行部分路的边，先选第 1 边(1,2)，之后(2,1)，(2,1)不行，因(1,2)，(2,1)形成子循环；接着(8,6)，但(6,8)不行，(6,8)会与(8,6)构成子循环；再下是(4,5)，(7,3)(10,9)，但(9,10)不能入选；(5,4)也不能入选，因会和前面选中的(4,5)构成子循环；接着是(2,7)，(3,4)，但(2,3)不能入选，否则与(2,7)会使 2 的出次大于 1。同理，(6,4)，(9,5)也不能入选。综上得到可形成可行部分路的边为：(1,2)，(8,6)，(4,5)，(7,3)，(10,9)，(2,7)和(3,4)。它们对应的零元素为 0^*。

将选出的边构成可行部分路：1—2—7—3—4—5，8—6 和 10—9，3 条不相交路径。

3)以 1，2，7，3，4，5，8，6，10，9 的顺序重新排列 D'的行，为使所有 0^* 位于对角线上，D'的列按 2，7，3，4，5，8，6，10，9，1 的顺序排列，这样便得到第 1 级重构距离矩阵如下：

	2	7	3	4	5	8	6	10	9	1
1	0^{*}									
2		0^{*}								
7			0^{*}							
3				0^{*}						
4					0^{*}					
5						281				
8							0^{*}			
6								477		
10									0^{*}	
9										644

4）对角线上有 3 个非零元素 281，477 和 644，其对应的边为：(5，8)，(6，10) 和 (9，1)，相应的行数为 5，6，9；列数为 8，10，1。从原始权矩阵 D 中取出这 3 行，3 列构成一个 3×3 型的 D 的子阵：

	1	8	10
5	∞	281	335
6	608	∞	477
9	644	270	∞

其中，(5，1)，(6，8)，(9，10) 对应的元素置为 ∞，目的在于避免选择这些边，它们会和已经选出的可行部分路形成子循环。例如，(5，1) 会和 1—2—7—3—4—5 构成子循环。(6，8) 会和 8—6 构成子循环，(9，10) 会和 10—9 形成子循环。同时列的顺序作相应调整，使 ∞ 位于对角线上。

5）重复步骤①—④，得到第 2 级简化矩阵及相应的约数，罚数如下：

	1	8	10	$R(i)$	$P(i)$
5	∞	0	54	281	54
6	0	∞	0	477	0
9	243	0	∞	270	243
$R'(j)$	131	0	0		
$P'(j)$	243	0	54		

计算各零元素的罚数并按由大到小排列如下：

$P(6,1)=243$

$P(9,8)=243$

$P(5,8)=54$

$P(6,10)=54$

依次选择可行边:(6,1)和(9,8)。它们对应的零元素记为 0^{**}。

与原来已经选出的边一起形成可行部分路如下:1—2—7—3—4—5;8—6—1;10—9—8,或更清楚地应为:10—9—8—6—1—2—7—3—4—5。

以上述顶点序得到第 2 级重构距离矩阵如下:

	9	8	6	1	2	7	3	4	5	10
10	0^{*}									
9		0^{**}								
8			0^{*}							
6				0^{**}						
1					0^{*}					
2						0^{*}				
7							0^{*}			
3								0^{*}		
4									0^{*}	
5										335

最后还剩一个元素(5,10)不为零,没有选择余地,第 3 迭代必定是选(5,10)与前面得到的可行部分路一起构成 H 圈 10—9—8—6—1—2—7—3—4—5—10,因此第 3 级重构距离矩阵只须在第 2 级距离矩阵中 335 换成 0^{***} 即可。第 3 级重构距离矩阵如下:

	9	8	6	1	2	7	3	4	5	10
10	0^{*}									
9		0^{**}								
8			0^{*}							
6				0^{**}						
1					0^{*}					
2						0^{*}				
7							0^{*}			
3								0^{*}		
4									0^{*}	
5										0^{***}

故所求 H 圈为:10—9—8—6—1—2—7—3—4—5—10,其权:$W=3\ 022$。

一般来说,构造型算法得出的解误差都不小。其解可作为改进型算法的初始解,经逐步改进便可得到比较满意的解。下面将介绍两个改进型算法。

6.9.3 二边逐次修正法

算法步骤如下：

①任取初始 H 圈

$$C_0 = v_1, v_2, \cdots, v_i, \cdots, v_j, \cdots, v_n, v_1$$

②对所有的 $i, j, 1 < i+1 < j < n$，若

$$w(v_i, v_j) + w(v_{i+1}, v_{j+1}) < w(v_i, v_{i+1}) + w(v_j, v_{j+1})$$

则在 C_0 中删去边 (v_i, v_{i+1}) 和 (v_j, v_{j+1})，而加入边 (v_i, v_j) 和 (v_{i+1}, v_{j+1})，形成新的 H 圈 C，即

$$C = v_1, v_2, \cdots, v_i, v_j, v_{j-1}, \cdots, v_{i+1}, v_{j+1}, \cdots, v_n, v_1$$

如图 6.38(a)、(b)所示。

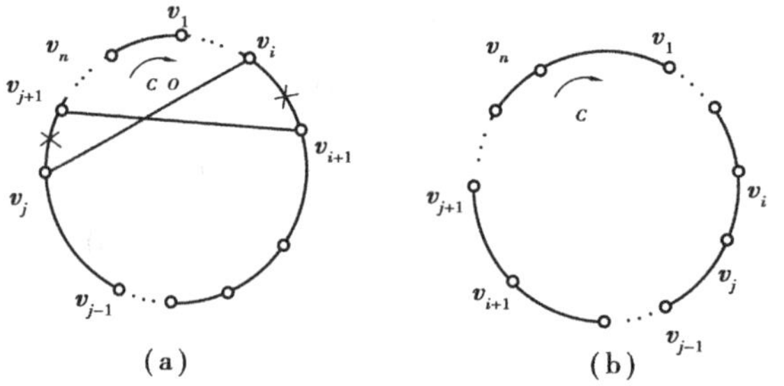

图 6.38

③对 C 重复步骤②，直到条件不满足为止，最后得到的 C 即为所求。

上述算法得到的 H 圈未必是最佳圈，不过上述算法的时间复杂度是 $0(\nu^2)$。

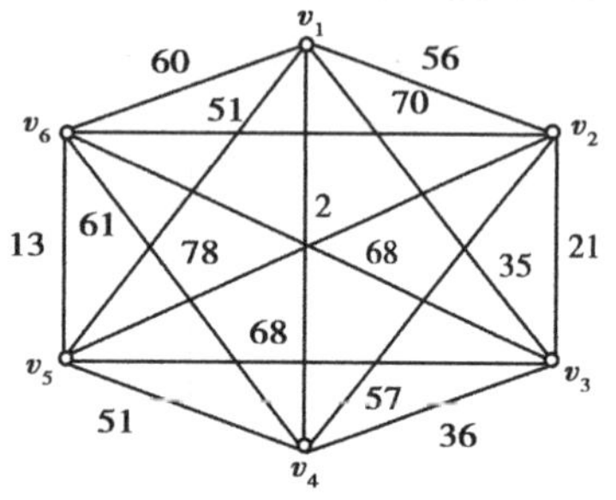

图 6.39

例 6.18 对如图 6.39 所示的完备图，用二边逐次修正法求较优 H 圈。

首先任选一初始 H 圈：

$$C_0 = v_1 v_2 v_3 v_4 v_5 v_6 v_1$$

可以看出(见图 6.40(a))。

$$w(v_1, v_4) + w(v_2, v_5) < w(v_1, v_2) + w(v_4, v_5)$$

删去边 (v_1, v_2)，(v_4, v_5)；加入边 (v_1, v_4) 和 (v_2, v_5)，得到一新的 H 圈 C_1(见图 6.40(b))。

$$C_1 = v_1 v_4 v_3 v_2 v_5 v_6 v_1$$

从图 6.40(b)可看出

$w(v_1, v_5) + w(v_2, v_6) < w(v_1, v_6) + w(v_2, v_5)$ 删去边 (v_1, v_6) 和 (v_2, v_5)，添上边 (v_1, v_5) 和 (v_2, v_6) 得到一新的 H 圈 C_2(见图 6.40(c))。

$$C_2 = v_1 v_5 v_6 v_2 v_3 v_4 v_1$$

从图 6.40(c)可看出

$$w(v_1, v_3) + w(v_4, v_5) < w(v_1, v_5) + w(v_3, v_4)$$

因此删去边 (v_1, v_5) 和 (v_3, v_4)，加上边 (v_1, v_3) 和 (v_4, v_5)，得到一新的 H 圈 C_3(见图 6.40(d))

$$C_3 = v_1 v_3 v_2 v_6 v_5 v_4 v_1$$

其权值为 $w(C_3)=192$。

为了了解找出的这个解的好坏,可以用最佳 H 圈的权的下界与其比较。利用最小生成树可得到最佳 H 圈的一个下界,方法如下:

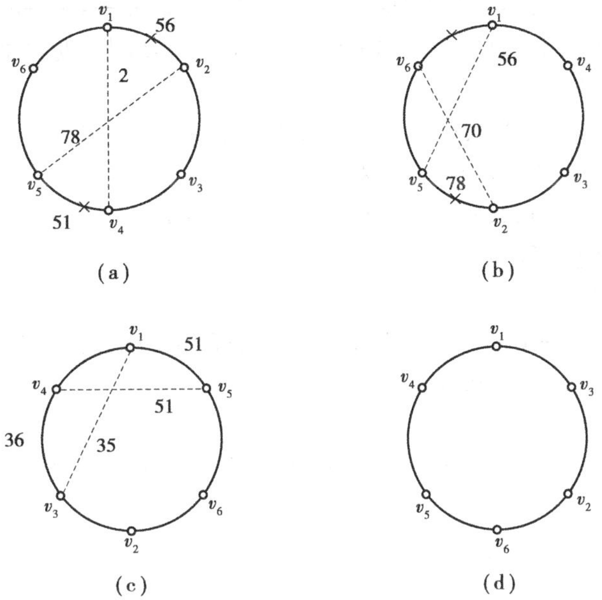

图6.40

设 C 是 G 的一个最佳 H 圈,则对 G 的任一顶点 v, $C-v$ 是 $G-v$ 的 H 路径,也是 $G-v$ 的生成树。如果 T 是 $G-v$ 的最小生成树,且 e_1 和 e_2 是 v 关联的边中权最小的两条边,则

$$w(T)+w(e_1)+w(e_2)$$

将是 $w(C)$ 的一个下界。

在上述例子中,若取 $v=v_3$,可得 $G-v_3$ 的一棵最小生成树如图6.41(a)所示。其权 $w(T_1)=122$,与顶点 v_3 关联的权最小的两条边为 (v_2,v_3) 和 (v_1,v_3),因此

$$w(C)\geqslant w(T_1)+w(v_2,v_3)+w(v_1,v_3)=122+21+35=178$$

若取 $v=v_5$,可得 $G-v_5$ 的一棵最小生成树如图6.41(b)所示。其权 $w(T_2)=118$。与顶点 v_5 关联的权最小的两条边为 (v_5,v_6) 和 (v_5,v_4),故

$$w(C)\geqslant w(T_2)+w(v_5,v_6)+w(v_5,v_4)=118+13+51=182$$

前面求出的 H 圈 C_3 的权 $w(C_3)=192$,故最佳 H 圈 C 的权应满足:

$$182\leqslant w(C)\leqslant 192$$

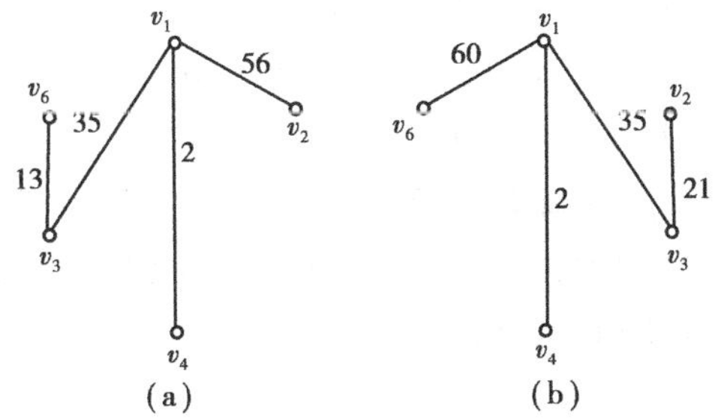

图6.41

6.9.4 Feiring 矩阵逐次改进法

此法是利用距离矩阵的行、列对换产生新的 H 圈，距离矩阵对角线上方，紧邻对角线的那条线上的元素以及左下角元素，正好对应于一个 H 圈，1—2—3—4⋯—$n-1$，矩阵经两行的调换，相应的两列调换，这些位置的元素正好又对应一个新的 H 圈。据此建立改进算法。

距离矩阵 D 对应的 H 圈为

$$C=\{1,2,3,\cdots,i-1,i,i+1,\cdots,j-1,j,j+1,\cdots,n\}$$

将 D 的 i 列，j 列调换得一新矩阵，其对应的圈为

$$C_1=\{1,2,3,\cdots,i-1,j,i+1,\cdots,j-1,i,j+1,\cdots,n\}$$

C 与 C_1 中不同的边分别为：

a. 当 i 与 j 不相邻。

在 C 中的边 $S_1=\{(i-1,i),(i,i+1),(j-1,j),(j,j+1)\}$ 去掉，加入 $S_2=\{(i-1,j),(j,i+1),(j-1,i),(i,j+1)\}$ 中的边便得 C_1。

b. 当 $j=i+1$ 时：

在 C 中的边 $S_1=\{(i-1,i),(i,i+1),(i+1,i+2)\}$ 去掉，加入 $S_2=\{(i-1,i+1),(i,i+2),(i+1,i)\}$ 便得 C_1。

因此 C 与 C_1 的权有如下关系：

$$w(C_1)=w(C)-\sum_{(k,l)\in S_1}w(k,l)+\sum_{(k,l)\in S_2}w(k,l)$$

令

$$Y(i,j)=\sum_{(k,l)\in S_1}w(k,l)-\sum_{(k,l)\in S_2}w(k,l)$$

则当 $Y(i,j)>0$ 时，i,j 对换可使 H 圈的权值减小。

基于上述分析，可提出如下算法：

Feiring 矩阵逐次改进法：

输入：距离矩阵 D。

①取初始 H 圈 $C=(1,2,3,\cdots,n-1,n)$，计算 $w(C)$。

②对 $1\leqslant i<j\leqslant n$，计算

$$Y(i,j)=\sum_{(k,l)\in S_1(i,j)}w(k,l)-\sum_{(k,l)\in S_2(i,j)}w(k,l)$$

其中

$$S_1(i,j)=\begin{cases}\{(c_{i-1},c_i),(c_i,c_{i+1}),(c_{i+1},c_{i+2})\}, & \text{当 } j=i+1\\ \{(c_{i-1},c_j),(c_i,c_{i+1}),(c_{j-1},c_j),(c_j,c_{j+1})\}, & \text{其他}\end{cases}$$

$$S_2(i,j)=\begin{cases}\{(c_{i-1},c_{i+1}),(c_i,c_{i+2}),(c_{i+1},c_i)\}, & j=i+1\\ \{(c_{i-1},c_j),(c_j,c_{i+1}),(c_{j-1},c_i),(c_i,c_{j+1})\}, & \text{其他}\end{cases}$$

③计算 $\max\limits_{1\leqslant i<j\leqslant n}Y(i,j)=Y(i_0,j_0)=\delta$

④若 $\delta>0$，将 D 的 i_0 行，j_0 行调换，i_0 列，j_0 列调换得一新的距离矩阵 D'，$D\leftarrow D'$；将 H 圈 C 中的 C_{i_0} 与 C_{j_0} 交换，得一新的 H 圈 C'，$C\leftarrow C'$，$w(C)\leftarrow w(C)-\delta$，转②。

若 $\delta\leqslant 0$，则停止，输出 H 圈 C 及其权值 $w(C)$。

6.10　TSP 的分枝定界法

分枝定界法其实是一种隐枚举的方法，它能求出精确解，其基本思想是把全体 H 圈的集合分成一个个子集（称为分枝），定出各子集中 H 圈的上界或下界（称为定界），从而可排除一些解子集（称为剪枝），达到减少计算量的目的。

6.10.1　定　界

定界即确定出解的上、下界，通过当前得到的下界排除一些次优解。

对于上界，任意 H 圈 $C = v_1 v_2 \cdots v_n v_1$ 的权值 $W(C)$ 都可作为最优解的上界。

至于下界，可由简化矩阵得到。

定理 6.16　设 $D = (d_{ij})$ 是图 G 的距离矩阵，$D' = (d'_{ij})$ 是 D 的简化矩阵，若 C 是 G 的 H 圈，则

$$\sum_{(v_i,v_j)\in C} d_{ij} = \sum_{(v_i,v_j)\in C} d'_{ij} + R \quad 且 \quad W_G(C) \geqslant R$$

其中，R 是 D 的约数。

证　因 H 圈 C 有 n 条边，这 n 条边对应于 D 中不同行，不同列的 n 个元素，即每行有一个且仅一个元素，每列有一个且仅一个元素。因此

$$\begin{aligned}\sum_{(v_i,v_j)\in C} d_{ij} &= \sum_{(v_i,v_j)\in C} [d'_{ij} + R(i) + R'(j)] \\ &= \sum_{(v_i,v_j)\in C} d'_{ij} + \sum_{i=1}^{n} R(i) + \sum_{j=1}^{n} R'(j) \\ &= \sum_{(v_i,v_j)\in C} d'_{ij} + R \geqslant R\end{aligned}$$

证毕。

由此定理知 D 的约数 R 是最优解的下界。

6.10.2　分　枝

现将构造一个解集合划分的二元树。二元树的顶点表示 H 圈的集合，树根表示所有 H 圈的集合，其两个儿子分别标 (i,j) 与 $\overline{(i,j)}$，它们表示父亲集合所划分成的两子集，(i,j) 表示含边 (v_i,v_j) 的所有 H 圈的集合，$\overline{(i,j)}$ 表示不含边 (v_i,v_j) 的所有 H 圈的集合。再将第 2 级的两集合分别一分为二。(i,j) 继续分枝，其两儿子分别标 (k,l)，$\overline{(k,l)}$，(k,l) 表示既含 (v_i,v_j) 又含 (v_k,v_l) 的所有 H 圈的集合，$\overline{(k,l)}$ 表示含 (v_i,v_j)，但不含 (v_k,v_l) 的所有 H 圈的集合。如图 6.42 所示。如果继续分枝下去，则子集将越分越小，每划分一次须计算子集中解的下界，选择下界最小的子集继续分枝，最终必有一子集只含一个 H 圈 C，其权 $W(C)$ 为最优解的上界，若 $W(C)$ 比其他分枝的下界都小，则 C 即为最佳 H 圈，否则先剪除那些下界大于等于 $W(C)$ 的分枝，选择一个下界最小的子集继续上述分枝定界过程。

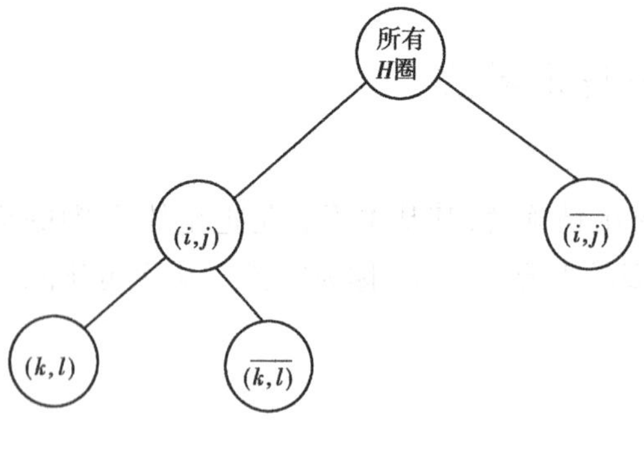

图 6.42

在分枝过程，一般先选简化矩阵中零元素对应的边(v_i,v_j)来进行分枝，但零元素不止一个，应选哪一个呢？通常有如下两种选择：

①选择罚数$P(i,j)$最大的(i,j)对应的边(v_i,v_j)，其含义是不选(i,j)时所带来的损失将最大。

②在所有$d'_{ij}=0$的元素中，选择使

$$s(i,j) = \sum_{\substack{k\neq i\\ d'_{ik}\neq\infty}} d'_{ik} + \sum_{\substack{k\neq j\\ d'_{kj}\neq\infty}} d'_{kj}$$

为最大的(i,j)所对应的边(v_i,v_j)，其含义与①相同。

分枝边经选定设为(v_i,v_j)，则在以后的讨论中可以不需考虑，因此，可删除(i,j)所在的行和列。(v_i,v_j)选入圈以后，为避免在今后的分枝中，由于(j,i)边被选入分枝，会使(i,j)，(j,i)形成子循环。为此降阶后的距离阵中，令$d_{ji}=\infty$，为防止出现子循环而避免选用的这类弧特称为“**禁用弧**”。禁用弧的处置，在分枝与矩阵降阶过程需随时进行。

6.10.3 分枝以后的定界

这时需就(i,j)与$\overline{(i,j)}$两个节点状态分别处理。

节点$\overline{(i,j)}$的简化矩阵，可由其父亲节点的简化矩阵中置d'_{ij}为∞，然后简化而得到，设其约数为R，则$\overline{(i,j)}$的下界为原来简化的约数与R之和，即父亲节点的下界值与R之和。

节点(i,j)的简化矩阵，可由其父亲节点的简化矩阵删去第i行，第j列，并令禁用弧对应的位置为∞，然后简化而得到。设其约数为R，则(i,j)的下界为原来简化的约数与R之和，即父亲节点的下界值与R之和。

下面用一例子来说明上述分枝定界法。

例 6.19 用分枝定界法求加权有向图K_5的最佳H圈，其距离矩阵D如下：

$$D = \begin{array}{c} \\ v_1 \\ v_2 \\ v_3 \\ v_4 \\ v_5 \end{array}\begin{array}{c} \begin{array}{ccccc} v_1 & v_2 & v_3 & v_4 & v_5 \end{array} \\ \begin{bmatrix} \infty & 25 & 40 & 31 & 27 \\ 5 & \infty & 17 & 30 & 25 \\ 19 & 15 & \infty & 6 & 1 \\ 9 & 50 & 24 & \infty & 6 \\ 22 & 8 & 7 & 10 & \infty \end{bmatrix} \end{array}$$

1)先求出简化矩阵D'，各行列的约数，罚数如下：

	v_1	v_2	v_3	v_4	v_5	$R(v_i)$	$P(v_i)$
v_1	∞	0	15	3	2	25	2
v_2	0	∞	12	22	20	5	12
v_3	18	14	∞	2	0	1	2
v_4	3	44	18	∞	0	6	3
v_5	15	1	0	0	∞	7	0
$R'(v_j)$	0	0	0	3	0	$47=R$	
$P'(v_j)$	3	1	12	2	0		

从上述矩阵可见：零元素没有构成 H 圈，得全体 H 圈的下界为 $R=47$。

2）分枝

求出简化矩阵 D' 中各零元素的罚数：

$P(1,2)=P(v_1)+P'(v_2)=2+1=3$

$P(2,1)=12+3=15$

$P(3,5)=2$

$P(4,5)=3$

$P(5,3)=12$

$P(5,4)=2$

其中，$P(2,1)=15$ 最大，取边 (v_2,v_1) 进行分枝，将全体 H 圈的集合分解为，含边 (v_2,v_1) 的全体 H 圈集与不含边 (v_2,v_1) 的全体 H 圈集。第 1 次分枝如图 6.43 所示。

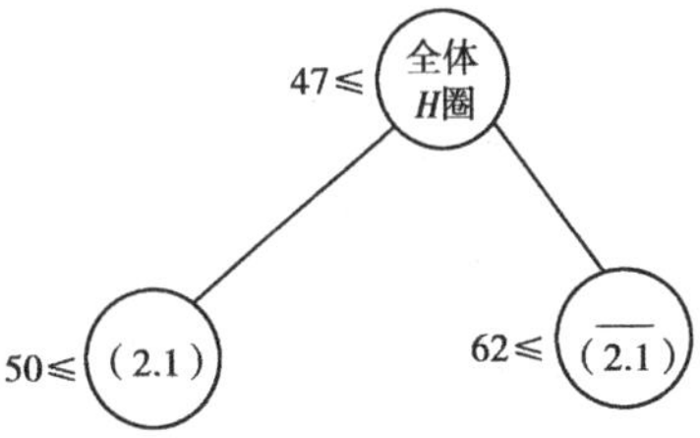

图 6.43

3）确定分枝的下界

不含边 $(2,1)$ 的分枝点 $\overline{(2,1)}$ 的简化矩阵可这样得到，将 D' 中 d'_{21} 置∞，然后简化。此简化阵及其约数，罚数如下：

	v_1	v_2	v_3	v_4	v_5	$R(i)$	$P(i)$
v_1	∞	0	15	3	2	0	2
v_2	∞	∞	0	10	8	12	8
v_3	15	14	∞	2	0	0	2
v_4	0	44	18	∞	0	0	0
v_5	12	1	0	0	∞	0	0
$R'(v_j)$	3	0	0	0	0	$15=R$	
	12	1	0	2	0		

因此 $\overline{(2,1)}$ 的下界为 $47+R=47+15=62$。

含边 $(2,1)$ 的分枝点 $(2,1)$ 的简化矩阵，可由其父亲节点的简化阵删去第 2 行，第 1 列，并置禁用弧 $(1,2)$ 对应位置的元素即 $d'_{12}=\infty$。节点 $(2,1)$ 的简化阵及其各行、各列约数，罚数如下：

	v_2	v_3	v_4	v_5	$R(i)$	$P(i)$
v_1	∞	13	1	0	2	1
v_3	13	∞	2	0	0	2
v_4	43	18	∞	0	0	18
v_5	0	0	0	∞	0	0
$R'(j)$	1	0	0	0	$3=R$	
$P'(j)$	13	13	1	0		

此简化过程中得到的约数为 3，加第 1 次简化的约数即父亲节点的下界值 47，于是对应(2,1)的下界为 $47+3=50$。

从图 6.43 中可看出，下界最小的树叶为(2,1)，因此，(2,1)节点继续分枝。

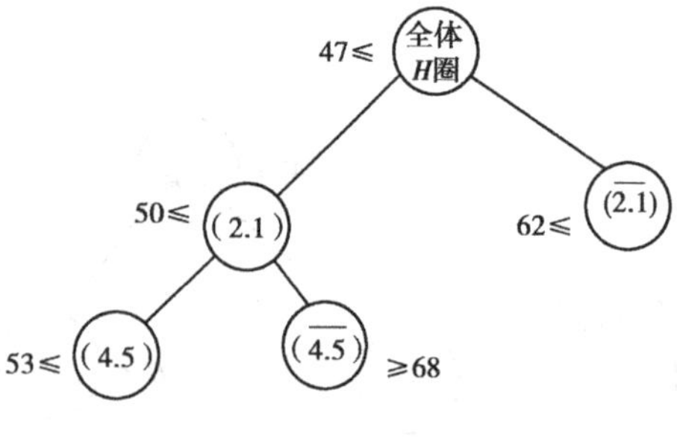

图 6.44

4）继续节点(2,1)的分枝

在节点(2,1)的简化矩阵中，求出各零元素的罚数，取罚数最大者对应的边(v_4,v_5)，(4,5)，$\overline{(4,5)}$作为(2,1)的儿子，其树形分枝图 m，如图 6.44 所示。

5）确定新的分枝节点的下界

$\overline{(4,5)}$的简化矩阵由其父亲节点(2,1)的简化阵中(v_4,v_5)对应的位置的元素置∞，经简化而得，简化过程所得的约数 $R=18$，从而可得，$\overline{(4,5)}$的下界为其父亲节点(2,1)的下界与 R 之和：$50+18=68$。

(4,5)节点：矩阵降阶，删除第 4 行，第 5 列，由于(v_5,v_4)加入后会形成子循环，在降阶矩阵中令 $d'_{54}=\infty$，降阶矩阵及其约数，罚数如下：

	v_2	v_3	v_4	$R(i)$	$P(i)$
v_1	∞	12	0	1	12
v_3	11	∞	0	2	11
v_5	0	0	∞	0	0
$R'(j)$	0	0	0	$3=R$	
$P'(j)$	11	12	0		

得(4,5)节点的下界为 $50+3=53$。

6）选择分枝边

从图 6.44 可看出，下界最小的树叶为(4,5)，因此，(4,5)继续分枝。

对应于节点(4,5)的简化阵中，求出各零元素的罚数，取罚数最大者对应的边(v_1,v_4)，于是由点(4,5)引出两个分枝，一到点(1,4)，另一到点$\overline{(1,4)}$，如此继续下去即得图 6.45(a)的分枝树。

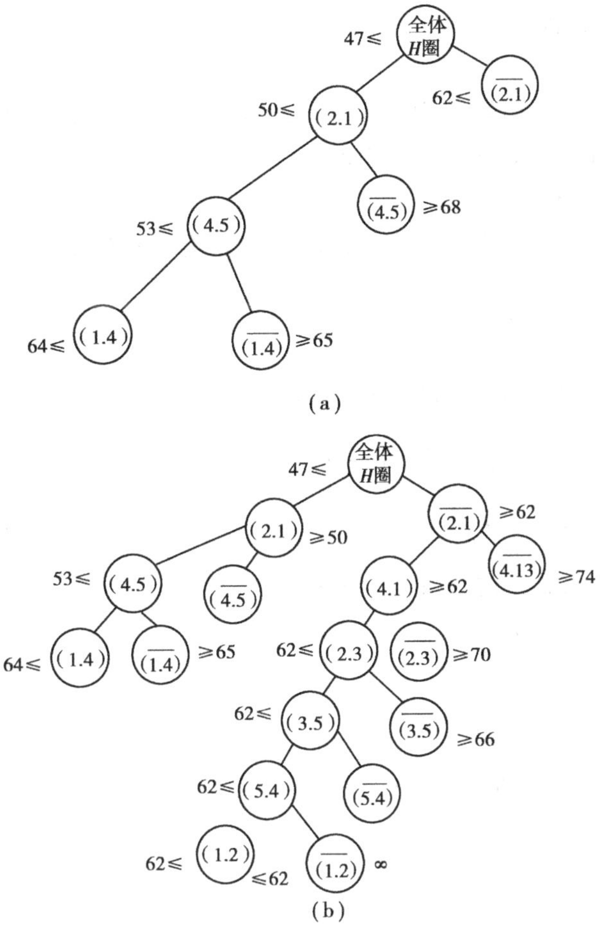

图 6.45

可以看到此时下界最小的树叶是 $\overline{(2,1)}$，因此，应回溯对点 $\overline{(2,1)}$ 进行分枝，得到图 6.45(b)的分枝树。

由图 6.45 可知，节点(1,2)是一个解节点，由树根到此节点经过的边是(4,1),(2,3),(3,5),(5,4),(1,2)，因此，此节点只含有一个 H 圈：$C = v_1 v_2 v_3 v_5 v_4 v_1$，其权 $W(C) = 62$。

因其他树叶的下界均大于 62，故 C 即为最佳 H 圈。

下面给出 TSP 的分枝定界算法的具体实现。

变量说明：

U：最佳 H 圈的权之上界；

$\widetilde{C}(X)$：节点 X 的下界 L：其下界小于 U 的节点集合；

E：当前节点；

$P(X)$：X 的父亲；

①$E \leftarrow 1, L \leftarrow \varnothing, P(1) \leftarrow 0, U \leftarrow \infty$。

②设 A_1 是距离矩阵 D 的简化矩阵，R_1 是 D 的约数。

③ $\widetilde{C}(1) \leftarrow R_1, N \leftarrow 0$

④While$\widetilde{C}(E)<U$ do

begin

⑤设(i,j)是E的简化矩阵A_E中满足$A_E(i,j)=0$,且使$P(i,j)$最大的一条边。

⑥$ET(N+1)\leftarrow(i,j)$;$ET(N+2)\leftarrow(0,0)$。

⑦$\overline{A}_{N+1}\leftarrow A_E$;$\overline{A}_{N+2}\leftarrow A_E$。

⑧将$\overline{A}_{N+1}$的第i行和第j列的一切元素置∞,对所有可能形成子循环的边(i,j):$\overline{A}_{N+1}(i,j)\leftarrow\infty$。

⑨将$\overline{A}_{N+1}$简化成A_{N+1},设约数为R_{N+1}。

⑩$\widetilde{C}(N+1)\leftarrow\widetilde{C}(E)+R_{N+1}$;$P(N+1)\leftarrow E$。

⑪if $N+1$是一个解节点且$\widetilde{C}(N+1)<U$。

⑫then $U\leftarrow\widetilde{C}(N+1)$;ans$\leftarrow N+1$。

⑬else if $N+1$不是解节点且$\widetilde{C}(N+1)<U$。

⑭then 将$N+1$加入表L中。

⑮$\overline{A}_{N+2}(i,j)\leftarrow\infty$。

⑯将$\overline{A}_{N+1}$简化成A_{N+2},设约数为R_{N+2}。

⑰$\widetilde{C}(N+2)\leftarrow\widetilde{C}(E)+R_{N+2}$;$P(N+2)\leftarrow E$。

⑱if $\widetilde{C}(N+2)<U$ then 将$(N+2)$加入L中。

⑲$N\leftarrow N+2$。

⑳从L中删去$\widetilde{C}(X)\geq U$的一切节点X。

㉑if $L\neq\varnothing$ then 从L中选出有最小下界$\widetilde{C}(X)$的节点X赋给E,并从L中删除这个节点。

㉒else $\widetilde{C}(E)\leftarrow\infty$

end

㉓Print (“Least cost” = ,U)

㉔While ans$\neq 0$ do

begin

㉕Print (ET(ans))

㉖ans$\leftarrow P$(ans)

end

在算法中,先行后列和先列后行的简化顺序产生的简化矩阵,一般来说不同,如果最佳H圈唯一,则最终结果一样,否则不同的简化顺序则可能会得出不同的最佳H圈。

分枝定界法解 TSP 的计算复杂度,在最坏情况下是$0(n^2 2^n)$,因为算法有时不可避免地需在整个分枝树上进行搜索,生成的节点个数是$0(2^n)$级的,对每个节点计算一个简化阵,需要时间$0(n^2)$,但是,如果定界函数选得好,可使节点个数少很多。

6.11　旅行推销员问题的应用

TSP 是运筹学和管理科学领域里典型而标准的问题之一，在实际中具有广泛的应用，其中包括线路设计、车辆行驶路线、生产管理和工作排序等。下面列举 4 个应用。

6.11.1　计算机布线

一个计算机接口包含几个组件。在每个组件上都置有若干管脚。这些管脚需用导线连接起来。考虑到以后改变方便和管脚的细小。要求每个管脚最多连两条线。为避免信号干扰以及布线的简洁，要求导线总长度尽可能小。

问题很容易转化为 TSP 问题，每个管脚对应于图的顶点，$d(x,y)$ 代表两管脚 x 与 y 的距离，原问题即为在图中寻求最小权 H 路径。容易看到，若去掉每个管脚最多连两条线的限制，这问题就是求最小生成树。

6.11.2　电路板钻孔

Metelco S. A. 是一个希腊的印刷电路板（PCB）制造商。在板子上对应于管脚的地方必须钻孔，以便以后电子元件焊在这板子上。典型的电路板可能有 500 个管脚位置，大多数钻孔都由程序化的钻孔机完成，求最佳钻孔顺序。此问题其实就是求 500 个顶点的完备加权图的最佳 H 圈的问题，即 TSP 问题。用求解出的 H 圈来指导生产，使 Metelco 的钻孔时间缩短了 30%，提高了生产效率。

6.11.3　工件排序

设有 n 个工件等待在一台机床上加工，加工完 i，接着加工 j，这中间机器需要花费一定的准备时间 t_{ij}，问如何安排加工顺序使总调整时间最短。

此问题也可用解 TSP 的方法来求解，n 个工件对应 n 个顶点，t_{ij} 表示 (i,j) 上的权，因此，需求图中权最小的哈米尔顿路径。

6.11.4　车辆行驶路线

有许多例子都要周期性地在一系列离散位置收集或投送物品。

例如，美国联邦快递公司，联合包裹服务公司和美国邮件服务公司必须在每个营业日的上午 10:30 以前投送完前一天晚上的邮件。问至少需要多少辆车，才能使得在限定的时间内送完所有邮件，且总行程最短？此问题是 TSP 的扩展，是带有时间约束的 TSP 问题。

又如，软饮料自动售货机，必须周期性地把饮料装满各售货机并取走机器里的钱。由于车辆的容量有限，可能中途货物用完便需返回，问如何安排行驶路线才能使总行程最短？另外，与此相类似的问题比如需运送汽油到各加油站，每个站需要一定量的汽油装满油箱。这类问题也是 TSP 的扩展，是带有容量约束的 TSP 问题，即用一个汽车不可能服务完沿途所有的点的问题，其解决方法可由 TSP 的方法做适当修改和推广而适于这类问题。

习题 6

1. 求顶点数为偶数，边数为奇数的一个欧拉图。

2. 证明：若 G 是欧拉图，则 G 的每个块也是欧拉图。

3. 证明：若 G 是欧拉图，C_n 至少与 G 交于一个顶点，但无公共边，则 $G\cup C_n$ 也是欧拉图。

4. 证明：若 G 是连通图，有 $2k>0$ 个奇次顶点，则 G 有 k 条无公共边的道路 $Q_1,Q_2,\cdots,Q_k$，使得

$$E(G)=\bigcup_{i=1}^{k}E(Q_i)$$

5. 证明：若 G 是非平凡欧拉图，$v\in V(G)$，则 G 中每一条起点为 v 的道路可以延长成 G 的欧拉巡回的充要条件是 $G-v$ 是森林。

6. 一个图是由顶点 v_0 可任意行遍的，若经过下列步骤总是产生一条欧拉巡回；由 v_0 出发，经任何一条与之关联的边，到达这一顶点 u 后由任何一条尚未用过的与 u 关联的边离开 u，继续下去，直至用遍所有的边。证明：欧拉图 G 是可由 v_0 任意行遍的。当且仅当 G 的每个圈含 v_0。

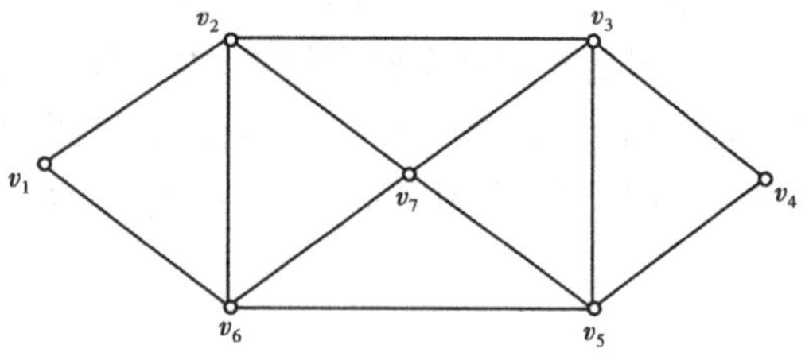

图 6.46

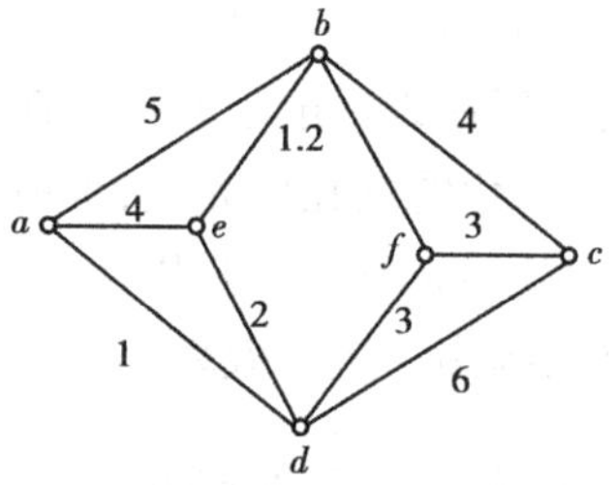

图 6.47

7. 用 Fleury 算法求如图 6.46 所示图的欧拉巡回。

8. 用 Hierholzer 算法求如图 6.46 所示的欧拉图的欧拉巡回。

9. 用奇偶点作业法求如图 6.47 所示的网络的最佳巡回。

10. 用 Edmonds 算法求如图 6.47 所示网络的最佳巡回。

11. 证明：每个有向欧拉图（无孤立点）是强连通的。举一反例说明其逆命题不成立。

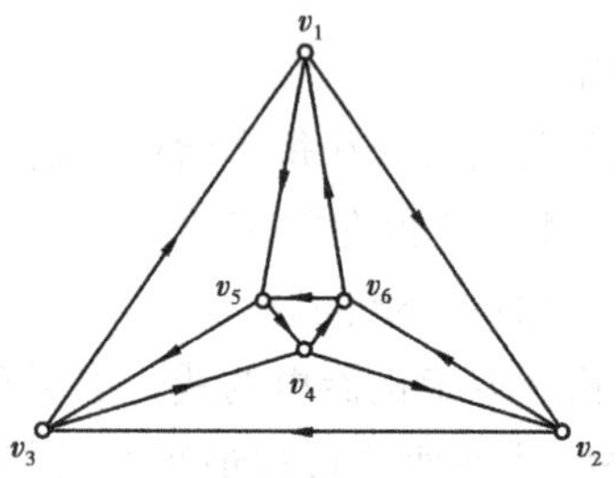

图 6.48

12. 用逆向寻迹法求如图 6.48 的有向图的有向欧拉巡回。

13. 用 Hierholzer 算法求如图 6.48 的有向图的有向欧拉巡回。

14. 求输出 8 个二进制码信息的鼓轮设计。

15. 求一个有 7 个“0”和 7 个“1”的循环序列，使得除开 0000 和 1111 以外，所有 4 位二进制数出现在这序列的各段中。

16. 设 S 是一个有 n 个字母的字母表，证明有一个循环序列，含有 n^4 个每个字母的显示格，使得 S 的每 4 个字母组成的字出现在这个序列的各段中。

17. 找出一种9个a,9个b,9个c的圆形排列,使由字母$\{a,b,c\}$组成的,长度为3的27个字母仅出现一次。

18. 图6.49是某区的街道图,虚线代表上午8:00—9:00不准停车的街道。实线表示可以通行的街道。箭头指向代表可行驶的方向,其上的数表示清扫此车道需花的时间。设不清扫行进时的时间减半,各种转弯的附加时间见表6.6,试为时段上午8:00—9:00,作出清扫计划即清扫车的行驶,清扫路线。此时段有车辆停放的街道不清扫。

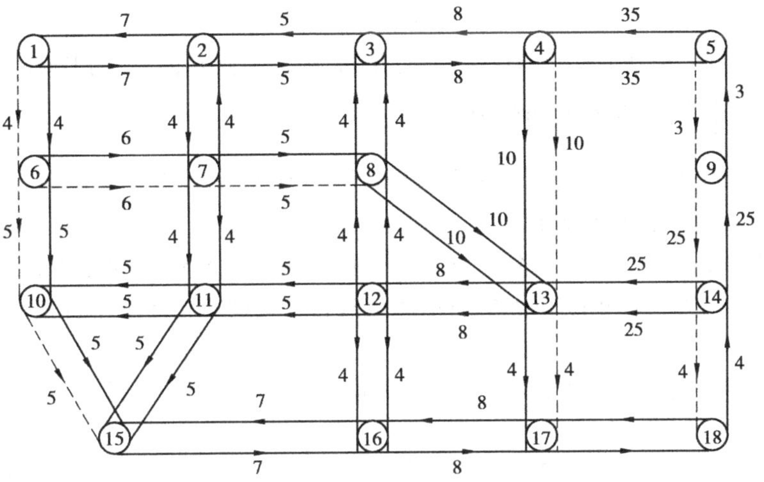

图6.49

表6.6

右转弯	左转弯	U弯	提起或放下扫帚	*
1	4	8	5	10

“*”在清扫中途时,当清扫街道左面(或右面)移到清扫右面(或左面),要求操作员出来将扫帚从车的左(或右)边移到右(或左)边,这需要一定的时间。

19. 对于图6.50中的4个图图6.50(a)、(b)、(c)、(d),指出哪些是哈米尔顿图?哪些不是哈米尔顿图?若不是请说明理由。

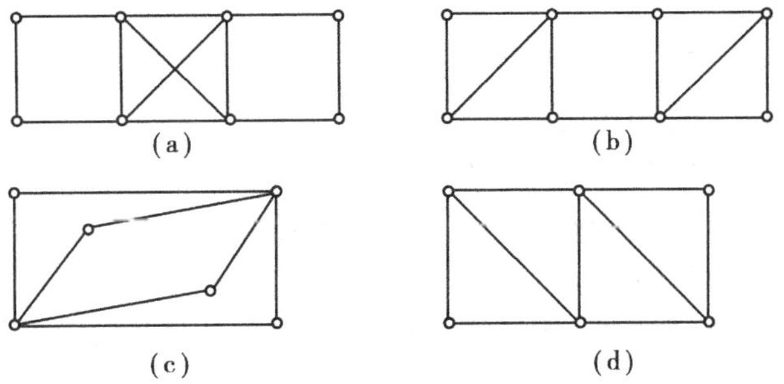

图6.50

20. 设 G 是 n 个顶点的简单图，若它的边数至少是 $\frac{1}{2}(n-1)(n-2)+2$，证明它必有一条 H 圈。

21. 设 G 是 $v \geqslant 3$ 的无向图，证明：

①G 不是 2—连通图，则 G 是非 H 图。

②G 是二部图但 $|X| \neq |Y|$，则 G 是非 H 图。

22. 证明：若 G 有一条 H 路径，则对于 V 的每个真子集 S，恒有

$$\omega(G-S) \leqslant |S|+1$$

23. G 不是 H 图，但 $\forall v \in V(G)$，$G-v$ 是 H 图，则称为亚 H 图，证明 Petersen 图是亚 H 图。

24. $K_{n,n}$ 中有 $\left[\frac{n}{2}\right]$ 个无公共边的 H 圈。

25. 有 n 条水平线 $(n>1)$ 与 n 条竖直线相截得一图，以 n^2 个交点为顶点，以截得的线段为边，问这个图是否有 H 路径和 H 圈？

26. 一只老鼠，它偷吃奶酪的路线是用打洞的方法通过 $3\times3\times3$ 立方体的所有 $1\times1\times1$ 的子立方体。如果它从一个角上开始，然后依次走向它未吃过的立方体，问它吃完时能否恰在正方体的中心？

27. 英国亚瑟王有 n 名骑士，每次聚会他们围一圆桌就座，若两名骑士只能相邻一次，问这样的聚会能进行多少次？

28. 亚瑟王在宫中召见他的 $2n$ 名骑士，其中某些骑士间互相仇怨，每个骑士的仇人不超过 $n-1$ 个，证明亚瑟王的谋士摩尔林能够让这些骑士转着那张著名的圆桌就座，每个骑士不与他的仇人相邻。

29. “易臊”难题：今有 1 cm^2 的小立方体 4 个，它们的每个面用红、黄、兰、绿四色之一染成，请把这 4 个立方体堆成高 4 cm 的四棱柱，使柱的每一侧面上都出现 4 种颜色。

30. 证明：$v=2k+1$ 的 k 次齐次图是 H 图 $(k>1)$。

31. 一个 n 行 m 列的方格网，每个结点处有一颗珍珠，确定 m 与 n 的值，使剪断下结线之后，做成一个项链。

32. 在正八面体的每个面上重合地放一个四面体的面，对应于所得的多面体的图是否 H 图。

33. 一个二十四体是用一张纸制成的，能否把这张纸剪成两分，使剪子剪每个面为两部分，而不通过二十面体的顶点。

34. 用回溯法求图 6.51 中无向图的所有 H 圈。

35. 证明 K_{2n+1} 有 n 个边不相交的 H 圈。

36. 用矩阵法求图 6.51 中的无向图的所有 H 圈。

37. 分别用 Christofides 最小权匹配算法、对角线完全算法和二边逐次修正法求图 6.52 的较优 H 圈，并分析解的近似程度。

38. 对图 6.53 所示的不满足三角不等式的加权网络，试求其最佳推销员回路。

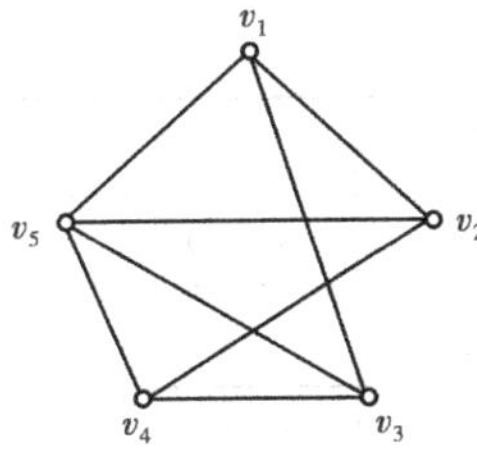

图 6.51

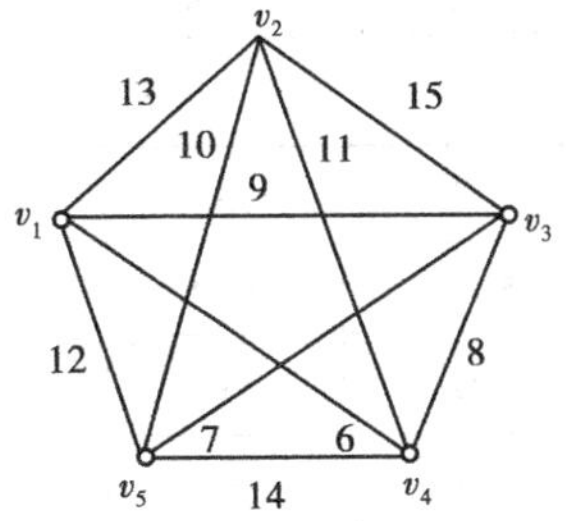

图 6.52

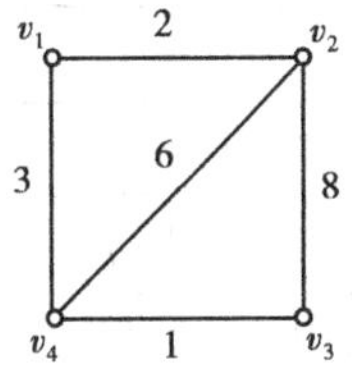

图 6.53

39. 求加权有向图 G 的较优 H 圈，G 的距离矩阵如下：

$$D = \begin{array}{c} \\ v_1 \\ v_2 \\ v_3 \\ v_4 \end{array} \begin{array}{c} \begin{array}{cccc} v_1 & v_2 & v_3 & v_4 \end{array} \\ \begin{bmatrix} \infty & 10 & 15 & 20 \\ 5 & \infty & 9 & 10 \\ 6 & 13 & \infty & 12 \\ 8 & 8 & 9 & \infty \end{bmatrix} \end{array}$$

40. 设 G 是满足三角不等式的加权完备图，T 是 G 的一棵最小生成树，C 是最佳 H 圈，证明：

$$W(C) \leqslant 2W(T)$$

41. 用分枝定界法解如下 TSP 问题，距离矩阵 D 如下：

$$D = \begin{array}{c} \\ v_1 \\ v_2 \\ v_3 \\ v_4 \\ v_5 \end{array} \begin{array}{c} \begin{array}{ccccc} v_1 & v_2 & v_3 & v_4 & v_5 \end{array} \\ \begin{bmatrix} \infty & 34 & 2 & 50 & 59 \\ 34 & \infty & 36 & 68 & 67 \\ 2 & 36 & \infty & 51 & 60 \\ 50 & 68 & 51 & \infty & 13 \\ 59 & 67 & 60 & 13 & \infty \end{bmatrix} \end{array}$$

42. 试改变简化矩阵的简化顺序，重做上题，并比较其结果。

43. 有 4 个工件等待在同一台机器上加工，若加工的先后次序可以任意，各工件之间的调整时间如下表，试确定最优加工顺序。

从 \ 到	A	B	C	D
A	1	15	20	5
B	30	—	30	15
C	25	25	—	15
D	20	35	10	—

44. 现有 14 件工件等待在一台机床上加工。某些工件加工必须安排在另一些工件完工后

才能开始，第 j 号工件的先期必须完工的工件由表 7 给出。

表 7

工件序号 j	1	2	3	4	5	6	7
前期工件号	3,4	5,7,8	5,9	—	10,11	3,8,9	4
工件序号 j	8	9	10	11	12	13	14
前期工件号	3,5,7	4	—	4,7	6,7,14	5,12	1,2,6

若第 j 号工件紧接着第 i 号工件完工后开工，机床需要花费的准备时间 t_{ij} 为

$$t_{ij} = \begin{cases} i+j, i<j; \\ 2(i-j), i>j \end{cases}$$

试设计一个满足条件的加工顺序，使机床花费的总时间最小。

45. 有 6 个用户，其需求量为 $g_k, k=1,\cdots,6$，由仓库 d 供应货物。车队总共拥有 4 辆运输车，每辆的容量是 15 吨，距离矩阵 (c_{ij}) 和需求量如下列矩阵所示：

$$[c_{ij}] = \begin{array}{c} \\ 0 \\ 1 \\ 2 \\ 3 \\ 4 \\ 5 \\ 6 \end{array} \begin{array}{c} \begin{array}{ccccccc} 0 & 1 & 2 & 3 & 4 & 5 & 6 \end{array} \\ \begin{bmatrix} \infty & 24 & 19 & 20 & 27 & 16 & 12 \\ 24 & \infty & 17 & 31 & 44 & 36 & 23 \\ 19 & 17 & \infty & 16 & 29 & 35 & 25 \\ 20 & 31 & 16 & \infty & 15 & 34 & 28 \\ 27 & 44 & 29 & 15 & \infty & 40 & 37 \\ 16 & 36 & 35 & 34 & 40 & \infty & 11 \\ 12 & 23 & 25 & 28 & 37 & 11 & \infty \end{bmatrix} \end{array}$$

$$g = [4,10,4,3,3,5,5]$$

其中，“0”表示仓库，“1”，“2”，⋯，“6”表示用户。试确定：

①所有车辆全部出动时的最优行驶路线。

②派车数最少情况下的最优行驶路线。

③总行程最短的方案。

第7章 平面图

7.1 平面图的概念

定义 7.1　一个图若能在曲面 S 上画出，使任两边在非顶点处不相交，则称此图可以在曲面 S 上嵌入。可嵌入平面的图称为可嵌平面图，否则称为非平面图。可嵌平面图 G 嵌入平面形成的图，称为 G 的平面嵌入。

例如，图 7.1(a)是一个可嵌平面图，图 7.1(b)是它的平面嵌入。

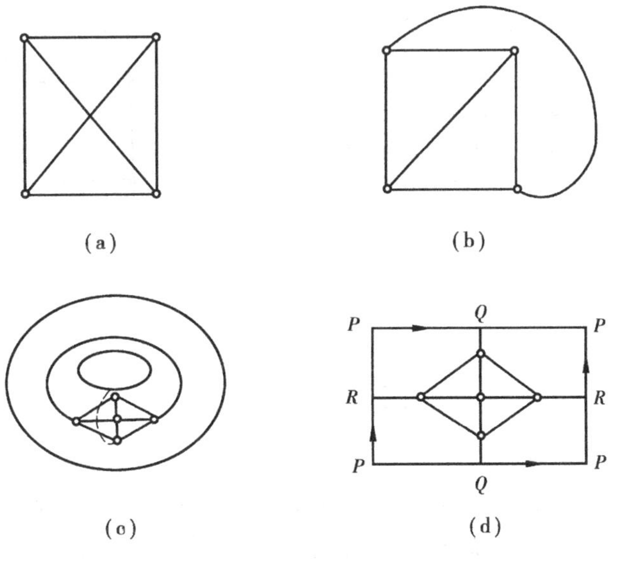

图 7.1

又如，图 7.1(c)中的图是 K_5 在环面上的嵌入，因而 K_5 可在环面上嵌入。

定理 7.1　任何图皆可嵌入 E^3。

证　取 E^3 中曲线 $l: x=t, y=t^2, z=t^3, t\geqslant 0$，从 l 上任取 4 个点 (t_i, t_i^2, t_i^3)，$i=1,2,3,4$，$t_i\geqslant 0$，则由于范德蒙行列式

$$\begin{vmatrix} 1 & 1 & 1 & 1 \\ t_1 & t_2 & t_3 & t_4 \\ t_1^2 & t_2^2 & t_3^2 & t_4^2 \\ t_1^3 & t_2^3 & t_3^3 & t_4^3 \end{vmatrix} = \prod_{1 \leqslant j < i \leqslant 4} (t_i - t_j) \neq 0$$

知这 4 点不共面，把 G 的顶点画在 l 上，把边画成直线段，这时不会有任何两条边在非顶点相交，不然相交的两条线段共面。于是其 4 个端点共面，与 l 上 4 点不共面矛盾，因此，可如此把任何图 G 画在 E^3 中而边不在非顶点处相交，证毕。

定理 7.2　G 是可嵌平面图的充要条件是 G 可在球面上嵌入。

证　考虑球极投影（见图 7.2），球面 S 与平面 P 相切，过切点的直径的另一端点为 N（北极），定义映射 $\psi: S \to P$ 当且仅当 N, s, p 共线时，$\psi(s) = p$，其中，$s \in S, p \in P$，ψ 是一一映射（P 上的 ∞ 与 N 对应）。

若图 G 有平面嵌入 G'，则由 ψ，G' 在 S 上的原象即为 G 在 S 上的嵌入；反之，若 G'' 是 G 在 S 上的嵌入，不妨设 N 不在 G'' 的边上或顶点上，则由 ψ，G'' 之象即为 G 的平面嵌入，证毕。

图在球面上和平面上嵌入的一致性，给人们带来了一些方便。如图 7.3 所示的图，可以想象在它的内部放有一个橡皮小球面，使它膨胀含所有的顶点和边，于是它在球面上可嵌入，当然也就可在平面上嵌入了。

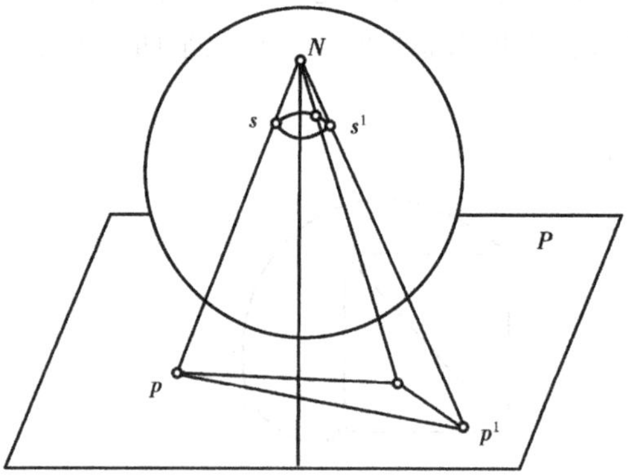

图 7.2

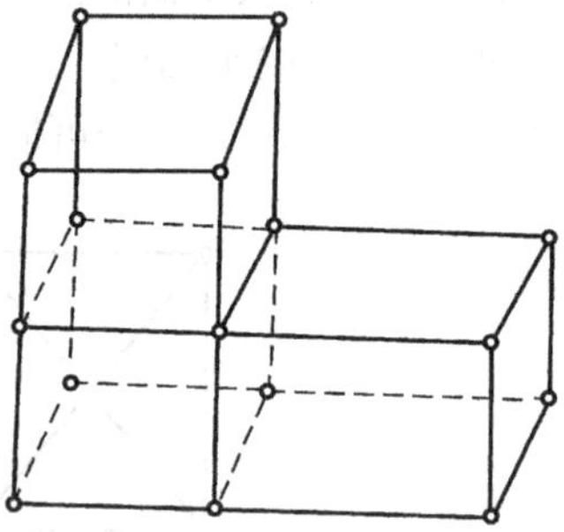

图 7.3

7.2　欧拉公式

定义 7.2　可嵌平面图 G 的平面嵌入把平面分成若干个连通的闭区域，每个这种闭区域叫做 G 的一个面。用 $F(G)$ 与 $\varphi(G)$ 分别表示 G 的面集与面的数目，并用 $b(f)$ 表示面 f 的周界。

如图 7.4 所示的平面图有 6 个面 $f_1, f_2, \cdots, f_6$。其中，有一个面 f_1 是无限面，称它为外部面。每个平面图都正好有一个无限面即外部面。图 7.4 中的平面图 G 有：

$F(G) = \{f_1, f_2, f_3, f_4, f_5, f_6\}$

$\varphi(G) = 6$

$b(f_5)=v_1e_1v_2e_2v_3e_5v_1$

$b(f_3)=v_5e_{11}v_8e_{12}v_8e_{11}v_5e_7v_7e_8v_6e_{10}v_5$

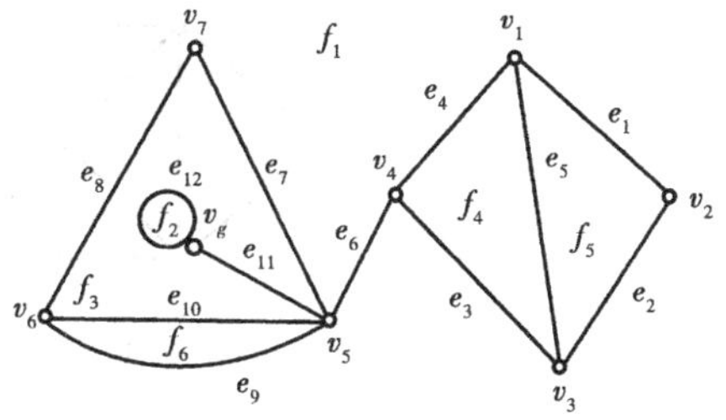

图 7.4

定理 7.3　设 G 是连通的平面图，则

$$v-\varepsilon+\varphi=2$$

证　对 φ 进行归纳法证明：

当 $\varphi=1$ 时，G 中无圈，又 G 是连通图，因此 G 是树，$\varepsilon=v-1$，于是 $v-\varepsilon+1=2$，公式成立。

假设 $\varphi=n$ 时，公式成立。

当 $\varphi=n+1\geqslant 2$ 时，G 有圈，记 e 是某圈上的边，则 $G-e$ 仍连通，而被 e 分隔的 G 中的两个面在 $G-e$ 中成为一个面，且 $G-e$ 仍为平面图，由归纳假设

$$v(G-e)-\varepsilon(G-e)+\varphi(G-e)=2$$

$$v(G)-[\varepsilon(G)-1]+[\varphi(G)-1]=2$$

$$v(G)-\varepsilon(G)+\varphi(G)=2$$

证毕。

推论 7.3　一个连通可嵌平面图的所有平面嵌入，其面的数目均相等。

7.3　平面图的对偶图

定义 7.3　设 G' 是平面图 G 的平面嵌入，则如下画出的图 G^* 是 G 的对偶图：

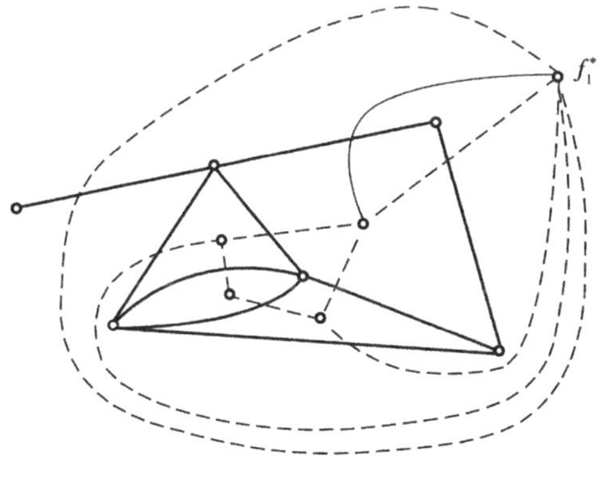

图 7.5

①G' 的每个面 f 内画且仅画 G^* 的一个顶点 f^*。

②当且仅当面 f_i 与面 f_j 有公共边 e_k 时，画 G^* 的一条边 $e_k^*=f_i^*f_j^*$。

③e 为 G' 的割边时，画 G^* 的一环，此环与 e 所在的面内的顶点 f^* 相关联。

图 7.5 给出了一个图 G 的平面嵌入 G' 及其对偶图，对偶图的边用虚线给出。

由对偶图的定义不难得出：G 的对偶图 G^* 的顶点数等于 G 的面数，G^* 的边数等于 G 的边数。因此，由欧拉公式知，G^* 的面数等于 G 的顶点数。

同一平面的不同平面嵌入，可能对应的对偶图不同构。如图 7.6(a)、(b)所示，两图是同构的平面图，但它们的对偶图却不同构，这是因为图 7.6(a)有一个面 f 的周界有 5 条边，它对应的顶点 f^* 的度数为 5，而图 7.6(b)却没有周界长为 5 的面，因而(b)的对偶图没有 5 次顶点。

定义 7.4　设 G 是平面图，面 f 的周界上边的数目(割边要算两次)，称为面 f 的次数，记为 $d_G(f)$。

容易看出，G 是平面图，则

①$v(G^*)=\varphi(G)$，$\varepsilon(G^*)=\varepsilon(G)$，$d_{G^*}(f^*)=d_G(f)$。

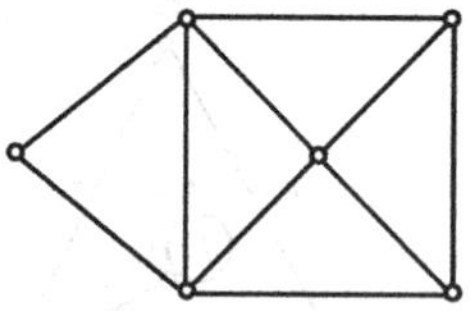

(a)

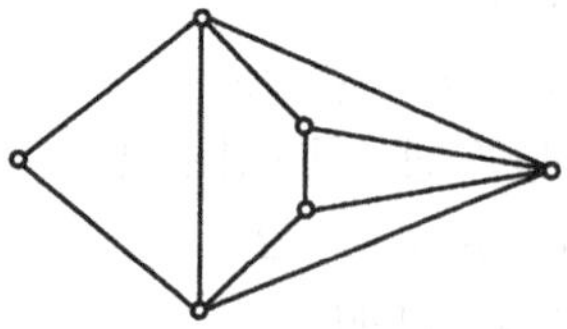

(b)

图 7.6

②每个平面图皆有对偶图,其对偶图未必唯一,但对偶图仍为平面图。

③G 连通时,$(G^*)^* = G$。

④若平面图 $G_1 \cong G_2$,未必 $G_1^* \cong G_2^*$。

定理 7.4 设 G 为平面图,则

$$\sum_{f \in F(G)} d(f) = 2\varepsilon(G)$$

证

$$\sum_{f \in F(G)} d(f) = \sum_{f^* \in V(G^*)} d(f^*) = 2\varepsilon(G^*) = 2\varepsilon(G)$$

证毕。

推论 7.4.1 设 G 是 $\upsilon \geqslant 3$ 的简单平面图,则

$$\varepsilon \leqslant 3\upsilon - 6$$

证 只需对简单连通平面图来证明,因 $\upsilon \geqslant 3$,且 G 是简单图,因而 $d(f) \geqslant 3$,其中

$$f \in F(G)$$

又

$$2\varepsilon = \sum_{f \in F(G)} d(f) \geqslant 3\varphi$$

由欧拉公式

$$\upsilon - \varepsilon + \varphi = 2$$

则

$$3\upsilon - 3\varepsilon + 3\varphi = 6$$

$$3\upsilon - 6 \geqslant 3\varepsilon - 3\varphi \geqslant 3\varepsilon - 2\varepsilon = \varepsilon$$

故

$$\varepsilon \leqslant 3\upsilon - 6$$

证毕。

推论 7.4.2 若 G 是简单平面图,则 $\delta(G) \leqslant 5$

证 $\upsilon = 1$ 或 2 时,命题显然。

当 $\upsilon \geqslant 3$ 时,由推论 7.4.1 有

$$\delta\upsilon \leqslant \sum_{v \in V(G)} d(v) = 2\varepsilon \leqslant 2(3\upsilon - 6)$$

则

$$\delta \leqslant 6 - \frac{12}{\upsilon}$$

故 $\delta \leqslant 5$,证毕。

平面图的边数,设 υ 固定后,不会太多,不然在平面上嵌入时会相交,以上两推论反映的正是这一情形。

7.4　库拉托夫斯基定理

定理 7.5　K_5 和 $K_{3,3}$都是非平面图。

证　$\upsilon(K_5)=5$　$\varepsilon(K_5)=10$　$3\upsilon-6=9<\varepsilon$

因此 K_5 不满足平面图的必要条件,故 K_5 是非平面图。

$K_{3,3}$是二部图,无奇圈,不含长度为3的圈,若 $K_{3,3}$是平面图,则 $\forall f\in F(K_{3,3})$

$$d(f)\geqslant 4$$

$$4\varphi\leqslant\sum_{f\in F(G)}d(f)=2\varepsilon=2\times 9=18$$

故　$\varphi\leqslant 4.5$　即 $\varphi\leqslant 4$

由欧拉公式　$2=\upsilon-\varepsilon+\varphi\leqslant 6-9+4=1$,这不可能,故 $K_{3,3}$是非平面图,证毕。

定义 7.5　将图 G 的某些边换成路径得到图 G',称 G'为 G 的细分。

如图7.7(a)、(b)所示的两图分别是 K_5 和 $K_{3,3}$的细分。

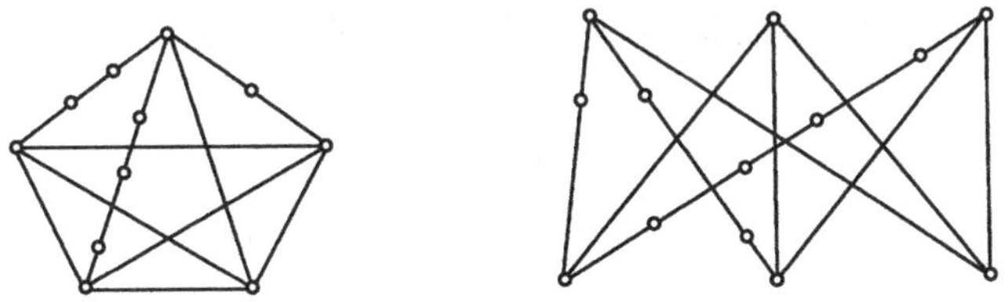

(a)　(b)

图7.7

定理7.5证明了 K_5 和 $K_{3,3}$均是非平面图,很显然,它们的细分也是非平面图,因此,任何含有 K_5 或 $K_{3,3}$的细分的图也都不是平面图,即任何可嵌平面图都不含 K_5 和 $K_{3,3}$的细分。库拉托斯基证明了可嵌平面图的这个必要条件也是充分的。

定理 7.6　G 是可嵌平面图的充要条件是它不含 K_5 或 $K_{3,3}$的任何细分。

例如,Petersen 图就是非平面图,因为它含有一个子图是 $K_{3,3}$的细分,如图7.8所示。

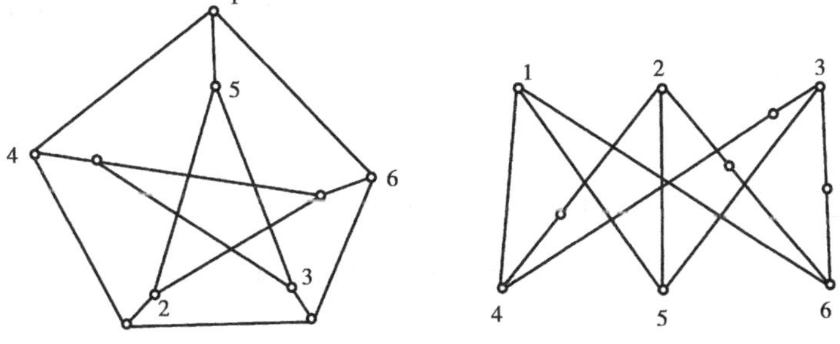

(a)Petersen 图 G　(b)图 $G(K_{3,3}$的细分)

图7.8

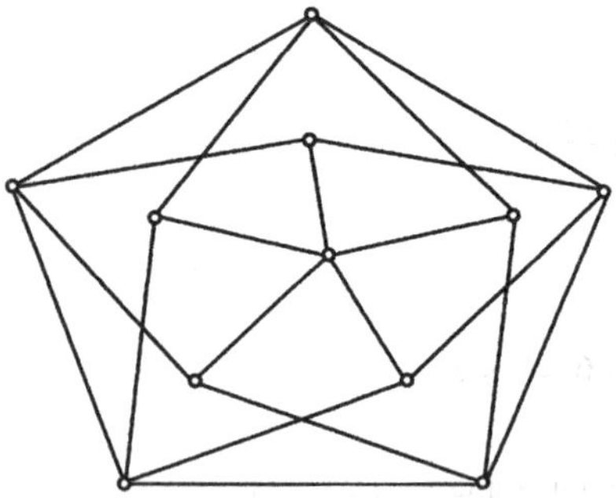

图 7.9

库拉托斯基定理的证明太长略去。

若把图 G 的两个相邻顶点 u,v 间的边删去，让 u,v 重合成一个新顶点 w，得到新图 G'，称此过程为 G 的初等收缩。若 H 是 G 通过一系列初等收缩得到的，则称 G 可收缩到 H。例如，Petersen 图可以收缩到 K_5。

定理 7.7 （瓦格纳 Wagner，1937） G 是平面图的充要条件是 G 中无可收缩到 K_5 或 $K_{3,3}$ 的子图。

如图 7.9 所示的格洛基(Grotzsch)图就可收缩到 K_5，因此是非平面图。

7.5 可平面性算法

上一节介绍了平面图的特征定理，即库拉托斯基定理。此定理简洁明确，可用来判定一些图是非平面图，但如要判定一个图不含 K_5 或 $K_{3,3}$ 的细分并不容易。这一节就将介绍求平面图平面嵌入同时也能判定图是否可嵌平面图的有效算法。

定义 7.6 设 H 是 G 的子图，称满足下列条件的 $G-E(H)$ 的连通子图 B 为 G 加在 H 上的桥。

①B 中任意两边之间都存在路径，其中间点均不属于 H。

②B 是满足条件①的 $G-E(H)$ 的极大连通子图，即任何以 B 为真子图的 $G-E(H)$ 的连通子图，都不满足①。

其实，桥也可如下定义：

在 $E(G)\backslash E(H)$ 上建立一个等价关系"～"：$e_1 \sim e_2$ 当且仅当 e_1 和 e_2 是一条中间点不在 H 上的路径的始边和终边。由等价类所诱导出的 $G-E(H)$ 的子图，就是架设在 H 上的桥。称 $V(B)\cap V(H)$ 中的顶点为桥 B 在 H 上的附着点。H 称为桥的基。显然 H 上的两个桥，除了在 H 上的顶点以外，没有公共的顶点。

在图 7.10 中，给出了在一个图中，以一个圈为基(即定义中的 H)的各种各样的桥共有 5 个，桥 B_1,B_2,B_3,B_4,B_5，它们分别用不同类型的线条表示。

定义 7.7 设 G 是可嵌平面图，$\widetilde{H}$ 是在平面上嵌入的 G 的子图，若能在 $\widetilde{H}$ 的基础上把 G 全部在平面上嵌入，则称 $\widetilde{H}$ 是 G—可接受的一个平面嵌入。

例如，在图 7.11(a)中画出了可嵌平面图 G 的一个可嵌平面子图 H，用粗线表示；图 7.11(b)为 G—可接受的平面嵌入 $\widetilde{H}$，图 7.11(c)为 G—不可接受的平面嵌入 $\widetilde{H}$。

定义 7.8 设 H 是 G 的一个可嵌平面子图，$\widetilde{H}$ 是 H 在平面上的嵌入，B 是 G 中 H 上的一个桥，f 是 $\widetilde{H}$ 的一个面，如果 B 的附着点全部在 f 的边界上，则称 B 在 $\widetilde{H}$ 的面 f 上是可展的，并把 $\widetilde{H}$ 中 B 是可展的那些面的集合记为 $F(B,H)$。

下面的定理给出了 G 是可嵌平面图的一个必要条件。

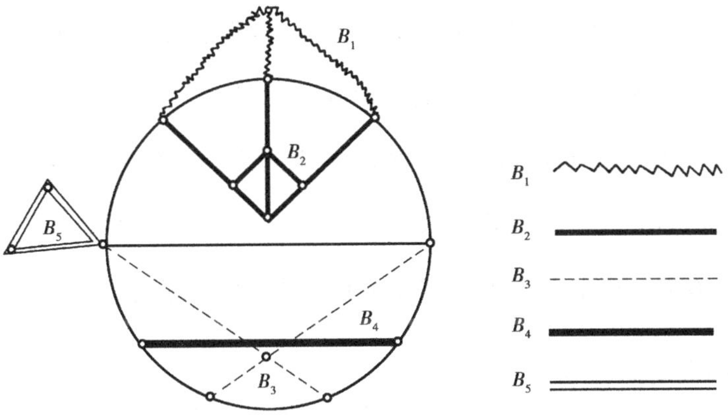

图 7.10

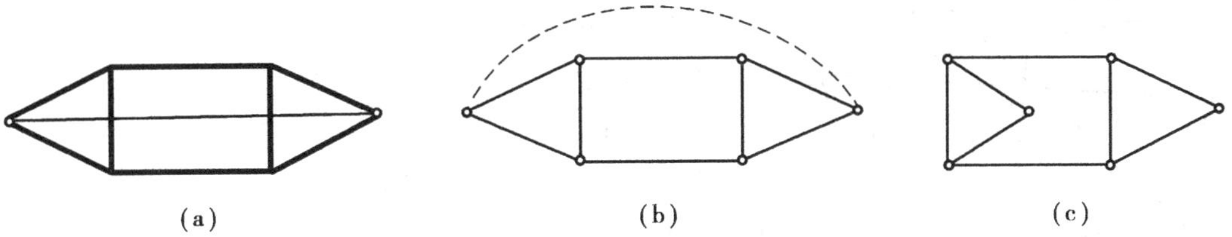

图 7.11

定理 7.8　若 G 是一个可嵌平面图，H 是 G 的一个可嵌平面子图，且 $\widetilde{H}$ 是 G—可接受的平面嵌入，则对 $\widetilde{H}$ 上每一个桥 B，恒有

$$F(B,\widetilde{H}) \neq \varnothing$$

证　设 $\widetilde{H}$ 是 G—可接受的，则 G 可在 $\widetilde{H}$ 的基础上继续嵌入而成为平面图 $\widetilde{G}$，使得 $\widetilde{H} \subset \widetilde{G}$。因此，$G$ 中 $\widetilde{H}$ 上的每一个桥必定限制在 $\widetilde{H}$ 的一个面上，故 $F(B,\widetilde{H}) \neq \varnothing$，证毕。

对一个图 G，去掉其上的环，并使每一对顶点之间，除保留一条边外，删除其余的重边便得到一个简单图 G'，称 G' 为 G 的简单基图。

由于一个图是平面图，当且仅当其简单基图的每一个块是平面图，故在讨论可平面化算法时，只须考虑简单的块。算法的基本思路是：对于给定的图 G，寻求一个递增可嵌平面子图序列 $G_1, G_2, \cdots$，要求它们的平面嵌入 $\widetilde{G}_1, \widetilde{G}_2, \cdots$，当 G 是可嵌平面图时，都是 G—可接受的。于是序列 $\widetilde{G}_1, \widetilde{G}_2, \cdots$，便定出了 G 在平面上的一个嵌入。在进行过程中的某一步，如果定理 7.8 的必要条件不满足时，就否定了 G 的可平面化。

可平面化算法：

①设 G_1 是 G 的一个圈，将 G_1 在平面上嵌入得到 $\widetilde{G}_1$，令 $i=1$。

②若 $E(G) \backslash E(G_i) = \varnothing$，停止。否则，定出 G 中 $\widetilde{G}_i$ 上所有的桥，对每个桥 B，求出集 $F(B,\widetilde{G}_i)$。

③如存在某个桥 B,使得 $F(B,\widetilde{G}_i)=\varnothing$,停止,$G$ 是非平面图。否则,任取一桥 B($F(B,\widetilde{G}_i)=1$ 的 B 优先选取)和它的一个可展面 $f\in F(B,\widetilde{G}_i)$,转④。

④选取路径 $P_i\subset B$,它的起点和终点是 B 在 $\widetilde{G}_i$ 上的两个附着点,令 $G_{i+1}=G_i\cup P_i$,在 $\widetilde{G}_i$ 的面 f 上绘出 P_i 而得到 G_{i+1} 的一个平面嵌入 $\widetilde{G}_{i+1}$,用 $i+1$ 替换 i,转②。

定理 7.9　设 G 是可嵌平面图,则由可平面化算法产生的序列 $\widetilde{G}_1,\widetilde{G}_2,\cdots$,均是 G—可接受的平面嵌入。

此定理的证明太复杂,略去。

例 7.1　用可平面化算法判定图 7.12 的图是否可嵌平面图,若是,作出其平面嵌入。

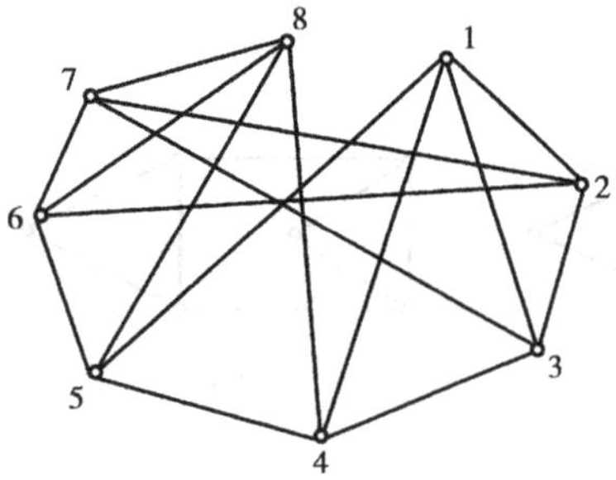

图 7.12

1)在 G 中任取一圈 $C=\{2,3,4,5,6,7,2\}$ $\widetilde{G}_1=G_1=C$

G 在 G_1 上的桥有:

$B_1=\{(2,6)\}$　　$B_2=\{(3,7)\}$

$B_3=\{(1,3),(1,4),(1,5),(1,2)\}$

$B_4=\{(8,4),(8,5),(8,6),(8,7)\}$

如图 7.13(a)所示。

$F(B_1,G_1)=F(B_2,\widetilde{G}_1)=F(B_3,\widetilde{G}_1)=F(B_4,\widetilde{G}_1)=\{R_1,R_2\}$

式中,R_1,R_2 分别为圈 C 的内部和外部。

2)求 $\widetilde{G}_2$

选择桥 B_1 及面 R_1,因 B_1 只有一条边(2,6),即为满足条件的路径 $P_1=26$,将 P_1 画入 $\widetilde{G}_1$ 的面 R_1 中使 R_1 分为两个面 R_3 和 R_4,于是得到图 $\widetilde{G}_2$,如图 7.13(b)所示。此时:

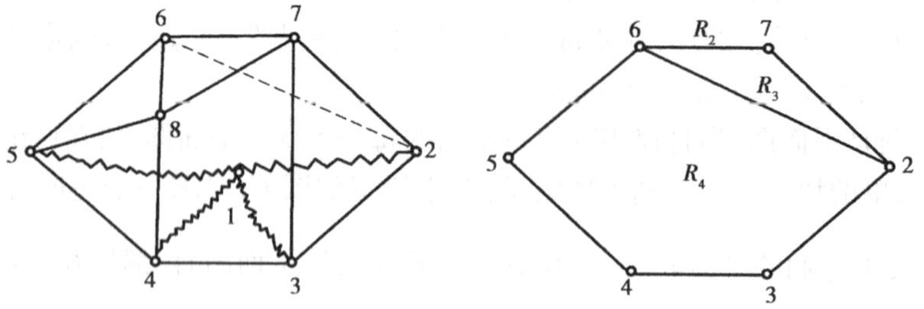

(a)　　(b)$\widetilde{G}_2$

图 7.13

$F(B_2,\widetilde{G}_2)=F(B_4,\widetilde{G}_2)=\{R_2\}$

$F(B_3,\widetilde{G}_2)=\{R_2,R_4\}$

3)求 $\widetilde{G}_3$

取桥 B_2 及面 R_2，得 $P_2=37$，将 P_2 画入 $\widetilde{G}_2$ 的面 R_2 中使 R_2 分为两个面 R_5 和 R_6，于是得到 $\widetilde{G}_3$，如图 7.14 所示。此时：

$$F(B_3,\widetilde{G}_3)=\{R_4\}$$

$$F(B_4,\widetilde{G}_3)=\{R_6\}$$

4）求 $\widetilde{G}_4$

取桥 B_3 及面 R_4，得 $P_3=213$，将 P_3 画入 $\widetilde{G}_3$ 的面 R_4 中，将 R_4 分成 R_7 和 R_8，于是得到 $\widetilde{G}_4$，如图 7.15 所示。

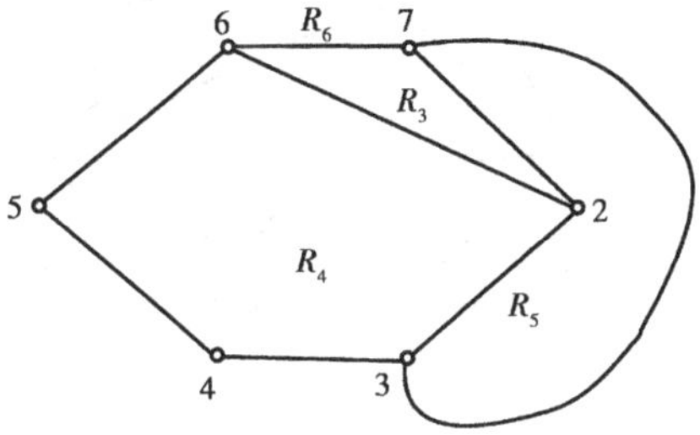

图 7.14

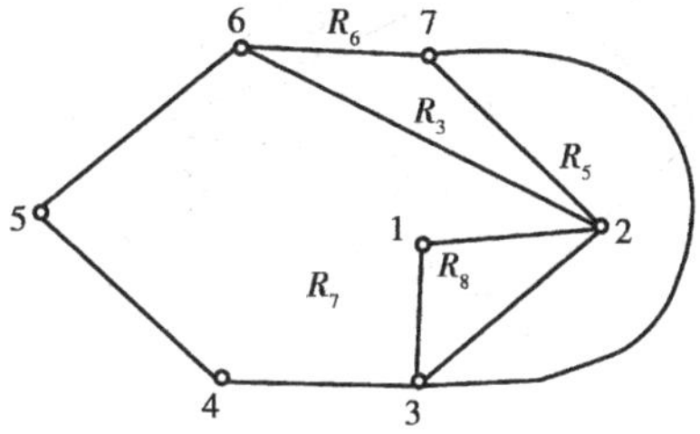

图 7.15

在 $\widetilde{G}_4$ 上有桥

$$B_5=\{(1,4)\}\qquad B_6=\{(1,5)\}\qquad B_4$$

$F(B_4,\widetilde{G}_4)=\{R_6\}$

$F(B_5,\widetilde{G}_4)=\{R_7\}$

$F(B_6,\widetilde{G}_4)=\{R_7\}$

5）求 $\widetilde{G}_5$，$\widetilde{G}_6$

取桥 B_5 及面 R_7，将 $P_7=14$ 画入 $\widetilde{G}_4$ 的 R_7 中，将 R_7 分成 R_9 和 R_{10}，于是得 $\widetilde{G}_6$，如图 7.16 所示。

取桥 B_6 及面 R_9，将 $P_5=15$ 画入 $\widetilde{G}_5$ 的 R_9 中，将 R_9 分成 R_{11} 和 R_{12}，于是得 $\widetilde{G}_6$，如图 7.17 所示。

在 $\widetilde{G}_6$ 上只有一个桥 B_4，且

$$F(B_4,\widetilde{G}_6)=\{R_6\}$$

6）求 $\widetilde{G}_7$，$\widetilde{G}_8$

取桥 B_4 及面 R_6，得路径 $P_6=587$，将 P_6 画入 $\widetilde{G}_6$ 的面 R_6 中，将 R_6 分成 R_{13} 和 R_{14} 两个面，于是得 $\widetilde{G}_7$，如图 7.18 所示。

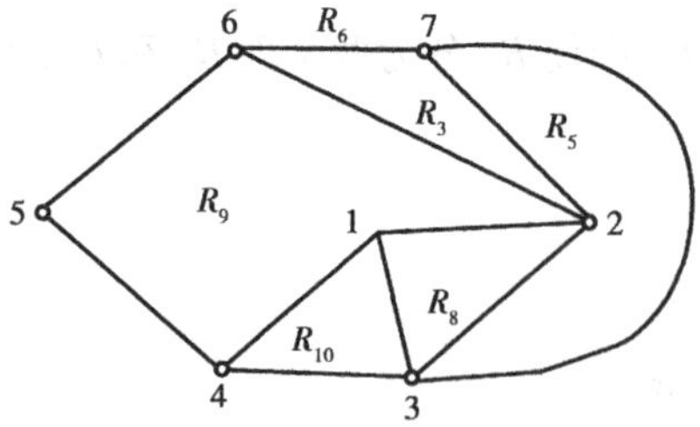

图 7.16　$\widetilde{G}_5$

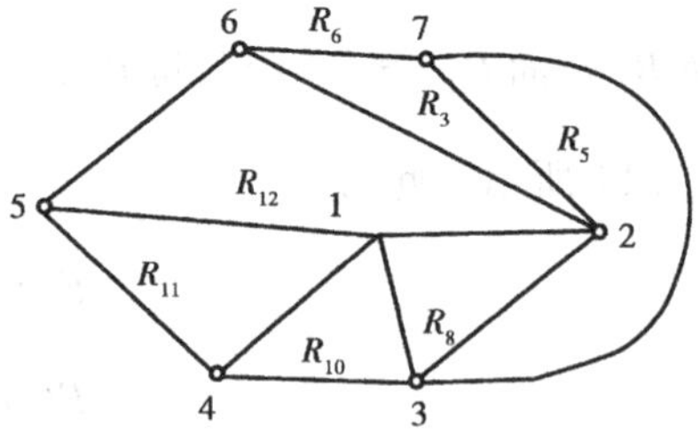

图 7.17　$\widetilde{G}_6$

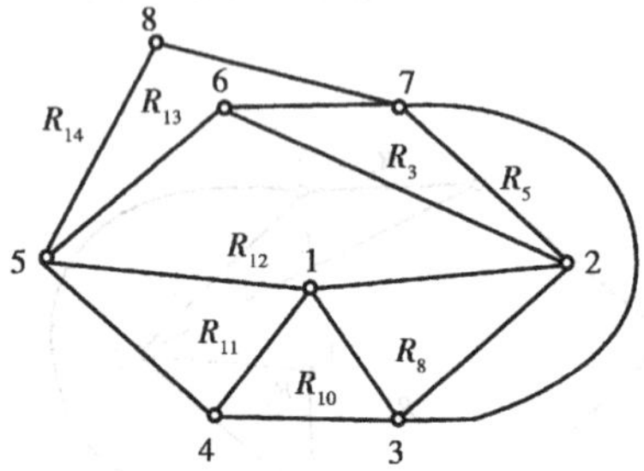

图 7.18　$\widetilde{G}_7$

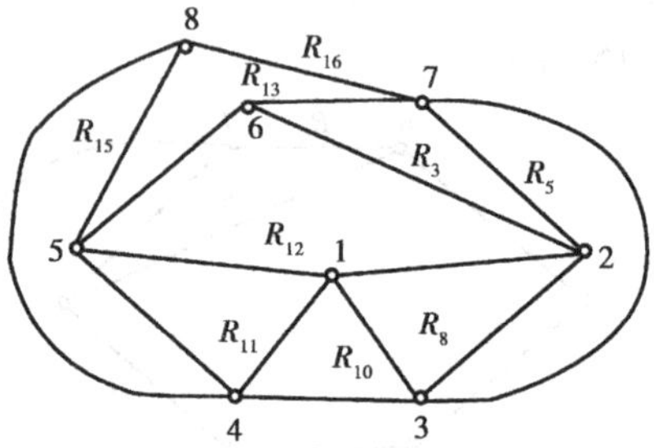

图 7.19　$\widetilde{G}_8$

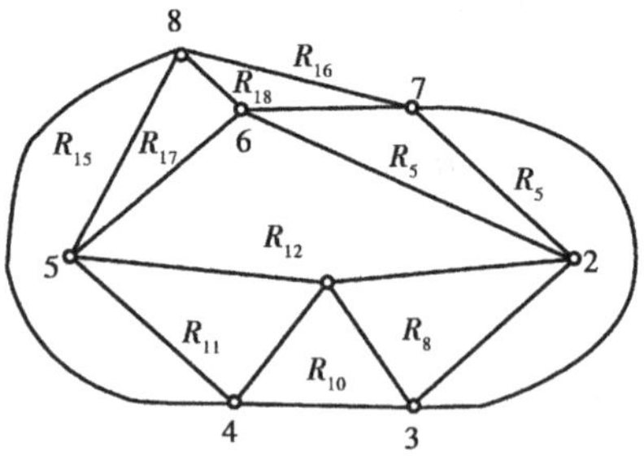

图 7.20　$\widetilde{G}_9$

在 $\widetilde{G}_7$ 上有桥

$$B_7 = \{(8,4)\} \qquad B_8 = \{(8,6)\}$$

且

$$F(B_7, \widetilde{G}_7) = \{R_{14}\}$$

$$F(B_8, \widetilde{G}_7) = \{R_{13}\}$$

取桥 B_7 及面 R_{14}，将 $P_7 = 84$ 画入 $\widetilde{G}_7$ 的面 R_{14} 中，将 R_{14} 分成 R_{15} 和 R_{16} 两个面，于是得 $\widetilde{G}_8$，如图 7.19 所示。

7）求 $\widetilde{G}_9$

取桥 B_8 及面 R_{13}，将 $P_8 = 86$ 画入 $\widetilde{G}_8$ 的面 R_{13} 中，得到 $\widetilde{G}_9$，如图 7.20 所示，由于 $E(\widetilde{G}_9) = E(G)$ 结束，所得到的 $\widetilde{G}_9$ 即为 G 的一个平面嵌入。

例 7.2　用可平面化算法判定如图 7.21 所示的图是否可嵌平面图。

在 G 中任取一圈 $C = 23672$，则

$$\widetilde{G}_1 = G_1 = C$$

G 在 $\widetilde{G}_1$ 上的桥有：

$$B_1 = \{(2,6)\} \qquad B_2 = \{(3,7)\}$$

$$B_3 = \{(1,4),(1,5),(1,3),(1,2),(3,4),(4,8),(5,8),(5,6),(7,8),(6,8)\}$$

如图 7.22 所示。

$$F(B_1,\widetilde{G}_1) = F(B_2,\widetilde{G}_2) = F(B_3,\widetilde{G}_3) = (R_1,R_2)$$

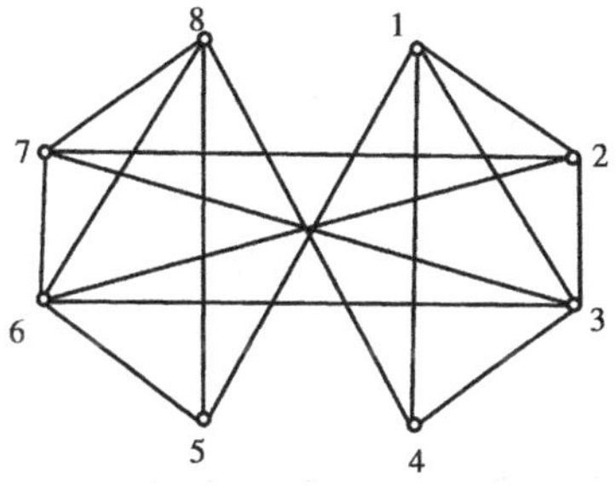

图 7.21

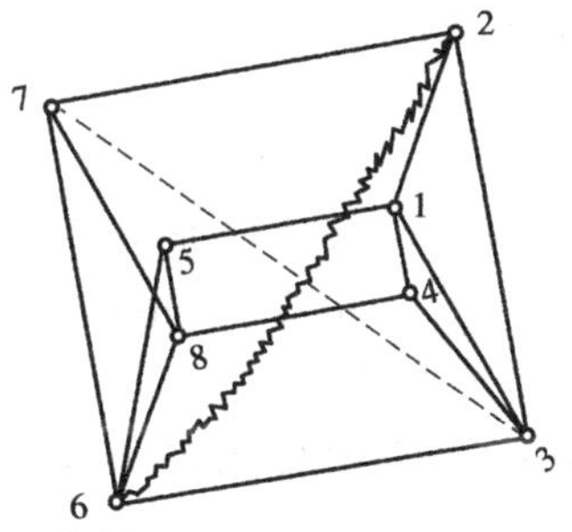

图 7.22

式中，R_1，R_2 分别是圈 C 的内部和外部。

取路径 $P_1=26$，将 P_1 画入 $\widetilde{G}_1$ 的 R_1 内得 $\widetilde{G}_2$，如图 7.23 所示。$F(B_2,\widetilde{G}_2)$，取路径 $P_2=37$ 画入 $\widetilde{G}_2$ 的 R_2 中得 $\widetilde{G}_3$，如图 7.24 所示。在 $\widetilde{G}_3$ 上有桥 B_3，B_3，在 $\widetilde{G}_3$ 上有 4 个附着点，这 4 个附着点不全在 $\widetilde{G}_3$ 的任何面的边界，即 B_3 在 $\widetilde{G}_3$ 中无可展面，因此

$$F(B_3,\widetilde{G}_3) = \varnothing$$

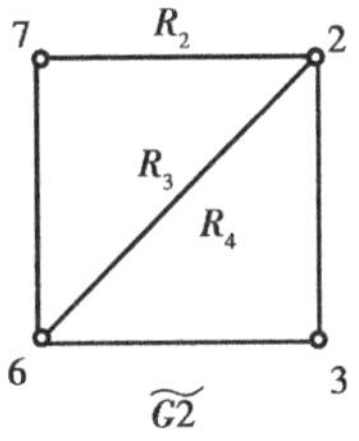

图 7.23

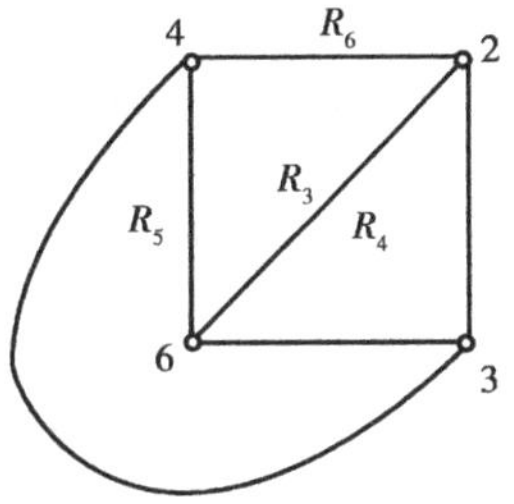

图 7.24

故可断定 G 是非平面图。

上述可平面化算法是多项式时间算法，是有效算法。

*7.6　图的交叉和厚度

一个图不是平面图，若把它画在平面上，必然会出现边的交叉，称必需的交叉数为图的交叉数。例如，非平面图 $K_{3,3}$ 要画在平面上至少会出现一个交叉，因而 $K_{3,3}$ 的交叉数是 1。同样 K_5 的交叉数是 1。而可嵌平面图的交叉数是 0，对一般的非平面图的交叉数，目前还没得出一个普遍适用的计算公式。

一个非平面图不能嵌入平面，自然提出分层嵌入几个平面的问题。例如，在印刷电路、大规模集成电路的设计中，是不允许出现边的交叉的，如果不能在一块印刷版上实现，可将它分成若干块印刷电路板，那么需要多少块印刷电路板呢？这问题从工艺和经济上考虑，都是很有

意义的。

上述问题用图论的语言描述便是:G 的边集至少可以划分成几个子集,使得每个子集的导出子图都是平面图?

定义 7.9 若 $G=\bigcup_{i=1}^{d}G_i$,其中 G_i 皆平面图,$i=1,2,\cdots,d,E(G_i)\cap E(G_j)=\varnothing,i\neq j$;则称 $(G_1,G_2,\cdots,G_d)$ 是 G 的平面分解,而

$$\theta(G)=\min\{d\mid(G_1,G_2,\cdots,G_d)\text{ 是 }G\text{ 的平面分解}\}$$

称为 G 的厚度或层数。

例如 $\theta(K_5)=2$,如图 7.25 所示。

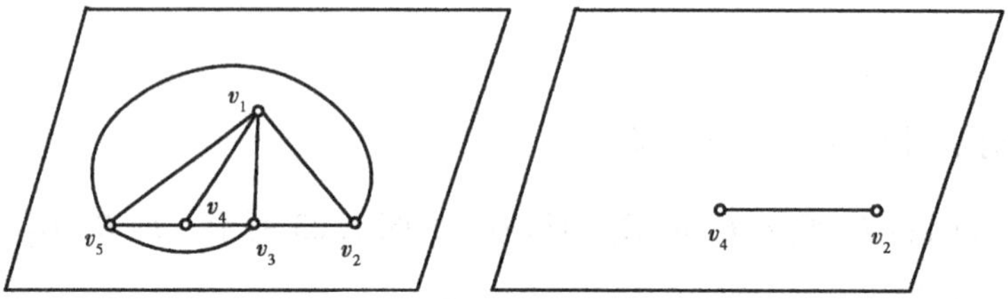

图 7.25

如何确定图的厚度至今既无公式又无有效算法,但厚度及分层嵌入是实际需要的有奇有待解决的问题。

下面给出厚度的下界,$\{x\}$ 表示大于等于 x 的最小整数。

定理 7.10 ①非平面图 G 的厚度

$$\theta(G)\geqslant\left\{\frac{\varepsilon}{3\upsilon-6}\right\}(\upsilon>2)$$

②若 G 不含三角形,则

$$Q(G)\geqslant\left\{\frac{\varepsilon}{2\upsilon-4}\right\}(\upsilon>2)$$

证 ①对于平面图有

$$0<\varepsilon\leqslant3\upsilon-6,\text{从而}(\upsilon>2)$$

$$0<\frac{\varepsilon}{3\upsilon-6}\leqslant1$$

故有

$$\theta(G)\geqslant\left\{\frac{\varepsilon}{3\upsilon-6}\right\}$$

②若对于平面图,且不含三角形,则它的任何面 f 的次数均大于等于 4,又

$$\sum_{f\in F}d(f)=2\varepsilon$$

故得 $4\varphi\leqslant2\varepsilon,\varphi\leqslant\frac{\varepsilon}{2}$,由欧拉公式

$$2=\varphi+\upsilon-\varepsilon\leqslant\frac{\varepsilon}{2}+\upsilon-\varepsilon=\upsilon-\frac{\varepsilon}{2},\varepsilon\leqslant2\upsilon-4$$

即不含三角形的平面图有 $\varepsilon\leqslant2\upsilon-4$。

因此对不含三角形的图 G 有

$$\theta(G)\geqslant\left\{\frac{\varepsilon}{2\upsilon-4}\right\}$$

证毕。

上面给出的 $\theta(G)$ 的下界有时偏离较大，例如 Petersen 图，其厚度 $\theta=2$，但下界给出的是

$$\left\{\frac{\varepsilon}{3v-6}\right\}=\left\{\frac{15}{3\times 10-6}\right\}=\left\{\frac{15}{24}\right\}=1$$

误差 100%。

下面讨论完备图的厚度。

定理 7.11　$Q(K_9)=Q(K_{10})=3$，且对任何 $K_n(n>3)$ 都有

$$\theta(K_n)\geqslant\left[\frac{n+7}{6}\right]$$

证　对于完备图 K_n，有

$$\varepsilon=\frac{1}{2}n(n-1)$$

令

$$\alpha=1-\frac{1}{3n-6}$$

因 $n>3$，则 $0<\alpha<1$，于是由定理 7.9 有

$$\theta(K_n)\geqslant\left\{\frac{\frac{1}{2}n(n-1)}{3n-6}\right\}$$

$$\geqslant\left[\frac{n(n-1)}{6n-12}+1-\frac{1}{3n-6}\right]$$

$$\geqslant\left[\frac{n+7}{6}\right]$$

证毕。

习题 7

1. 试将图 7.26 的平面图通过球极平面投影成另一平面图，使原来的有限面 R_2 成无限面。

2. 图 7.27 中哪些是可嵌平面图？哪些是非平面图？并将可嵌平面图嵌入到平面上。

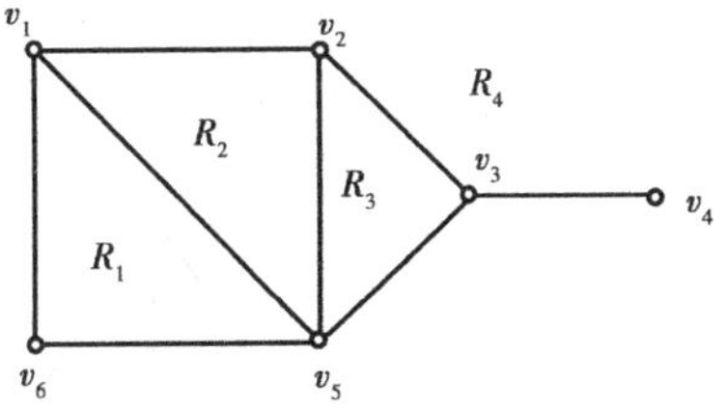

图 7.26

3. 设简单平面图 G 的每个面的次数至少是 $k(k>3)$，则

$$\varepsilon\leqslant\frac{k(v-2)}{k-2}$$

4. 证明：少于 30 条边的简单平面图必有一个顶点的次数小于等于 4。

5. 设一个可嵌平面图 G 有 28 个顶点。将它嵌入平面后，每个面的次数均为 4，试求图的边数和面数。

6. 设 G 是一个简单平面图，证明：

①若 G 中各顶点的最小次数是 4，则至少有 6 个顶点的次数不超过 5。

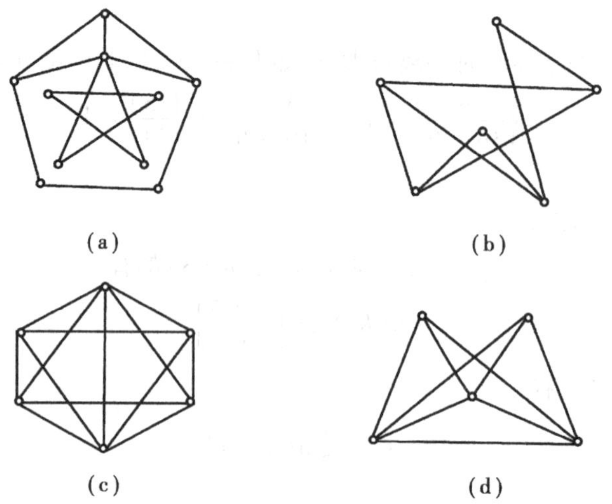

图 7.27

②若 G 中各顶点的最小次数是 5，则至少有 12 个顶点的次数是 5。

7. 一个平面图称为自对偶的，如果它与它的对偶图同构。

①证明：若平面图 G 是自对偶的，则 $\varepsilon = 2v - 2$。

②对于 $n \geqslant 4$，求有 n 个顶点的自对偶平面图。

8. 试就图 7.28 中的 3 个图进行讨论，平面图应具有什么条件才能使得：

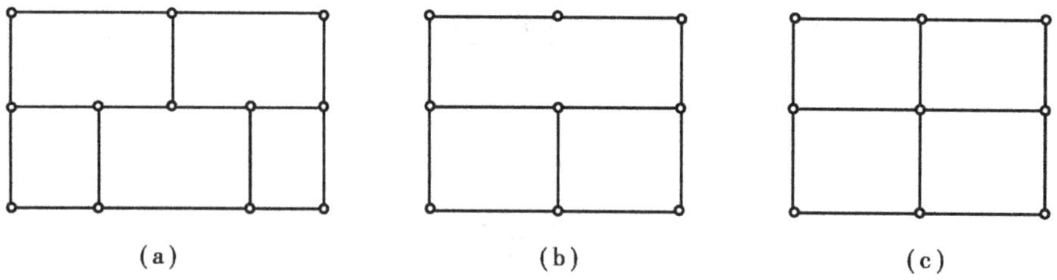

图 7.28

①存在一条曲线穿过它的每边一次仅一次。

②在什么条件下这条曲线才是闭的。

9. 画出图 7.29(a)、(b) 两个图的对偶图。

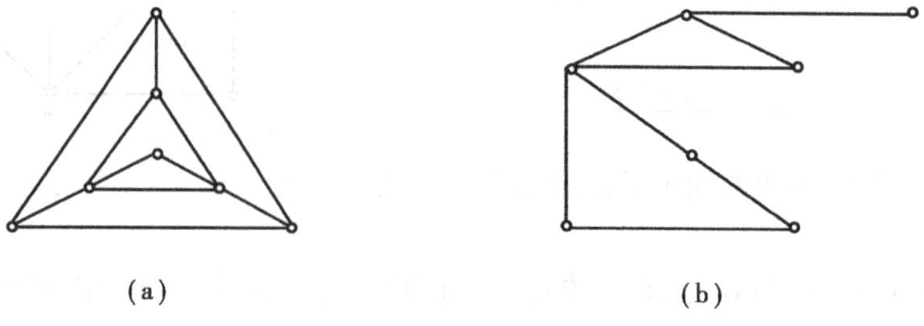

图 7.29

10. 证明：不存在这样的平面图，已有 5 个面，且任二面间都至少有一条公共边。

11. 设 G 是平面图，证明：

①B 是 G 的割集当且仅当 $\{e^* \in E(G^*) \mid e \in B\}$ 是 G^* 的一个圈。

②若 G 是欧拉图，则 G^* 是二部图，反之亦然。

12. 设 T 是连通平面图 G 的一棵生成树，$E^* = \{e^* \in E(G^*) \mid e \in E(T)\}$，证明：$T^* = G^*(E^*)$ 是 G^* 的一棵生成树。

13. 证明：若 G 是3次齐次的连通平面图，则 G 的对偶图 G^* 的每个面的次数都是3，且面数为 $2(n-2)$。

14. 证明：若 G 是一个 $v \geq 1$ 且不含三角形的简单平面图，则 $\delta \leq 3$。

15. 证明：若 G 是一个平面三角剖分，则 $\varepsilon = 3v - 6$。

16. 设 $n \geq 3$，$S = \{x_1, x_2, \cdots, x_n\}$ 是平面上的一个点集，它的任何两点间的距离至少为1。证明最多有 $3n-6$ 对点，它们的距离正好是1。

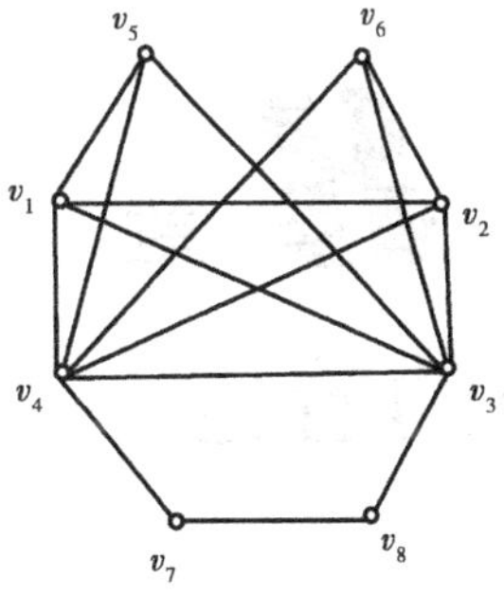

图7.30

17. 如图7.30所示的图 G，取圈 $C = v_1v_2v_3v_4v_1$ 作为子图 G_1，试求 G_1 的所有桥。

18. 证明：同构平面图的对偶图必有相同面数。

19. 试用库拉托夫斯基定理说明如图7.31所示的各图是非平面图。

20. 用可平面性算法判定如图7.32所示的两图是否可嵌平面图。

21. 试用画图的方法说明8阶完备图 K_8 的厚度是2。

22. 证明 $K_5 - e$ 是平面图。

23. 证明 $K_{3,3} - e$ 是平面图。

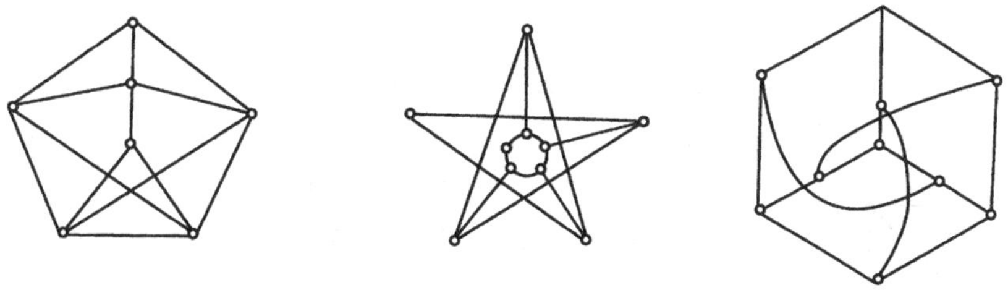

(a)　　(b)　　(c)

图7.31

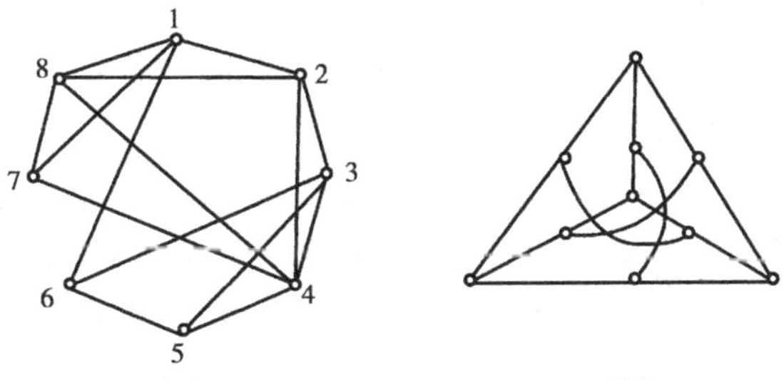

(a)　　(b)

图7.32

第8章 图的着色

8.1 边色数

这一章仅对无环图进行讨论。

定义 8.1 ①图 G 的一个 k 边着色是指对 $E(G)$ 的一个划分 $L=(E_1,E_2,\cdots,E_k)$，$E(G)=\bigcup\limits_{i=1}^{k}E_i$，$E_i\cap E_j=\varnothing$，$i\neq j$，其中 E_i 表示 i 色的边的集合，$(i=1,2,\cdots,k)$。若每个 E_i 都是 G 的匹配，则称 L 是一个适当 k 边上色。

②若 G 有一个适当 k 边上色，则称 G 是可 k 边上色的。

③若 G 是可 k 边上色，而不是可 $(k-1)$ 边上色，则称 k 是 G 的边色数，记为 $\chi'(G)=k$。

④若 $\chi'(G)=k$，则称 G 是 k 边色图。

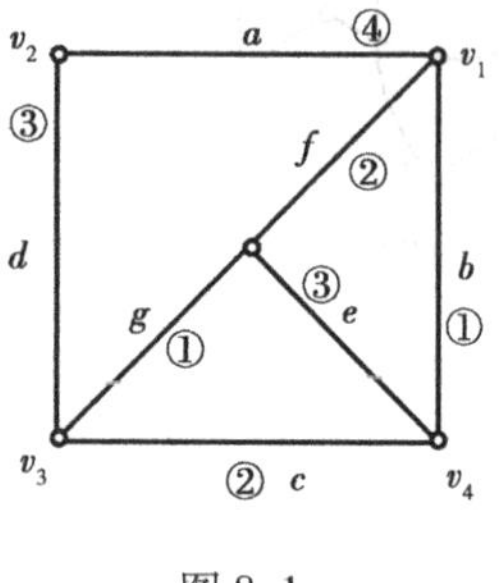

图 8.1

对一个图进行适当上色即是给每一条边赋予一个颜色，且使相邻的边不同色。

例如，在图 8.1 中就给出了一个图的适当 4 边上色：

$$L=(\{b,g\},\{c,f\},\{d,e\},\{a\})$$

但若用 3 种颜色就无法对此图适当上色，因此，该图的边色数 $\chi'(G)=4$。

任何图都是可 ε 边上色的；同时若 G 是可 k 边上色，则一定是可 $l(l>k)$ 边上色的，显然任何图的边色数 $\chi'(G)\geqslant\Delta$。

引理 8.1 若连通图 G 不是奇圈，则 G 有一个 2 边上色，使得该二色附着于每个次数至少为 2 的顶点（若与 v 关联的边中有一边是色 i，则称色 i 附着于顶点 v）。

证 设 G 是欧拉图。若 G 是偶圈，命题显然成立。若 G 不是偶圈，则 G 至少有一个顶点 v_0，$d(v_0)\geqslant 4$，设 $v_0e_1v_1e_2v_2\cdots e_\varepsilon v_0$ 是 G 的一个欧拉巡回，令

$$E_1=\{e_i \mid i\text{ 为奇数}\}\qquad E_2=\{e_i \mid i\text{ 为偶数}\}$$

则 $L=(E_1,E_2)$ 即为满足要求的 2 边着色。

若 G 不是欧拉图，加入一个新顶点 v_0，并在 v_0 与 G 的每个奇次顶点之间各连一条边，得到

图 G^*。G^* 是欧拉图，设 $C = v_0e_1v_1e_2v_2\cdots e_\varepsilon^* v_0$ 是 G^* 的一个欧拉巡回，令

$$E_1 = \{e_i \mid i\ 为奇数\} \qquad E_2 = \{e_i \mid i\ 为偶数\}$$

则 $L = (E_1 \cap E(G), E_2 \cap E(G))$ 即为满足要求的 2 边着色。

定义 8.2　①设 L 是 G 的一个 k 边上色，把附着于顶点 v 的颜色数目记为 $c(v)$。

②若有一个 k 边着色 L'，使得

$$\sum_{v \in V(G)} c'(v) > \sum_{v \in V(G)} c(v)$$

则称 L' 是 L 的改进。

③不能再改进的 k 边着色，称为 G 的一个最佳 k 边着色。

对于适当边着色来说，有 $c(v) = d(v)$。一般情况下，$c(v) \leqslant d(v)$。

引理 8.2　设 $L = (E_1, E_2, \cdots, E_k)$ 是 G 的一个最佳 k 边上色，若 G 有一顶点 u 和色 i, j，使得 i 不附着 u 而 j 却两次附着 u，则 $G(E_i \cup E_j)$ 含 u 的连通片是一个奇圈。

证　设 u 是满足引理条件的一个顶点，用 H 表示 $G[E_i \cup E_j]$ 含 u 的那一个连通片，假定 H 不是奇圈，由引理 8.1 知，H 有一个 2 边着色，使该二色附着于 H 每个次数至少是 2 的顶点上，用 i 色和 j 色依引理 8.1 的方法给 H 的边重新上色，而 G 的其他边保持原色。此新的 k 边着色 $L' = (E_1', E_2', \cdots, E_k')$ 中，i, j 两色都附着于 u，因此 $c'(u) = c(u) + 1$。而对 $v \neq u$，$c'(v) \geqslant c(v)$，于是

$$\sum_{v \in V(G)} c'(v) > \sum_{v \in V(G)} c(v)$$

故 L' 是 L 的改进，这与 L 是最佳 k 边着色矛盾。因此 H 必定是奇圈，证毕。

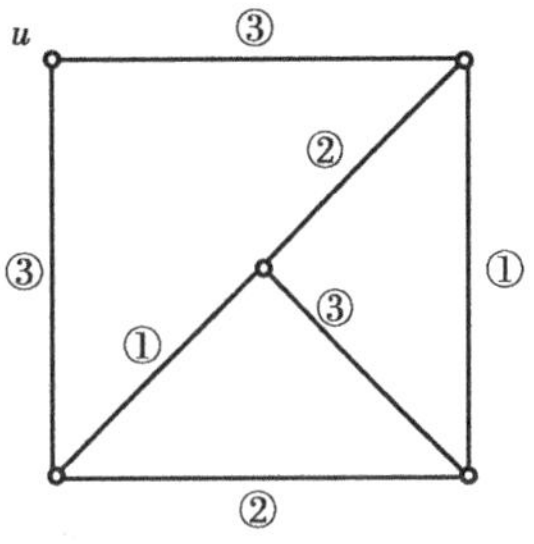

图 8.2

如图 8.2 所示的着色是一个最佳 3 边着色，①色不附着 u 而③色却两次附着 u，于是①色和③色的边所导出的图是一个奇圈。

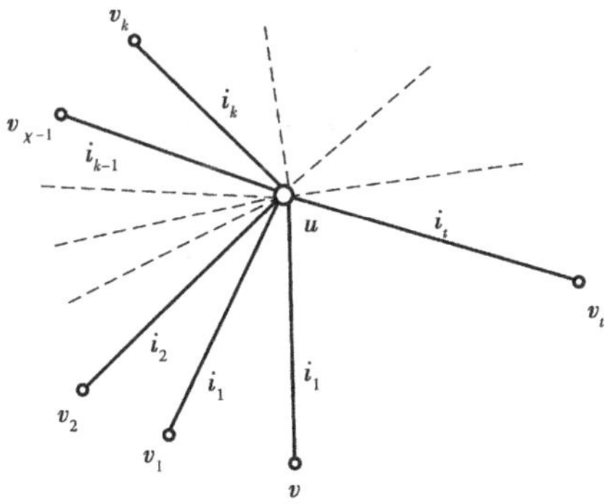

图 8.3

定理 8.1　如果 G 是二部图，则 $\chi'(G) = \Delta$。

证　若 $\chi'(G) > \Delta$，设 $L = (E_1, E_2, \cdots, E_\Delta)$ 是 G 的一个最佳 Δ 边着色，设 u 是满足 $c(u) < d(u)$ 的顶点，则显然 u 满足引理 8.2 的条件，因此，G 含有一个奇圈，与 G 是二部图矛盾，故 $\chi'(G) \leqslant \Delta$，又 $\chi'(G) \geqslant \Delta$，因此

$$\chi'(G) = \Delta$$

证毕。

定理 8.2（Vizing, 1964）　设 G 是简单图，则 $\Delta \leqslant \chi'(G) \leqslant \Delta + 1$。

证　设 G 是简单图，但 $\chi'(G) > \Delta + 1$，$L = (E_1, E_2, \cdots, E_{\Delta+1})$ 是 G 的一个最佳 $\Delta + 1$ 边着色。设 u 是满足 $c(u) < d(u)$ 的一个顶点，则存在色 i_0 和 i_1 使得 i_0 不附着 u 而 i_1 却两次附着 u。设 uv 和 uv_1 是色 i_1（见图 8.3）。因为 $d(v_1) < \Delta + 1$，故有某色 i_2 不附着 v_1，但 i_2 必定附着 u，否则用 i_2 给 uv_1 重新着色将得到 L 的一个改进，这与 L 是最佳 $\Delta + 1$ 边着色矛盾。于是设 uv_2 是色 i_2。又 $d(v_2) < \Delta + 1$，故有某色 i_3 不附着 v_2，但 i_3 必定附着 u，否则用 i_2 给 uv_1 着色，用 i_3 对 uv_2 着色，会得到 L 的一个改进。于是有某边 uv_3 有色 i_3。继续这个过程，将得到一个顶点序列 v_1，

$v_2, \cdots$，和一个色序列 $i_1, i_2, \cdots$ 使得

①uv_j 有色 $i_j (j=1,2,\cdots)$。

②色 i_{j+1} 不附着于 $v_j (j=1,2,\cdots)$。

由于与 u 关联的边是有限的，故存在一个最小的正整数 l，使得对某个 $k<l$ 有

③$i_{l+1}=i_k (k<l)$。

现在对 G 的边重新着色如下：对于 $l \leqslant j \leqslant k-1$，用 i_{j+1} 给边 uv_j 着色，而产生一个新的 $\Delta+1$ 边上色 $L'=(E_1', E_2', \cdots, E_{\Delta+1}')$，如图 8.4 所示。

显然，对于 G 的每个顶点，都有 $c'(v) \geqslant c(v)$，如果存在一个顶点有严格不等式成立，则与 L 是最佳上色矛盾，故对 G 的每个顶点都有 $c'(v)=c(v)$，故 L' 也是 G 的一个最佳 $\Delta+1$ 边上色。由引理 8.2 知，$G(E_{i_0}' \cup E_{i_k}')$ 含 u 的连通片 H' 是奇圈。

现在再用色 i_{j+1} 给边 $uv_j (k \leqslant j \leqslant l-1)$ 重新着色，用 i_k 给边 uv_l 着色，又得到 G 的一个 $\Delta+1$ 边上色 $L''=(E_1'', E_2'', \cdots, E_{\Delta+1}'')$ 如图 8.5 所示。

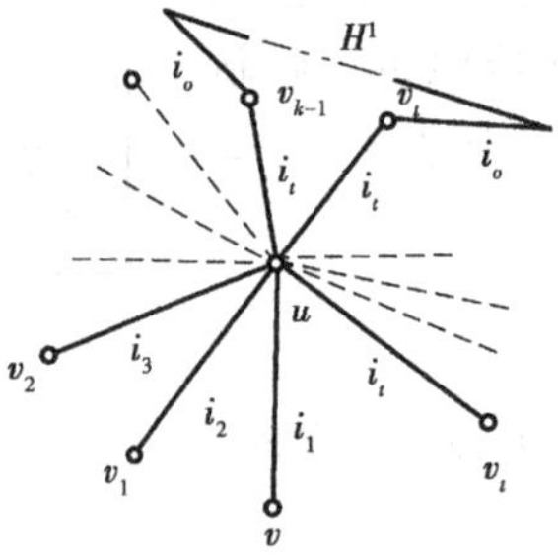

图 8.4

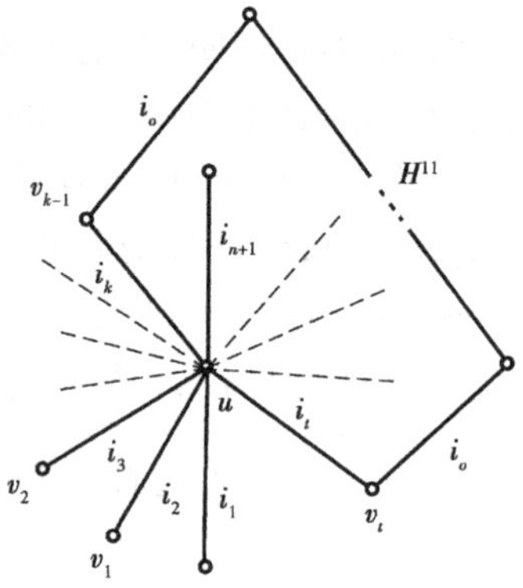

图 8.5

显然对 G 的每个顶点，都有 $c''(v) \geqslant c(v)$，L'' 也是 G 的一个最佳 $\Delta+1$ 边上色，于是 $G[E_{i_0}'' \cup E_{i_k}'']$ 含 u 的连通片 H'' 也是一个奇圈。然而 H' 中 i_0 附着在 v_k 上，但在 H'' 中 $v_k \in H''$，且 i_0 仍应附着在 v_k 上，故在 H'' 中 v_k 的附着数是 1，这不可能，因为对一个最佳上色来说，每个奇圈上，最多只有一个顶点附着数是 1，证毕。

根据 $\chi'(G)$ 的值把一切简单图划分成两类：$\chi'(G)=\Delta$ 的图 G 称为第一类的图，$\chi'(G)=\Delta+1$ 的图 G 称为第二类的图。

8.2 时间表问题

学校里有 m 位教师 $x_1, x_2, \cdots, x_m$ 和 n 个教学班 $y_1, y_2, \cdots, y_n$，已知教师 x_i 担任 y_j 班的课时数为 P_{ij}，试用最少的学时数安排一张授课表。

可用一个划分为 (X,Y) 的二部图来描述这个教学上的要求，其中 $X=\{x_1, x_2, \cdots, x_m\}$，$Y=\{y_1, y_2, \cdots, y_n\}$，顶点 x_i 与 y_j 之间用 P_{ij} 条边来连接。每一学时，每位教师最多为一个班上课，每个班也至多接受一个老师的授课。因此，此问题就是要把二部图的边划分为边不相交的匹配。要使学时数最少，就是要使 G 的边尽可能划分为较少的边不相交匹配，即等价于给 G 的

边进行适当着色，使所用色数最少。因此，最少的学时数就等于 G 的边色数。又 G 是二部图，$\chi'(G)=\Delta$，故当 G 的最高次数是 p 时，即每个教师担任的课时 $\leqslant p$，每个班上的课时数 $\leqslant p$，则就可排出一个 p 学时的时间表。然而，若只有给定数目的教室可用，应安排一个多少学时的时间表教室才够用？

假定一天的总上课时数为 l，要在 p 学时内把课上完，则平均每个学时要上 l/p 节课。因此，至少要 $\{l/p\}$ 个教室。为编制授课表，首先给出下面的引理和定理。

引理 8.3　设 M 和 N 是图 G 的两个无公共边的匹配，且 $|M|>|N|$，则存在无公共边的匹配 M'，N'，使得

$$|M'|=|M|-1,\ |N'|=|N|+1, M'\cup N'=M\cup N$$

证　考虑 $H=G[M\cup N]$，正如 Berge 定理之证明，H 的每个连通片要么是边在 M 和 N 中交错出现的偶圈，要么是边在 M 和 N 中交错出现的路径，又因 $|M|>|N|$，H 的某个路径连通片的始边与终边皆在 M 内，令这一路径为

$$P=v_0e_1v_1\cdots e_{2n+1}v_{2n+1}$$

且取

$$M'=(M-\{e_1,e_3,\cdots,e_{2n+1}\})\cup\{e_2,e_4,\cdots,e_{2n}\}$$

$$N'=(N-\{e_2,e_4,\cdots,e_{2n}\})\cup\{e_1,e_3,\cdots,e_{2n+1}\}$$

则 M' 与 N' 亦是 G 中的匹配，且满足引理的条件，证毕。

定理 8.3　设 G 是二部图，且 $p\geqslant\Delta$，则存在 p 个 G 的无公共边的匹配 $M_1,M_2,\cdots,M_p$，使得

$$E(G)=\bigcup_{i=1}^{p}M_i$$

且对于 $i\leqslant j\leqslant p$

$$[\varepsilon/p]\leqslant|M_i|\leqslant\{\varepsilon/p\}$$

证　由于 G 是二部图，$\chi'(G)=\Delta$，$E(G)$ 可以划分成 Δ 个匹配 $M'_1,M'_2,\cdots,M'_\Delta$（当 $i>\Delta$ 时，令 $M'_i=\varnothing$），使得

$$E(G)=\bigcup_{i=1}^{p}M'_i$$

反复运用引理 8.3 于那些边数差大于 1 的每对匹配，则可得 p 个两两不相交的匹配 M_1，$M_2,\cdots,M_p$，满足定理 8.3 的要求，证毕。

例 8.1　4 名教师，5 个班，教学要求如下：

$$A=\begin{array}{c} \\ x_1\\ x_2\\ x_3\\ x_4\end{array}\begin{array}{c}\begin{array}{ccccc}y_1&y_2&y_3&y_4&y_5\end{array}\\ \begin{bmatrix}2&0&1&1&0\\0&1&0&1&0\\0&1&1&1&0\\0&0&0&1&1\end{bmatrix}\end{array}$$

试排出 4 间教室、3 间教室和 2 间教室的课程表。

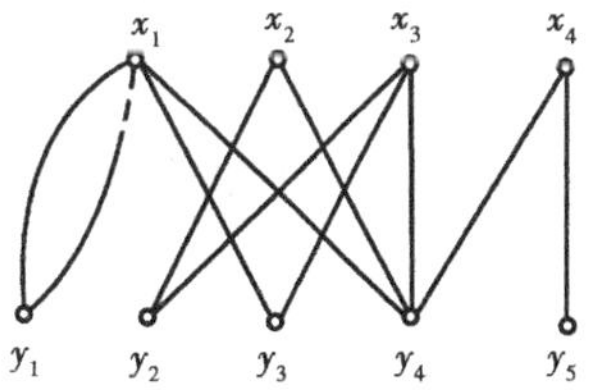

图 8.6

以 $X=\{x_1,x_2,x_3,x_4\}$，$Y=\{y_1,y_2,y_3,y_4,y_5\}$ 为二部图 G 的顶点划分集，在 x_i 与 y_j 之间连 a_{ij} 条边，如图8.6所示。于是 $\Delta(G)=4$，$\varepsilon=11$，至少要排 $\Delta=4$ 节课，又 $\left[\dfrac{\varepsilon}{4}\right]=2$，$\left\{\dfrac{\varepsilon}{4}\right\}=3$，由定理 8.3 知，可安排 3 个教室 4 节课的课表，若只有两个教室，因 $\left\{\dfrac{11}{6}\right\}=2$，

$\left[\frac{11}{6}\right]=1$，则需排 6 学时的课表，如图 8.7 所示。

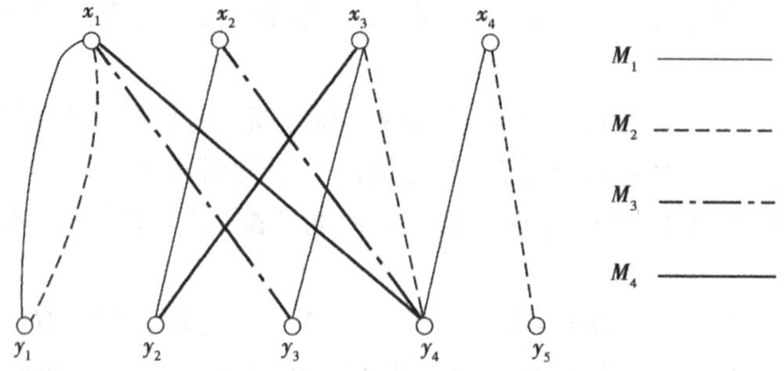

图 8.7

图 8.7 对应的课程表如下：

教师＼节	1	2	3	4
x_1	y_1	y_1	y_3	y_4
x_2	y_2	—	y_4	—
x_3	y_3	y_4	—	y_2
x_4	y_4	y_5	—	—

共用 4 间教室，第 1 节课对应匹配 M_1，即 y_1,y_2,y_3,y_4 分别由 x_1,x_2,x_3,x_4 授课；第 2 节课对应匹配 M_2，即 y_1,y_4,y_5 班分别由 x_1,x_3,x_4 授课；第 3 节课对应匹配 M_3，第 4 节课对应匹配 M_4。

如果只有 3 间教室，因 $|M_1|=4$，$|M_3|=2$，由引理 8.3 知，可沿 M_1,M_3 交错路径 $y_1x_1y_3x_3$ 交换 M_1 与 M_3 的边，得图 8.8。

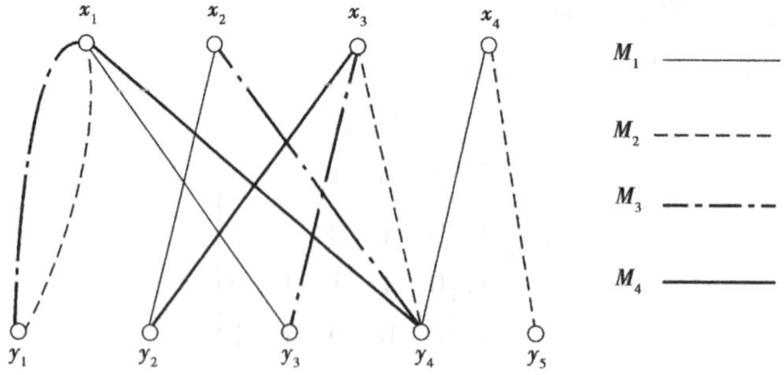

图 8.8

图 8.8 对应的课程表如下：

教师 \ 节	1	2	3	4
x_1	y_3	y_1	y_1	y_4
x_2	y_2	—	y_4	—
x_3	—	y_4	y_3	y_2
x_4	y_4	y_5	—	—

因每节课最多 3 个班上课,因此,3 间教室就够了。

如果只有两间教室,即每个学时最多安排两个班上课,一共有 11 个班次,因此,至少需 6 个学时才能上完所有班次。根据引理 8.3 和定理 8.3,把图 8.8 中的匹配调整成 6 个两两不相交的匹配,则可得一个 6 节课,两间教室的课程表如下:

教师 \ 节	1	2	3	4	5	6
x_1	y_3	y_1	—	y_4	y_1	—
x_2	y_2	—	y_4	—	—	—
x_3	—	y_4	y_3	y_2	—	—
x_4	—	—	—	—	y_4	y_5

8.3　支配集与独立集

定义 8.3　设 $D \subseteq V(G)$,若任何顶点 $u \in V(G)$,或者 $u \in D$,或者 u 与 D 内某顶点相邻,则称 D 为 G 的一个支配集。若支配集 D 的任何真子集皆非支配集,则称 D 为极小支配集。若 D_0 是一个支配集,但无任何支配集 D_1,使得 $|D_1| < |D_0|$,则称 D_0 是最小支配集,记 $\gamma(G) = |D_0|$,称 $\gamma(G)$ 为 G 的支配数。

显然,最小支配集一定是极小支配集;任何一个支配集以一个极小支配集为其子集;极小支配集可能不唯一,而且其顶点数也可以不一致。例如,只有一个非一次顶点的树称为星,星中的非一次顶点称为星心。星心是最小支配集,因此其支配数 γ 为 1;但还有一个极小支配集由全部叶组成,一个支配集可能含两个以上的极小支配集,如图 8.9 所示,$\{v_5, v_2, v_4\}$ 是支配集,它有两个子集 $\{v_5\}$ 与 $\{v_2, v_4\}$ 都是极小支配集,且 $\gamma(G) = 1$。

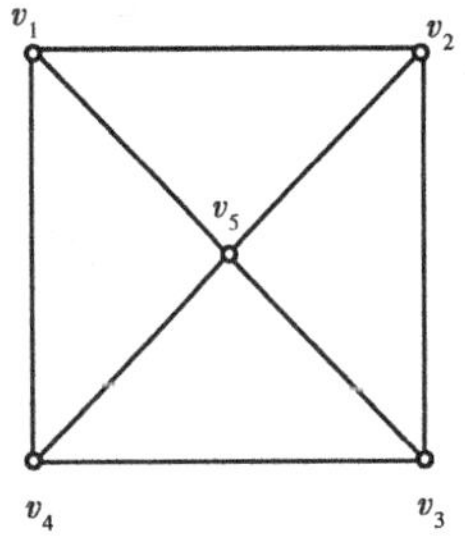

图 8.9

引理 8.4　G 中无零次顶点,则存在一个支配集 D,使得 $\overline{D} = V(G) - D$ 也是一个支配集。

证　不妨设 G 连通,T 是 G 的生成树,任取 $v_0 \in V(G)$,令

$$D=\{v \mid v\in V(G), d_T(v_0,v)=0(\mathrm{mod}2)\}$$
$$\overline{D}=\{v \mid v\in V(G), d_T(v_0,v)=1(\mathrm{mod}2)\}$$

$\overline{D}=V(G)-D$，且 D 与$\overline{D}$都是支配集，证毕。

定理 8.4　G 中无零次顶点，D_1 为极小支配集，则$\overline{D_1}=V(G)-D_1$ 也是一个支配集。

证　若有一顶点 $v_0\in D_1$，而$\overline{D_1}$ 中没有使 $v_0u\in E(G)$的顶点 u，则 D_1-v_0 仍是一支配集，与 D_1 为极小支配集矛盾，故$\overline{D}$也是支配集，证毕。

由此定理可知，对无孤立点的图 G 中的一个极小支配集 D_1，至少存在另一个极小支配集 D_2，使得 $D_1\cap D_2=\varnothing$。

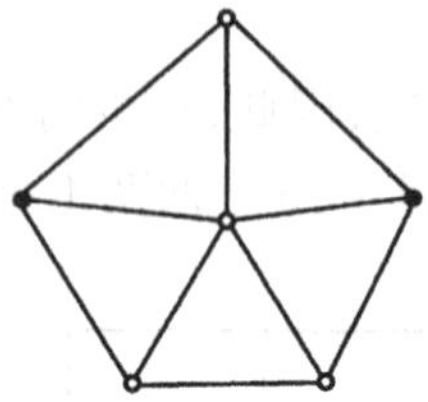
图 8.10

定义 8.4　$I\subseteq V(G)$，I 中任二顶点均不相邻，则称 I 为图 G 的一个独立集；任取 $u\notin I$，$I\cup\{u\}$不是独立集，则称 I 是极大独立集；G 中无独立集 I_1，使得$|I_1|>|I|$，则称 I 是 G 的最大独立集，此时，记 $\beta(G)=|I|$，$\beta(G)$称为 G 的独立数。

如图 8.10 所示，$\{u\}$是极大独立数，两黑点也构成一个极大独立集，它也是最大独立集，$\beta(G)=2$。

定理 8.5　一个独立集是极大独立集，当且仅当它是支配集。

证　设 I 是独立集，且是极大独立集，则对任何 $v\notin I$，都存在 I 中某顶点与 v 相邻，从而 I 是支配集。反之，若 I 是独立集，又是支配集，则对任何 $v\notin I$，都存在 I 中某顶点与 v 相邻，故 $I\cup\{v\}$不是独立集，从而 I 是极大独立集，证毕。

例如星心是独立集，又是极大独立集，因此，它是支配集。星的全部叶构成支配集，又是独立集，则它是极大独立集。

下一定理给出独立集与点覆盖之间的关系。

定理 8.6　I 是独立集，当且仅当 $V-I$ 是点覆盖。

证　设 I 是独立集，就不存在两个端点都在 I 的边，即 G 的每一边至少有一端点在 $V-I$，故 $V-I$ 是 G 的点覆盖。

反之，设 $V-I$ 是 G 的点覆盖，则 G 的每一边至少有一端点在 $V-I$，G 不存在两个端点都在 I 中的边，故 I 是 G 的独立集，证毕。

推论 8.6.1　K 是极小点覆盖，当且仅当 $V-K$ 是极大独立集。

推论 8.6.2　$\alpha(G)+\beta(G)=\upsilon$

证　设 I 是最大独立集，$|I|=\beta(G)$；设 K 是最小覆盖集，$|K|=\alpha(G)$，由定理 8.6 知，$V-I$ 是覆盖集，得

$$\upsilon-\beta(G)=|V-I|\geqslant\alpha(G) \tag{1}$$

而 $V-K$ 是独立集，因此

$$\upsilon-\alpha(G)=|V-K|\leqslant\beta(G) \tag{2}$$

由式(1)、式(2)得

$$\alpha(G)+\beta(G)\leqslant\upsilon$$
$$\alpha(G)+\beta(G)\geqslant\upsilon$$

故

$$\alpha(G)+\beta(G)=\upsilon$$

证毕。

定理 8.7　极大独立集必为极小支配集。

证　不妨设 $\varepsilon(G)\neq 0$，设 I 为极大独立集，则对任何 $u\notin I$，u 与 I 中一顶点相邻，因此，I 是支配集。又任取 $v\in I$，v 与 $I-\{v\}$ 中的顶点不相邻，可见 I 是极小支配集，证毕。

此定理的逆不成立，例如 C_4 上两相邻的顶点是极小支配集，但不是极大独立集，连独立集也不是。

对于连通图，覆盖集必为支配集，但反过来未必成立。例如，4 条辐的轮的轮心构成支配集，但它不是覆盖集。

定义 8.5　设 $M\subseteq E(G)$，M 中任二边不相邻，则称 M 是一个边独立集；G 中最大边独立集的边数，称为 G 的边独立数，记为 $\beta'(G)$。

定义 8.6　设 $L\subseteq E(G)$，G 的每一个顶点都是 L 中一条边的端点，则称 L 是 G 的一个边覆盖。G 的最小边覆盖的边数，称为 G 的边覆盖数，记为 $\alpha'(G)$。

与点独立集和点覆盖不同，边独立集的补集不一定是边覆盖，反之边覆盖的补集也不一定是边独立集。如图 8.11(a)所示的边覆盖，其补集不是边独立集，图 8.11(b)中的边独立集，其补集也非边覆盖。

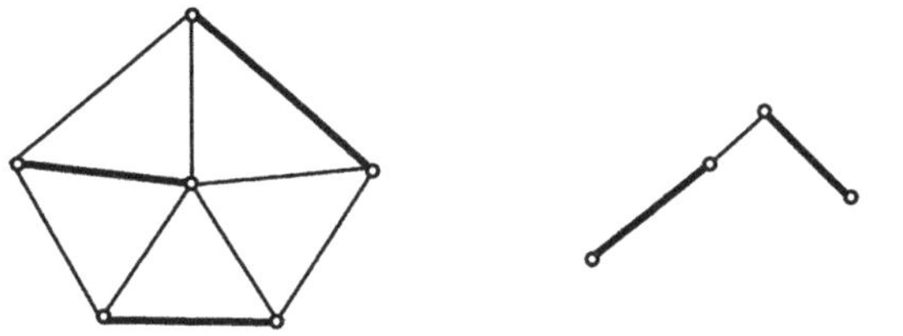

(a)　　　　(b)

图 8.11

尽管如此，α' 与 β' 却和 α 与 β 有同样关系。

定理 8.8(Gallai,1959)　若 $\delta(G)>0$，则 $\alpha'(G)+\beta'(G)=v$。

证　设 M 是 G 的一个最大边独立集(即最大匹配)。U 是 M 非渗点的集合。因 $\delta>0$，且 M 是最大匹配，一定存在边集合 E'，它覆盖 U 的每个顶点且 $|E'|=|U|$。显然 $M\cap E'=\varnothing$，于是 $M\cup E'$ 是 G 的一个边覆盖，且

$$\alpha'\leqslant|M\cup E'|=|M|+|E'|=\beta'+(v-2\beta')=v-\beta'$$

故

$$\alpha'+\beta'\leqslant v$$

又设 L 是 G 的最小边覆盖，$H=G[L]$，M 是 H 的一个最大匹配，设 U 是 H 的 M 非渗透点的集合，则

$$|L|\geqslant|M|+|U|=|M|+(v-2|M|)=v-|M|$$

即

$$\alpha'\geqslant v-\beta',\ \alpha'+\beta'\geqslant v$$

由式(1)和式(2)得

$$\alpha'+\beta'=v$$

证毕。

推论 8.8　设 G 是一个 $\delta>0$ 的二部图，则

$$\beta(G)=\alpha'(G)$$

证　由推论 8.6.2 和定理 8.8 有

$$\alpha'+\beta'=\alpha+\beta$$

又 G 是二部图，由 König 定理有 $\beta' = \alpha$，故

$$\beta(G) = \alpha'(G)$$

证毕。

8.4 支配数、覆盖数和独立数的计算

现介绍应用布尔变量的运算法则求最小支配集、最小覆盖集和最大独立集的方法。为此先介绍布尔表达式及布尔运算的概念。

称参加布尔运算的变量为布尔变量，这里需要用到两种布尔运算，即布尔乘法和布尔加法。

布尔变量 a 与 b 的布尔乘也叫逻辑“与”，记作 $a \cdot b$ 或 ab。

布尔变量 a 与 b 的布尔和也叫逻辑“或”，记作 $a+b$。

上述运算满足以下运算定律：

①交换律：$a+b=b+a \quad a \cdot b = b \cdot a$

②结合律：$a \cdot (b \cdot c) = (a \cdot b) \cdot c$

$a + (b+c) = (a+b) + c$

③分配律：$a \cdot (b+c) = a \cdot b + a \cdot c$

$a + (b \cdot c) = (a+b) \cdot (a+c)$

④吸收律：$a \cdot (a+b) = a \quad a + (a \cdot b) = a$

⑤幂等律：$a \cdot a = a \quad a + a = a$

8.4.1 求出所有极小支配集的公式

设 $N(v_i)$ 表示与 v_i 相邻的顶点集合，构造布尔表达式

$$A = \prod_{i=1}^{v} \left(v_i + \sum_{u \in N(v_i)} u \right)$$

则将 A 展开成积之和后，每一项给出一个极小支配集，所有项给出一切极小支配集，其中，最小者为最小支配集。

例 8.2 求图 8.12 中的一切极小支配集和支配数。

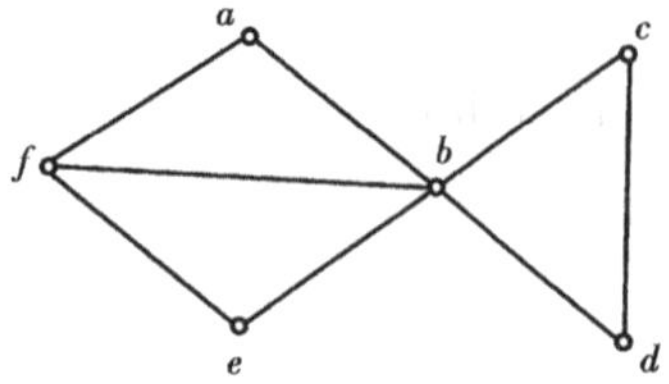

图 8.12

由图可得

$$\begin{aligned} A &= (a+b+f)(b+a+c+d+e+f)(c+b+d) \\ &\quad (d+b+c)(e+b+f)(f+a+b+e) \\ &= (a+b+f)(b+c+d)(b+e+f) \text{ (吸收律)} \\ &\quad (a+b+f)(b+c+d) \\ &= a(b+c+d) + b(b+c+d) + f(b+c+d) \\ &= ab + ac + ad + b + bf + fc + fd \\ &= b + ac + ad + fc + fd \end{aligned}$$

$$\begin{aligned} A &= (b + ac + ad + fc + fd)(b+e+f) \\ &= b + ac(e+f) + ad(e+f) + fc + fd \end{aligned}$$

$$= b + ace + ade + fc + fd$$

故得所有极小支配集：

$$\{b\},\{a,c,e\},\{a,d,e\},\{f,c\},\{f,d\}$$

$$\gamma(G) = 1$$

8.4.2　求所有极小覆盖集的公式

构造布尔表达式：

$$B = \prod_{i=1}^{v}\left(v_i + \prod_{u \in N(v_i)} u\right)$$

将 B 展开成积之和形式，则 B 的每一项给出一个极小覆盖，所有项给出了一切极小覆盖，其中最小者为最小覆盖。

例 8.3　求图 8.13 的一切极小覆盖及覆盖数 $\alpha(G)$。

由图可得

$$B = (a+bf)(b+acge)(c+bdf)(d+cge)(e+bdfg)(f+acge)(g+bdef)$$

$$= acef + bcefg + bdef + bdfg$$

故得所有极小覆盖为

$$\{a,c,e,g\},\{b,c,e,f,g\},\{b,d,e,f\},\{b,d,f,g\}$$

覆盖数 $\alpha(G)=4$。

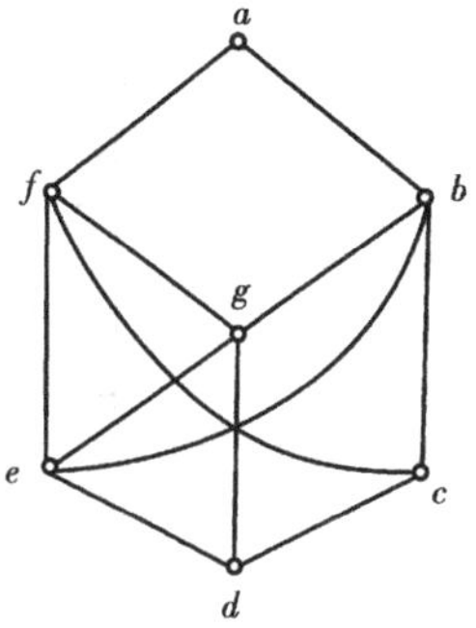

图 8.13

例 8.4　求图 8.13 的一切极大独立集及独立数 $\beta(G)$。

由极大独立集与极小覆盖集的互补性，得一切极大独立集：

$$V - \{a,c,e,g\} = \{b,d,f\},\ V - \{b,e,c,f,g\} = \{a,d\}$$

$$V - \{b,d,e,f\} = \{a,c,g\},\ V - \{b,d,f,g\} = \{a,c,e\}$$

$$\beta(G) = 3$$

8.5　支配集与独立集的应用

8.5.1　中心台站的选址

要在 $v_1,v_2,\cdots,v_n$ 这 n 个城镇建立一个通信系统，为此，从这几个城镇中选定几座城镇，在那里建立中心台站，要求它们与其他各城镇相邻。同时，为减少造价，要使中心台站数目最少，有时还会提其他要求。例如，在造价最低的条件下，需要造两套（或更多套）通信中心，以备一套出故障时，启用另一套。

这种问题的数学模型是：以城镇为顶点，仅当两城之间有直通通信线路时，相应两顶点连一边得一个图，此图的最小支配集即为所求。若需建两套，则从一切极小支配集 $D_1,D_2,\cdots,D_d$ 中选取 D_m 与 D_n，使得 $D_m \cap D_n = \varnothing$

$$|D_m \cup D_n| = \min\{|D_i| + |D_j| \mid 1 \leqslant i,j \leqslant d, D_i \cap D_j = \varnothing\}$$

例如，在如图 8.12 所示的 6 个城镇建中心台站，由例 8.2 知，若建一套，只需建在 b 城。若建两套，则 b 建一套，f,c 或 f,d 建第 2 套，另外，也有些实际问题也可化为上述这种数学模型来处理。

8.5.2 信息论中的独立集问题

独立集对信息论有十分重要的应用。例如，信息传送的基本信号集合为 S

$$S = \{s_1, s_2, \cdots, s_n\}$$

可以把信号 s_i 设想成汉字或字母，统计规律表明哪些信号与哪些信号易于发生错乱是已知的。例如，输入 $s_i, i=1,2,\cdots,5$，输出应该是 $s_i, i=1,2,\cdots,5$，但由于干扰发生了错乱，s_1 可能和 s_2 错乱，s_1 还可能和 s_5 错乱，等等，例如已知错乱可能性如图 8.14 所示。

为了准确地从输出信号得知输入信号，则不能选用 $s_1, s_2, \cdots, s_5$ 中的全部信号，只能从中选出一部分用于输入。这就导致求图 8.15 中的最大独立集，之所以用最大独立集，目的是使可用于输入的信号最多。例如，可以选 s_1 与 s_3 为输入信号，它们都构成最大独立集。

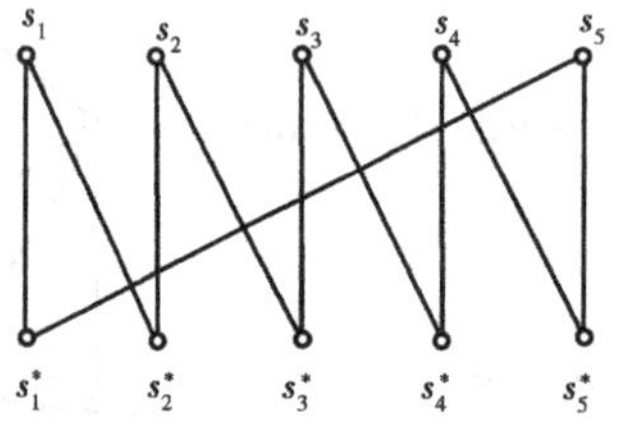

图 8.14

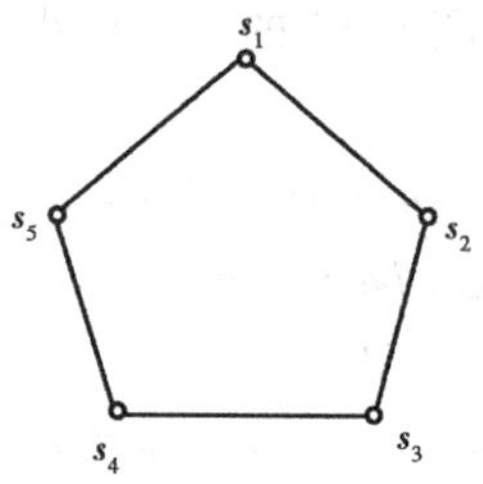

图 8.15

如果用两信号组成一个词向外传输信息，也有一个如何排除干扰的问题。为此，考虑一种图的积的概念。

定义 8.7 两个图 G_1 与 G_2

$$V(G_1) = \{V_1^{(1)}, V_2^{(1)}, \cdots, V_{v_1}^{(1)}\}$$

$$V(G_2) = \{V_1^{(2)}, V_2^{(2)}, \cdots, V_{v_2}^{(2)}\}$$

构作图 G，使得

$$V(G) = \{(V_i^{(1)}, V_j^{(2)}) \mid V_i^{(1)} \in V(G_1), V_j^{(2)} \in V(G_2)\}$$

G 中的顶点 $(V_i^{(1)}, V_j^{(2)})$ 的邻集为

$$N(V_i^{(1)}, V_j^{(2)}) = \{(V_k^1, V_j^{(2)}) \mid V_k^{(1)} \in N(V_i^{(1)})\} \cup \{(V_i^{(1)}, V_l^{(2)}) \mid V_l^{(2)} \in N(V_j^{(2)})\} \cup$$
$$\{(V_k^{(1)}, V_l^{(2)}) \mid V_k^{(1)} \in N(V_i^{(1)}), V_l^{(2)} \in N(V_j^{(2)})\}$$

则称 G 为 G_1 和 G_2 的积，记为 $G = G_1 \times G_2 = G_2 \times G_1$。

例如，G_1 是 K_3，G_2 是 K_2，则 $G_1 \times G_2$ 是 K_6。

在上面所讨论过的例子中，若用 $\{s_1, s_2, \cdots, s_5\}$ 中的两个信号组成的词向外输出，最多能用哪几个词才不至于发生错乱呢？这只需考虑圈 $C = s_1s_2s_3s_4s_5s_1$ 的平方，$C \times C = C^2$ 中的最大独立集中的各顶点对应的词。相似地，可用 $G^n = \underbrace{G \times G \times \cdots \times G}_{n个}$ 的最大独立集来确定由 n 个信号组成的词进行信息传送而不致发生错乱。

求支配数、覆盖数与独立数的布尔公式对小图可以用，但较大的图，计算量是指数级的。目前，尚无解此问题的有效算法。

8.6　点色数

定义8.8　①图G的一个k点着色是指$V(G)$的一个划分$(V_1,V_2,\cdots,V_k)$，V_i中$(1\leqslant i\leqslant k)$的顶点着$i$色。若每个$V_i$都是独立集，则称此$k$点着色为适当$k$点着色。

②若G有一个适当k点着色，则称G为可k点着色。

③若G是可k点着色，但不是可$(k-1)$点着色，则称k是G的点色数，记为$\chi(G)=k$。

④若$\chi(G)=k$，则称G是k色图。

⑤若G的任一真子图H，$\chi(H)<\chi(G)$，则称G为色临界图，$\chi(G)=k$时称为k色临界图。

例如，$\chi(G)=1$，当且仅当G为空图(即没有边)；$\chi(G)=2$，当且仅当G是有边的二部图；每个k色图都存在k色临界子图。

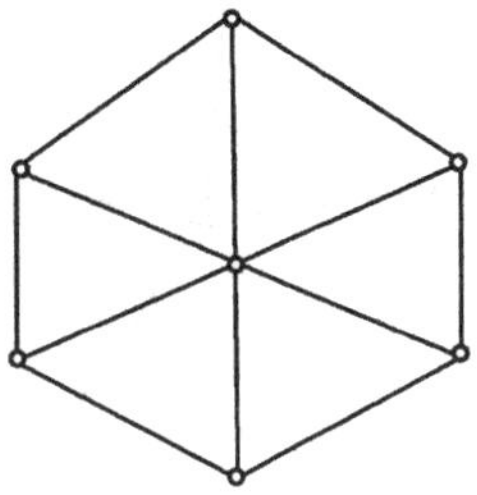

图8.16

例8.5　求如图8.16所示的7顶点轮的色数。

因轮有三角形，有奇圈，非二部图，$\chi(G)>2$，即$\chi(G)\geqslant 3$，把轮心着1色，轮周着2色与3色相间出现，则得一个3适当着色，故$\chi(G)\leqslant 3$，于是$\chi(G)=3$。

显然有如下的常见图的色数：

1) $\chi(K_n)=n$。

2) $\chi(K_{m,n})=2$。

3) $\chi(C_{2n})=2$，$\chi(C_{2n+1})=3$。

4) $\chi(K_n-v)=n-1$，$\chi(K_n-e)=n-1$。

5) $\chi(T)=2$，其中T为非平凡树。

定理8.9　$\chi(G)\leqslant\Delta+1$。

证　任取$v\in V(G)$，着以$\Delta+1$种颜色之一，取无色顶点$u\in V(G)$，着以与u相邻的顶点颜色相异的一种颜色。因为$d(u)\leqslant\Delta$，故u的邻顶点着的颜色最多Δ种，$\Delta+1$种色中至少有一种可以用于u的着色，故如此进行下去直到所有点都有了颜色，显然是一个$\Delta+1$适当着色，故

$$\chi(G)\leqslant\Delta+1$$

证毕。

Brooks证明了仅仅有两种图：一是奇圈，二是完备图。其色数才等于$\Delta+1$，除此之外，一切连通简单图G，均有$\chi(G)\leqslant\Delta(G)$。

定理8.10(Brooks,1941)　设G是一个连通的简单图，它既不是奇圈也不是完备图，则

$$\chi(G)\leqslant\Delta$$

证明略。

定义8.9　平面图G平面嵌入后，它的k面着色是指其面集合F的一个划分$(F_1,F_2,\cdots,F_k)$，F_i中的面着以i色。如果每个F_i中的面两两不相邻(即无公共边)则称此k面着色为适当k面着色。平面图G有k面适当着色，但不能进行$k-1$面适当着色，则称k是G的面色数，记为$\chi^*(G)=k$。

若G^*是G的对偶图，则显然$\chi(G^*)=\chi^*(G)$。

著名的四色猜想问题是：在一个平面上的任何地图，是否可以最多用 4 种颜色就能使相邻的国家着不同的颜色。用图论的语言可有两种表述方式：

①对任何平面图 G，$\chi^*(G)\leqslant 4$。

②对任何平面图 G，$\chi(G)\leqslant 4$。

这个猜想在数学上严格证明，经历了一个多世纪都未能成功，直到 1976 年由美国青年数学家阿佩尔和里肯首次用计算机证明了这一难题使“四色猜想”成为“四色定理”。

下面介绍由 Heawood 证明的五色定理。

定理 8.11　设 G 是平面图，则 $\chi(G)\leqslant 5$。

证　对 v 进行数学归纳证明。

$v\leqslant 5$ 时，定理显然成立。

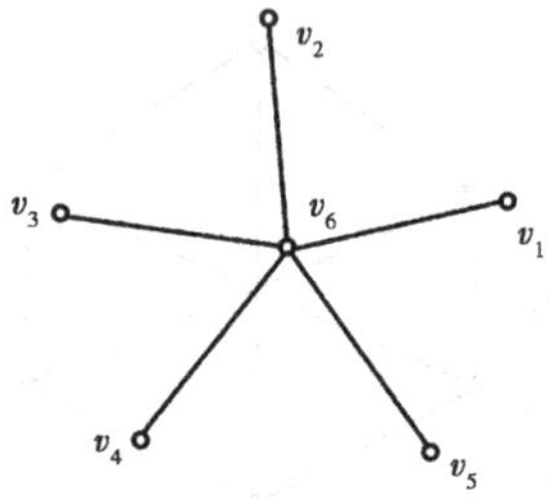

图 8.17

假设对 $v\leqslant n-1$，定理已成立，考虑 $v=n$ 的情形。因 G 是平面图，故存在 $v_0\in V(G)$，$d(v_0)\leqslant 5$。

①$d(v_0)\leqslant 4$，考虑 $G-v_0$，由归纳假设，$\chi(G-v_0)\leqslant 5$，再把 v_0 着以与邻顶点（不超过 4 个）相异的第 5 色，则知 $\chi(G)\leqslant 5$。

②$d(v_0)=5$，设 v_1,v_2,v_3,v_4,v_5 是 v_0 的邻点，按逆时针序画在平面上（见图 8.17），记 $G_0=G-v_0$，由归纳假设 G_0 是可 5 着色的。记 $b=\{V_1,V_2,V_3,V_4,V_5\}$ 是 G_0 的一个适当 5 着色，则若 v_1,v_2,v_3,v_4,v_5 的颜色，不是互不相同，则可给 v_0 着与这 5 点不同的颜色，则得 $\chi(G)\leqslant 5$。

若 v_1,v_2,v_3,v_4,v_5 的颜色各不相同，不妨设 $v_i\in V_i$，令 $V_{ij}=G_0[V_i\cup V_j]$，在 G_{13} 中：

a. 若 v_1 与 v_3 分处于两个连通片，在含 v_1 的连通片中，1，3 两色互换，把 v_0 着以 1 色，则得 $\chi(G)\leqslant 5$。

b. 若 v_1 与 v_3 在一个连通片中，则存在路径 $P(v_1,v_3)$，在 $P(v_1,v_3)$ 上 1，3 两色交替出现，在 G 中 $v_0v_1P(v_1,v_3)v_3v_0$ 是一个圈，因为已经平面嵌入，v_2 与 v_4 必分属于此圈之内外，显然，在 G_{24} 中 v_2 与 v_4 分属两个连通片，不然，在 G_{24} 中有路径 $P(v_2,v_4)$，它与 $P(v_1,v_3)$ 相交于一个公共点，这个公共点一方面在 $P(v_1,v_3)$ 上，是 1 或 3 色；另一方面，在 $P(v_2,v_4)$ 上，是 2 或 4 色，这不可能。既然 v_2 与 v_4 在 G_{24} 中分属于两个连通片，把 v_2 所在的连通片中 2 与 4 色互换，再对 v_0 着以 2 色，则得 $\chi(G)\leqslant 5$，证毕。

8.7　色多项式

大家知道，对顶点适当着色所需的最少色数是 $\chi(G)$。设 $k\geqslant\chi(G)$，则 G 是可 k 着色的，且着色的方式不止一种。两个适当 k 着色称为不同的，若 G 中所有顶点至少有一个顶点被着以不同的颜色。

用 $\pi_k(G)$ 表示 G 的不同的适当 k 着色数目，称为 G 的色多项式。

显然：

①$\pi_k(G)>0$ 的充要条件是 $k\leqslant\chi(G)$。

②$\varepsilon(G)=0$ 时，$\pi_k(G)=k^v$。

③$G=K_n$，$\pi_k(K_n)=k(k-1)\cdots(k-n+1)$。

例如，$\pi_3(K_3)=3(3-1)(3-2)=6$，即用 3 种颜色对标志的三角形适当着色，共有 6 种不同的着色方式，如图 8.18 所示。

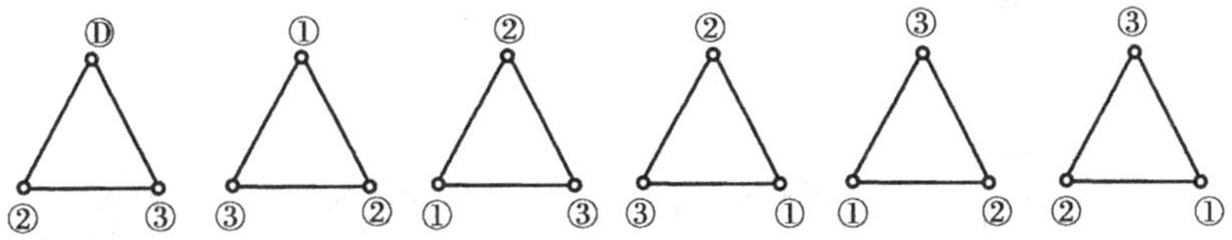

图 8.18

定理 8.12　设 G 是简单图，则对 G 的任一边 e 有

$$\pi_k(G)=\pi_k(G-e)-\pi_k(G\cdot e)$$

证　设 $e=uv$，则 $G-e$ 的适当 k 着色可分为两类：

①u 与 v 同色，着色方式的数目恰为 $\pi_k(G\cdot e)$。

②u 与 v 异色，着色方式的数目恰为 $\pi_k(G)$。由①和②得

$$\pi_k(G-e)=\pi_k(G\cdot e)+\pi_k(G)$$

故

$$\pi_k(G)=\pi_k(G-e)-\pi_k(G\cdot e)$$

证毕。

利用此定理给出的公式可递推地求得一些小图的 $\pi_k(G)$。

如图 8.19 所示给出了求 4 个点的星的色多项式的减边过程，得出 $\pi_k(G)=k(k-1)^3$。

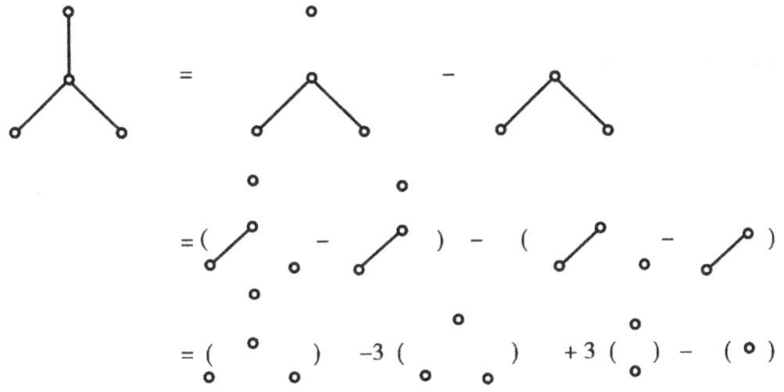

$$=k^4-3k^3+3k^2-k=k(k-1)^3$$

图 8.19

图 8.20 给出了用定理 8.12 的公式求 C_4 的色多项式的添边过程，求出其色多项式。

$$\begin{aligned}\pi_k(C_4)&=k(k-1)(k^2-3k+3)\\&=k(k-1)(k-2)(k-3)+2k(k-1)(k-2)+k(k-1)\\&=k(k-1)(k^2-3k+3)\end{aligned}$$

定理 8.13　$\pi_k(G)$是 k 的 v 次多项式，且：

①首项为 k^v。

②第 2 项为 $-\varepsilon k^{v-1}$。

③常数为零。

④系数皆整数，且正负交错。

证　用数学归纳法证明，不妨设 G 为简单图，$G\cdot e$ 中有重边时，只保留重边中的一条边，

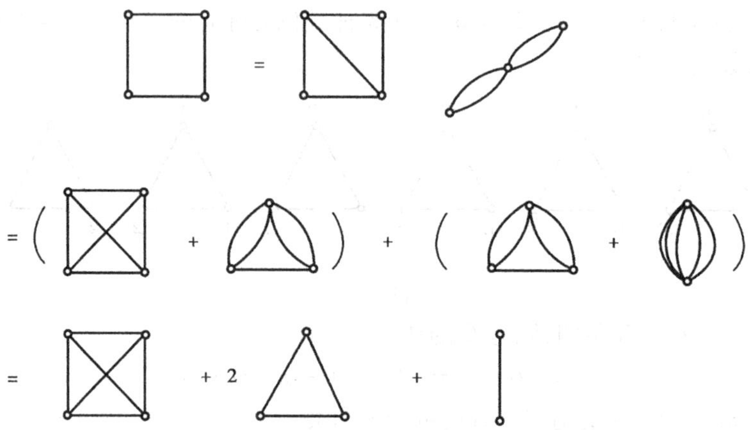

$=k(k-1)(k-2)(k-3)+2k(k-1)(k-2)+k(k-1)$

$=k(k-1)(k^2-3k+3)$

图 8.20

$\varepsilon=0$ 时，$\pi_k(G)=k^v$，定理成立。假设 $\varepsilon \leqslant m-1$ 时定理已成立，考虑 $\varepsilon=m$ 的情形，由归纳假设

$$\pi_k(G-e) = k^v - (\varepsilon - 1)k^{v-1} + \sum_{i=1}^{v-2} (-1)^{v-i} a_i k^i$$

$$\pi_k(G \cdot e) = k^{v-1} - \varepsilon' k^{v-2} + \sum_{i=1}^{v-3} (-1)^{v-i-1} b_i k^i$$

其中，ε' 是 $G \cdot e$ 的边数，a_i, b_i 是非负整数，由定理 8.12 得

$$\begin{aligned}
\pi_k(G) &= \pi_k(G-e) - \pi_k(G \cdot e) \\
&= k^v - \varepsilon k^{v-1} + (\varepsilon' + a_{v-2})k^{v-2} + \sum_{i=1}^{v-3} \left[(-1)^{v-i} a_i + (-1)^{v-i} b_i \right] k^i \\
&= k^v - \varepsilon k^{v-1} + (\varepsilon' + a_{v-2})k^{v-2} + \sum_{i=1}^{v-3} (-1)^{v-i} (a_i + b_i) k^i
\end{aligned}$$

证毕。

8.8 色数的应用和算法

图 G 的边着色问题可转化为相应的点着色问题，构作一个与 G 相应的线图 G'，G' 以 G 的边 e_i 为顶点 e_i'，e_i' 与 e_j' 连边当且仅当在 G 中 e_i 与 e_j 相邻，则对 G 的边进行适当着色便相当于对 G' 进行适当点着色，图 8.21(b) 为图 8.21(a) 的线图 G'。

可以化为求色数的实际问题很多，下面提供 3 个实例：

(1) **考试安排问题**

学期的期末考试最少几天才能完成？

设学校共有 n 门功课需要进行期末考试，因有不少学生不止选修一门课，因此，不能把一个同学选修的两门课安排在同一个时间进行考试。

以每门功课为一个顶点，当且仅当两门功课被同一个学生选时，在相应二顶点之间连一条边，得到一个图 G。对 G 的顶点进行适当着色，同色顶点则安排在同一时间考试，于是 $\chi(G)$ 即

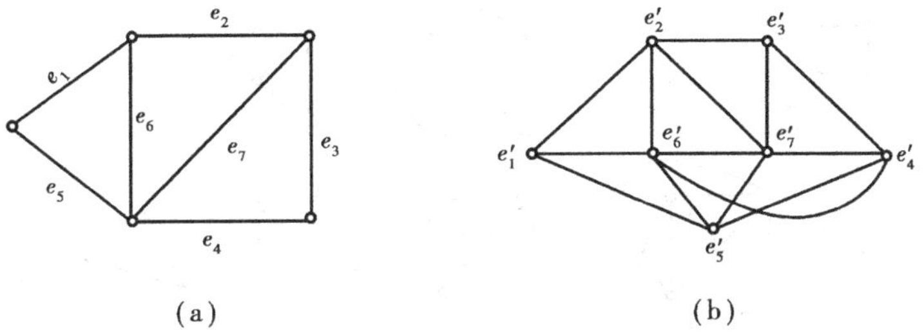

图 8.21

为学校期末考试所需最少天数。

(2) **存储问题**

有的货物放在一起不安全，问至少要几个库房才能安全存放？

以货物为顶点，当且仅当两货物放在一起不安全时，相应两顶点之间连一边，得一图 G，$\chi(G)$ 即为所求。

(3) **距离约束同信道频率分配问题**

地面上有若干无线电发射台，要对每个台分配一个频率令其采用，频率用自然数从 1 起编号，称为信道号码，为排除同信道造成的干扰，要求使用同信道的发射台之间相距必须大于指定的正数 d，问至少要用几个信道？

我们以 $\frac{d}{2}$ 为半径，以发射台为圆心作圆，以圆心为顶点，当且仅当两个圆有公共点时，在两个圆心对应的顶点之间加一边，得到一个图 G（圆盘图），$\chi(G)$ 即为所求。

有许多实际问题的求解，涉及求一个图的色数，但至今尚无有效算法。下面先介绍两个"枚举法"是精确算法，对较大的图不可行。然后介绍两个多项式时间的近似算法。

8.8.1　收缩法

定理 8.14　设 u 和 v 是 G 的两个不相邻的顶点，则 $\chi(G)=\min\{\chi(G+uv),\chi(G\cdot uv)\}$

证　首先，证明 $\chi(G)\geqslant\min\{\chi(G+uv),X(G\cdot uv)\}$。

设 $\chi(G)=k$，可用 k 种色给 G 适当着色，对 u 和 v 来说，有下列两种情形：

①u 和 v 同色，$G\cdot uv$ 是可 k 着色的，则

$$\chi(G\cdot uv)\leqslant k$$

②u 和 v 异色，则 $G+uv$ 可 k 着色，故

$$\chi(G+uv)\leqslant k$$

综上

$$\min\{\chi(G+uv),\chi(G\cdot uv)\}\leqslant k=\chi(G)$$

其次，证明

$$\chi(G)\leqslant\min\{\chi(G+uv),\chi(G\cdot uv)\}。$$

显然 $\chi(G)\leqslant\chi(G+uv)$，设 $\chi(G\cdot uv)=k$，则 G 可 k 着色，因此 $\chi(G)\leqslant k=\chi(G\cdot uv)$，故

$$\chi(G)\leqslant\min\{\chi(G+uv),\chi(G\cdot uv)\}$$

证毕。

重复用这个定理可求得 G 的色数。

例 8.6　求 5 个点的轮 G 的色数。

图 8.22 画出了 G 的收缩过程，求得 G 的点色数 $\chi(G)=3$。

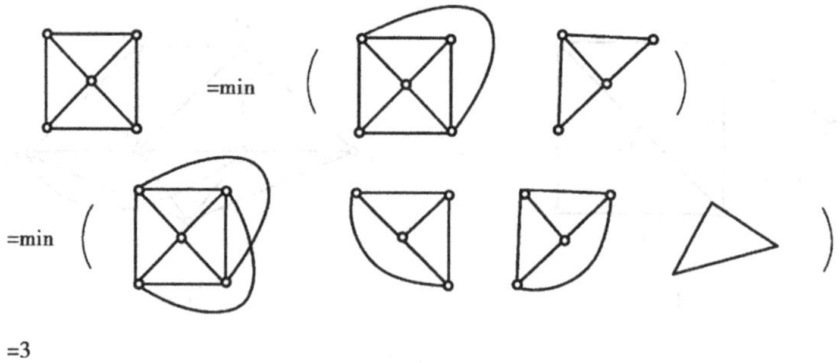

图 8.22

8.8.2 独立集法

先讨论规范 k 顶点着色。

定义 8.10 图 G 的一个 k 顶点着色 $(V_1,V_2,\cdots,V_k)$，若 V_i 是 $G-\bigcup\limits_{j=1}^{i-1}V_j$ 的极大独立集，$i=1,2,\cdots,k,V_0=\varnothing$，则称这一 k 顶点着色是规范 k 顶点着色。

规范 k 点着色是适当 k 点着色。

定理 8.15 若 G 是可 k 适当着色，则 G 存在 k 顶点规范着色。

证 设 $(V_1,V_2,\cdots,V_k)$ 是 G 的一个适当 k 点着色，若 V_1 是 G 的极大独立集，则把 V_1 各顶点着 1 色；不然，V_1 是独立集，可使 V_1 扩展成极大独立集 $V_1^{(1)}$；$V_2^{(1)}=V_2-V_1^{(1)}$，若 $V_2^{(1)}$ 是 $G-V_1^{(1)}$ 的极大独立集，则把 $V_2^{(1)}$ 的顶点着以 2 色，不然将 $V_2^{(1)}$ 扩张成 $G-V_1^{(1)}$ 的极大独立集 $V_2^{(2)}$。如此继续，最后可得 G 的规范 k 点着色 $(V_1^{(1)},V_2^{(2)},\cdots,V_k^{(k)})$，证毕。

重复应用求极大独立集的方法，一定可以列举出 G 的所有规范着色，在所有这些规范着色中，用到颜色的最小数目就是 G 的色数。

定理 8.16 设点集族 $F=\{V_1,V_2,\cdots,V_n\}$ 是图 G 的全体极大独立集，则 G 的色数

$$\chi(G)=\min\left\{r\,\middle|\,\bigcup_{k=1}^{r}V_{i_k}=V,V_{i_k}\in F\right\}$$

证 设 $\min\left\{r\mid\bigcup\limits_{k=1}^{r}V_{i_k}=V,V_{i_k}\in F\right\}=m$，则 F 中存在 m 个点集，不妨设是 $V_1,V_2,\cdots,V_m$，使得 $\bigcup\limits_{i=1}^{m}V_i=V$。令 $V_1'=V_1,V_2'=V_2-V_1,\cdots,V_i'=V_i-\bigcup\limits_{j=1}^{i-1}V_j,(i=1,2,\cdots,m)$。容易验证，$(V_1',V_2',\cdots,V_m')$ 是 G 的一个适当 m 着色，故

$$\chi(G)\leqslant m$$

反之，设 $\chi(G)=l$，则 G 存在一个适当的 l 着色 $(V_1',V_2',\cdots,V_l')$，由于每个 V_i' 是独立集，必定含在一个 G 的极大独立集 V_i'' 中，因此

$$(V_1'',V_2'',\cdots,V_l'')\text{ 且有 }\bigcup_{i=1}^{l}V_i''=V,\text{因 }V_i'\subseteq V_i''$$

而

$$\bigcup_{i=1}^{l}V_i'=V,\text{故 }l\geqslant m,\text{即 }\chi(G)\geqslant m$$

综上 $\chi(G)=m$，证毕。

由此定理可得，只需求出 G 的全体极大独立集，则由

$$\chi(G)=\min\left\{r\,\middle|\,\bigcup_{k=1}^{r}V_{i_k}=V,V_{i_k}\text{ 是 }G\text{ 的极大独立集}\right\}$$

便可求得 $\chi(G)$。

如图 8.13 所示的图 G，在例 8.4 中求出了 G 的全体极大独立集：$\{b,d,f\}$，$\{a,d\}$，$\{a,c,g\}$，$\{a,c,e\}$。其中，任何两个集合并起来都不等于 $V(G)$。但 $\{b,d,f\}\cup\{a,c,g\}\cup\{a,c,e\}=V(G)$，即至少 3 个极大独立集并起来等于 $V(G)$。故

$$\chi(G)=3$$

以上算法虽然能得到色数的精确值，但不是有效算法，对大型的问题因计算量太大而成为不可完成的解法。下面介绍两种可用于解决大型问题的近似算法。

8.8.3 鲍威尔

步骤如下：

①将图 G 的顶点按次数递减的顺序排列。

②以第 1 种颜色给第一个顶点着色，并按顺序，对与前面已着色的顶点不相邻的顶点着上同样的颜色。

③用第 2 种颜色对尚未着色的顶点重复②，继而用第 3 种色重复进行，直到所有顶点都已着色为止。

例 8.7　用鲍威尔法对图 8.12 的图着色。

将顶点按次数递减的顺序排列如下：

b,e,f,g,d,c,a

b 着 1 色，f 着 1 色，d 着 1 色。

e 着 2 色，c 着 2 色，a 着 2 色。

g 着 3 色。

于是得到一个 3 适当着色，因此，$\chi(G)\approx 3$。

8.8.4 顺序着色法

将图的顶点从 1 到 n 排列，记 $A(v)$ 为与 v 相邻的顶点集合，算法中引入了一布尔变量 $N_v[j]$，当与 v 相邻的某顶点已着上 j 色时，$N_v[j]$ 为真，对任一顶点 v，$N_v[j]$ 的初值均为假，算法如下：

⓪j = 1

①for i = 1 to n do

　begin

②While $N_{v_i}[j]$ do j←j + 1

③for all v ∈ A(v_i) do $N_v[j]$ ←true

④C(v_i)←j

　end

这一算法的时间复杂度为 $0(n^2)$，然而，算法受顶点排列次序的影响很大，即顶点按不同的次序排列，算法得到的结果相差很大。例如，二部图 $G=(V,E)$，V 顶点划分为

$$X=\{x_1,x_2,\cdots,x_k\},Y=\{y_1,y_2,\cdots,y_k\}\qquad 设\ E=\{(x_i,y_j),i\neq j\}$$

若顶点按下面次序排列：

$$x_1,x_2,\cdots,x_k,y_1,y_2,\cdots,y_k$$

则图只需最少的颜色数着色(2 色),但如果顶点按以下次序排列:

$$x_1, y_1, x_2, y_2, \cdots, x_k, y_k$$

则这一算法需要的颜色数为 $k=\frac{1}{2}n$。显然 n 很大时,这种算法的效果很差。

习题 8

1. 用选择一个适当的边着色,证明

$$\chi(K_{m,n}) = \Delta(K_{m,n})。$$

2. 证明 Petersen 图是 4 边色图。

3. 构造一个寻求二部图 G 的适当 Δ 边着色的有效算法。

4. G 是二部图,$\delta>0$,则 G 有一个 δ 边着色,在 G 的任一顶点均附着 δ 个颜色。

5. 用一适当的边着色,证明 $\chi'(K_{2n})=\chi'(K_{2n-1})=2n-1$

6. 证明:如果 G 是一个 υ 是奇数的非空齐次简单图,则 $\chi'(G)=\Delta+1$。

7. 证明:若 G 是简单图,$\upsilon=2n+1$,$\varepsilon>n\Delta$,则 $\chi'(G)=\Delta+1$。

8. 简述一个求简单图 G 的适当 $(\Delta+1)$ 边着色的有效算法。

9. 图 G 中任意两个适当 k 边着色,都归结为 E 的同一个划分,则称 G 唯一可 k 边着色。证明任何唯一可 3 边着色的 3—齐次图是一个哈米尔顿图。

10. 设 $\delta(G)>1$,G 是简单图,证明存在 $\delta-1$ 边着色,使 G 的每个顶点附着 $\delta-1$ 种颜色。

11. 设 G 是无环图,证明存在 Δ—齐次图,使 G 为其子图。

12. 学校里有 7 名教师,12 个班,每周 5 天教学,教学要求由下面矩阵给出。其中,P_{ij} 是教师 x_i 教 y_j 班的节数,试问:

$$P=\begin{array}{c} \\ x_1\\x_2\\x_3\\x_4\\x_5\\x_6\\x_7\end{array}\begin{array}{c}\begin{array}{cccccccccccc} y_1 & y_2 & y_3 & y_4 & y_5 & y_6 & y_7 & y_8 & y_9 & y_{10} & y_{11} & y_{12}\end{array}\\ \left\{\begin{array}{cccccccccccc}
3 & 2 & 3 & 3 & 3 & 3 & 3 & 3 & 3 & 3 & 3 & 3\\
1 & 3 & 6 & 0 & 4 & 2 & 5 & 1 & 3 & 3 & 0 & 4\\
5 & 0 & 5 & 5 & 0 & 0 & 5 & 0 & 5 & 0 & 5 & 5\\
2 & 4 & 2 & 4 & 2 & 4 & 2 & 4 & 2 & 4 & 2 & 3\\
3 & 5 & 2 & 2 & 0 & 3 & 1 & 4 & 4 & 3 & 2 & 5\\
5 & 5 & 0 & 0 & 5 & 5 & 0 & 5 & 0 & 5 & 5 & 0\\
0 & 3 & 4 & 3 & 4 & 3 & 4 & 3 & 4 & 3 & 3 & 0
\end{array}\right\}\end{array}$$

①一天应分几节课?

②若每天上 8 节课,需要几间教室?

13. 试用布尔算法求如图 8.23 所示的图的极大独立集和 $\beta(G)$。

14. 设 G 是 n 个顶点简单图,证明:

$$\beta(G)+\chi(G)\leqslant n+1$$

15. 用布尔算法求如图 8.24 所示的图的极小支配集及 $\gamma(G)$。

16. 设 G 是简单图,则 $\chi(G)\geqslant\frac{\upsilon^2}{\upsilon^2-2\varepsilon}$。

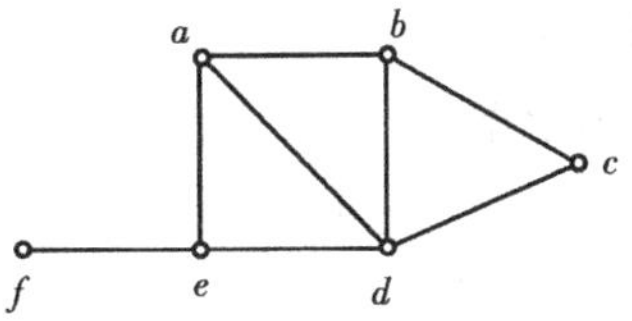

图 8.23

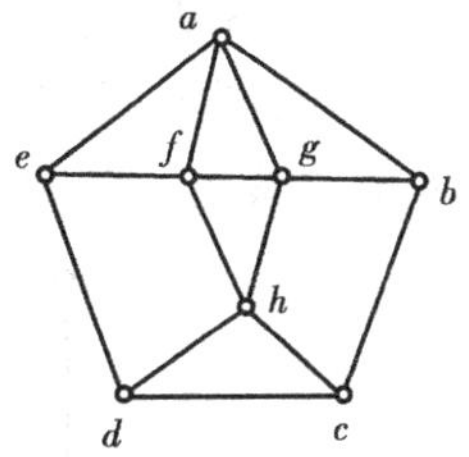

图 8.24

17. 设 G 中任二奇圈均有公共顶点，证明：$\chi(G) \leqslant 5$。

18. 设 G 是 k 色临界图，证明：$\delta(G) \leqslant k-1$。

19. 试举一 4 色临界图的例子。

20. 证明：每个 k 色图至少有 k 个次数不小于 $k-1$ 的顶点。

21. 设 G 的次数列为 $d_1, d_2, \cdots, d_v$，且 $d_1 \geqslant d_2 \geqslant \cdots \geqslant d_v$。证明：

$$\chi(G) \leqslant \max \min\{d_i + 1, i\}$$

22. 设 $\varepsilon > 0$，证明：$\chi \leqslant \{(2\varepsilon)^{1/2}\}$。

23. 证明：9 个顶点 17 条边的平面图不可能用两种颜色对图的面适当着色。

24. 平面上任作 n 条直线，把平面划分成若干区域，证明：只需两种颜色即可把全部区域着色，而且公共边界线的两区域异色。

25. 设 G 是无环图且 $\Delta = 3$，证明：$\chi'(G) \leqslant 4$。

26. 求图 8.25 中两个图的色多项式。

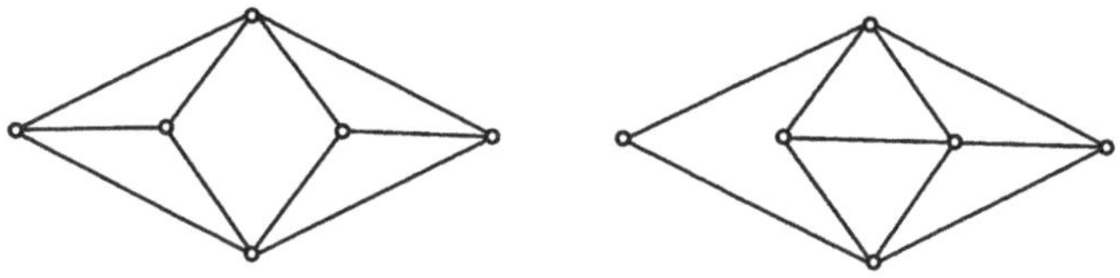

图 8.25

27. 证明：若 G 是树，则 $\pi_k(G) = k(k-1)^{v-1}$。

28. 设 G 是 $n+1$ 个顶点的轮，证明：$\pi_k(G) = k(k-2)^n + (-1)^n k(k-2)$。

29. 证明：$\pi_k(C_n) = (k-1)^n + (-1)^n (k-1)$。

30. 求 n 维超立方体的点色数与边色数。

31. 用收缩法求图 8.26 的点色数 $\chi(G)$。

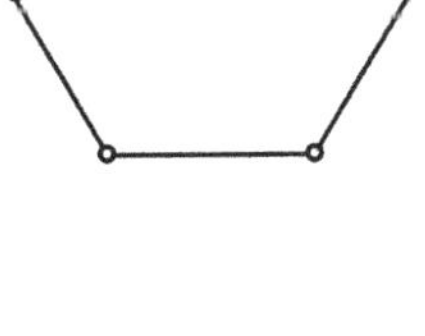

图 8.26

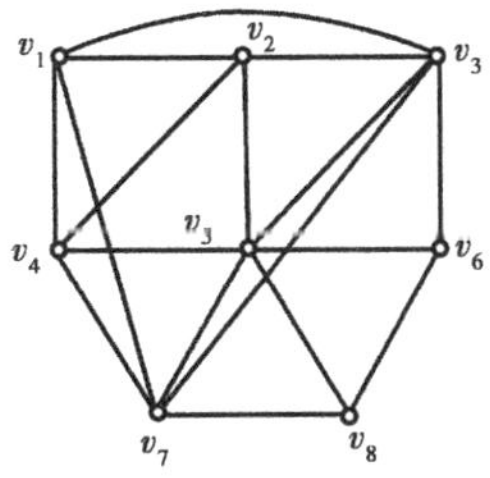

图 8.27

32. 用独立集法求图 8.26 的点色数 $\chi(G)$。

33. 用鲍威尔法对图 8. 27 的顶点适当着色。

34. 用顺序着色法对图 8. 27 的图的顶点适当着色。

35. 将图 8. 28 的边着色问题转化为点着色问题求解。

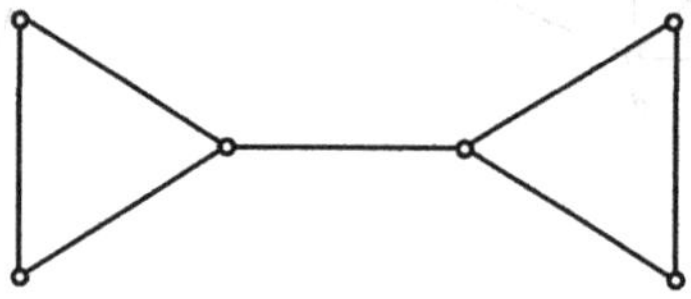

图 8. 28

第 9 章 网络流问题

现将加权图统称为网络,从前图中弧上的权代表长度或费用,这章将给权赋予新的含义,即容量。例如,公里运输网络中路面的宽度或管道输送网络中管道的直径,即是表达单位时间内允许通过的流动实物的限量。网络流问题在交通运输、信息传递等方面有广泛的应用,许多线性规划的实际问题可转化为网络流的模型来求解。另外,无向图、有向图的连通度与边连通度以及二部图的最大匹配都可用求最大流的有效算法求得。同时,利用网络流可对某些定理提供简洁的新证明。因此,网络流问题在理论和实际应用两方面都具有重要意义。

9.1 流与截集

定义 9.1 $D=(V,E)$ 是一有向图,D 中给定两点,一个点称为源或发点记为 s,另一点称为汇或收点,记为 t。边 e 上的权 $c(e)\geqslant 0$,称为边 e 的容量,并称这有向加权图为容量网络,可记为 $D=(V,E,c(e))$。

定义 9.2 容量网络上的流:定义在 E 上的非负函数 $f(e)$,称 $f(e)$ 为 e 上的流函数。

在实际中,若 D 是一运输网络,则源对应产地,汇对应销地,即非源也非汇的顶点称为中间点。容量 $c(e)$ 则表示弧 e 中允许通过的最大流量。流函数 $f(e)$ 则表示弧 e 中所通过的实际流量,是网络流问题需要求解的决策变量。显然对网络中任一条弧 e,必须满足 $f(e)\leqslant c(e)$。

定义 9.3 设 f 是容量网络 D 上的一个流函数,若满足:

(c_1) $\forall e\in E, 0\leqslant f(e)\leqslant c(e)$

(c_2) $\forall v\in V-\{s,t\}$

$$\sum_{e\in\alpha(v)} f(e)-\sum_{e\in\beta(v)} f(e)=0$$

其中,$\alpha(v)$ 表示以 v 为终点的边集,$\beta(v)$ 表示以 v 为起点的边集,则称 f 是 D 上的一个可行流。记

$$v(f)=\sum_{e\in\alpha(t)} f(e)-\sum_{e\in\beta(t)} f(e)$$

称 $v(f)$ 为 f 的流量。条件 (c_1) 称为容量约束条件;(c_2) 称为守恒条件。

显然,可行流总是存在的。例如,$f\equiv 0$ 是一个流量为 0 的可行流,此流称为零流。

所谓网络最大流问题便是:在容量网络 D 上寻求使流量 $v(f)$ 达到最大的可行流 f,称这样的可行流为最大流。

最大流问题可归结为如下线性规划问题:

$$\max \sum_{e\in\alpha(t)} f(e) - \sum_{e\in\beta(t)} f(e)$$

$$s.\ b.\begin{cases} 0 \leqslant f(e) \leqslant c(e) & \forall e \in E \\ \sum\limits_{e\in a(v)} f(e) - \sum\limits_{e\in\beta(v)} d(e) = 0, & \forall v \in V - \{s,t\} \end{cases}$$

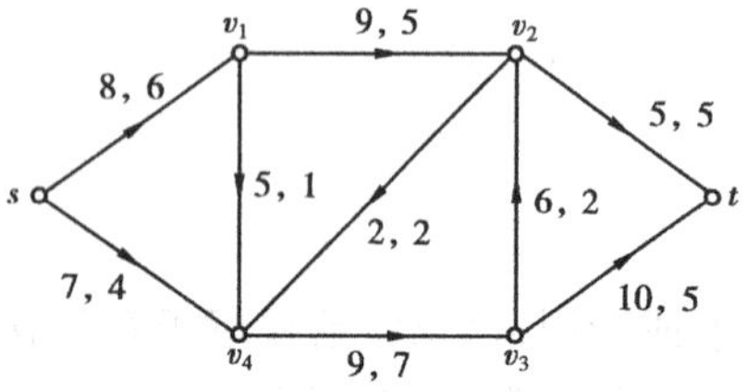

图 9.1

定义 9.4 设 D 是一个容量网络,$S \subset V(D)$,$s \in S, t \in V(D) - S = \bar{S}$,$[S, \bar{S}]$ 表示 D 的全体起点在 S,终点在 $\bar{S}$ 的弧集,则称 $[S, \bar{S}]$ 为网络的截集,称 $c(S) = \sum\limits_{e\in[S,\bar{S}]} c(e)$ 为截量。

如图 9.1 所示的网络,每条边上标的第 1 个数是该边上的容量,第 2 个数是当前流过该边的留量,是一个可行流。其流量 $v(f) = 10$。若取 $S = \{s, v_1, v_2\}$,则 $[S, \bar{S}] = \{(s,v_4),(v_1,v_4),(v_2,v_4),(v_2,t)$ 是网络的一个截集,其截量:

$$c(S) = c(s,v_4) + c(c_1,v_4) + c(v_2,v_4) + c(v_2,t) = 7+5+2+5 = 19$$

引理 9.1 对网络 D 的任一截集 $[S, \bar{S}]$ 恒有

$$v(f) = \sum_{e\in[S,\bar{S}]} f(e) - \sum_{e\in[\bar{S},S]} f(e)$$

证 根据流的条件,有

$$v(f) = \sum_{v} f(v,t) - \sum_{v} f(t,v)$$

此外对任一顶点 $u \in \bar{S}\ (u \neq t)$ 均有

$$\sum_{v} f(v,u) - \sum_{v} f(u,v) = 0$$

根据上面两个方程,对 $\bar{S}$ 中的所有顶点(包括 t)的流求和,得到

$$v(f) = \sum_{u\in\bar{S}}\left(\sum_{v} f(v,u) - \sum_{v} f(u,v)\right)$$

因为

$$\sum_{u\in\bar{S}}\sum_{v} f(v,u) = \sum_{\substack{u\in\bar{S}\\ v\in S}} f(v,u) + \sum_{\substack{u\in\bar{S}\\ v\in\bar{S}}} f(v,u)$$

$$\sum_{u\in\bar{S}}\sum_{v} f(u,v) = \sum_{\substack{u\in\bar{S}\\ v\in S}} f(u,v) + \sum_{\substack{u\in\bar{S}\\ v\in\bar{S}}} f(u,v)$$

显然

$$\sum_{\substack{u\in\bar{S}\\ v\in\bar{S}}} f(v,u) = \sum_{\substack{u\in\bar{S}\\ v\in\bar{S}}} f(u,v)$$

故

$$v(f) = \sum_{\substack{u\in\bar{S}\\ v\in S}} f(v,u) - \sum_{\substack{u\in\bar{S}\\ v\in S}} f(u,v)$$

$$= \sum_{e\in[S,\bar{S}]} f(e) - \sum_{e\in[\bar{S},S]} f(e)$$

证毕。

此引理的直观意义很明显，$\sum_{e\in[S,\overline{S}]} f(e)$ 是 S 流入 $\overline{S}$ 的总量，$\sum_{e\in[\overline{S},S]} f(e)$ 是从 $\overline{S}$ 倒流入 S 的总量，$v(f)$ 表示净流入 t 的量，因此，应该是从 S 流入 $\overline{S}$ 的量减去从 $\overline{S}$ 倒流入 S 的量。

定理 9.1　对每个可行流及每个截集 $[S,\overline{S}]$ 都有，$v(f)\leqslant c(S)$。

证　由引理 9.1.1 知

$$v(f) = \sum_{e\in[S,\overline{S}]} f(e) - \sum_{e\in[\overline{S},S]} f(e) \leqslant \sum_{e\in[S,\overline{S}]} c(e) = c(S)$$

证毕。

推论 9.1　设 f 是一个可行流，$[S,\overline{S}]$ 是一个截集，使得 $v(f)=c(S)$，则 f 是最大流，$[S,\overline{S}]$ 是最小截集（指 $c(S)$ 最小）。

在下一节中，将证明推论 9.1 的逆，即最大流的流量等于最小截的截量。

9.2　最大流最小截集定理

设 P 是 D 中的一条 s 到 v 的路径，现规定 P 的正方向是从 s 到 v，在这个规定之下，P 上的弧被分为两类：一类弧与 P 的正向相同称为正向弧，另一类弧与 P 的正向相反称为反向弧。

定义 9.5　设 f 是 D 中的一个可行流，P 是一条 s 到 v 的路径（无向），若 P 上任一弧 e 有：

①当 e 是正向弧时，$c(e)>f(e)$。

②当 e 是反向弧时，$f(e)>0$。

则称 P 是一条 f 非饱和路径。一条 s 到 t 的 f 非饱和路径称为 f 可增长路径。

定理 9.2　网络 N 的一个可行流 f 是最大流的充要条件是 N 中不含 f 可增长路径。

证　**必要性**　设 f 是最大流，其流量为 $v(f)$，如果 N 中存在 f 可增长路径 P，令

$$l(P) = \min_{e\in E(P)} l(e)$$

其中

$$l(e)=\begin{cases} c(e)-f(e), & \text{若 } e \text{ 是 } P \text{ 的正向弧；} \\ f(e), & \text{若 } e \text{ 是 } P \text{ 的反向弧。} \end{cases}$$

显然 $l(P)>0$，构造一个新的流 $\tilde{f}$ 如下：

$$\tilde{f}(e) = \begin{cases} f(e)+l(P), & \text{若 } e \text{ 是 } P \text{ 的正向弧；} \\ f(e)-l(P), & \text{若 } e \text{ 是 } P \text{ 的反向弧；} \\ f(e), & \text{其余。} \end{cases}$$

不难验证，$\tilde{f}$ 仍是 N 中的一个可行流，其流量 $v(\tilde{f})=v(f)+l(P)$。这与 f 是最大流矛盾。

充分性　设 f 是一个可行流，N 中不存在 f 可增长路径，令 $S=\{v\in V \mid N$ 中存在 s 到 v 的 f 非饱和路径$\}$，于是 $s\in S$，$t\overline{\in} S$，从而 $[S,\overline{S}]$ 是 N 中的截集。对任意弧 $e=xy\in[S,\overline{S}]$，必有 $f(e)=c(e)$，否则，$y\in S$，这不可能；同理，对任意弧 $e=xy\in[\overline{S},S]$，必有 $f(e)=0$。

由引理 9.1

$$v(f) = \sum_{e\in[S,\overline{S}]} f(e) - \sum_{e\in[\overline{S},S]} f(e) = \sum_{e\in[S,\overline{S}]} c(e) = c(S)$$

由推论 9.1 知，f 是最大流，证毕。

在此定理的必要性证明中，给出了一种从一个可行流到另一个可行流的改进方法。同时，充分性的证明过程还确立了存在一个最大流和最小截集$[S,\overline{S}]$，使得$v(f)=C(S)$。于是有下面定理。

定理 9.3　在任何网络中，最大流的流量等于最小截集的截量。

定理 9.3 是著名的最大流最小截集定理，它是图论中的核心定理之一，在理论和实际中有许多精彩的应用。

9.3　ford 和 fulkerson 标记法

标记法的基本思路是：从已知的可行流f(比如零流)开始，寻求f可增长路径，若不存在，则现行流便是最大流，否则按定理 9.2 的必要性证明中提供的方法改进f，得一新的流量更大的流$\tilde{f}$，再重复上述过程。

N中的f非饱和树T是满足如下两条件的树：

①$s\in V(T)$。

②对T中每个顶点v，在T中s到v的唯一路径$P(s,v)$是一条f非饱和路径。

寻求f可增长路径的过程就是在N中生长f非饱和树的过程。最初T正好由源s组成，任何一步树的生长可有两种方式(设$S=V(T)$)：

①若$[S,\overline{S}]$中存在一条弧e，使$f(e)<c(e)$，则e的终点和e附加到T。

②若$[\overline{S},S]$中存在一条弧e，使$f(e)>0$，则e和e的起点附加到T。

于是T不是最终到达汇t，就是在到达t之前停止生长，前一种情形得到T的路径$P(s,t)$正是f可增长路径。后一种情形可得$[S,\overline{S}]$是最小截集，f是最大流。

非饱和树的生长和记录，由一个标号过程来实现，标号点的扩展可采用广探法或深深法。

非饱和树每增加一个顶点v，就给v 3 个标记：第一，是v的父亲点(用以记录树)。第二，为“+”或“-”分别表示连接v与v的父亲的边在非饱和路径$P(s,v)$中是正向弧或反向弧。第三为$l(v)=l[P(s,v)]$，即这条边上能增加(或减少)的流值。

求最大流的标号算法包括两个过程：一个标号过程，二是流的改进过程。下面给出这两个过程，其中的标号过程是按广探法扩展标号点的。

变量说明：

S：已标记的顶点集(即饱和树中的顶点集)。

U：未检查的顶点集，初值为全体顶点。

9.3.1　标记过程 A

1)发点s标记为$(s,+,l(s)=\infty)$，$S\leftarrow\{s\}$，$U\leftarrow v$，$u\leftarrow s$。

2)对$\overline{S}$中u的所有邻点v，当：

①若$(u,v)\in E$，且$c(u,v)>f(u,v)$，则将v标记为$(u,+,l(v))$，其中

$$l(v)=\min\{l(u),c(u,v)-f(u,v)\}$$

$S\leftarrow S\cup\{v\}$

②若$(v,u)\in E$，且$f(v,u)>0$，则得v标记为$(u,-,l(v))$，其中

$$l(v) = \min\{l(u), f(v,u)\}$$

$S \leftarrow S \cup \{v\}$

3)若 $t \in S$,转向流的改进过程 B,否则若 $t \overline{\in} S$,$U \leftarrow U - \{u\}$,若 $S \cap U$ 为空,算法结束,当前流 f 即是最大流。否则若 $S \cap U$ 非空,任选一 $u \in S \cap U$,转2)。

9.3.2 流的改进过程 B

1)$z \leftarrow t$。

2)若 z 的标记为$(g, +, l(t))$,则

$$f(g,z) \leftarrow f(g,z) + l(t)$$

若 z 的标记为$(g, -, l(z))$,则

$$f(z,g) \leftarrow f(z,g) - l(t)$$

3)若 $g = s$,则把全部标记去掉,转向标记过程 A,否则令 $z = g$,转2)。

例9.1 用标记法求如图9.2所示的容量网络的最大流。

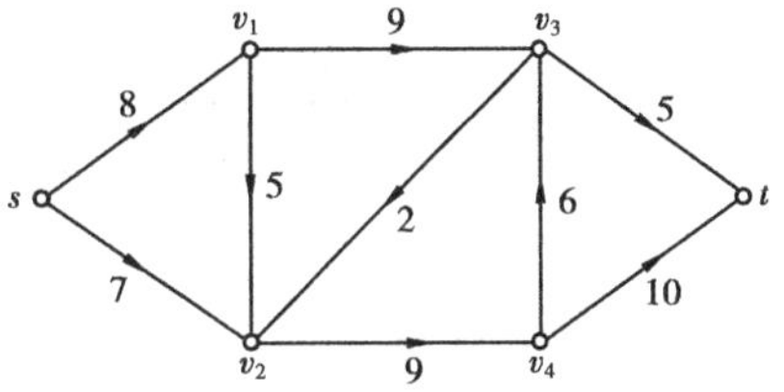

图9.2

任取一可行流作为初始流,不妨取零流,$f(u,v) = 0, (u,v) \in E$。

1)发点 s 标记为$(s, +, \infty)$,$S = \{s\}$,$u \leftarrow s$,与 u 相邻的点有 v_1 和 v_2,对 v_1,因$(u,v_1) \in E$ 且 $c(u,v_1) > f(u,v_1)$,故 $l(v_1) = \min\{l(u), c(u,v_1) - f(u,v_1)\} = 8$,于是点 v_1 的标记为$(s, +, 8)$。对 v_2,用同样方法可得到标记为$(s, +, 7)$。此时 $S = \{s, v_1, v_2\}$,$U = \{v_1, v_2, v_3, v_4, t\}$。

任选 $S \cap U$ 中的一点 v_1,$u \leftarrow v_1$,在 $\overline{S}$ 中与 v_1 相邻的点只有 v_3,因$(v_1,v_3) \in E$ 且$c(v_1,v_3) > f(v_1,v_3)$,故 $l(v_3) = \min\{l(v_1), c(v_1,v_3) - f(v_1,v_3)\} = 8$,于是点 v_3 标记为$(1, +, 8)$。$S = \{s, v_1, v_2, v_3\}$,$U = \{v_2, v_3, v_4, t\}$。

在 $S \cap U$ 中任选一点 v_3,与它相邻的在 $\overline{S}$ 中的点有 v_4 和 t。对于 v_4,因$(v_4,v_3) \in E$ 但 $f(v_4,v_3) = 0$,v_4 不能标记。对于点 t,因$(v_3,t) \in E$ 且 $c(v_3,t) > f(v_3,t)$,故 $l(t) = \min\{l(v_3), c(v_3,t) - f(v_3,t)\} = 5$,于是 t 标记为$(3, +, 5)$,如图9.3所示。此时,$S = \{s, v_1, v_2, v_3, t\}$,$U = \{v_2, v_4, t\}$。

由于 $v = t$ 已标记,即 $t \in S$ 转到流的改进过程。

$$f(v_3,t) \leftarrow 0 + 5 = 5$$
$$f(v_1,v_3) \leftarrow 0 + 5 = 5$$
$$f(s,v_1) \leftarrow 0 + 5 = 5$$

至此得到一个新的流,如图9.4所示。每条边上第1数为容量,第2数为流量。

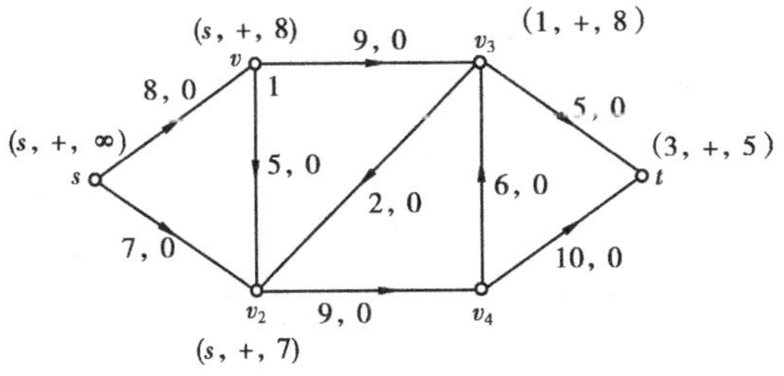

图9.3

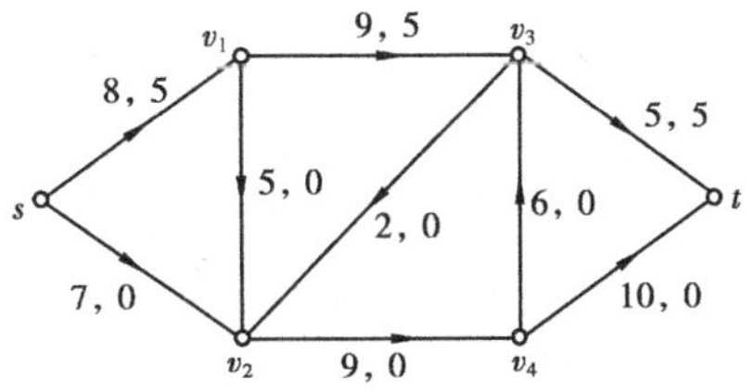

图9.4

2)对图 9.4 重复标记过程,得到图 9.5。从标记过程得到一条可增长路径 $s \to v_2 \to v_4 \to t$, $l(t)=7$,执行流的改进过程,得到一个新的流,如图 9.6 所示。

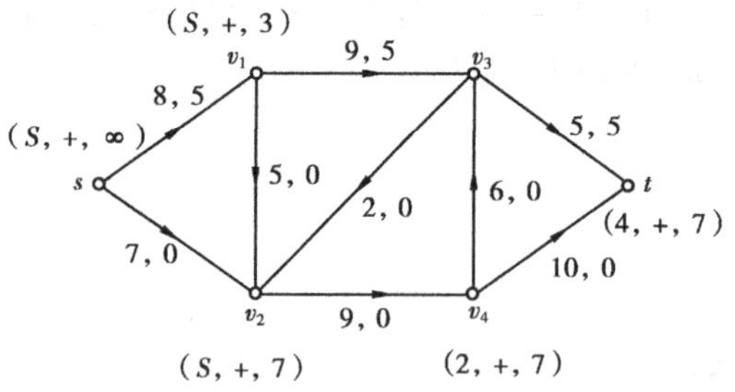

图 9.5

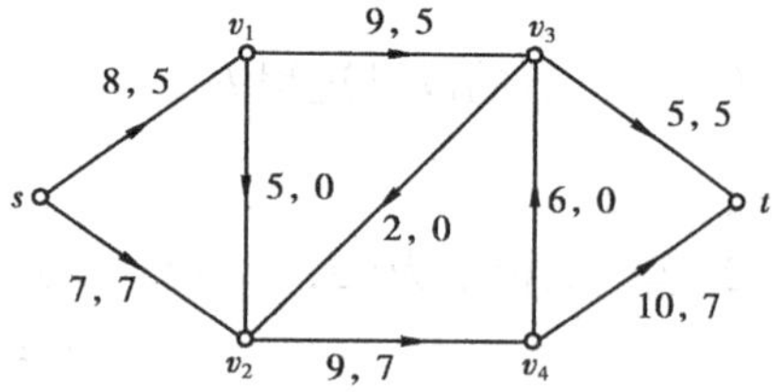

图 9.6

3)图 9.6 重复标记过程,得到图 9.7,从标记过程得到一个条可增长路径 $s \to v_1 \to v_2 \to v_4 \to t$, $l(t)=2$,执行流的改进过程,得到一个新的流,如图 9.8 所示。

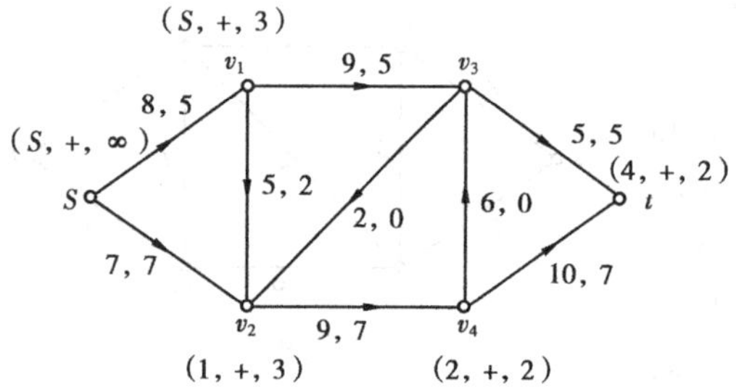

图 9.7

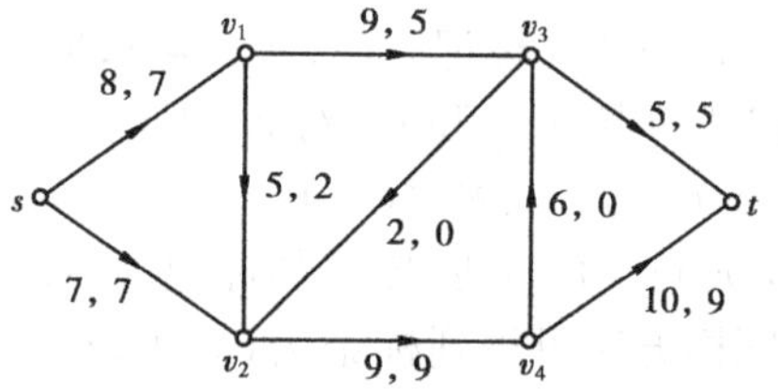

图 9.8

4)对图 9.8 重复标记过程,得到图 9.9, $S=\{s,v_1,v_2,v_3\}$, $U=\varnothing$,饱和树生长停止,算法结束,网上最大流的流量 $v(f)=14$。

同时, $[S,\bar{S}]=\{(v_3,t),(v_2,v_4)\}$ 是最小截集,其截量 $c(S)=14$。

可见网络的最大流等于最小截集的截量。

从此例可看出此求最大流的方法也可用来求最小截集。

此法的算法复杂度与容量有关,且当容量非整数时,算法可能不会终止,因此不是有效算法。如图 9.10 所示的网络 N,显然 N 的最大流的流量是 $2m$。如开始时用零流,交替地选取 $sv_1v_2v_5v_6t$ 与 $sv_4v_5v_2v_3t$ 作为可增长路径,每次迭代,流的流量正好增加 1,因此需要进行 $2m+1$ 次迭代才能求出最大流。对这个例子,由于 m 是任意的,标号法要求的计算步数不受 ν 和 ε 的函数的限制,因此不是有效算法。下一节将介绍此法的一个改进。

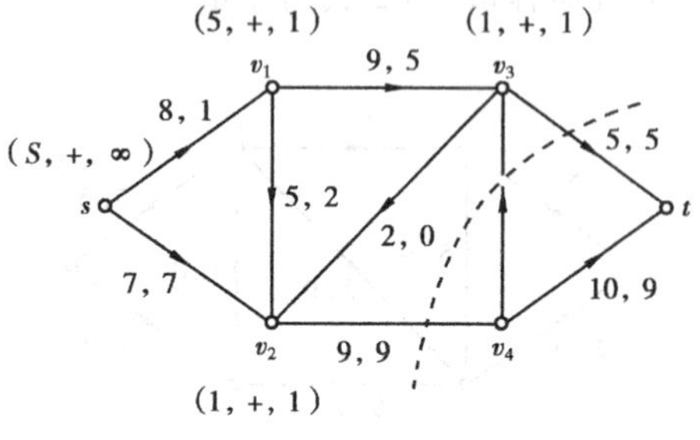

图 9.9

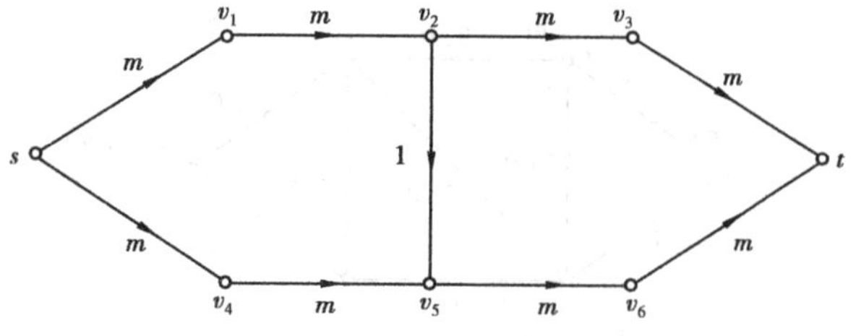

图 9.10

9.4 Dinits 法

前面求最大流的标号法的迭代次数与容量有关,为避免这种情况,优先找出长度最短的可增长路径增流,可使迭代次数与容量无关。Dinits 法的思想是在求最短可增长路径时,首先搜索出所有的最短可增长路径,而不是每次找一条,改进流以后,从 s 开始搜索新的最短可增长路径。为实现这点,Dinits 法首先构造一个分层网络。

下面将满足 $f(u,v)<c(u,v)$ 或者 $f(v,u)>0$ 的边称为从 u 到 v 的非饱和弧。

设 f 是一个可行流。$V_0=\{s\}$,设 $V_0,V_1,\cdots,V_{i-1}$ 已有定义($i\geqslant 1$)令 $V_i=\{v\mid v\overline{\in}\bigcup_{j=0}^{i-1}V_j$,存在 V_{i-1} 中的点到 v 的非饱和弧$\}$,若 $t\in V_i$,令 $V_i=\{t\}$,终止;否则,重复上述过程定义 V_{i+1}。显然,若 $V_i=\varnothing$,则 f 是最大流。

设 $V_0,V_1,\cdots,V_l$ 是被定义的集合。$V_0=\{s\}$,$V_l=\{t\}$,则最短 f 可增长路径的长度为 l。

分层网络 $\widetilde{N}=(\widetilde{V},\widetilde{E},\tilde{c})$ 的定义如下

$$\widetilde{V}=\bigcup_{j=0}^{l}V_j$$

称 V_j 为 N 的第 j 层。

对任意 $u\in V_i,v\in V_{i+1},(0\leqslant i\leqslant l-1)$,若 $(u,v)\in E,f(u,v)<c(u,v)$,则 $(u,v)\in\widetilde{E},\tilde{c}(u,v)=c(u,v)-f(u,v)$,称 (u,v) 为 E 中第 1 类弧。若 $(v,u)\in E,f(v,u)>0$,则 $(u,v)\in\widetilde{E}$,$\tilde{c}(u,v)=f(v,u)$,称 (v,u) 为 E 中第 2 类弧。

易见分层网络 $\widetilde{N}$ 中每条 s 到 t 的路径都对应于 N 中的一条最短 f 可增长路径。Dinits 法的第 2 步是求分层网络 $\widetilde{N}$ 上的极大流 $\tilde{f}$。所谓极大流,是指每条 s 到 t 的路径,都至少有一条弧 (u,v),使 $\tilde{f}(u,v)=\tilde{c}(u,v)$。$\widetilde{N}$ 上的极大流不一定是 $\widetilde{N}$ 上的最大流。Dinits 法的第 3 步:把 $\tilde{f}$ 迭加到 f 上,即令

$$f'(u,v)=\begin{cases}f(u,v)+\tilde{f}(u,v),\text{若}(u,v)\text{ 是第 1 类弧;}\\ f(u,v)-\tilde{f}(v,u),\text{若}(u,v)\text{ 是第 2 类弧;}\\ f(u,v),\quad\text{其余。}\end{cases}$$

则 f' 是 N 上的一个可行流,流量是 $v(f)+v(\tilde{f})$。

对新的流 f' 再重复上述 3 个步骤,直到得到 N 的最大流。

Dinits 给出的求极大流 $\tilde{f}$ 的方法是令 $\tilde{f}^{(0)}\equiv 0$。利用深探法求 $\widetilde{N}$ 上的一条 s 到 t 的有向路径 P,令

$$\Delta_1=\min_{(u,v)\in E(P)}\{\tilde{c}(u,v)\}$$

$$\tilde{f}^{(1)}(u,v)=\begin{cases}\tilde{f}^{(0)}(u,v)+\Delta_1,(u,v)\in E(P);\\ \tilde{f}^{(0)}(u,v), \quad\quad 其余。\end{cases}$$

修改弧容量 $\tilde{c}(u,v)$ 为 $\tilde{c}(v,v)-\tilde{f}^{(1)}(u,v)$，$((u,v)\in E(P))$。去掉容量为 0 的弧，再用深探法，重复上述过程，直到找不到 s 到 t 的有向路径为止，从而得极大流 $\tilde{f}$。

算法包括两个过程：一是求分层网络的过程，二是求分层网络上极大流的过程，此两过程在主程序中调用。算法如下：

变量说明：

$A^+(u)$：网络 N 中 u 的外向邻接表；

$A^-(u)$：网络 N 中 u 的内向邻接表；

$B(u)$：分层网络 N^k 中 u 的外向邻接表；

$D(u)$：深探法产生的非饱和树中 u 的父亲；

$M(u)$：u 的标号，若在深探法中已访问，则 $M(u)=1$。

9.4.1 求分层网络 N^k 的过程，DLNK

begin

①$V_0\leftarrow\{s\}$，$i\leftarrow 0$，$\forall u\in V(N)$，$B(u)\leftarrow\varnothing$

②$T\leftarrow\{v\}\mid v\bar{\in}\bigcup_{j=0}^{i}V_j$，存在一个从 V_i 某顶点到 v 的 f 非饱和弧$\}$

③if $T=\varnothing$ then PLN←false

  else

  begin

④While $t\bar{\in}T$ do

 begin

⑤$V_{i+1}\leftarrow T$，$i\leftarrow i+1$

⑥go to 2

  end

⑦$l\leftarrow i+1$，$V_l\leftarrow\{t\}$

⑧for $i=0$ to $l-1$ do

  begin

⑨for 所有 $u\in V_i$，$v\in V_{i+1}\cap(A^+(u)\cup A^-(u))$

  begin

⑩if $v\in A^+(u)$ 且 $f(u,v)<c(u,v)$

⑪then $B(u)\leftarrow B(u)\cup\{u\}$，$\tilde{c}(u,v)\leftarrow c(u,v)-f(u,v)$ 且记(u,v)为第 1 类弧

 else

⑫if $v\in A^-(u)$ 且 $f(v,u)>0$

⑬then $B(u)\leftarrow B(u)\cup\{v\}$，$\tilde{c}(u,v)\leftarrow f(v,u)$ 且记(v,u)为第 2 类弧

   end

end

⑭$V(N^k) \leftarrow \bigcup_{j=1}^{l} V_j$

end

end of DLNK

9.4.2 求分层网络 N^k 的极大流的过程,MFDLN

begin

①对 N^k 中所有边(u,v), $\tilde{f}(u,v) \leftarrow 0$,MFK←false

②while MFK = false do

begin

③对 $V(N^k)$中所有顶点 u,$M(u) \leftarrow 0$,$M(s) \leftarrow 1$,$v \leftarrow s$

④if $\forall u \in B(v)$都有 $M(u) = 1$ then

⑤if $v = s$ then MFK←true

⑥else $v \leftarrow D(v)$ goto 4

else

begin

⑦取 $u \in B(v)$使 $M(u) = 0$

⑧$M(u) \leftarrow 1$,$D(u) \leftarrow v$,$v \leftarrow u$

⑨if $v \neq t$ then goto 4

else

begin

⑩从 t 开始由父子关系 $D(u)$回溯直到 s,得一条 s 到 t 的 $\tilde{f}$ 可增长路径

父子　父子　　　　父子　父子

$P.\ s \leftarrow v_1 \leftarrow v_2 \leftarrow \cdots \leftarrow v_{l-1} \leftarrow t$

⑪$\Delta \leftarrow \min\limits_{(u,v) \in E(P)} \{\tilde{c}(u,v)\}$

⑫for 所有$(u,v) \in E(P)$ do

begin

⑬$\tilde{f}(u,v) \leftarrow \tilde{f}(u,v) + \Delta$, $\tilde{c}(u,v) \leftarrow \tilde{c}(u,v) - \tilde{f}(u,v)$

⑭if $\tilde{c}(u,v) = 0$ then 在 $B(u)$中去掉 v

end

end

end

end

end of MFDLN

9.4.3 最大流算法

①输入各顶点的邻接表 $A^+(v)$,$A^-(v)$,边的容量 $c(u,v)$及边中的初始流 $f(u,v)$,$k \leftarrow 1$,

```
DLN←true
②DLNK
③While DLN = true do
        Begin
④MFDLN
⑤k←k + 1
⑥for 所有(u,v) ∈E(N)
        begin
⑦if (u,v)是第 1 类弧

then f(u,v)←f(u,v) +f̃(u,v)
⑧else if (u,v)是第 2 类弧

then f(u,v)←f(u,v) -f̃(v,u)
       end
    end
```

把由原来网络的流 f 找到分层网络,再求得分层网络上的极大流 $\tilde{f}$,并将原网络的流改进成 f' 的一个过程,即最大流算法中的一次迭代称为一个阶段。分层网络最后一层的脚标 l 叫做分层网络的长度,用 l_k 表示第 k 阶段分层网络的长度。

定理 9.4　Dinits 算法最多经 $|V|-1$ 次迭代就能求出最大流。

证　只需证明若第 $k+1$ 阶段不是最后阶段,则 $l_{k+1}>l_k$。设在第 $k+1$ 阶段的分层网络中,有从 s 到 t 的长为 l_{k+1} 的路径,则

$$P = se_1v_1e_2\cdots v_{l_{k+1}-1}e_{l_{k+1}}t$$

①设 P 上的一切顶点在第 k 阶段的分层网络上出现过,用 V_j 表示第 k 阶段分层网络上第 j 层的顶点集,下证若 $v_i\in V_j$,则 $i\geqslant j$。对 i 用归纳法证明之。

$i=0$ 时,$v_i=v_0=s$,$V_0=\{s\}$,命题"$v_i\in V_j$,则 $i\geqslant j$"成立;假设 $v_i\in V_j$,$v_{i+1}\in V_m$,若 $m\leqslant j+1$,由归纳假设 $v_i\in V_j$ 时,$i\geqslant j$,得 $i+1\geqslant j+1\geqslant m$。若 $m>j+1$,而 $v_{i+1}\in V_m$,又 V_m 与 V_j 不是邻层,这是不可能的。故只有 $i+1\geqslant m$。

令 $t=v_{l_{k+1}}$,$t\in V_{l_k}$,故有 $l_{k+1}\geqslant l_k$。下证等号不能成立。若 $l_{k+1}=l_k$,已假设 P 上的顶点在 k 阶段的分层网络上出现过,路径上的边在 $k+1$ 阶段的分层网络上用过,则在 k 阶段的分层网络上用过,且 P 整个在 k 阶段分层网络上,此与 k 阶段上得出过极大流矛盾。

②设 P 上有的顶点未在第 k 阶段分层网络上出现,令 $e_{i+1}=v_iv_{i+1}$ 是对某个 j,$v_i\in V_j$,v_{i+1} 是不在第 k 阶段分层网络上出现的第一个顶点,但 e_{i+1} 是不在第 k 阶段分层网络上出现的第一条边,则 e_{i+1} 在第 k 阶段分层网络中未用过,e_{i+1} 在 $k+1$ 阶段开始时有用,故在第 k 阶段开始时也有用,由求分层网络的过程知,$V_{j+1}=\{t\}$,$j+1=l_k$,于是 $i\geqslant j$,$i+1\geqslant j+1=l_k$,又 $v_{i+1}\neq t$,故 $l_{k+1}>i+1$,因此,$l_{k+1}>l_k$,证毕。

因 l_k 是严格递增函数,于是分层只能进行不超过 $|V|-1$ 次,即有限次迭代后,对所得之流已不能再分层,即得到了最大流,整个 Dinits 算法的时间复杂度是 $0(|V|^2\cdot|E|)$。

例 9.2　求图 9.11 中网络的最大流。

图中边上的第 1 个数是容量,第 2 个数是流量。

第 1 次迭代的分层网络的各层顶点为：$V_0=\{s\}$，$V_1=\{a,c\}$，$V_2=\{b,d\}$，$V_3=\{t\}$ 分层网络及其上的极大流如图 9.12 所示,对原图的流改进后得图 9.13。

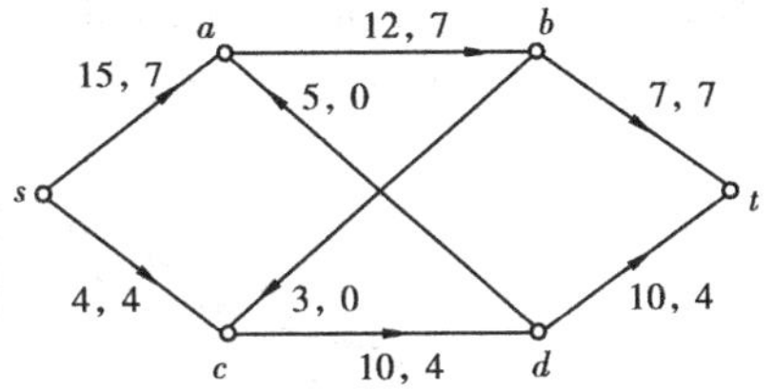

图 9.11

第 2 次迭代用图 9.13 中的流来分层得各层顶点为

$$V_0=\{s\},V_1=\{a\},V_2=\{b\},V_3=\{c\},V_4=\{d\},V_5=\{t\}$$

求得分层网络及其极大流如图 9.14 所示。

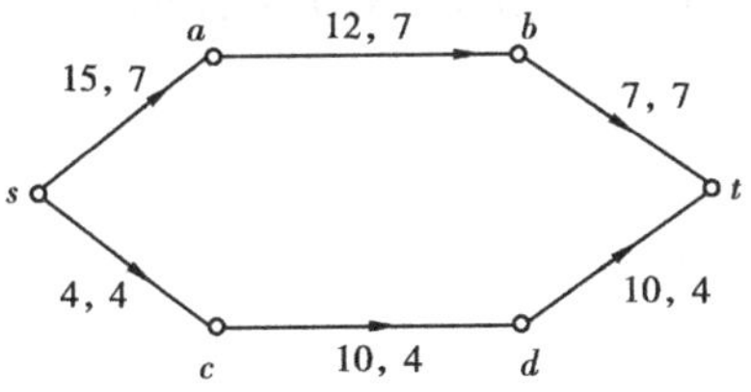

图 9.12

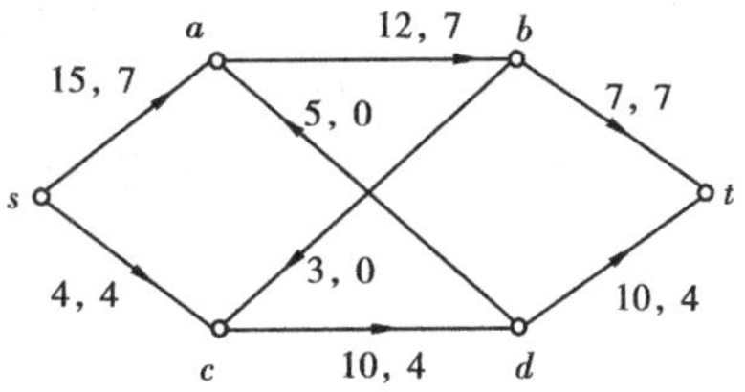

图 9.13

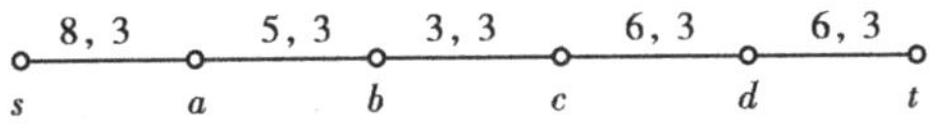

图 9.14

原网络上第 2 次迭代得已改进的流如图 9.15 所示。

第 3 次迭代用图 9.15 的流分层时未到达 t 即中止于 b(见图 9.16),于是图 9.15 中的流即为最大流,其流量为 14。

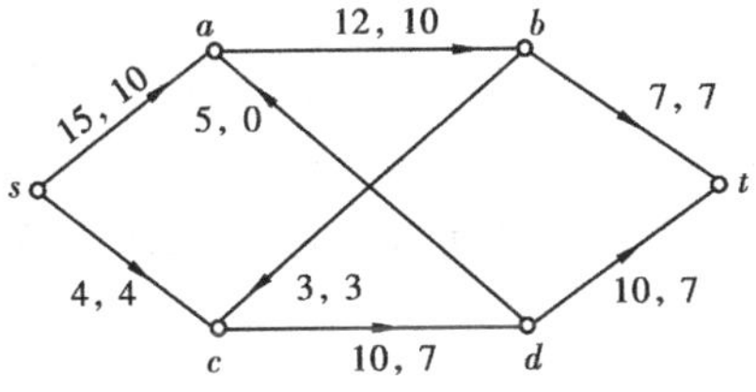

图 9.15

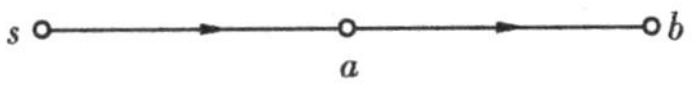

图 9.16

9.5　最大流问题的应用与推广

在许多看起来与最大流问题不同的问题,如果稍加修改可化为最大流问题求解。

9.5.1　多发点多收点问题

如果一个容量网络 N 的发点和收点不止一个,而有多个发点 $s_1,s_2,\cdots,s_m$ 和多个收点 $t_1,t_2,\cdots,t_n$,用一个简单方法可以化为只有单一发点单一收点网络来处理。构造与 N 相对应

的新网络 N' 如下：附加两个虚拟的发点 s 和收点 t，并增添新的有向边 (s,s_1)，(s,s_2)，…，(s,s_m) 和 (t_1,t)，(t_2,t)，…，(t_n,t)。同时指定这些边的容量为∞，如图 9.17 所示。

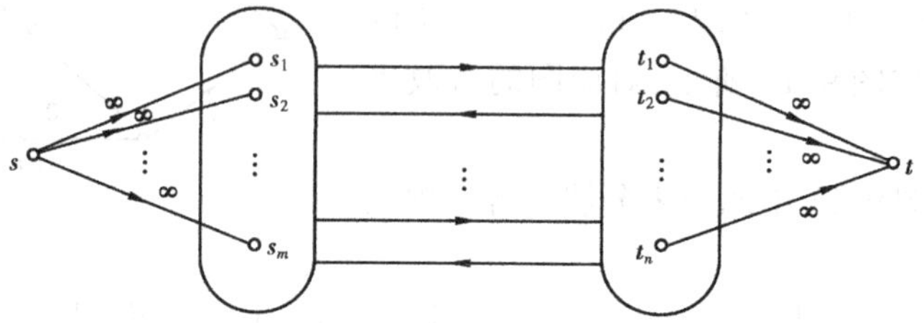

图 9.17

N 中的可行流 f 与 N' 中的可行流一一对应，且其流量相等。若 f 是 N 的一个可行流，如下定义的 f' 是 N' 的一个可行流：

$$f'(e)=\begin{cases} f(e), & \text{若 } e \text{ 是 } N \text{ 的弧;} \\ \sum\limits_{\substack{v \\ (s_i,v)\in E(N)}} f(s_i,v)-\sum\limits_{\substack{v \\ (v-s_i)\in E(N)}} f(v,s_i), & \text{若 } e=(s,s_i),(i=1,2,\cdots,m); \\ \sum\limits_{\substack{v \\ (v,t_i)\in E(N)}} f(v,t_i)-\sum\limits_{\substack{v \\ (t_i,v)\in E(N)}} f(t_i,v), & \text{若 } e=(t_i,t),(i=1,2,\cdots,n) \end{cases}$$

显然，$v(f')=v(f)$。

反之，N' 中的一个可行流 f'，在 N 的弧集上限制就是一个有相同流量的网络 N 上的一个可行流。

9.5.2 顶点有容量的问题

在某些实际问题中，顶点可能也有容量限制。例如，交通流，在交叉口也应有一个容量限制，不然可能引起交通阻塞。可将带有顶点约束的问题转化为无顶点约束的问题。设顶点 v_i 的容量为 $c(v_i)$，新网络的构造如下：将 v_i 分为两个顶点 v_i' 和 v_i''，在 v_i' 与 v_i'' 之间连一条有向边 (v_i',v_i'')，使 $c(v_i',v_i'')=c(v_i)$；原网络中，所有引向 v_i 的边均使其引向 v_i'，所有由 v_i 引出的边均改由 v_i'' 引出。这样所得的新网络设为 N'，N' 是一个没有顶点约束的网络，求出 N' 的最大流，再还原便可得 N 中的最大流。

例 9.3 求如图 9.18 所示的网络的最大流。

将如图 9.18 所示的顶点带有容量的网络转化为顶点无约束网络 N'，如图 9.19 所示。求出 N' 的最大流见图 9.19，再将其还原为原网络上的最大流，如图 9.20 所示。其流量 $v(f)=18$。

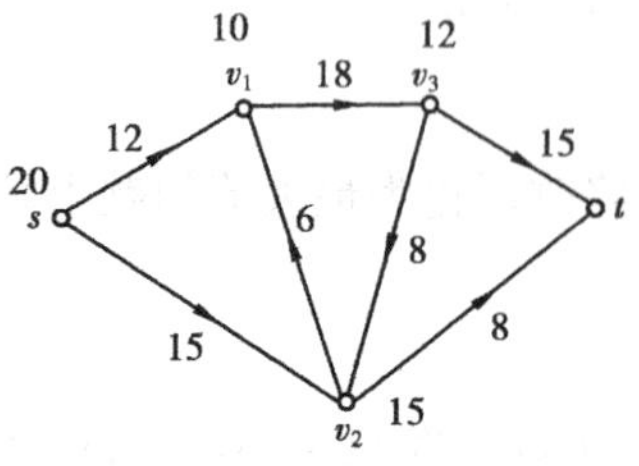

图 9.18

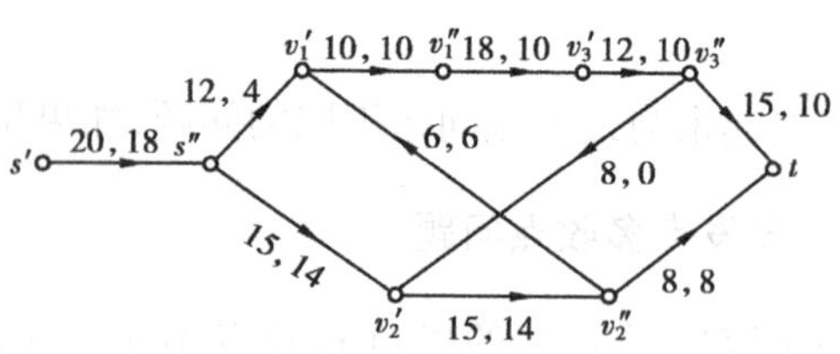

图 9.19

9.5.3　容量有上下界的网络

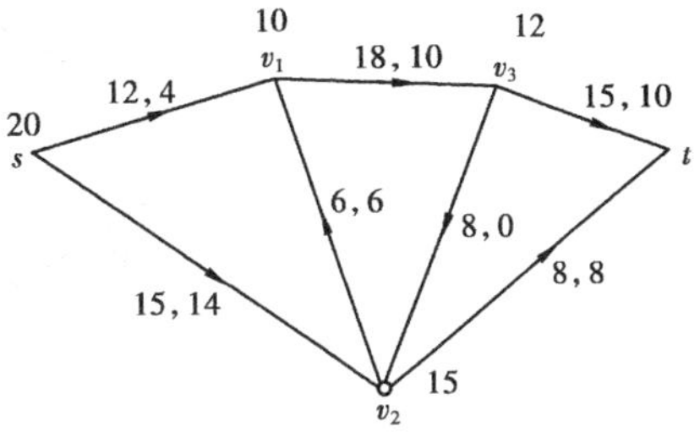

图 9.20

设边容量之下界为 $b(e) \geqslant 0$，上界为 $c(e)$，这时可行流应满足：

$(c1')\ b(e) \leqslant f(e) \leqslant c(e)$

$(c2')\ \sum\limits_{e \in \alpha(v)} f(e) - \sum\limits_{e \in \beta(v)} f(e) = 0, v \neq s, t$

其目标仍是求最大流，但对有上下界的网络，有时不存在可行流，如图 9.21 所示的网络就没有可行流。边上第 1 个数是 $b(e)$，第 2 个数是 $c(e)$。

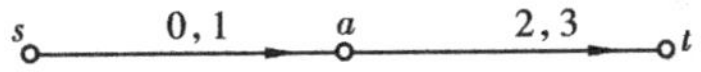

图 9.21

下面讨论有上下界的网络中有可行流的充要条件。将有上下界的网络记成 N，N 的附加网络 $\overline{N}$ 为下述网络：

1) $\overline{V} = \{\bar{s}, \bar{t}\} \cup V, \bar{s}, \bar{t} \notin V$；$\bar{s}, \bar{t}$ 分别叫做附加源与附加汇。

2) 对每个 $v \in V$，加一条新边 $e = v\bar{t}$，令 $\bar{c}(e) = \sum\limits_{e \in \beta(v)} b(e)$，$\bar{c}(e)$ 是 e 的容量上界，下界取 0。

3) 对每个 $v \in V$，加一条新边 $e = \bar{s}v$，令 $\bar{c}(e) = \sum\limits_{e \in \alpha(v)} b(e)$，$\bar{c}(e)$ 是 e 的容量上界，下界取 0。

4) E 中的边 e 在 $\overline{N}$ 中皆保留，但界要变；下界取 0，上界 $\bar{c}(e) = c(e) - b(e)$。

5) 再加新边 $e = ts$，且令 e 的下界为 0，上界 $\bar{c}(e) = \infty$。

定理 9.5　网络 N 有可行流的充要条件是附加网络 $\overline{N}$ 上的最大流使流出 $\bar{s}$ 的一切边皆饱和（可行流即满足 $(c_1')(c_2')$ 的流）。

证　设 $\overline{N}$ 中的可行流 $\bar{f}$ 使 $\bar{s}$ 发出的边皆饱和，对于 N，令

$$f(e) = \bar{f}(e) + b(e), e \in E$$

下证 $f(e)$ 是 N 中的可行流。

① $b(e) \leqslant f(e) \leqslant c(e)$

事实上，$0 \leqslant \bar{f}(e) \leqslant \bar{c}(e) = c(e) - b(e), e \in E$，故 $f(e)$ 满足 (C1′)。

② $f(e)$ 满足 (C2′)。

令 $v \in V - \{s, t\}$，而 $\sigma = \bar{s}v, \tau = v\bar{t}$ 是 $\overline{N}$ 中的边，由 $\overline{N}$ 中的 $\bar{f}$ 满足 (C2′)，得

$$\sum_{e \in \alpha(v)} \bar{f}(e) + \bar{f}(\sigma) = \sum_{e \in \beta(v)} \bar{f}(e) + \bar{f}(\tau)$$

又　$$\bar{f}(\sigma) = \bar{c}(\sigma) = \sum_{e \in \alpha(v)} b(e) \qquad \bar{f}(\tau) = \bar{c}(\tau) = \sum_{e \in \beta(v)} b(e)$$

因此　$$\sum_{e \in \alpha(v)} f(e) - \sum_{e \in \beta(v)} f(e) = 0$$

即 $f(e)$ 满足 (C2′)，故 $f(e)$ 是可行流；反之，若 $f(e)$ 是 N 的可行流，令

$$\bar{f}(e) = \begin{cases} f(e) - b(e), & e \in E \\ \bar{c}(e), & e \in \alpha(\bar{t}) \text{ 或 } e \in \beta(\bar{s}) \end{cases} \qquad \bar{f}(ts) = \sum_{e \in \alpha(t)} f(e) - \sum_{e \in \beta(t)} f(e)$$

显然 $\bar{f}(e)$ 是 $\overline{N}$ 上使得从 $\bar{s}$ 发出的边皆饱和的可行流，证毕。

例 9.4　求图 9.22 中网络上的最大流，边上写的数第 1 个是 $b(e)$，第 2 个是 $c(e)$。

首先作附加网络如图 9.23 所示。

用求最大流的算法求得附加网络上的最大流 $\bar{f}$，在图 9.23 中，用边上第 2 数值表示，由于 25

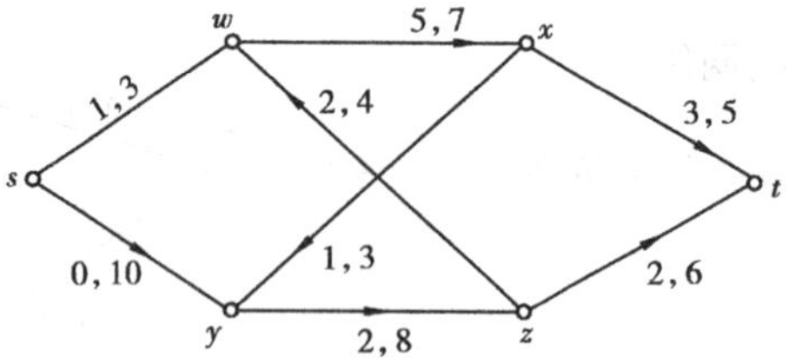

图 9.22

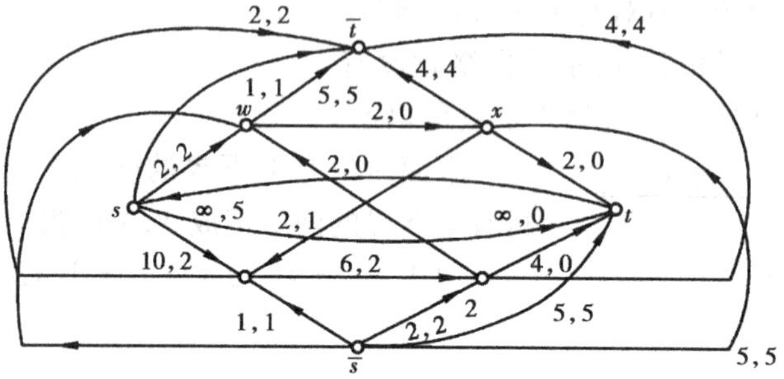

图 9.23

$\bar{s}$ 的出边皆饱和，由定理 9.5，图 9.22 中有可行流。

把 $\bar{f}$ 化为原网络图 9.22 上的可行流 $f=\bar{f}+b(e)$。

如图 9.24 所示，边上的 3 个数依次为 b,c,f。

把图 9.24 中的可行流放大，用前面的求最大流算法，得最大流如图 9.25 所示。

最大流如图 9.25 所示，最大流的流量 $F=10$。

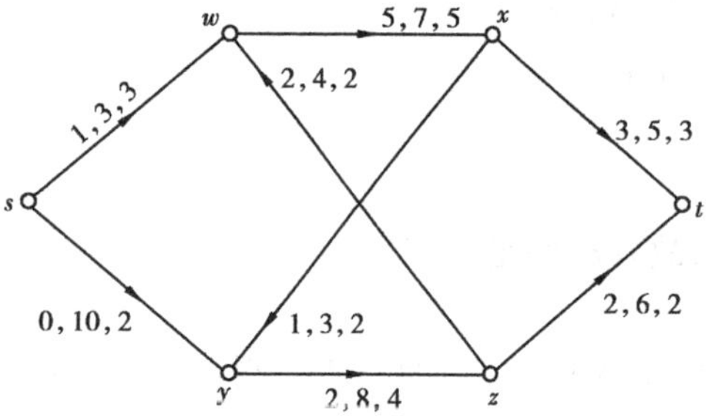

图 9.24

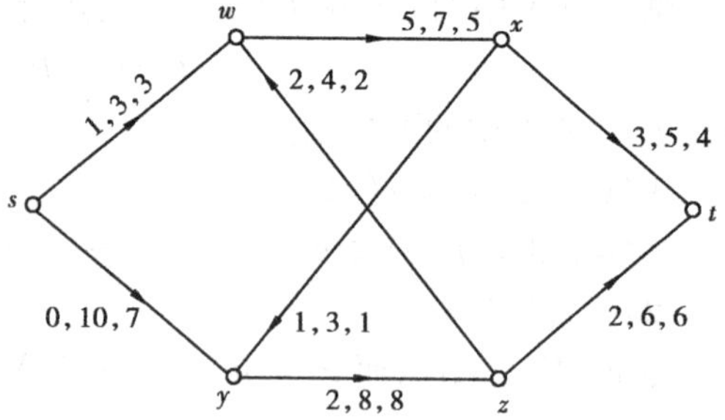

图 9.25

9.5.4 有供需约束的流

设 N 是一个网络，$c(e)$ 是边 e 的容量，又 $S=\{s_1,s_2,\cdots,s_m\}$ 是源集，$m\geqslant 1$；$T=\{t_1,t_2,\cdots,t_n\}$ 是汇集，$n\geqslant 1$。假定给每个发点 s_i 赋予一个非负整数 $\sigma(s_i)$ 称为 s_i 的供给，同时对 N 的每个收点 t_i 赋与一个非负整数 $\rho(t_i)$ 称为 t_i 的需求。要求可行流不仅满足容量约束条件（C1）和流量守恒条件（C2），而且满足供求约束：

$$(\mathrm{C3}):\sum_{e\in\beta(s_i)}f(e)-\sum_{e\in\alpha(s_i)}f(e)\leqslant\sigma(s_i),i=1,2,\cdots,m$$

$$(\mathrm{C4}):\sum_{e\in\alpha(t_i)}f(e)-\sum_{e\in\beta(t_i)}f(e)\geqslant p(t_i),i=1,2,\cdots,n$$

(C3)表示对于产地 s_i,流出 s_i 的总量不超过 s_i 的供给,同时流入销地 t_i 的总量不少于 t_i 的需求。

若 $X\subseteq S$,则记 $\sigma(X)=\sum_{v\in X}\sigma(v)$;

若 $X\subseteq T$,则记 $\rho(X)=\sum_{v\in X}\rho(v)$。

下面给出可行流的充要条件。

定理9.6 f 是有供需约束的可行流,当且仅当对一切 $X\subseteq V$,$C(X)\geqslant\rho(T\cap\overline{X})-\sigma(S\cap\overline{X})$,其中 $\overline{X}=V-S$,S 是源集,T 是汇集,$C(X)$ 为 $(X,\overline{X})$ 中边的容量和(即截量)。

证 构做新网络 N':

①增加两个新顶点 s_0,t_0。

②加边 s_0s_i, $i=1,2,\cdots,m$,令 $c(s_0,s_i)=\sigma(s_i)$。

③加边 t_jt_0, $j=1,2,\cdots,n$,令 $c(t_j,t_0)=\rho(t_j)$。

④令 t_0 为 N' 的汇,s_0 为 N' 的源。

易证 N 有可行流的充要条件是 N' 中有一个使 $(T,\{t_0\})$ 中每边皆饱和的流。

今有 N' 中的流使 $(T,\{t_0\})$ 中每边皆饱和,则其流量 $\rho(T)=C(T)$,此流是 N' 中的最大流,这说明 N 有可行流,当且仅当 N' 中的每个截 $[\{s_0\}\cup X,\{t_0\}\cup\overline{X}]$ 成立 $C(\{s_0\}\cup X)\geqslant\rho(T)$,等价于

$$C(X,\overline{X})+\rho(T\cap X)+\sigma(S\cap\overline{X})\geqslant\rho(T)$$

等价于

$$C(X,\overline{X})\geqslant\rho(T\cap\overline{X})-\sigma(S\cap\overline{X})$$

证毕。

从算法角度而言,只要用最大流算法,求 N' 的最大流 f,若 f 是使 $(T,\{t_0\})$ 中每边皆饱和的流,则 f 亦是 N 中的可行流。

9.5.5 二部图的最大匹配

二部图的最大匹配问题,实际上可化为最大流问题来解决。其方法是给 G 的所有边指定方向(从 X 到 Y)增添一个虚拟发点 s 和虚拟收点 t,从 s 到 X 的各顶点引一有向边,从 Y 的各顶点引一有向边到 t,令每条边的容量为1得到一个容量网络 G',求出 G' 的最大流,流量为1的边构成的集合 M(与 s 或 t 关联的边除外),即为 G 的最大匹配。图9.26是一个二部图 G,其对应的容量网络 G' 如图9.27所示。求 G 的最大匹配相当于求 G' 的最大流。

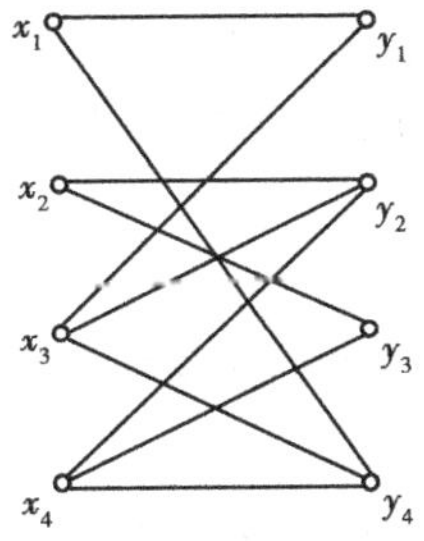

图9.26

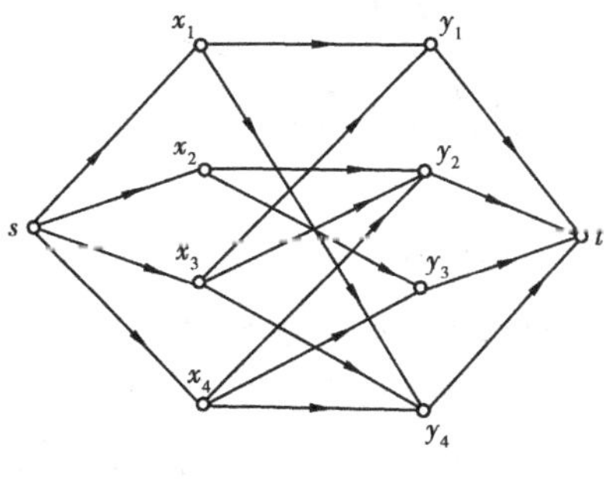

图9.27

9.6 最小费用流

前面讨论的网络上的流,只着眼于在可行流的条件下,怎么安排网上的流,使从发点到收点的流量达到最大。这一节将进一步探讨不仅要使网上的流达到最大,或者达到要求的预定值,而且还要使运输流的费用最小,这就是最小费用流问题。这时网络的任何一条边都有两个参数:一个是允许通过流量的最大值,即边的容量;另一个则是流过单位流量时需要的费用。

设 F 为网络 $N=(V,E)$ 上的流,$a(u,v)$ 表示流过边 $(u,v)\in E$ 的单位流量的费用,则称

$$a(N,F)=\sum_{(u,v)\in E}a(u,v)\cdot f(u,v)$$

为网 N 上通过流 F 的费用。

最小费用流问题即是求容量网络 N 上流量为 b(预先给定值)的可行流 f 使其费用最小。

最小费用流问题事实上是最大流问题的扩展,想象在解最大流问题的改进流过程,流量沿着费用最小的路径增加流量,若这条路径可无限地输送流量,使总流量达到给定值 b,则算法就终止。若最小费用路径经增流以后达到饱和,则需寻求另一条费用较少的路径进行增流。如此迭代过程,使问题归结为在现行流条件下寻求费用增值最少的路径增流。据此发展两种解最小费用增长路径的算法:第 1 种是运用最短路的概念,把各条弧的费用看做权值即可。第 2 种是运用线性规划的对偶理论及互补松弛条件,在各顶点设置与对偶变量对应的费用控制函数,使网络增流过程严格按照最小费用增值的方向增加流量,显然,随现行流量的扩大,费用低的弧段逐步饱和,单位流量的增值量将随之增大。

9.6.1 解最小费用流问题的最短路径法

1)初始流 $f(e)=0,\forall e\in E$。

2)是否达到流量预定值 b,是,停止;否则,按下法求剩余网络 $N(f)$。$N(f)=(V,E')$,对 V 中任两顶点 u,v。

①若 $(u,v)\in E$ 且 $c(u,v)-f(u,v)>0$,则 $(u,v)\in E'$,且令 $w(u,v)=a(u,v)$。

②若 $(u,v)\in E$ 且 $f(u,v)>0$,则 $(v,u)\in E'$,且 $w(v,u)=-a(u,v)$。

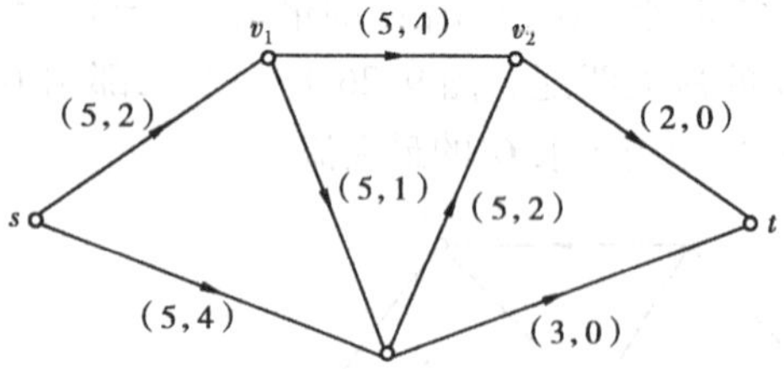

图 9.28

3)剩余网络 $N(f)$ 中求 s 到 t 的最短有向路径 P,此路径即是原网络的最小费用可增长路径,沿此路径,正向弧增加 δ,反向弧减少 δ 且要求满足容量约束条件。可得总流量增加的新流 f,转 2)。

例 9.5 求如图 9.28 所示的容量网络的流量为 5 的最小费用流。图中边上第 1 个数为容量,第 2 数是费用。

1)令 $f\equiv 0$,流量 $v(f)=0$,未达到预定值 5。求剩余网络,如图 9.29 所示。由 Ford 算法,求得剩余网络中 s 到 t 的最短有向路径 $P:sv_1v_3t$。可增流值 $=3$,沿最短可增长路径增流得新流,如图 9.30 所示。

2)总流量 $v(f)=3$,未达到预定值 5,求得剩余网络如图 9.31 所示。由 Ford 算法求 s 到 t 的最短有向路径得 $P:sv_1v_3v_2t$,可增流值 $\delta=2$,沿此路径增流得新流如图 9.32 所示。

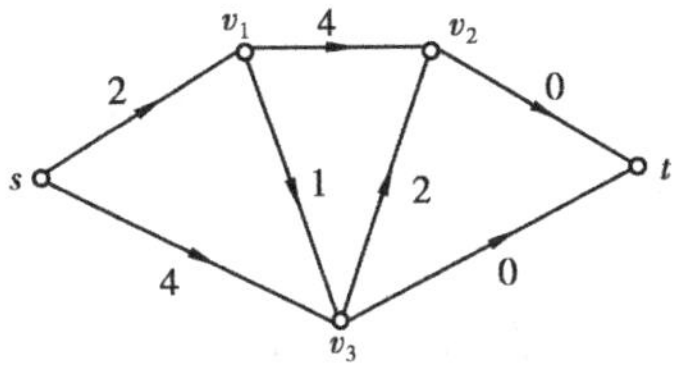

图 9.29

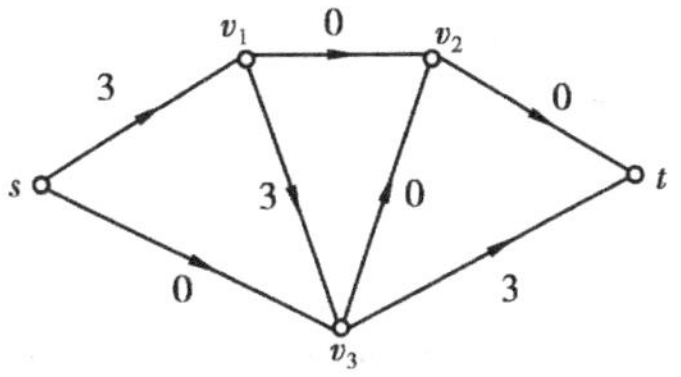

图 9.30

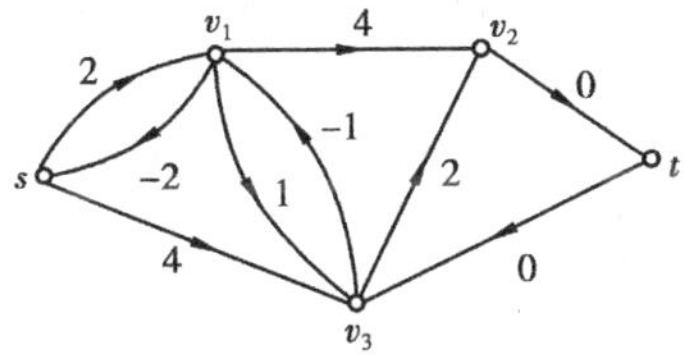

图 9.31

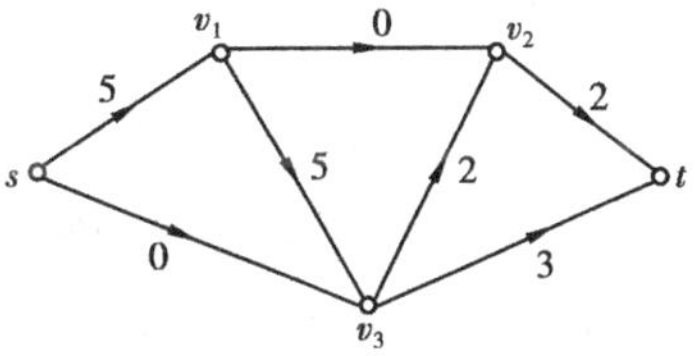

图 9.32

3）现行流 f 的流量 $v(f)=5$，达到预定值，因此，现行流即为所求。

如果要求费用最小的最大流，只需将终止条件修改为剩余网络中不存在 s 到 t 的有向路径为止。

9.6.2　解最小费用流问题的对偶变量法

1）$\forall u\in V,\pi(u)\leftarrow 0,\ \forall e\in E,f(e)\leftarrow 0$。

2）用深探法求可增长路径。

从 s 开始生长非饱和树，设 u 已在树中，则与 u 相邻的顶点 v 必须满足以下条件之一方可加入树中：

①$f(u,v)<c(u,v)$ 且 $\pi(v)-\pi(u)=a(u,v)$。

②$f(u,v)>0$ 且 $\pi(v)-\pi(u)=a(u,v)$，若不能达到 t，则转 3）；否则得一可增长路径 P，沿此路径增流，若其流量达到预定值停止，否则转 2）。

3）修改 $\pi(u)$ 的值，非饱和树中顶点 u 的 π 值不变，其余顶点的 $\pi(u)$ 值加 1。转 2）。

例 9.6　用对偶变量法求如图 9.28 所示的容量网络的流量为 5 的最小费用流。

1）初始状态各边的流均为零，且置

$$\pi(s)=\pi(v_1)=\pi(v_2)=\pi(v_3)=\pi(t)=0$$

从 s 出发生长非饱和树，与 s 相邻的两点均不满足①，②两条件，因此，非饱和树不能生长，修正各顶点标号 π 有

$$\pi(v_1)=\pi(v_2)=\pi(v_3)=\pi(t)=1$$

转第 2）步，重新生长非饱和树。

2）从 s 开始，$S\leftarrow\{s\}$，与 s 相邻的两点 v_1,v_3，不满足①，②两条件，修正各顶点标号 π 得

$$\pi(v_1)=\pi(v_2)=\pi(v_3)=\pi(t)=2$$

3）从 s 开始，$S\leftarrow\{s\}$，与 s 相邻的两顶点 v_1,v_3，由于

$$\pi(v_1)-\pi(s)=2=a(s,v_1)\ 且\ f(s,v_1)<c(s,v_1)$$

$$S\leftarrow\{s,v_1\},\text{father}(v_1)\leftarrow s$$

v_3 不满足①、②两条件，与 v_1 相邻的顶点均不满足①、②两条件，因此，非饱和树不能再生长，修正 π 得

$$\pi(v_2)=\pi(v_3)=\pi(t)=3,\pi(s)=0,\pi(v_1)=2$$

4）与 v_1 相邻的 v_3 有

$$\pi(v_3)-\pi(v_1)=1=a(v_1,v_3)，且 f(v_1,v_3)<c(v_1,v_3)$$

$$S\leftarrow\{s,v_1,v_3\},\text{father}(v_3)\leftarrow v_1$$

与 v_3 相邻的点 t 有

$$\pi(t)-\pi(v_3)=0=a(v_3,t) 且 f(v_3,t)<c(v_3,t)$$

$$S\leftarrow\{s,v_1,v_3,t\},\text{father}(t)\leftarrow v_3$$

收点 t 已在树中，由父子关系从 t 回溯到 s，得到可增长路径 $P:sv_1v_3t$。可增流值 $\delta=3$，得新的流如图 9. 30。

5）从 s 开始，$S\leftarrow\{s\}$，与 s 相邻的顶点 v_1 满足条件①，$S\leftarrow\{s,v_1\}$，father$(v_1)\leftarrow s$，同样 $S\leftarrow\{s,v_1,v_3\}$，father$(v_3)\leftarrow v_1$，树不能再生长，修正 π 得

$$\pi(v_2)=\pi(t)=4,\pi(s)=0,\pi(v_1)=2,\pi(v_3)=3$$

树还不能生长，修正 π 得

$$\pi(v_2)=\pi(t)=5,\pi(s)=0,\pi(v_1)=2,\pi(v_3)=3$$

因 v_3 的邻点 v_2 满足条件①，$S\leftarrow\{s,v_1,v_2,v_3\}$，father$(v_3)\leftarrow v_2$，同样 $S\leftarrow\{s,v_1,v_3,v_2,t\}$，father$(t)\leftarrow v_2$。收点 t 已在树中，由父子关系从 t 回溯到 s，得到可增长路径 $P:sv_1v_3v_2t$。可增流值 $\delta=2$，得新的流如图 9. 32 所示。其流量 $v(f)=5$ 达到预定值，算法停止，现行流即为所求。

9. 7　有向图的中国邮递员问题

在第 6 章里介绍了无向图的中国邮递员问题的算法，对有向图的中国邮递员问题可应用求最小费用流的算法来解决。

如果有向图 D 是连通的且任一顶点的出、入次相等，则 D 是有向欧拉图，其有向欧拉巡回，即是最佳巡回路线，其算法第 6 章已介绍过。下面讨论 D 不是有向欧拉图的一般情况。

图 9. 33

与无向图类似，若不是有向欧拉图，则巡回必然重复穿过一些边，对无向图来说，只要图是连通的，邮递员问题一定可以通过重复一些边而得到解决。但对于有向图，在某种情况下即使重复一些边，邮递员问题也是无解的。如图 9. 33 所示的有向图，不论那些边重复多少遍，都不存在经每条边至少一次的有向巡回。因从 v_4 怎么也到不了 v_1。显然有如下结论：

定理 9. 7　有向图 D 存在有向巡回的充要条件是：D 是强连通图。

下面在有向图是强连通的条件下，讨论有向图的最佳巡回路线问题。

一般解法如下：

①对 D 添加重复边，使 D 成为有向欧拉图 D^*，且要求

$$\sum_e a(e)\cdot r(e)$$

尽可能小，其中 $a(e)$ 是边 e 上的权（费用），$r(e)$ 是 e 的重复次数。

②在 D^* 中求有向欧拉巡回。

用 $D(u)$ 表示顶点 u 的入次与出次之差，即

$$D(u)=d^-(u)-d^+(u)$$

因此，当 $D(u)>0$ 时，必然在 u 上添加引出边，增加 u 的出次 $d^+(u)$；同理，当 $D(u)<0$ 时，必

然在 u 上添加引入边以增加 u 的入次使 u 的出、入次相等。如果把边的重复次数 $r(e)$ 看做边 e 的流量，$a(e)$ 看做边 e 上单位流量的费用，则第①步求 D^* 可化为求最小费用流的问题。

如下构造一个有向网络 N，令 $D(u)>0$ 的顶点 u 为发点，$D(v)<0$ 的点 v 为收点。一般来说，这些顶点不唯一，可仿照多发点多收点的处理方法，增设一个虚拟发点 s 和一个虚拟收点 t，s 向各发点 u 各引一条弧，置 (s,u) 的容量为 $D(u)$，费用为0；同理，各收点 v 向 t 各引一条弧，置 (v,t) 的容量为 $-D(v)$，费用也为0，其他各边的容量均为∞，费用即为该边的权。于是，可求出 N 的最小费用流，它构成了总长度为最小的重复边，即第①步的解。

根据上面的分析，得有向图的中国邮递员问题的算法如下：

①构造有向网络 N。

②求出 N 的最小费用最大流。

③构造有向欧拉图 D^*。

④求 D^* 的有向欧拉巡回。

例9.7　如图9.34所示的强连通有向图，求其最优有向巡回。

1)构造 N

$D(v_1)=d^-(v_1)-d^+(v_1)=-1, D(v_2)=0,\ D(v_3)=2, D(v_4)=1, D(v_5)=-2$

因此，有两个发点 v_3,v_4，两个收点 v_1,v_5。增设一虚拟发点 s 和一虚拟收点 t，连接 s 与 v_3,v_4，及 v_1,v_5 和 t 得 N。如图9.35所示，图中边上的第1数字表示单位流量的费用，第2数字是容量。

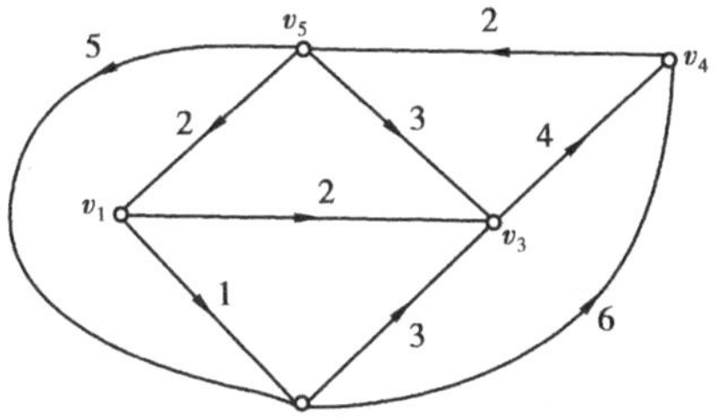

图9.34

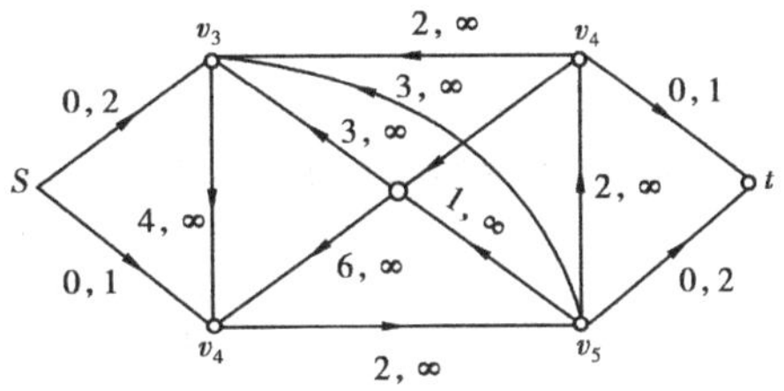

图9.35

2)求 N 中最小费用最大流

用9.6节中的算法，求得图9.35的最小费用最大流(见图9.36)，边上的数字是边的流量。

3)构造有向欧拉图 D^*

去掉虚拟点后，按最小费用最大流各边上的流值添加重复边，得如图9.37所示的有向欧拉图 D^*。

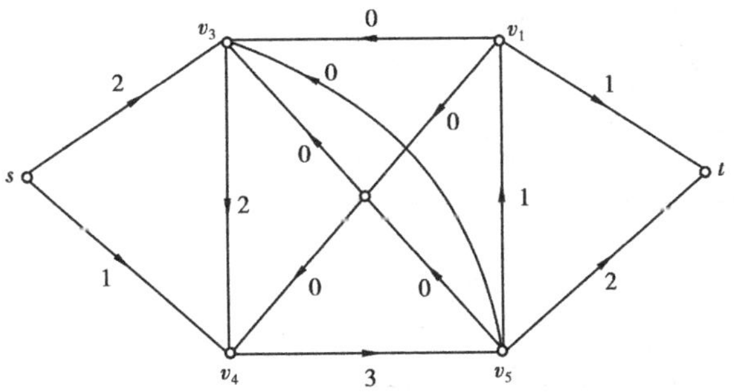

图9.36

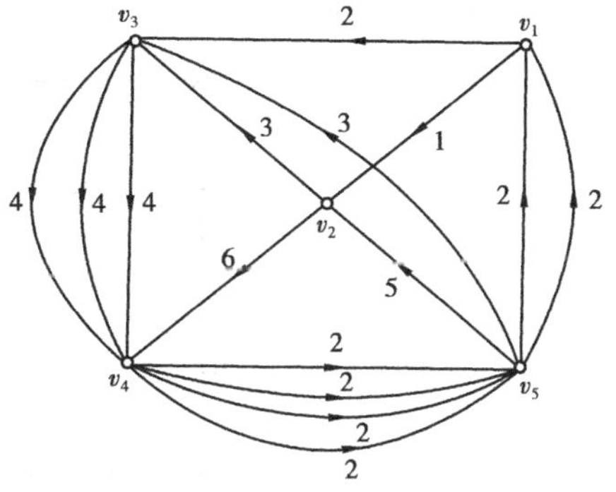

图9.37

4）最佳巡回路线为

$$v_1v_2v_3v_4v_5v_2v_4v_5v_3v_4v_5v_1v_3v_4v_5v_1$$

由于算法中各步的时间复杂度都是 n 或 $|E|$ 的多项式，总的计算量也是多项式级的，因此是一较好的算法。

习题 9

1. 证明，如果 N 中不存在有向路径 $P(s,t)$，则最大流的价值与最小截集的容量皆为 0。

2. 求如图 9.38 所示网络的最大流与最小截集，边上的数字是边容量。

3. 用 Ford 和 Fulkerson 标号算法求如图 9.39 所示的网络的最大流，边上的数字是边容量。

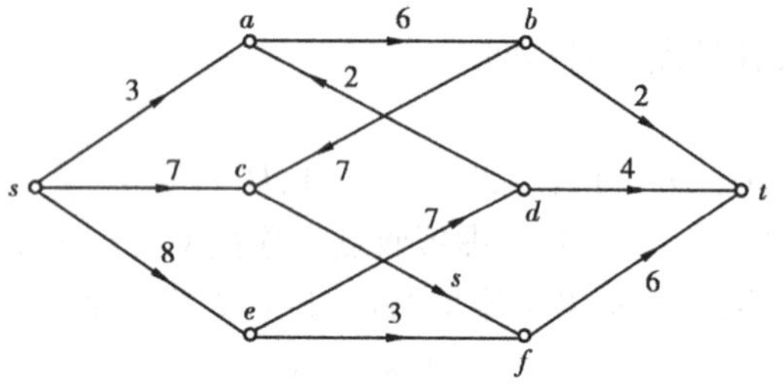

图 9.38

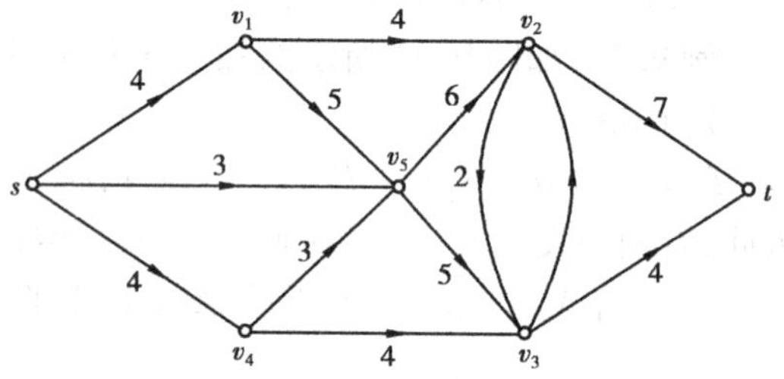

图 9.39

4. 用 Dinits 算法求如图 9.40 所示网络的最大流。

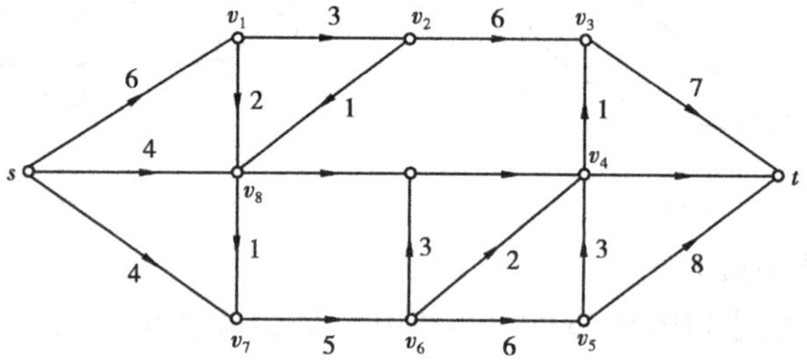

图 9.40

5. 在如图 9.41 的网络中，x_1,x_2,x_3 是同一种商品的货源，供应量 x_1 为 5，x_2 为 10，x_3 为 5；y_1,y_2,y_3 是市场，需求量 y_1 是 5，y_2 是 10，y_3 为 5，是否所有的需求皆可同时被满足？

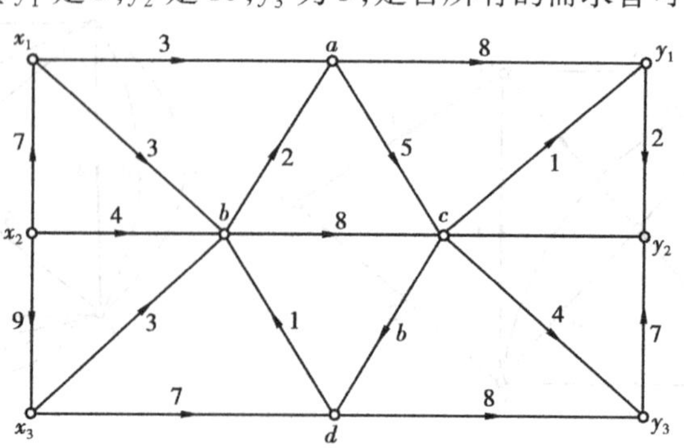

图 9.41

6. 一制造商需要把两个车间 D_1,D_2 生产的同类商品通过运输网络输送到3个销售点 M_1，M_2,M_3 去，如图9.42所示。设各销售点计划销售量 $\varphi(M_1)=10,\varphi(M_2)=8,\varphi(M_3)=8$，问其网络的运输能力能否满足这一需求？两个车间最为恰当的生产数量是多少？

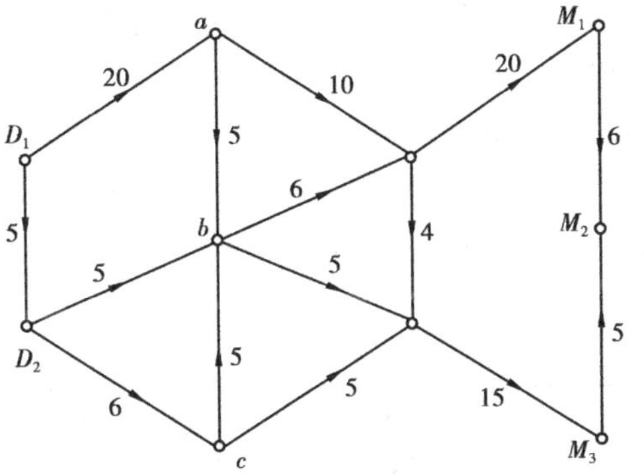

图9.42

7. 7种设备要用5架飞机运往目的地，每种设备各得4台，这5架飞机的容量分别是8，8，5，4，4台，问能否有一种装载法，使同一类型设备不会有两台在同一架飞机上？

8. 上题中若飞机的容量分别是7，7，6，4，4台，求问题的解。

9. 如图9.43中，除边有容量外，s 与 t 外的每个顶点都有一个可以通过它的流量的上界，即顶点的容量，它写在顶点标志之下，求此网络上的一个最大流。

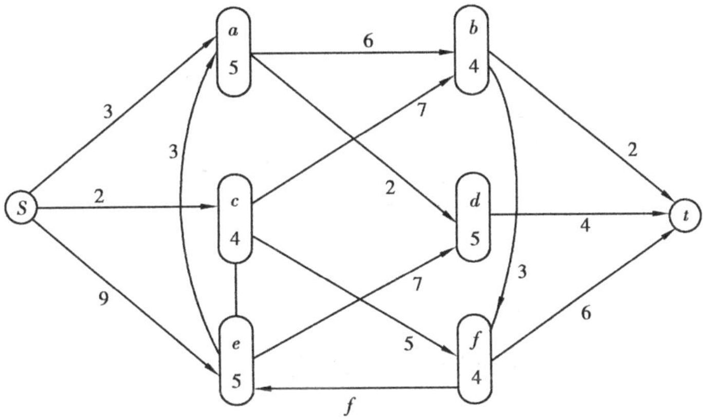

图9.43

10. 设 x_1,x_2,x_3 是3家工厂，y_1,y_2,y_3 是3个仓库，工厂生产的同类产品要运往仓库，其运输网络如图9.44所示。设 x_1,x_2,x_3 的生产能力分别为40，20，10个单位，问应如何安排生产？

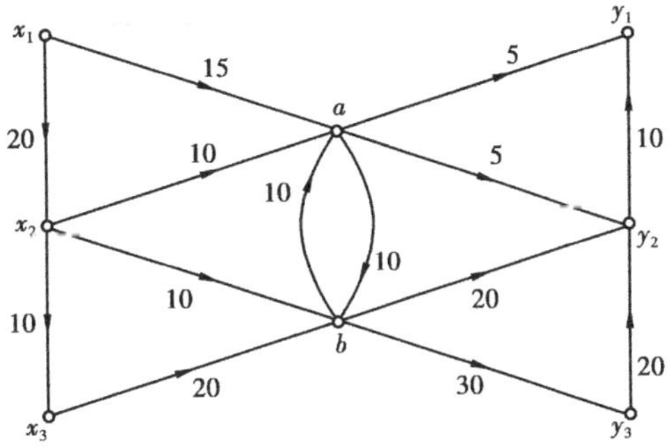

图9.44

11. 设有张三、李四、王二、赵五这4个人及小提琴、大提琴、钢琴和吉他4种乐器，已知4人的擅长如下：

张三擅长拉小提琴、大提琴和吉他；

李四擅长拉小提琴和大提琴；

王二擅长拉大提琴和弹钢琴；

赵五只会弹吉他。

今假设4人同台演出，每人奏一种乐器，问4人同时各演奏一种乐器时所有可能的方案，试把此问题转化为最大流问题。

12. 如图9.38所示，若边上的数字是流量下界而无上界，求一个最小流。

13. 如图9.45和图9.46所示的网络，哪个无可行流？若存在可行流，求其最大流与最小流；若不存在可行流，找出一个不含源也不含汇的顶点子集，它要么要求"冒出流"，要么要求"漏掉"流。

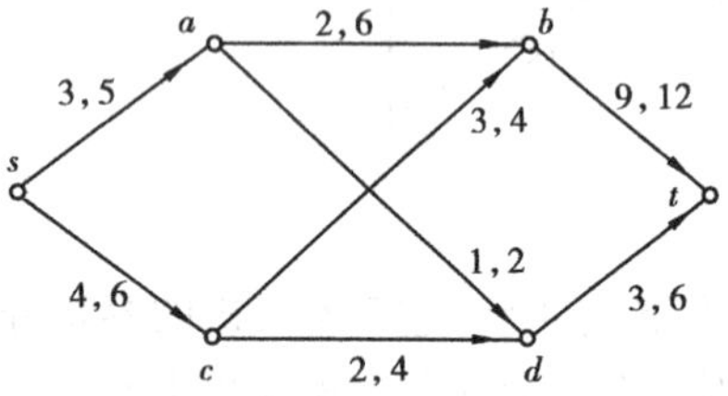

图9.45

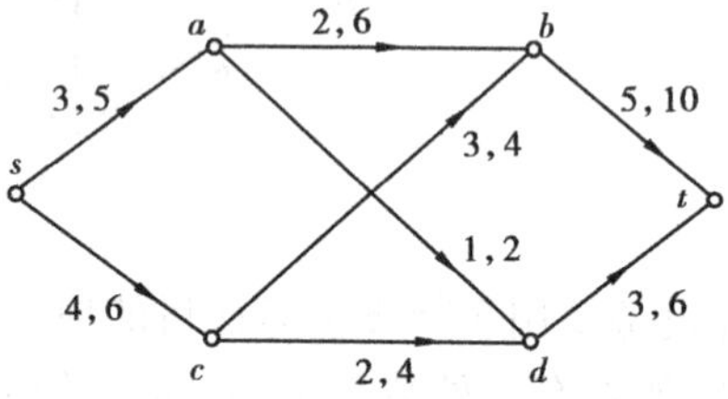

图9.46

14. 试用最短路径法求如图9.47所示网络的最小费用最大流。图中边上第1数字表示费用，第2个数字表示容量。

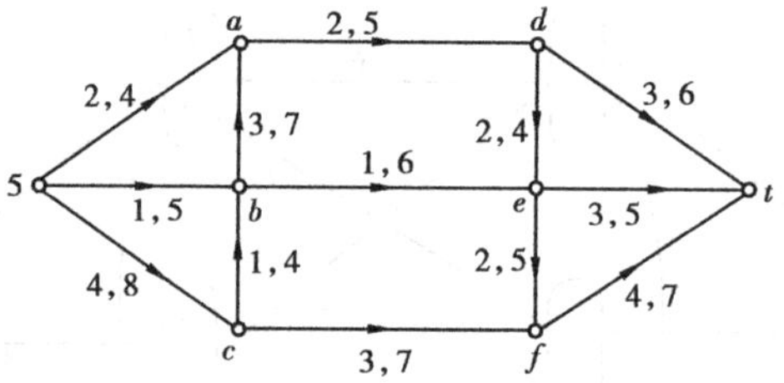

图9.47

15. 试用对偶变量法解第14题。

16. 如图9.48所示的强连通有向图，试求最佳有向巡回总行程。

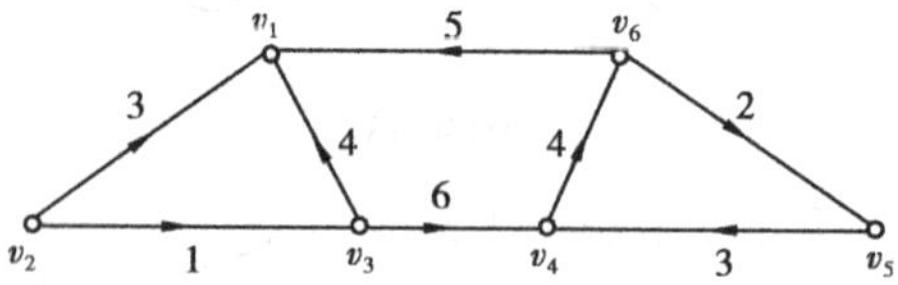

图9.48

参考文献

[1] Douglas B. Introduction to Graph Theory [M]. Second Edition. 北京:机械工业出版社,2004.
[2] J. A. Bondy, U. S. R. Murty. Graph theory with Applications[M]. The Macmillan press LTD, 1976.
[3] Edward Minieka. Optimization Algorithms for Network and Graph[M]. Marcel Dekker, Inc, New York, 1992.
[4] Alan Gibbons. Algorithmic graph theory[M]. Cambridge University Press, 1985.
[5] D. klingman, J. M. Mulvey. Network Models and Associated Applications[M]. North-Holland publishing Company, Amsterdam, 1981.
[6] Bela Bollobas. Modern Graph Theory[M]. 北京:科学出版社,Springer, 2001.
[7] 王树禾. 图论及其算法[M]. 合肥:中国科技大学出版社,1990.